Die Höfeordnung vom 24. April 1947

Rechtshistorische Reihe

Herausgegeben von den Prof. Dres.
H.-J. Becker, W. Brauneder, P. Caroni, A. Cordes, B. Diestelkamp, G. Dilcher, J. Eckert,
H. Hattenhauer, R. Hoke, D. Klippel, G. Köbler, G. Landwehr, G. Lingelbach, M. Lipp, K. Muscheler,
H. Nehlsen, G. Otte, T. Repgen, St. Saar, K.O. Scherner, J. Schröder, R. Schröder,
W. Schubert, D. Schwab, E. Wadle, J. Weitzel, D. Willoweit

Band 296

Peter Lang
Frankfurt am Main · Berlin · Bern · Bruxelles · New York · Oxford · Wien

Tim Kannewurf

Die Höfeordnung vom 24. April 1947

Entstehungsgeschichte und Einordnung in die Entwicklung des Anerbenrechts

Peter Lang
Europäischer Verlag der Wissenschaften

Bibliografische Information Der Deutschen Bibliothek
Die Deutsche Bibliothek verzeichnet diese Publikation in der
Deutschen Nationalbibliografie; detaillierte bibliografische
Daten sind im Internet über <http://dnb.ddb.de> abrufbar.

Zugl.: Bielefeld, Univ., Diss., 2004

Diese Arbeit wurde von
Herrn Professor Dr. Gerhard Otte
zur Aufnahme in diese Reihe empfohlen.

D 361
ISSN 0344-290X
ISBN 3-631-52516-8

© Peter Lang GmbH
Europäischer Verlag der Wissenschaften
Frankfurt am Main 2004
Alle Rechte vorbehalten.

Das Werk einschließlich aller seiner Teile ist urheberrechtlich
geschützt. Jede Verwertung außerhalb der engen Grenzen des
Urheberrechtsgesetzes ist ohne Zustimmung des Verlages
unzulässig und strafbar. Das gilt insbesondere für
Vervielfältigungen, Übersetzungen, Mikroverfilmungen und die
Einspeicherung und Verarbeitung in elektronischen Systemen.

www.peterlang.de

Vorwort

Die vorliegende Arbeit wurde im Wintersemester 2003/2004 von der Juristischen Fakultät der Universität Bielefeld als Dissertation angenommen.

Danken möchte ich an dieser Stelle zunächst und vor allem meinem sehr verehrten Doktorvater, Herrn Professor Dr. Gerhard Otte, dem ich die Anregung zu dem Thema der Untersuchung verdanke. Sein stets unterstützendes und geduldiges Engagement hat diese Arbeit überhaupt erst ermöglicht.

Mein besonderer Dank gilt daneben Herrn Professor Dr. Hans Schulte-Nölke für die Erstellung des Zweitgutachtens sowie Herrn Professor Dr. Christoph Gusy als Vorsitzendem des Prüfungsausschusses meiner mündlichen Prüfung.

Erheblicher Dank gebührt des Weiteren Herrn Heinz Wöhrmann, Richter am Oberlandesgericht Celle a. D., der diese Arbeit zum einen durch die freundliche Zurverfügungstellung der themenbezogenen Nachlassunterlagen Otto Wöhrmanns, zum anderen aber auch als stets geduldiger Gesprächs- und Diskussionspartner sowie durch seine zahlreichen fruchtbaren Anregungen gefördert hat.

Nicht zu vergessen sind an dieser Stelle diejenigen Freunde und Bekannten, die die Erstellung der Endfassung der Arbeit sowohl durch orthographische Korrekturen, als auch durch ihre inhaltliche Auseinandersetzung mit der Thematik unterstützt haben; insbesondere seien hier die Regierungsrätin Annett Witte sowie der Journalist und Historiker Björn Sievers genannt.

Nicht zuletzt möchte ich meiner Mutter, Annegret Kannewurf, und meiner Frau, Nicole Kannewurf, dafür danken, dass sie mir über den gesamten Zeitraum stets hilfreich und mit ihrem steten, fördernden Einsatz bei der Anfertigung des Manuskripts zur Seite standen.

Berlin, im April 2004

Tim Kannewurf

Inhaltsverzeichnis:

A.	**Einleitung**	**1**
I.	**Zielsetzung und methodische Vorgehensweise**	**1**
	1. Gegenstand und Zielsetzung	1
	2. Quellen und Vorgehensweise	5
II.	**Begriff des Anerbenrechts**	**7**
III.	**Entwicklung des Anerbenrechts**	**10**
	1. Anerbenrecht vor 1933	10
	2. Das Reichserbhofrecht	13
B.	**Chronologie der Reformbestrebungen**	**15**
I.	**Erlass der Höfeordnung**	**15**
	1. Reformbedürfnis nach dem Ende des Zweiten Weltkriegs	15
	2. KRG Nr. 45	16
	3. MilRegVO Nr. 84	18
	4. Geltungsbereich und Regelungsgehalt der Höfeordnung	19
II.	**Die maßgeblich beteiligten Stellen**	**21**
	1. Auf deutscher Seite	21
	2. Auf britischer Seite	23
III.	**Entwicklungsstadien**	**25**
	1. Die alliierte Diskussion	26
	2. Die deutsche Diskussion	29
	3. Die MilRegVO Nr. 84 als Durchführungsverordnung zum KRG Nr. 45	31

C.	Grundgedanken der Erbhofrechtsreform	35
I.	Festhalten an der Anerbensitte	35

    1. Britische Sicht   35
    2. Deutsche Sicht   37

II. Vermeidung von Rechtszersplitterung und Rechtsunsicherheit   40

    1. Bemühungen um eine besatzungszonenübergreifende
       Anerbenrechtsreform   40
    2. Besatzungszoneneinheitliche Geltung   43
    3. Einfache Form der gesetzlichen Bestimmungen   48
    4. Beurteilung   49

III. Sicherung der Ernährungslage   54

    1. Die Ernährungssituation nach dem Zweiten Weltkrieg   54
    2. Einfluss der Ernährungssituation auf die
       Anerbenrechtsreform   59
       a) Bedürfnis nach sonderrechtlichen Bindungen   59
       b) Ablehnung von zu weitreichenden Bindungen   61
       c) Forderung nach weitgehenden Bindungen   63
       d) HöfeO als landwirtschaftliches Sondererbrecht   65
    3. Beurteilung unter Berücksichtigung der jüngeren
       Anerbenrechtsentwicklung   66

IV. Wiedereinführung der Testierfreiheit   77

    1. Reichserbhofrecht   78
       a) Antiliberalismus als ideologische Grundlage
          bäuerlicher Verfügungsbeschränkungen   78
       b) Beschränkungen der Testierfreiheit   81
    2. Reformdiskussion   84
       a) Möglichkeit des Festhaltens an starren Beschränkungen   84
       b) Forderungen nach freier Erbenbestimmung   87
          aa)   Freie Erbeinsetzung und Realteilungsmöglichkeit   89
          bb)   Freie Erbeinsetzung bei ungeteiltem Anfall   91

	c) Forderungen nach weitergehenden Bindungen	93
	aa) Festhalten an Bestimmungen des REG	93
	bb) Abkehr vom REG unter Fortschreibung weitgehender Zwangsbindungen	97
	d) Obligatorisches Anerbenrecht nach der ursprünglichen Höfeordnung	99
	aa) Fehlende Ausschlussmöglichkeit gemäß § 16 Abs. 1 HöfeO	99
	bb) Öffnungsklausel des § 19 Abs. 5 HöfeO	101
	3. Beurteilung unter Berücksichtigung der jüngeren Anerbenrechtsentwicklung	103
V.	Wiedereinführung und Sicherstellung des Leistungsgedankens	116
	1. Zwangsvollstreckungs-, Veräußerungs- und Belastungsverbot	117
	a) Reichserbhofrecht	117
	b) Reformdiskussion	120
	c) Beurteilung	124
	2. Abmeierung und Zwangsübergabe	127
	a) Reichserbhofrecht	127
	b) Reformdiskussion	128
	c) Beurteilung	132
	3. Sippenbindung	133
	a) Reichserbhofrecht	134
	aa) Sippenbindung als Garant bäuerlicher Leistungsbereitschaft	134
	bb) Sippenbindung in der Anerbenordnung	135
	cc) Sippenbindung bei Ehegattenerbhöfen	138
	b) Reformdiskussion	139
	aa) Familienbindung als Garant bäuerlicher Leistungsbereitschaft	139
	bb) Familienbindung in der Anerbenordnung	140
	cc) Familienbindung bei Ehegattenhöfen	146
	c) Beurteilung	148
	4. Der Bauernbegriff	158
	a) Reichserbhofrecht	158
	aa) Erfordernis "deutschen oder stammesgleichen Blutes"	158
	bb) Erfordernis der Ehrbarkeit	159
	cc) Erfordernis der Wirtschaftsfähigkeit	160

	b) Reformdiskussion	162
	aa) Erfordernis "deutschen oder stammesgleichen Blutes"	162
	bb) Erfordernis der Ehrbarkeit	162
	cc) Erfordernis der Wirtschaftsfähigkeit	165
	c) Beurteilung	167
	5. Forderung nach Besserstellung der weichenden Erben	171
	a) Reichserbhofrecht	172
	b) Reformdiskussion	173
	c) Beurteilung	175
VI.	Entideologisierung des Höferechts	177
	1. Reichserbhofrecht	177
	a) "Grundgesetz des nationalsozialistischen Staates"	178
	b) Rassentheoretischer Zuchtgedanke	179
	c) Sippengedanke/Blut-und-Boden-Doktrin	180
	d) Lebensraumdoktrin	181
	2. Reformdiskussion	183
	a) Militärregierungsgesetz Nr. 1 zur Aufhebung nationalsozialistischer Gesetze	183
	b) Allgemeine Auseinandersetzung mit der Ideologieprägung	184
	c) Rassentheoretischer Zuchtgedanke	189
	d) Sippengedanke/Blut-und-Boden-Doktrin	191
	e) Lebensraumdoktrin	191
	3. Beurteilung	192
D.	Schlussbetrachtung	196

Anhang: Synopse ausgesuchter Vorschriften des Anerbenrechts

Quellen- und Schrifttumsverzeichnis

I. Ungedruckte Quellen

1. Bundesarchiv Koblenz (BA):

Z 6/		=	Zentralamt für Ernährung und Landwirtschaft in der Britischen Zone (ZEL)
	I	94	Tagung mit den Landwirtschaftsministern und Landesbauernvorstehern in der Britischen Zone. Zuständigkeit der Länderregierungen 1946
		162	Bodenreform (Bd. 2: 1946 – 1947)
	II	50	Kontrollratsgesetz Nr. 45 – Höferecht 1946
		52	Denkschriften betr. grundsätzliche Fragen der Ernährung und Landwirtschaft 1946
Z 21/		=	Zentraljustizamt für die Britische Zone
	1164		Umgestaltung des Erbhof- und sonstigen Landwirtschaftsrechts (Bd. 1: 1946 – Febr. 1947)
	1165		Umgestaltung des Erbhof- und sonstigen Landwirtschaftsrechts (Bd. 2: Febr. – April 1947)

Z 45 F   =   Office of Military Government for Germany
              (U.S.) (OMGUS) (als Fiches)
    2/109-1/1-69   Kontrollrat (Control Council) (CONL)
              1. – 69. Sitzung
    2/108-3/4   Kontrollrat (Control Council) (CONL)
              Wortprotokolle der 51. – 76. Sitzung
    2/106-2/13-17   Koordinierungsausschuss (Coordinating Committee)
              (CORC)
              Wortprotokolle der 97. – 146. Sitzung
    2/118-3/2-9   Koordinierungsausschuss (Coordinating Committee)
              (CORC)
              Protokolle der 97. – 146. Sitzung

N 1094/I   =   Nachlass DARRÉ
26   „Plan für die Wiederherstellung einer normalen
              Ernährungswirtschaft in Deutschland", Manuskript
              April/Mai 1945

2.   Niedersächsisches Hauptstaatsarchiv Hannover (NA)

Nds. 50   =   Akten der Staatskanzlei
  Nr. 40   Bildung eines agrarpolitischen Ausschusses des
              Gebietsrats Niedersachsen
              1945 – 1946
  Nr. 123   Sonderausschuss des Zonenbeirats für Agrarreform
              1946 – 1947

Hann. 173
Acc. 123/87 =   Oberlandesgericht Celle
  Nr. 2   Gesetzgebung
              1936 – 1952
Nds. 710
Acc. 124/87 =   Oberlandesgericht Celle
  Nr. 47   Zusammenkünfte der Oberlandesgerichtspräsidenten
              1945 – 1948

XIII

3. Public Record Office London (PRO)

FO 371/	=	Foreign Office: Political Departments: General Correspondence from 1906
55518		Agricultural policy and agrarian reform 1946
55772		Legal matters: meetings of the Legal Directorate (Allied Control Comission) 1946
64443		Agarian reform in Germany 1947
FO 936/	=	Control Office for Germany and Austria and Foreign Office, German Section: Establishment: Files
106		Legal Division: British Special Legal Research Unit 1944 – 1946
FO 937/	=	Control Office for Germany and Austria and Foreign Office, German Section: Legal: Files
41		Agricultural legislation: hereditary farms 1945 – 1947
FO 1005/	=	Foreign Office and Predecessors: Control Commission for Germany (British Element): Records Library: Files
742		Allied Control Authority: Legal Directorate Minutes and Agendas: 1 – 25 1945
743		Allied Control Authority: Legal Directorate Minutes and Agendas: 1 – 32 1946
744		Allied Control Authority: Legal Directorate Minutes and Agendas: 33 – 52 1946
748		Allied Control Authority: Legal Directorate Minutes and Agendas: Papers 1 – 56 1945

FO 1060/	=	Control Office for Germany and Austria and Foreign Office: Control Comission for Germany (British Element), Legal Division, and U.K. High Commission, Legal Division: Correspondence, Case Files, and Court Registers
765		Ordinance No 84 – hereditary farms (laws on inheritance) 1947 – 1949
888		Publication, proclamations, laws and ordinances: British Special Legal Research Unit (BSLRU) 1945 – 1949
957		Legislative and judical powers of German executive authorities and judiciary: vol I 1945 Dec – 1946 Dec
1095		Abrogation of Nazi-law 1944 – 1946
1099		Committee for Revision of German Law: report 1945
1140		Acricultural and land laws 1947 – 1949

4. Unterlagen aus dem persönlichen Nachlass DR. OTTO WÖHRMANN[1]

---

[1] Der eingesehene Nachlass befindet sich derzeit im Privatbesitz seines Sohnes HEINZ WÖHRMANN, Richter am Oberlandesgericht Celle a. D.

II. Gedruckte Quellen und Literatur

ANDRÉ "Sind Maßregeln zur Einführung des Anerbenrechts vorzuschlagen, und wie sind sie zu gestalten?", in: Verhandlungen des Dreiundzwanzigsten Deutschen Juristentages, 1. Bd. (Gutachten), 3 ff., Berlin 1895 (zitiert: ANDRÉ, Verhandlungen des 23. Deutschen Juristentages I)

APELT, WILLIBALT Geschichte der Weimarer Verfassung, 2. Aufl., München – Berlin 1964 (zitiert: APELT, Geschichte der WRV)

BACKE, HERBERT Volk und Wirtschaft im nationalsozialistischen Deutschland – Reden des Staatssekretärs im Reichs- und Preußischen Ministerium für Ernährung und Landwirtschaft, Berlin 1936 (zitiert: BACKE, Volk und Wirtschaft)

DERS. Das Ende des Liberalismus in der Wirtschaft, Berlin 1938 (zitiert: BACKE, Das Ende des Liberalismus)

BADOUVAKIS, MONIKA Fremdbestimmung oder Entscheidungsfreiheit des Erben: Die Beurteilung letztwilliger Potestativbedingungen im römischen und heutigen Recht, Köln 1997 (zitiert: BADOUVAKIS, Fremdbestimmung)

BARNSTEDT, FRITZ "Die Rechtsprechung der Oberlandesgerichte zum Begriff der "Wirtschaftsfähigkeit"", in: MDR 1949, 457 ff.

DERS. "Das Höferecht und die Erbrechtsgarantie des Art. 14 des Grundgesetzes", DNotZ 1969, 14 ff.

BARNSTEDT, FRITZ
BECKER, THEODOR/
BENDEL, BERNOLD
Das nordwestdeutsche Höferecht nach der Novelle vom 29. März 1976, Münster-Hiltrup 1976 (zitiert: BARNSTEDT/BECKER/BENDEL)

BAUR	"Zum Begriff der Wirtschaftsfähigkeit im neueren Landwirtschaftsrecht", in: DRZ 1950, 222 ff.
BAUMECKER, OTTO	Handbuch des Großdeutschen Erbhofrechts, 4. Aufl., Köln 1940 (zitiert: BAUMECKER, Handbuch)
BENDEL, BERNOLD	Das Problem der weichenden Erben im Anerbenrecht, Berlin 1959 (zitiert: BENDEL, Das Problem der weichenden Erben)
BERGMANN, WALTER	"Die Bestimmung des Hoferben durch den kinderlosen Bauern", in: SchlHA 1948, 233 ff.
BIRKE, ADOLF M. (HRSG.)/ BOOMS, HANS (HRSG.)/ MERKER, OTTO (HRSG.)	Akten der deutschen Militärregierung in Deutschland: Sachinventar 1945 – 1955 Bd. 1, Bd. 6, München – New Providence – London – Paris 1993 (zitiert: Akten der brit. MilReg)
BITTING, REINHARD	Die Aufhebung der Hofeigenschaft in Westfalen-Lippe nach der Nordrhein-Westfälischen Verordnung vom 28. Oktober 1971, Köln – Berlin – Bonn – München 1977 (zitiert: BITTING, Die Aufhebung)
BLOMEYER, KARL	Deutsches Bauernrecht, Berlin 1936 (zitiert: BLOMEYER, Deutsches Bauernrecht)
BRANDL, FELIX	Das Recht der Besatzungsmacht, 1947 (zitiert: BRANDL, Das Recht)
BROX, HANS	Erbrecht, 19. Aufl., Köln – Berlin – Bonn – München 2001 (zitiert: BROX, ErbR)

BUNDESARCHIV UND INSTITUT FÜR ZEITGESCHICHTE (HRSG.)	Akten zur Vorgeschichte der Bundesrepublik Deutschland, Bd. 1 (September 1945 – Dezember 1946), München – Wien 1976 (zitiert: Akten zur Vorgeschichte der Bundesrepublik)
BÜTTNER, WOLFGANG	"Zur Novellierung der Höfeordnung – Rückblick und Stand", in: AgrarR 1972, 338 ff.
CORNI, GUSTAVO/ GIES, HORST	"Blut und Boden", Rassenideologie und Agrarpolitik im Staat Hitlers, Idstein 1994 (zitiert: CORNI/GIES, Blut und Boden)
CRAMER, THEODOR	Der Einfluss des Anerbenrechts auf Verschuldung und Besitzerhaltung – Nach den Grundakten von 23 Dörfern des Regierungsbezirks Stade bearbeitet, Berlin 1908 (zitiert: CRAMER, Der Einfluss des Anerbenrechts)
DARRÉ, WALTER	"Stellung und Aufgaben des Landstandes in einem nach lebensgesetzlichen Gesichtspunkten aufgebauten deutschen Staate", in: Deutschlands Erneuerung, Monatsschrift für das deutsche Volk 1930, 535 ff.
DERS.	Um Blut und Boden, Reden und Aufsätze, 4. Aufl., München 1942 (zitiert: DARRÉ, Um Blut und Boden)
DELLIAN, EDUARD	Es wächst ein neues Bauernrecht, Gedanken und Geschichten aus der Praxis, Berlin 1938 (zitiert: DELLIAN, Es wächst ein neues Bauernrecht)
DICKHOFF	"Die Grenzen der Testierfreiheit des Hofeigentümers in der britischen Besatzungszone", in: NJW 1947/48, 330 ff.
DIETRICH, IVO	"Gedanken zur Vereinfachung des Grundstücksverkehrs mit landwirtschaftlichen Gütern in Österreich", in: ÖsterrNotZ 1953, 113 ff.

DÖLLE, HANS	Lehrbuch des Reichserbhofrechts, 2. Aufl., München – Berlin 1939 (zitiert: DÖLLE, Lehrbuch des Reichserbhofrechts)
DERS.	"Die Rechtslage in Deutschland nach der Aufhebung des Reichserbhofgesetzes", in: Der Konstanzer Juristentag (2. – 5. Juni 1947) – Ansprachen/Vorträge/Diskussionsreden, 99 ff., Tübingen 1947 (zitiert: DÖLLE, Konstanzer Juristentag)
ERDSIEK, GERHARD	"Die Entwicklung des Justizrechts in der britischen Zone", in: DRZ 1947, 223 ff.
FARQUHARSON, JOHN E.	The Plough and the Swastika – The NSDAP and Agriculture in Germany 1928 – 45, London – Beverly Hills 1976 (zitiert: FARQUHARSON, Plough)
DERS.	The Western Allies and the Politics of Food – Agrarian Management in Postwar Germany, New Hampshire 1985 (zitiert: FARQUHARSON, The Western Allies)
FASSBENDER, HERMANN J.	"Zur Höferechtsnovelle", in: DNotZ 1976, 393 ff.
DERS.	"Überlegungen zum landwirtschaftlichen Erbrecht", in: AgrarR 1998, 188 ff.
FASSBENDER, HERMANN J./ HÖTZEL, HANS-JOACHIM/ JEINSEN, ULRICH VON/ PIKALO, ALFRED	Höfeordnung, Höfeverfahrensordnung und Überleitungsvorschriften, 3. Aufl., Münster 1994 (zitiert: FASSBENDER/HÖTZEL/VON JEINSEN/ PIKALO)
FASSBENDER, HERMANN J./ PIKALO, ALFRED	"Dreieinhalb Jahre praktische Erfahrung mit der neuen Höfeordnung", in: DNotZ 1980, 67 ff.

FRIEDRICH-NAUMANN-STIFTUNG (HRSG.)	Theodor Tantzen 1877 – 1947: Gedenkschrift anlässlich seines 100. Geburtstages am 14. Juni 1977, Bonn 1977 (zitiert: Gedenkschrift TANTZEN)
FRITZEN, A.	"Fakultatives Höferecht im Realteilungsgebiet", in: RdL, 1953, 319 ff.
FROMMHOLD, GEORG	"Wie sind das Anerbenrecht und die sonstigen Rechtsverhältnisse bei Renten- und Ansiedlungsgütern zu gestalten?", Verhandlungen des Vierundzwanzigsten Deutschen Juristentages, 1. Bd. (Gutachten), 3 ff., Berlin 1897 (zitiert: FROMMHOLD, Verhandlungen des 24. Deutschen Juristentages I)
GÖTZ, VOLKMAR (HRSG.)/ KROESCHELL, KARL (HRSG.)/ WINKLER, WOLFGANG (HRSG.)	Handbuch des Agrarrechts (HAR), I. Band (Abfallbeseitigungsrecht – Jugoslawien), Berlin 1981 (zitiert: BEARBEITER, in: HAR I)
DIES.	Handbuch des Agrarrechts (HAR), II. Band (Kartellrecht – Zwangsvollstreckung in der Landwirtschaft), Berlin 1982 (zitiert: BEARBEITER, in: HAR II)
GRANIER, GERHARD (HRSG.)/ HENKE, JOSEF (HRSG.)/ OLDENHAGE, KLAUS (HRSG.)	Das Bundesarchiv und seine Bestände, 3. Aufl., Boppard am Rhein 1977 (zitiert: GRANIER, Bundesarchiv)
GRUNBERGER, RICHARD	Das zwölfjährige Reich, Der Deutschen Alltag unter Hitler, Wien – München – Zürich 1971 (zitiert: GRUNBERGER, Das zwölfjährige Reich)
GRUNDMANN, FRIEDRICH	Agrarpolitik im "Dritten Reich" – Anspruch und Wirklichkeit des Reichserbhofgesetzes, Hamburg 1979 (zitiert: GRUNDMANN, Agrarpolitik)

GÜDE, MAX	"Die Liquidierung des Reichserbhofrechts", in: Der Konstanzer Juristentag (2. – 5. Juni 1947) – Ansprachen/Vorträge/Diskussionsreden, 81 ff., Tübingen 1947 (zitiert: GÜDE, Konstanzer Juristentag)
GÜNTHER, FRIEDRICH-KARL	Das Rechtsverhältnis zwischen dem Anerben und den weichenden Erben nach der Höfeordnung für die Britische Besatzungszone im Vergleich mit den Vorschriften der vorhergehenden deutschen Anerbengesetze, Göttingen 1949 (zitiert: GÜNTHER, Das Rechtsverhältnis)
GUSY, CHRISTOPH	Die Weimarer Reichsverfassung, Tübingen 1997 (zitiert: GUSY, WRV)
HAACK, RICHARD	"Anerbenrecht", in: Handwörterbuch der Rechtswissenschaft – Erster Band (Abandon – Deichgüter), Berlin – Leipzig 1926 (zitiert: HAACK, in: Handwörterbuch der Rechtswissenschaft)
DERS.	Grundriß des in Preußen geltenden Agrarrechts, Berlin 1927 (zitiert: HAACK, Grundriß)
HAEGELE	"Zur Überleitung der sippengebundenen Anerbenfolge in das neue Recht", in: DRpfl. 1955, 7 ff.
HAUSHOFER, HEINZ	Ideengeschichte der Agrarwirtschaft und Agrarpolitik im deutschen Sprachgebiet, Bd. II: Vom ersten Weltkrieg bis zur Gegenwart, München – Bonn – Wien 1958 (zitiert: HAUSHOFER, Ideengeschichte II)
DERS.	Die deutsche Landwirtschaft im technischen Zeitalter, Stuttgart 1963 (zitiert: HAUSHOFER, Die deutsche Landwirtschaft)

HENNIG, FRANZ	Das Reichserbhofrecht, Berlin 1935 (zitiert: HENNIG, REG)
HENRICI	"Allgemeine Grundgedanken des neuen Landwirtschaftsrechts der britischen Zone", in: RdL 1950, 104 ff.
DERS.	"Die rechtliche Gleichstellung der Frau im bäuerlichen Familien- und Erbrecht", in: RdL 1953, 180 ff.
HEPPLE, BOB	"Biographical Note", in: In Memoriam: Sir Otto Kahn-Freund – Internationale Gedächtnisschrift, München 1980 (zitiert: HEPPLE, in: Gedächtnisschrift KAHN-FREUND)
HERLEMANN, BEATRIX	Der Bauer klebt am Hergebrachten – Bäuerliche Verhaltensweisen unterm Nationalsozialismus auf dem Gebiet des heutigen Landes Niedersachsen, Hannover 1993 (zitiert: HERLEMANN, Der Bauer)
HIPFINGER, HARALD	Vom Reichserbhofrecht, Ziel und Inhalt des Reichserbhofgesetzes, Berlin 1938 (zitiert: HIPFINGER, Vom Reichserbhofrecht)
HODENBERG, HODO FRHR. V.	"Zur Frage der vorläufigen Regelung des Verfahrens in Pachtschutz-, Landbewirtschaftungs- und Erbhofsachen", in: SchlHA 1947, 53
DERS.	"Der Aufbau der Rechtspflege nach der Niederlage von 1945", in: 250 Jahre Oberlandesgericht Celle (1711 – 1961), 121 ff., Celle 1961 (zitiert: V. HODENBERG, in: Festschrift 250 Jahre OLG Celle)

HÜBINGER, PETERPAUL	Die Entwicklung des Anerbenrechtes im Gebiet der Bundesrepublik Deutschland von 1900 bis 1950, Erlangen 1950 (zitiert: HÜBINGER, Die Entwicklung des Anerbenrechts)
HÜTTE, RÜDIGER	Der Gemeinschaftsgedanke in den Erbrechtsreformen des Dritten Reichs, Frankfurt a. M. – Bern – New York – Paris 1988 (zitiert: HÜTTE, Der Gemeinschaftsgedanke)
IPSEN, HANS PETER	„Rechtsetzung in Deutschland", in: Gesetz und Recht, Sammlung in Deutschland nach dem 8. Mai 1945 erlassener Rechtssätze mit Erläuterungen, Heft 5, 1947 (zitiert: IPSEN, Gesetz und Recht 1947, Heft 5)
JACOBS, JOHANN CHRISTIAN	Das Bremische Höfegesetz: Geschichtliche Entwicklung und systematische Darstellung, Freiburg, Univ. Diss., 1991 (zitiert: JACOBS, Das Bremische Höfegesetz)
JOBST, HANS-DIETRICH	Das Reichserbhofrecht im Vergleich mit den älteren deutschen Anerbenrechten, Würzburg 1936 (zitiert: JOBST, Das Reichserbhofrecht)
KAHLKE, WALTER	"Geschlecht und Sippe im Reichserbhofgesetz", in: DAgarR (früher RdRN) 1943, 157 ff.
DERS.	"Ist die ganze Höfeordnung mit dem Grundgesetz vereinbar?", in: SchlHA 1964, 247 ff.
KATERBERG, WILFRIED	Die Schranken der geltenden Rechtsordnung für ein bäuerliches Sondererbrecht, Marburg 1960 (zitiert: KATERBERG, Die Schranken)

KIESEKAMP, PAUL	Das Gesetz betreffend das Anerbenrecht bei Landgütern in der Provinz Westfalen und in den Kreisen Rees, Essen (Land), Essen (Stadt), Duisburg, Ruhrort u. Mühlheim a. d. Ruhr, Münster 1899 (zitiert: KIESEKAMP, Das Gesetz)
KIESYNE, HERMANN	"Die Einschränkungen der Testierfreiheit im Reichserbhofrecht", in: DJ 1934, 290 ff.
KIPP, THEODOR/ COING, HELMUT	Erbrecht, 14. Bearb., Tübingen 1990 (zitiert: KIPP/COING, ErbR)
KLÄSSEL, OSKAR	Das deutsche Agrarrecht und seine Reform, Hannover 1947 (zitiert: KLÄSSEL, Agrarrecht)
KLEIN, ERNST	Geschichte der deutschen Landwirtschaft im Industriezeitalter, Wiesbaden 1973 (zitiert: KLEIN, Geschichte der deutschen Landwirtschaft)
KLUNZINGER, EUGEN	Anerbenrecht und gewillkürte Erbfolge, Tübingen 1966 (zitiert: KLUNZINGER, Anerbenrecht)
KÖBLER, GERHARD	"Meierrecht", in: Deutsches Rechtslexikon, Bd. 2 (G bis P), 3. Aufl., München 2001 (zitiert: KÖBLER, in: Deutsches Rechtslexikon)
KROESCHELL, KARL	"Otto Wöhrmann und sein wissenschaftliches Werk", in: AgrarR 1973, 33 ff.
DERS.	"Zur Reform des Höferechts", in: AgrarR 1974, 85 ff.
DERS.	„Geschichtliche Grundlagen des Anerbenrechts", in: AgrarR 1978, 147 ff.

KROESCHELL, KARL (HRSG.)/ WINKLER, WOLFGANG (HRSG.)/ GERCKE, ANNEMARIE (BEARB.)	Bibliographie des deutschen Agrarrechts 1945 – 1965, Köln – Berlin – Bonn – München 1968 (zitiert: KROESCHELL/WINKLER, Bibliographie)
KRUEDENER, JÜRGEN VON	"Zielkonflikt in der nationalsozialistischen Agrarpolitik, Ein Beitrag zur Diskussion des Leistungsproblems in zentral gelenkten Wirtschaftssytemen", in: ZWS 1974, 335 ff.
LANGE, HEINRICH (BEGR.)/ KUCHINKE, KURT	Lehrbuch des Erbrechts, 5. Aufl., München 2001 (zitiert: LANGE/KUCHINKE)
LANGE, RUDOLF	Die Höfeordnung vom 24. April 1947 mit Erläuterungen, Celle 1947 (zitiert: LANGE, HöfeO)
DERS.	"Statistik über die landwirtschaftlichen Besitzungen, die sich im Bundesgebiet nach Höferecht (Anerbenrecht, Landgüterrecht) vererben", in: RdL 1954, 92
DERS.	Grundstücksverkehrsgesetz – Kommentar, 2. Aufl., München – Berlin 1964 (zitiert: LANGE, GrdstVG)
LANGE, RUDOLF/ WULFF, HANS/ LÜDTKE-HANDJERY, CHRISTIAN/ LÜDTKE-HANDJERY, ELKE	Höfeordnung, 10. Aufl., München 2001 (zitiert: LANGE/WULFF/LÜDTKE-HANDJERY)
LEIPOLD, DIETER	"Wandlungen in den Grundlagen des Erbrechts", in: AcP 180 (1980), 160 ff.
DERS.	Erbrecht, 14. Aufl., Tübingen 2002 (zitiert: LEIPOLD, ErbR)

MAUNZ, THEODOR/ DÜRIG, GÜNTHER	Grundgesetz-Kommentar, Loseblatt, Band V (Art. 92 – 146), Stand: Oktober 1999, München (zitiert: MAUNZ/DÜRIG-BEARBEITER, GG)
MAYER, KONRAD	Gefüge und Ordnung der deutschen Landwirtschaft – Gemeinschaftsarbeit des deutschen Forschungsdienstes, Berlin 1939 (zitiert: MAYER, Gefüge und Ordnung)
MIASKOWSKI, AUGUST V.	Das Erbrecht und die Grundeigenthumsvertheilung im Deutschen Reiche – Zweite Abtheilung: Das Familienfideicommiß, das landwirtschaftliche Erbgut und das Anerbenrecht, Leipzig 1884 (zitiert: V. MIASKOWSKI, Das Erbrecht)
MUGDAN, BENNO	Die gesammten Materialien zum Bürgerlichen Gesetzbuch für das Deutsche Reich, I. Band, Einführungsgesetz und Allgemeiner Theil, Berlin 1899 (zitiert: MUGDAN I)
MÜLLER, MANFRED	Der überlebende Ehegatte im deutschen Anerbenrecht unter besonderer Berücksichtigung der Höfeordnung vom 24.4.1947, Köln 1961 (zitiert: MÜLLER, Der überlebende Ehegatte)
MÜNCH, INGO V./ KUNIG, PHILIP	Grundgesetz-Kommentar, Bd. III (Art. 70 – 146), 3. Aufl., München 1996 (zitiert: V. MÜNCH/KUNIG-BEARBEITER, GG)
MÜNKEL, DANIELA	Bauern und Nationalsozialismus, Der Landkreis Celle im Dritten Reich, Bielefeld 1991 (zitiert: MÜNKEL, Bauern und Nationalsozialismus)
MÜNKEL, DANIELA	Nationalsozialistische Agrarpolitik und Bauernalltag, Frankfurt a. M. – New York 1996 (zitiert: MÜNKEL, Nationalsozialistische Agrarpolitik)

NEUMANN, MARTINA	Theodor Tantzen – ein widerspenstiger Liberaler gegen den Nationalsozialismus, Hannover 1998 (zitiert: NEUMANN, Theodor TANTZEN)
NICKOL, GERD	"Die Höfeordnung der britischen Besatzungszone", in: MDR 1947, 144 ff.
NIEMEIER, HEINZ	Die Sondererbfolge in der HöfeO der ehemals britischen Zone unter Vergleich mit anderen Fällen des Sondererbrechts, Mainz 1961 (zitiert: NIEMEIER, Die Sondererbfolge)
NIES, VOLKMAR	Boden- und Erbrecht in der Landwirtschaft, Grundstücksverkehrsgesetz, Landpachtgesetz, Landpachtverkehrsgesetz, Höfeordnung, St. Augustin 1991 (zitiert: NIES, Boden- und Erbrecht)
OTTE, GERHARD	"Die zivilrechtliche Gesetzgebung im "Dritten Reich"", in: NJW 1988, 2836 ff.
DERS.	"Höferecht und eheliches Güterrecht", in: AgrarR 1989, 232 ff.
DERS.	"Die Rechtsprechung des BGH zur formlosen Hoferbenbestimmung als Fortsetzung erbhofrechtlichen Denkens", in: Wirkungen europäischer Rechtskultur – Festschrift für Karl Kroeschell zum 70. Geburtstag, 915 ff., München 1997 (zitiert: OTTE, in: Festschrift KROESCHELL)
PALANDT, OTTO	Bürgerliches Gesetzbuch, 37. Aufl., München 1978 (zitiert: PALANDT-BEARBEITER (37))
DERS.	Bürgerliches Gesetzbuch, 61. Aufl., München 2002 (zitiert: PALANDT-BEARBEITER (61))

PIKALO, ALFRED	"Anerbenrecht und Verfassungsrecht", in: NJW 1959, 1609 ff.
DERS.	"Römischrechtliche und deutschrechtliche Elemente im landwirtschaftlichen Erbrecht", in: Aktuelle Fragen aus modernem Recht und Rechtsgeschichte – Gedächtnisschrift für Rudolf Schmidt, 507 ff., Berlin 1966 (zitiert: PIKALO, in: Gedächtnisschrift SCHMIDT)
POHLMANN, HANS	Einführung in das Höferecht, 1949 (zitiert: POHLMANN, Einführung)
PRANGE, WERNER	Die Testierfreiheit in der Höfeordnung unter besonderer Berücksichtigung der Beschränkung des Hoferben, Münster 1949 (zitiert: PRANGE, Die Testierfreiheit)
RAMM, THILO	"Otto Kahn-Freund und Deutschland", in: In Memoriam: Sir Otto Kahn-Freund – Internationale Gedächtnisschrift, München 1980 (zitiert: RAMM, in: Gedächtnisschrift KAHN-FREUND)
REBMANN, KURT (HRSG.)/ SÄCKER, FRANZ JÜRGEN (HRSG.)	Münchener Kommentar zum Bürgerlichen Gesetzbuch, Bd. 11, Internationales Handels- und Gesellschaftsrecht, Einführungsgesetz zum Bürgerlichen Gesetzbuch (Art. 50 – 237), 3. Aufl., München 1999 (zitiert: MÜNCHKOMM-BEARBEITER)
REBMANN, KURT (HRSG.)/ SÄCKER, FRANZ JÜRGEN (HRSG.)/ RIXECKER, ROLAND (HRSG.)	Münchener Kommentar zum Bürgerlichen Gesetzbuch, Bd. 9, Erbrecht (§§ 1922 – 2385, §§ 27 – 35 BeurkG), 3. Aufl., München 1997 (zitiert: MÜNCHKOMM-BEARBEITER)
REINEKE	"Anmerkung zu OLG Hamm vom 2. Dezember 1947", in: JMBl. NW 1948, 60

REISCHLE, HERMANN	Die geistigen Grundlagen der Marktordnung, in: Parole und Tat, Schriften der wirtschaftlichen Parole, München 1940 (zitiert: REISCHLE, Die geistigen Grundlagen)
REITMAIR, M./ KRUIS, K.	Handkommentar zum Reichserbhofgesetz, 2. Aufl., München – Berlin 1937 (zitiert: REITMAIR/KRUIS, REG)
RGRK	Das Bürgerliche Gesetzbuch mit besonderer Berücksichtigung der Rechtsprechung des Reichsgerichts und des Bundesgerichtshofs, Bd. V, 1. Teil (§§ 1922 – 2146), 12. Aufl., Berlin – New York 1974 (zitiert: RGRK-BEARBEITER)
ROBRA, RAINER	„Zweierlei Recht – Partikularrecht des Bundes als Mittel zur Steuerung komplexer Prozesse am Beispiel der Wiedervereinigung Deutschlands", in: NJW 2001, 633 ff.
RÖTELMANN, WILHELM	"Zum Referentenentwurf eines 2. ÄndG der HöfO", in: RdL 1972, 113 ff.
DERS.	"Erbrechtsgarantie und Höferecht – Zu dem Aufsatz von Barnstedt", DNotZ 1969, 14, in: DNotZ 1969, 415 ff.
SAMBRAUS	"Erbfolge kraft Höferechts und freie Bestimmung des Hoferben", in: SchlHA 1947, 281 ff.
SASSE, STEFAN	Grenzen der Vermögensperpetuierung bei Verfügungen durch den Erblasser, Frankfurt a. M. – Berlin – Bern – New York – Paris – Wien 1997 (zitiert: SASSE, Grenzen der Vermögensperpetuierung)
SAUER, ERNST	"Zur Landwirtschaftskammerfrage", in: RdL 1952, 1 ff.

SAURE, WILHELM	Das Reichserbhofgesetz – Ein Leitfaden zum Reichserbhofrecht, Berlin 1933 (zitiert: SAURE, REG)
SCHAPP, WILHELM	Boden- und Höferecht nach dem Kontrollratsgesetz 45 und den Ausführungsbestimmungen der britischen Zone, sowie der Länder Bayern, Hessen, Württemberg-Baden, Einbeck 1948 (zitiert: SCHAPP, Boden- und HöfeR)
SCHEFFLER	"Anmerkung zu OLG Düsseldorf, Beschluß v. 5.4.1950", in: JZ 1951, 20
SCHETTER, RUDOLF	"Die Neuordnung des Bodenverkehrsrechts", in: SJZ 1947, 370 ff.
SCHEYHING, ROBERT	Höfeordnung, Köln – Berlin – Bonn – München 1967 (zitiert: SCHEYHING, HöfeO)
SCHIERHOLT, STEFAN	Die Rechtsstellung des nach der Höfeordnung formlos bestimmten Hoferben und seiner Angehörigen, Passau 1992 (zitiert: SCHIERHOLT, Die Rechtsstellung)
SCHLÜTER, WILFRIED	Erbrecht, 14. Aufl., München 2000 (zitiert: SCHLÜTER, ErbR)
SCHNEBLE, HORST	Von den Grenzen der Testierfreiheit nach der Höfeordnung, Kiel 1950 (zitiert: SCHNEBLE, Von den Grenzen der Testierfreiheit)
SCHOENBAUM, DAVID	Die braune Revolution, Eine Sozialgeschichte des Dritten Reiches, Köln – Berlin 1968 (zitiert: SCHOENBAUM, Die braune Revolution)

SCHRÖDER, DIETER (HRSG.)	Das geltende Besatzungsrecht, 1. Aufl., Baden-Baden 1990 (zitiert: SCHRÖDER, Besatzungsrecht)
SCHWEDE, THOMAS CLAUS	Entwicklung und Wandel des Rechts der Agrarstruktur nach 1945, Göttingen 1980 (zitiert: SCHWEDE, Entwicklung und Wandel)
SEEHUSEN, AUGUST-WILHELM	"Zum 25jährigen Verlagsjubiläum", in: RdL 1975, 118
SERING, MAX (HRSG.)	Die Vererbung des ländlichen Grundbesitzes im Königreich Preussen, 1. Band, Oberlandesgerichtsbezirke Köln, Frankfurt a. M., Cassel, Berlin 1899 (zitiert: BEARBEITER, in: SERING, Vererbung I)
DERS. (HRSG.)	Die Vererbung des ländlichen Grundbesitzes im Königreich Preußen, 2. Band, 1. Teil: Oberlandesgerichtsbezirk Hamm, Provinz Hannover, Berlin 1900 (zitiert: BEARBEITER, in: SERING, Vererbung II, 1)
DERS. (HRSG.)	Die Vererbung des ländlichen Grundbesitzes im Königreich Preußen, 2. Band, 2. Teil: Erbrecht und Agrarverfassung in Schleswig-Holstein, Berlin 1908 (zitiert: SERING, Vererbung II, 2)
DERS. (HRSG.)	Die Vererbung des ländlichen Grundbesitzes im Königreich Preußen, 3. Band: Provinzen Sachsen, Brandenburg und Pommern, Berlin 1910 (zitiert: BEARBEITER, in: SERING, Vererbung III)
DERS.	Erbhofrecht und Entschuldung unter rechtsgeschichtlichen volkswirtschaftlichen und biologischen Gesichtspunkten, Altenburg 1934 (zitiert: SERING, Erbhofrecht und Entschuldung)

SETZ, K.	"Bäuerliche Ehre", in: DJ 1935, 1297 f.
SIEVERS, MAX (HRSG.)	Unser Kampf gegen das Dritte Reich, Stockholm 1939 (zitiert: SIEVERS, Unser Kampf)
SPENGLER, AXEL	Die niedersächsische Land- und Ernährungswirtschaft zur Zeit des Frankfurter Wirtschaftsrates 1947 – 1949, 1991 (zitiert: SPENGLER)
STAUDINGER, JULIUS V. (BEGR.)	Kommentar zum Bürgerlichen Gesetzbuch mit Einführungsgesetz und Nebengesetzen, Einführungsgesetz zum Bürgerlichen Gesetzbuch (Art. 1, 2, 50 – 218 EGBGB), 13. Bearb., Berlin 1998 (zitiert: STAUDINGER-BEARBEITER)
DERS. (BEGR.)	Kommentar zum Bürgerlichen Gesetzbuch mit Einführungsgesetz und Nebengesetzen, Einführungsgesetz zum Bürgerlichen Gesetzbuch (V. Band Erbrecht 1. Teil), 11. Aufl., Berlin 1954 (zitiert: STAUDINGER-BEARBEITER (11))
DERS. (BEGR.)	Kommentar zum Bürgerlichen Gesetzbuch mit Einführungsgesetz und Nebengesetzen, Fünftes Buch, Erbrecht, Einleitung (§§ 1922 – 1966), Neubearbeitung 2000, Berlin 2000 (zitiert: STAUDINGER-BEARBEITER)
STÖCKER, HANS A.	"Die Neuordnung der gesetzlichen Erbfolge im Spiegel des mutmaßlichen Erblasserwillens", in: FamRZ 1971, 609 ff.
DERS.	"Das Ehegattenerbrecht im zukünftigen Höferecht", in: AgrarR 1972, 341 ff.
DERS.	"Sippenbindung des Hofes – rechts- und entstehungsgeschichtliche Perspektiven der Auslegung des § 8 HöfeO", in: InfStW 1980, 412 ff.

THYSSEN, THYGE	Bauern- und Standesvertretung – Werden und Wirken des Bauerntums in Schleswig-Holstein seit der Agrarreform, Neumünster 1958 (zitiert: THYSSEN, Bauern- und Standesvertretung)
TURNER, GEORGE	Agrarrecht: ein Grundriß, Stuttgart 1994 (zitiert: TURNER, Grundriß)
VEREIN FÜR SOCIALPOLITIK (HRSG.)	Verhandlungen der am 28. und 29. September 1894 in Wien abgehaltenen Generalversammlung des Vereins für Socialpolitik über die Kartelle und das ländliche Erbrecht (Schriften des Vereins für Socialpolitik 61), Leipzig 1895 (zitiert: Schriften des VEREINS FÜR SOCIALPOLITIK 61)
VOGELS, WERNER	Reichserbhofgesetz, 4. Aufl. Berlin 1937 (zitiert: VOGELS, REG)
WAGEMANN, GUSTAV (BEARB.)/ SERING, MAX (HRSG.)/ VON DIETZE, CONSTANTIN (HRSG.)/	Die Vererbung des ländlichen Grundbesitzes in der Nachkriegszeit, 3. Teil: Die Anerbengesetze in den deutschen und außerdeutschen Ländern, (Schriftenreihe des Vereins für Socialpolitik, Bd. 178 II, III), München – Leipzig 1930 (zitiert: WAGEMANN, Die Vererbung)
WAGEMANN, GUSTAV/ HOPP, KARL	Reichserbhofgesetz, 3. Aufl., Berlin – Leipzig 1935 (zitiert: WAGEMANN/HOPP, REG)
WEITZEL, JÜRGEN	"Sonderprivatrecht aus konkretem Ordnungsdenken: Reichserbhofrecht und allgemeines Privatrecht 1933 – 1945", in: ZNR 1992, 55 ff.
WENZLAU, JOACHIM REINHOLD	Der Wiederaufbau der Justiz in Nordwestdeutschland: 1945 – 1949, Königstein/Ts. 1979 (zitiert: WENZLAU, Der Wiederaufbau der Justiz)

WICK, HARTMUT	"Die Entwicklung des Oberlandesgerichts Celle nach dem zweiten Weltkrieg", in: Festschrift zum 275jährigen Bestehen des Oberlandesgerichts Celle (1711 Oberappelationsgericht – Oberlandesgericht 1986), 233 ff., Celle 1986 (zitiert: WICK, in: Festschrift 275 Jahre OLG Celle)
WIESEN, HEINRICH	"Das Oberlandesgericht von 1945 bis zur Gegenwart", in: 75 Jahre Oberlandesgericht Düsseldorf – Festschrift, 85 ff., Köln – Berlin – Bonn – München 1989 (zitiert: WIESEN, in: Festschrift OLG Düsseldorf)
WÖHRMANN, HEINZ	"50 Jahre "Recht der Landwirtschaft"", in: RdL 2000, 399 f.
WÖHRMANN, OTTO	"Zur Aufhebung des Reichserbhofgesetzes", in: MDR 1947, 6 ff.
DERS.	"Die Bestimmung des Hoferben durch den kinderlosen Bauern", in: SchlHA 1949, 112 ff.
DERS.	„Zur Entstehungsgeschichte des neuen Landwirtschaftsrechts der britischen Zone", in: RdL 1950, 101 ff.
DERS.	Das Landwirtschaftsrecht der britischen Zone, 1. Aufl., Hannover-Kirchrode 1951 (zitiert: WÖHRMANN (1))
DERS.	"Die Höfeordnung in Nordrhein-Westfalen", in: RdL 1953, 7 ff.
DERS.	"Vom Reichserbhofgesetz zur Höfeordnung", in: Atti del Primo Convegno Internazionale di Diritto Agrario Firenze, 28 Marzo – 2 Aprile 1954, Volume Secondo, 571 ff., Milano 1954 (zitiert: WÖHRMANN, Atti del Primo Convegno)

DERS.	"Der Vorrang des männlichen Geschlechts in der Höfeordnung", in: RdL 1960, 57 ff.
DERS.	"Anmerkung zu BVerfG Urt. v. 20.3.1963", in: RdL 1963, 98 ff.
DERS.	Das Landwirtschaftsrecht, 2. Aufl., Schloß Bleckede a. d. Elbe 1966. (zitiert: WÖHRMANN (2))
DERS.	„20 Jahre Höfeordnung", in: RdL 1967, 85 ff.
WÖHRMANN, OTTO/ STÖCKER, HANS A.	Das Landwirtschaftserbrecht, 3. Aufl., Neuwied-Kriftel 1977 (zitiert: WÖHRMANN/STÖCKER (3))
DIES.	Das Landwirtschaftserbrecht, 5. Aufl., Neuwied-Kriftel 1988 (zitiert: WÖHRMANN/STÖCKER (5))
WÖHRMANN, OTTO/ STÖCKER, HANS A./ WÖHRMANN, HEINZ	Das Landwirtschaftserbrecht, 7. Aufl., Neuwied-Kriftel 1999 (zitiert: WÖHRMANN/STÖCKER (7))
ZIMMER	"Anmerkung zum LerbhGer. Celle, Beschluß vom 14. Februar 1935 – 1 EH 1451/34", in: JW 1935, 2006
ZUNS, JULIUS	Das Anerbenrecht für Rentengüter – Kritische Bemerkungen, Frankfurt a. M. 1895 (zitiert: ZUNS, Das Anerbenrecht)

Abkürzungsverzeichnis

a. F.	alte Fassung
A.T.C.	Administrative Tribunal Control Brasnch
B.S.L.R.U.	British Special Legal Research Unit
BA	Bundesarchiv, Koblenz
betr.	betreffend
brit.	britisch
BZ	Britische Zone
cal.	Kalorien
CCG (BE)	Control Commission for Germany (British Element)
d.h.	das heißt
d.V.	der Verfasser
DAgrR	Deutsches Agrarrecht (11.1943 – 12.1944)
ders.	derselbe
DJ	Deutsche Justiz
Dz	Doppelzentner
EHFV	Erbhoffortbildungsverordnung vom 30.9.1943
EHRV	Erbhofrechtsverordnung vom 21.12.1936
EHVfO	Erbhofverfahrensordnung vom 21.12.1936
Einl.	Einleitung
GrdstVG	Grundstücksverkehrsgesetz
FO	Foreign Office
H.Q.	Headquaters
Ha	Hektar
HAR	Handbuch des Agrarrechts
HöfeÄndG	Gesetz zur Änderung der Höfeordnung
HöfeO	Höfeordnung
Hrsg.	Herausgeber
i.d.F.	in der Fassung
i.S.d.	im Sinne des
i.V.m.	in Verbindung mit
JW	Juristische Wochenschrift
KRG	Kontrollratsgesetz
Lit.	littera
LVO	Verfahrensordnung für Landwirtschaftssachen vom 2.12.1947
m.a.W.	mit anderen Worten
m.E.	meines Erachtens

m.w.N.	mit weiteren Nachweisen
MilReg	Militärregierung
MilRegG	Militärregierungs-Gesetz
MilRegVO	Miltitärregierungs-Verordnung
NA	Niedersächsisches Hauptstaatsarchiv Hannover
OGH	Oberster Gerichtshof
OGHZ	Entscheidungen des Obersten Gerichtshofes für die Britische Zone in Zivilsachen
OLGPräs	Oberlandesgerichtspräsident
ÖsterrNotZ	Österreichische Notariatszeitung
PRO	Public Record Office, London
R	Rückseite
RdRN	Recht des Reichsnährstandes
REG	Reichserbhofgesetz vom 29.9.1933
S.L.A.B.	Special Legal Advice Bureau
SchlHA	Schleswig-Holsteinische Anzeigen
SJZ	Süddeutsche Juristen Zeitschrift
Sp.	Spalte
vgl.	vergleiche
WRV	Weimarer Reichsverfassung
z.B.	zum Beispiel
Z.E.C.O.	Zonal Executive Office
z.T.	zum Teil
zit.	zitiert
ZWS	Zeitschrift für Wirtschafts- und Sozialwissenschaften (früher: Schmollers Jahrbuch)

Hinsichtlich der Abkürzungen im Übrigen wird verwiesen auf Hildebert Kirchner, Abkürzungsverzeichnis der Rechtssprache, 3. Aufl. Berlin – New York 1983 sowie die Bibliographie des deutschen Agarrechts 1966 – 1975, bearbeitet von Wolfgang Winkler, Köln – Berlin – Bonn – München 1977.

"On no account can the British administration consent to the Courts applying the Reichserbhofgesetz and its ancillary legislation as they now stand. They are permeated with Nazi ideology which must be expurgated before they can be treated as effective."

Schreiben des Direktors der A.T.C. Branch in Herford, S.L. Howes, an die Legal Division in London vom 10. September 1946.

"Die Höfeordnung selber kann als ein erster positiver Beitrag zum Wiederaufbau Deutschlands gewertet werden."

Dr. Otto Wöhrmann in seinem Beitrag zum Primo Convegno Internazionale di Diritto Agrario, Firenze, 28 Marzo – 2 Aprile 1954, S. 581.

A. Einleitung

I. Zielsetzung und methodische Vorgehensweise

Im Anschluss an den Zweiten Weltkrieg stellte sich sowohl den alliierten Besatzungsmächten als auch den deutschen Stellen die Frage nach dem Umgang mit den reichserbhofrechtlichen Regelungen. Früh wurde dabei deutlich, dass die Reform des Landwirtschaftsrechts eine der zentralen rechtlichen, daneben jedoch auch ernährungswirtschaftlichen Aufgaben darstellte. Am Ende zumindest eines Teils der hierdurch veranlassten Reformbestrebungen stand in dem Gebiet der damaligen britischen Besatzungszone die Höfeordnung (HöfeO). Erlassen wurde sie von dem Zonenbefehlshaber als Anlage B der britischen Militärregierungs-Verordnung (MilRegVO) Nr. 84 vom 24. April 1947[1].

1. Gegenstand und Zielsetzung

Zielsetzung der vorliegenden Arbeit ist die rechtshistorische Einordnung der Ausarbeitung der HöfeO vor dem Hintergrund der Bedeutung der Landwirtschaftsrechtsreform in der unmittelbaren Nachkriegszeit. Eine ausführliche Betrachtung der Neuregelung des Landwirtschaftsrechts nach dem Zweiten Weltkrieg – insbesondere der Erarbeitung der HöfeO für die britische Besatzungszone – liegt bisher nicht vor. Eine kurze Darstellung der Entwicklungsstadien und der Bemühungen um eine Landwirtschaftsrechtsreform lieferte WÖHRMANN[2], der seinerseits maßgeblich an den Gesetzgebungsarbeiten beteiligt war. Daneben finden sich in der rechtswissenschaftlichen Literatur zwar einige Hinweise im Hinblick auf die mit der Neuregelung verfolgten Zielsetzungen und Grundgedanken[3], eine umfassende Untersuchung existiert jedoch nicht. Auch ist die konkrete Umsetzung der zu Grunde gelegten Leitgedanken in den Regelungen der einzelnen Reformentwürfe und der HöfeO ebenso wie eine rechtsgeschichtliche Aufarbeitung der britischen Beteiligung an den Gesetzgebungsarbeiten noch nicht dargestellt worden.

Dem Bodenrecht kommt aus rechtshistorischer Sicht eine maßgebende Rolle bei der Betrachtung soziokultureller Entwicklungen zu, dient es doch im hohen Maße der Erkennbarkeit von *"Geist und Gepräge der jeweiligen Zeitverhältnisse"*[4].

---

[1] VOBl. BZ, S. 33.
[2] WÖHRMANN (2), Vorbem. Rn. 1 ff.; ders. RdL 1950, 101 ff. und RdL 1967, 85 ff. Zu der Bedeutung WÖHRMANNS für das Landwirtschaftsrecht und zu seinem Gesamtwerk siehe KROESCHELL, AgrarR 1973, 33 ff.; zu den zahlreichen Nachkriegsveröffentlichungen KROESCHELL/WINKLER, Bibliographie, Nr. 678 – 681 sowie 965 – 1010; zu seiner Stellung als Schriftleiter der RdL 1949 bis 1970 SEEHUSEN, RdL 1975, 118; WÖHRMANN, RdL 2000, 309 f.; zum Lebenslauf WÖHRMANNS, Atti del Primo Convegno, S. 574.
[3] So z.B. HENRICI, RdL 1950, 104 ff.
[4] SCHETTER, SJZ 1947, 370 (370).

Anhand seiner Kodifizierung oder Überlieferung können Rückschlüsse auf die geschichtlichen Formen gemeinschaftlicher Bodennutzung, die Entwicklung der Grund- und Gutsherrschaft oder beispielsweise der Bauernbefreiung gezogen werden[5]. Auch die neuere Anerbenrechtsentwicklung ermöglicht in hohem Maße, Aussagen zu der staatlichen Wirtschaftsordnung sowie zu den Eigenheiten bäuerlicher Anschauungen zu treffen. So spiegeln die im Reichserbhofrecht festgelegten Grundsätze wie in kaum einem anderen Rechtsgebiet die nationalsozialistische Ideologie und das damit einhergehende Staats- und Wirtschaftsverständnis wider, und es verwundert nicht, dass der Nationalsozialismus dem Bodenrecht eine hohe Bedeutung hat zukommen lassen und dass mit Beginn der Machtübernahme durch die Nationalsozialisten eine intensive Einbindung des landwirtschaftlichen Bodenrechts in das totalitäre Staatssystem erfolgte.

Umso dringlicher und wichtiger erschien infolgedessen die Neuordnung des landwirtschaftlichen Bodenrechts nach dem Zusammenbruch des „Dritten Reichs". Allein die zu einem sehr frühen Zeitpunkt einsetzenden Bestrebungen und Versuche der Reform des Landwirtschaftsrechts sowohl von britischer[6] als auch von deutscher[7] Seite verdeutlichen den erheblichen Stellenwert der Neugestaltung. Beide Seiten waren unmittelbar nach Ende des Zweiten Weltkriegs bemüht, eine Umbildung des landwirtschaftlichen Bodenrechts möglichst schnell herbeizuführen.

Die gegenwärtige ökonomische Bedeutung des Anerbenrechts ist aufgrund der Verhältnisverschiebung zugunsten industrieller Produktion und globaler Lebensmittelimporte im Vergleich zu dem wesentlich agrarwirtschaftlich bestimmten Nachkriegsdeutschland ersichtlich geringer. Auch kommt einer gesetzlichen Anerbenordnung aufgrund der häufig praktizierten Hofübergabe zu Lebzeiten bzw. testamentarischer oder erbvertraglicher Regelungen in ihrem eigentlichen

---

[5] SCHETTER, a.a.O., zur Umsetzung dessen siehe KROESCHELL, AgrarR 1978, 147 ff. MÜLLER, Der überlebende Ehegatte, S. 1 spricht von dem Anerbenrecht als *"Spiegelbild seiner Zeit"*.

[6] Bereits im August 1945 wurde aufgrund des Vorschlags des Legal Directorates ein Komittee zum Reichserbhofgesetz eingesetzt (*Report of the Chairman des Legal Directorate* vom 20.3.1946, in: FO 937/41 (PRO) (hierzu näher unten B III 1 [S. 26 f.]); vgl. auch *"Report on restrictions of freedom of management; Transfer inter vivos and devolution upon death in respect of agricultural property in Germany"* der B.S.L.R.U. vom 14.9.1945 (hierzu näher unten B II 2 [S. 24]), in: FO 937/41 (PRO).

[7] So wurde bereits am 18. Oktober 1945 ein umfangreicher Fragebogen zur Umgestaltung des Reichserbhofrechts am OLG Celle erarbeitet, in: Nds. 50, Nr. 123 (NA). Daneben begann schon im Herbst 1945 die Ausarbeitung eines Entwurfes zu einer Verordnung der vorläufigen Regelung des Verfahrens in Pachtschutz-, Landbewirtschaftungs- und Erbhofsachen, hierzu WÖHRMANN (1), S. 20; ders., RdL 1950, 101 (102).

Anwendungsbereich heute nur die subsidiäre Rolle einer *"Auffangregelung"* zu[8]. Gleichwohl wurde dem Agrarrecht in der Nachkriegszeit aus alliierter ebenso wie aus deutscher Sicht ein außergewöhnlicher wirtschaftlicher Stellenwert zugemessen[9]. So findet sich auch auf britischer Seite regelmäßig der Hinweis, dass es sich bei der Neuregelung des Landwirtschaftsrechts um eine langwierige und schwierige Aufgabe handele, die größter Sorgfalt bedürfe, um *"nicht tausende von neuen Härtefällen zu schaffen und jegliche Störung in der Lebensmittelversorgung zu vermeiden"*[10], und dass die gesetzliche Regelung der Landwirtschaft eine Aufgabe von *"höchster Priorität"* sei[11].

Die HöfeO ist damit im Vergleich zu heute unter Berücksichtigung grundsätzlich andersgearteter agrarwirtschaftlicher Verhältnisse entstanden[12]. Zum einen war Deutschland Mitte des 20. Jahrhunderts generell weitaus intensiver durch die Agrarwirtschaft geprägt, als es gegenwärtig der Fall ist. Darüber hinaus kam nach dem Zusammenbruch Deutschlands die desolate Ernährungslage erschwerend hinzu. Der hohe wirtschaftliche Stellenwert der Landwirtschaft lässt sich bereits anhand der Nennung der Land- und Forstwirtschaft im III. Abschnitt Teil B Nr. 14 lit. b) der Mitteilung der Dreimächtekonferenz von Berlin vom 2. August 1945 (Potsdamer Abkommen) sowie an den frühen Beratungen des *Alliierten Kontrollrats*[13] erkennen. Ausgangspunkt hierbei war der Grundgedanke, dass anerbenrechtliche Vorschriften aufgrund des engen Zusammenhangs zwischen dem Anerbenrecht und der Agrarverfassung die Agrarwirtschaft und damit die Ernährungslage beeinflussen könnten[14]. Demzufolge wurde die HöfeO in der Folgezeit als *"Magna Charta"* des Bauernrechts[15] bewertet.

---

[8] KROESCHELL, AgrarR 1978, 147 (148).

[9] Der wirtschaftliche Stellenwert spiegelt sich in der dem Höferecht unterliegenden Anzahl der Höfe wider: 1950 gab es innerhalb der britische Besatzungszone 126.315 land- und forstwirtschaftliche Besitzungen Höfe i.S.d. § 1 HöfeO, 1953 sogar 154.669, Zahlen nach LANGE, RdL 1954, 92 (92). Dementsprechend spricht WÖHRMANN, RdL 1967, 85 (85) von einem von Anfang an bestehenden *"auffallenden Interesse"* der britischen Besatzungsmacht an höferechtlichen Regelungen.

[10] Übersetztes Schreiben der *A.T.C. Branch* vom 6.1.1947 auf eine Anfrage zur Reformgesetzgebung für das Erbhofsystem, in: FO 1060/765 (PRO). Zur Stellung der *A.T.C. Branch* siehe B II 2 (S. 23).

[11] Schreiben der *A.T.C. Branch* vom 22.6.1946, in: FO 937/41 (PRO).

[12] BT-DRUCKS. 7/1443, S. 13.

[13] Siehe hierzu Protokolle sowie Wortprotokolle der Office of Military Government for Germany (U.S.), in: Z 45 F (BA).

[14] So bereits die 1. Kommission zur Ausarbeitung des Entwurfs eines BGB, MUGDAN I, S. 51 (Motive).

[15] FASSBENDER/PIKALO, DNotZ 1980, 67 (70).

Daneben handelt es sich bei der Neuordnung des Landwirtschaftsrechts um eine Gesetzgebung, die zwar formal auf der Gesetzgebungskompetenz der Besatzungsmächte beruhte[16], jedoch eines der ersten Rechtssetzungsverfahren der unmittelbaren Nachkriegszeit war, an deren Erarbeitung deutsche Stellen maßgeblich beteiligt wurden. Dies ist umso beachtlicher, als die britische Besatzungsmacht legislative und exekutive Befugnisse grundsätzlich deutlich langsamer auf deutsche Stellen übertrug als die Amerikaner[17], die Federführung bezüglich der Gesetzgebungsarbeiten der Anerbenrechtsreform jedoch im Einverständnis mit der britischen Besatzungsmacht im Wesentlichen bei den neu geschaffenen deutschen Stellen des Zentraljustizamts und des Zentralamts für Ernährung und Landwirtschaft lag[18]. Auch diese Vorgehensweise spiegelt die Bedeutung der Schaffung eines Landwirtschaftsrechts in der direkten Nachkriegszeit wider.

Im Folgenden sollen das Festhalten am landwirtschaftlichen Anerbenrecht und der damit verbundene Versuch, die landwirtschaftlichen Boden- sowie Produktionsverhältnisse nach dem Zweiten Weltkrieg zu steuern, eine rechtsgeschichtliche Einordnung vor dem Hintergrund der damit verbundenen Zielsetzung erfahren. Gleichzeitig sollen dabei der Umgang und die Auseinandersetzung mit den zu einem großen Teil mit nationalsozialistischer Ideologie durchsetzten Normen des Reichserbhofgesetzes (REG) vom 29. September 1933[19] sowie seiner Nebengesetze und die Umsetzung der unter der Geltung des REG gemachten Erfahrungen mit dessen starrer Anerbenfolge betrachtet werden.

Konkret wird vor dem Hintergrund der historischen Entwicklung der Frage nachgegangen, ob die HöfeO in ihrer Ursprungsfassung als *"Neuschöpfung"*[20] als eine Abkehr vom nationalsozialistischen Recht des REG gelten kann, oder ob sie nicht zumindest in Teilen eine direkte Fortsetzung des REG und damit lediglich ein *"gemildertes Erbhofrecht"*[21] bzw., wie es eine zeitgenössische Kritik formulierte, eine *"Wiedereinführung des Erbhofrechts in abgeänderter Form"*[22] darstellte.

---

[16] Hierzu im Einzelnen unten B II 1 (S. 21 ff.).
[17] Akten zur Vorgeschichte der Bundesrepublik Deutschland, Einl., S. 44.
[18] Hierzu unten B II 1 (S. 21 ff.).
[19] RGBl. I, S. 685.
[20] WÖHRMANN (1), S. 36.
[21] LANGE/KUCHINKE, § 2 III 1 d).
[22] So der Landesminister für Justiz in Schleswig-Holstein, KUHNT, zum Entwurf der MilRegVO Nr. 84 in einem Schreiben an das Zentraljustizamt vom 5.4.1947, in: Z 21/1165, 124 (BA).

Die Veranschaulichung und rechtsgeschichtliche Einordnung der Erstellung der HöfeO dient damit der Lückenschließung der Betrachtung des deutschen Höferechts nach dem Zweiten Weltkrieg.

Zu diesem Zweck wird die rechtswissenschaftliche Debatte und Diskussion hinsichtlich der Neuregelung des Landwirtschaftsrechts ab 1945 bis zum Erlass der HöfeO im Jahre 1947 unter Berücksichtigung der jüngeren historischen Entwicklung des Anerbenrechts aufgezeigt. Dargestellt werden soll, welche Grundgedanken der Reform des landwirtschaftlichen Anerbenrechts durch die HöfeO von den deutschen und den britischen Stellen zu Grunde gelegt wurden, sowie deren konkrete Umsetzung vor dem Hintergrund der jüngeren Anerbenrechtstradition.

2. Quellen und Vorgehensweise

Bei den ausgewerteten Quellen und Materialien für diese Arbeit handelt es sich zu einem maßgeblichen Teil um die im Original vorhandenen Akten des Zentraljustizamts und des Zentralamts für Ernährung und Landwirtschaft für die Britische Besatzungszone zum Höferecht aus dem Bundesarchiv in Koblenz sowie die Akten der *Control Commission for Germany, British Element,* im Public Record Office in London. Des Weiteren erwies sich der noch vorhandene persönliche Nachlass OTTO WÖHRMANNS als sehr hilfreich. Daneben wurde der Aktenbestand des Hauptstaatsarchivs Hannover, das die Unterlagen der Staatskanzlei sowie des Oberlandesgerichts Celle als maßgeblich an der Erarbeitung der HöfeO beteiligte Stelle archiviert, berücksichtigt. Hinzuweisen ist allerdings darauf, dass lediglich die Generalakten, hingegen nicht die unter Umständen sehr aufschlussreichen Handakten eine Aufbewahrung erfahren haben.

Der genannte Aktenbestand wurde von dem Verfasser eingesehen und ausgewertet. Soweit sich Originalstellen des Aktenmaterials als besonders wesentlich oder aufschlussreich darstellten, wurden diese wörtlich zitiert.

Vor dem Hintergrund des Gegenstandes und der Zielsetzung der Arbeit werden zunächst der Erlass der HöfeO sowie die an der Erarbeitung beteiligten Stellen und die Entwicklungsstadien aufgezeigt (Teil B). Der Hauptteil der Arbeit (Teil C) dient der Betrachtung der Grundgedanken der Anerbenrechtsreform und deren Umsetzung. Unterteilt ist dieser Abschnitt in sechs Teile. Im Einzelnen sind dieses das Festhalten an der Anerbensitte (I.), die Vermeidung der Rechtszersplitterung und Rechtsunsicherheit (II.), die Sicherung der Ernährungslage (III.), die Wiedereinführung der Testierfreiheit (IV.), die Wiedereinführung und Sicherstellung des Leistungsgedankens (V.) sowie die Entideologisierung des Höferechts (VI.) mit ihren jeweiligen Unterpunkten. Hierbei war der Verfasser bemüht, die Diskussion und die einzelnen Entwurfsstadien – soweit sie nachzuvollziehen sind – zu berücksichtigen und jeweils eine kurze Beurteilung und rechtshistorische Einordnung anhand der jüngeren Anerbenrechtsentwicklung vorzunehmen. In der Schlussbetrachtung (Teil D) erfolgt dann eine zusammenfassende Bewertung der untersuchten Grundgedanken und deren konkreter Umsetzung.

II. Begriff des Anerbenrechts

Die gesetzliche Erbfolge des allgemeinen Erbrechts nach den §§ 1923 ff. BGB führt regelmäßig zu einer Zerschlagung der Erbmasse als wirtschaftlicher Einheit, da Erben gleicher Ordnung jeweils zu gleichen Teilen erben. Ebenso ist der Erblasser bei gewillkürter Erbeinsetzung berechtigt, über sein Erbe zu bestimmen und zu verfügen und somit die Erbmasse als Wirtschaftseinheit mehreren Erben (§ 2032 BGB) zukommen zu lassen[23]. Macht er von dieser Möglichkeit Gebrauch, so teilt sich die zuvor als Ganzes bestehende Vermögensmasse in die einzelnen Erbteile auf. Grundsätzlich lässt das allgemeine Erbrecht damit unberücksichtigt, ob ein im Nachlass stehendes wirtschaftliches Unternehmen im Falle einer Erbauseinandersetzung zerschlagen oder überschuldet wird[24].

Das Anerbenrecht sieht dagegen abweichend von den allgemeinen Erbfolgegrundsätzen eine Sonderregelung der Erbfolge in land- und forstwirtschaftliche Grundstücke[25] vor: Es schränkt die Erbteilung für landwirtschaftliches Grundeigentum (Höfe) ein bzw. schließt sie ganz aus. Anders als beim Fideikommißrecht handelt es sich bei dem Anerbenrecht jedoch rechtsdogmatisch nicht um die Begründung eines Sondervermögens in Bezug auf das Hofeigentum des Erblassers, sondern um ein Sondererbrecht. Damit leitet der Anerbe sein Recht als direkter Nachfolger des Erblassers ab, der Fideikommißfolger hingegen nicht von seinem Besitzvorgänger, sondern dem Fideikommißstifter (Successio ex pacto et providentia majorum)[26]. Fideikommisse stellen ein regelmäßig vom freien Eigentum des jeweiligen Besitzers verschiedenes Sondervermögen dar, somit ein nicht frei vererbliches Eigentum. In dieses Sondervermögen können nur die vom ersten Besitzer abstammenden Angehörigen nach einer bestimmten Folgeordnung nachfolgen, d.h. es besteht eine besondere (regelmäßig Einzel-) Erbfolge in das Fideikommiß. Der Fideikommißfolger ist damit – anders als der Anerbe – grundsätzlich in der Verfügung über das Gut hinsichtlich einer Veräußerung oder Belastung bereits zu Lebzeiten beschränkt.

---

[23] Drastisch formuliert LANGE/KUCHINKE, § 53 I 1 a): „*Das BGB begünstigt den Zerfall einer Wirtschaftseinheit*".

[24] NIES, Boden- und Erbrecht, S. 89. Eine Ausnahme ergibt sich allerdings gemäß § 2049 BGB bei der vom Erblasser angeordneten Übernahme eines Landgutes, das nicht zum Verkehrs-, sondern zum Ertragswert angesetzt werden soll. Siehe auch § 13 i.V.m. § 16 Abs. 1 GrdstVG sowie zur Berechnung des Pflichtteils § 2312 BGB.

[25] RGRK-KREGEL, Einl. § 1922, Rn. 6.

[26] WAGEMANN, Die Vererbung, S. 4 f.; HAACK, Grundriß, S. 178 ff.; KATERBERG, Die Schranken, S. 8.

Das Anerbenrecht kann entweder als eine echte Sonderrechtsnachfolge des Anerben in den Hof[27] oder als bloßes schuldrechtliches Übernahmerecht des Anerben hinsichtlich des Hofes gegenüber den übrigen Miterben[28] ausgestaltet sein[29]. Die HöfeO schreibt eine echte Sonderrechtsnachfolge des Anerben fest[30] und stellt daher im Einklang mit Art. 64 EGBGB[31] ein materielles landwirtschaftliches Sondererbrecht[32] dar. Der Hof fällt im Erbfall nicht zunächst in den gemeinschaftlichen Nachlass einer Erbengemeinschaft. Vielmehr geht der dem Anerbenrecht unterliegende Hof als Ganzes durch Spezial-Sukzession unmittelbar mit dem Tod des Erblassers auf den Anerben über. Eine Erbengemeinschaft mit daneben bestehenden Miterben kann dann nur noch hinsichtlich des nicht

---

[27] PALANDT-EDENHOFER (61), Art. 64 EGBGB, Rn. 1 spricht hierbei vom „*HöfeR im engeren Sinne*"; vgl. auch SCHLÜTER, ErbR, Rn. 43. Zu dem ebenfalls verwandten Begriff des *Vindikationslegats* und dessen Abgrenzung zum *Damnationslegat* siehe WAGEMANN, Die Vererbung, S. 14 f. sowie PIKALO, in: Gedächtnisschrift SCHMIDT, S. 513.

[28] Sog. „*HöfeR im weiteren Sinne*" nach PALANDT-EDENHOFER (61), Art. 64 EGBGB, Rn. 1. Vgl. zur Diskussion um die beiden Systeme bei Einführung des BGB MUGDAN I, S. 55 (Motive). Anders unterscheidet DIETRICH, ÖsterrNotZ 1953, 113 (113), der unter Höferecht im weiteren Sinne den Inbegriff der Vorschriften "*die durch Aufstellung von Verfügungsbeschränkungen die Erhaltung von landwirtschaftlichen Besitzungen mittlerer Größe im bisherigen Bestand bezwecken*" versteht, während Höferecht im engeren Sinne die "*bezüglichen Vorschriften für Geschäfte unter Lebenden*" und das Anerbenrecht die "*bezüglichen Vorschriften für Sterbefälle (Erbfolge)*" sein sollen.

[29] MÜNCHKOMM-LEIPOLD, Einl. vor § 1922, Rn. 67; MÜLLER, Der überlebende Ehegatte, S. 5 f.

[30] Ebenso für die Sondererbfolge in den Hof entschieden sich die Anerbengesetze in Württemberg-Baden und Württemberg-Hohenzollern (WürttAnerbG v. 14.02.1930 i.d.F. der Bek. v. 30.7.1948 [RegBl., S. 165], die mit Wirkung vom 31.12.2000 aufgrund der Anlage 2 zu Art. 1 des Dritten Rechtsbereinigungsgesetzes [GVBl. 96, S. 29 ff.] außer Kraft gesetzt wurden), Rheinland-Pfalz (HO-RhPf v. 7.10.1953 i.d.F. v. 18.4.1967 [GVBl., S. 138]) und Bremen (BremHöfeG v. 18.7.1899 i.d.F. der Bek. v. 19.7.1948 [GBl., S. 327]). Ein Anspruch auf Zuweisung in der Erbauseinandersetzung ergab sich dagegen in Hessen (HessLGO v. 1.12.1947 i.d.F. der Bek. v. 13.8.1970 [GVBl., S. 547]) sowie Baden (BadHofGG v. 20.8.1898 i.d.F. v. 12.7.1949 [GVBl, S. 288]). Die Länder Bayern, Berlin und das Saarland haben gänzlich von dem Erlass von Anerbengesetzen abgesehen. Hierzu im Einzelnen PALANDT/EDENHOFER (61), Art. 64 EGBGB, Rn. 7 f.; LANGE/KUCHINKE, § 53 I 3 a) sowie MÜNCHKOMM-SÄCKER, Art. 64 EGBGB, Rn. 6. Zur dogmatischen Einordnung der Hofnachfolge als Sondererbfolge und der Abgrenzung zur römischrechtlichen Einzelzuwendung sowie der dinglich wirkenden Teilungsanordnung, NIEMEIER, Die Sondererbfolge, S. 17 ff. (S. 31 ff.). Zur Anerbenrechtsentwicklung im europäischen Ausland, ders., a.a.O., S. 12.

[31] STAUDINGER-MAYER, Art. 64 EGBGB, Rn. 21.

[32] PIKALO, NJW 1959, 1609 (1609); LANGE/KUCHINKE, § 53 I 3 a). KAHLKE, SchlHA 1964, 247 (252) ist der Ansicht, bei der HöfeO handele es sich nicht nur um ein bloßes Sondererbrecht, sondern sie stelle darüber hinaus eine privatrechtliche Lebensordnung dar, die dazu diene, das bäuerliche Familiengut der Familie zu erhalten.

anerbenrechtlich gebundenen Nachlasses bestehen. Hof und hoffreies Vermögen vererben sich als zwei rechtlich selbständige Vermögensmassen nach unterschiedlichen rechtlichen Regelungen. Hinsichtlich des Hofes steht den Miterben in diesen Fällen regelmäßig lediglich ein schuldrechtlicher Abfindungsanspruch zu, der sich stets nach einem niedrigen Wertansatz bemisst[33]. Auf diese Weise soll – so der Grundgedanke des Anerbenrechts – der Gefahr einer Zersplitterung bzw. Überschuldung des Hofes aufgrund einer nach § 2042 Abs. 1 BGB möglichen Auseinandersetzung der Erbengemeinschaft entgegengewirkt und der Hof als Wirtschaftseinheit erhalten werden[34].

Als Anerbenrecht i.S.d. HöfeO ist ebenso wie in Art. 64 EGBGB daher die Gesamtheit all derjenigen Bestimmungen zu verstehen, die dazu dienen, in Abkehr vom allgemein geltenden Erbrecht land- bzw. forstwirtschaftliche Grundstücke (Hof, Hofgut, Anerbengut, Landgut, Bauerngut) einschließlich ihres Zubehörs unter Vermeidung einer erbengemeinschaftlichen Stellung mehrerer und unter Vermeidung oder Minderung von Abfindungsbelastungen als Ganzes einem Einzelnen (als Anerben) zukommen zu lassen[35]. Umfasst hiervon sind daneben auch diejenigen Bestimmungen, die diese Hoferbfolge sichern, unterstützen und ergänzen[36]. Zum Teil wird nur das ältere landwirtschaftliche Sondererbrecht als Anerbenrecht bezeichnet, das neuere seit Mitte des 19. Jahrhunderts in einer Reihe von deutschen Ländern kodifizierte Sondererbrecht[37] hingegen als Höferecht[38]. Im Folgenden werden jedoch beide Begriffe gleichbedeutend verwendet, da sich eine einheitliche Differenzierung der Begrifflichkeiten nicht durchgesetzt hat und auch bei den neueren gesetzlichen Regelungen, insbesondere bei der Erstellung der HöfeO, stets von dem Anerbenrecht die Rede war.

---

[33] STAUDINGER-MAYER, Art. 64 EGBGB, Rn. 21.
[34] LANGE/KUCHINKE, § 53 I 1 b).
[35] KREUZER, in: HAR I, Sp. 259.
[36] Für das Pflichtteilsrecht OLG Braunschweig, OLGE 16, 274 ff.; STAUDINGER-MAYER, Art. 64 EGBGB, Rn. 18; MÜNCHKOMM-LEIPOLD, Einl. vor § 1922, Rn. 67.
[37] Hierzu unten C IV 3 (S. 105 ff.).
[38] KREUZER, in: HAR I, Sp. 259.

III. Entwicklung des Anerbenrechts

1. Anerbenrecht vor 1933

Ein einheitliches Anerbenrecht für Deutschland hat vor der Kodifikation des nationalsozialistischen Erbhofrechts 1933 zu keiner Zeit bestanden. Vielmehr bildete sich in einigen Teilen Deutschlands eine Anerbensitte[39] gewohnheitsrechtlich heraus. Seit dem späten Mittelalter entstand auf diesem Weg ein lokales Gewohnheitsrecht[40], das sich seinerseits oftmals in Dorfordnungen, Weistümern und Hofordnungen manifestierte[41] und mit Erstarken der Landeshoheit später dann z.T. in landesherrliche Verordnungen überging[42]. In anderen Gebieten herrschte dagegen seit Jahrhunderten das Prinzip der Realteilung[43]. Bis zum Erlass des REG war insbesondere in den Gebieten des oberen und mittleren Rheins, an der Mosel, Sieg[44] und Lahn[45], in der Wetterau sowie einem breiten Gebiet neckaraufwärts bis unter die Schwäbische Alb[46] die Realteilung vorherrschend. Gleiches galt für die Nordseeküste, insbesondere die ostfriesischen Marschen, in Dithmarschen und Eiderstedt[47], ebenso wie in einem weiten Teil Main-

---

[39] Im Gegensatz zu Anerbengesetzen handelt es sich bei der Anerbensitte lediglich um die Rechtsgewohnheit der geschlossenen Hofübergabe an einen Nachfahren. Festzustellen ist jedoch, dass die regionalen Verbreitungsgebiete der Anerbensitte und der Anerbengesetze keinesfalls deckungsgleich sind, hierzu KROESCHELL, AgrarR 1978, 147 (147).

[40] Usprünglich diente dieses Recht zwar auch der Vermeidung der Zersplitterung landwirtschaftlicher Nutzflächen, es entwickelte sich jedoch nicht im Interesse des Bauern, sondern des Grundherren als Eigentümer der bewirtschafteten Fläche, hierzu KROESCHELL, a.a.O. (150).

[41] KATERBERG, Die Schranken, S. 9; STAUDINGER-MAYER, Art. 64 EGBGB, Rn. 3.

[42] Sog. *„ältere Anerbengesetzgebung"*, LANGE/KUCHINKE, § 53 I 2 a); TURNER, Grundriß, S. 36 spricht von einem *„anerbenrechtlichen Mehrrechtsstaat"*.

[43] LANGE/KUCHINKE, § 53 I 2 a).

[44] Hierzu Karte *Vererbungsweise des selbständigen bäuerlichen Grundbesitzes im Bezirk des Oberlandesgerichtes Köln* bei WYGODZINSKI, in: SERING, Vererbung I (siehe hier auch die Seiten 42 ff.) sowie Karte *Vererbung des selbständigen bäuerlichen Grundbesitzes Oberlandesgerichtsbezirk Hamm* bei GRAF VON SPEE, in: SERING, Vererbung II, 1, Anh.

[45] Hierzu Karte *Vererbungsweise des selbständigen bäuerlichen Grundbesitzes im Bezirk der Oberlandesgerichtsbezirke Frankfurt und Cassel* bei HIRSCH und HOLZAPFEL, in: SERING, Vererbung I, Anh.

[46] Hierzu Karte *Vererbungsweise des selbständigen bäuerlichen Grundbesitzes Hohenzollersches Land* bei SERING, Vererbung I, Anh.

[47] Hierzu Karte *Vererbungsweise des selbständigen bäuerlichen Grundbesitzes in der Provinz Schleswig-Holstein* bei SERING, Vererbung II, 2, Anh.; zu Eiderstedt a.a.O., S. 450 f.; zu Dithmarschen, a.a.O., S. 489. Zum Harz siehe Karte *Vererbung des selbständigen bäuerlichen Grundbesitzes in der Provinz Hannover und im Kreis Rinteln* bei GROSSMANN, in: SERING, Vererbung II, 1, Anh.

frankens und dem Gebiet nördlich des Thüringer Waldes bis südlich des Ober-Harzes[48]. In den übrigen Gebieten galt dagegen die Anerbensitte[49].

Über die Gründe für diese ausgeprägte regionale Zersplitterung der bäuerlichen Rechtsgepflogenheiten wurde zwar viel spekuliert[50], ihre genaue Ursache ist bislang jedoch ungeklärt. Die Einzelrechtsnachfolge in bäuerliche Güter setzte sich seit dem späten Mittelalter in den Gebieten fort, in denen es den Gutsherren gelang, den Güterschluss einzuführen und somit die Teilung der Güter zu überwinden[51], indem sie auf eine geschlossene Erbfolge in Bezug auf den Hof hinwirkten[52]. Die Gesetzgebungskommission ging bei Schaffung des BGB davon aus, dass das Anerbenrecht aus den Hof- und Territorialrechten des Mittelalters hervorgegangen sei und zunächst primär den Interessen der Grund- und Landesherren an der Erhaltung eines leistungsfähigen Bauernstandes hinsichtlich *"Zinsen, Zehnten und Frohnen"* gedient habe. Erst in späterer Zeit sei dann der Gedanke hinzugekommen, dass eine geschlossene Vererbung auch den bäuerlichen Interessen sowie dem Allgemeininteresse diene[53].

Im 19. Jahrhundert führte die Bauern- und Bodenbefreiung[54] zu der vollständigen Auflösung der alten Agrarverfassung[55]. Einhergehend damit sah der aufkommende Liberalismus im Anerbenrecht eine Verletzung der Testierfreiheit und des Prinzips der Rechtsgleichheit (im Hinblick auf die Ungleichbehandlung des Anerben im Verhältnis zu den weichenden Erben) und damit einen Verstoß

---

[48] Hierzu Karte *Vererbungsweise des selbständigen bäuerlichen Grundbesitzes in der Provinz Sachsen* bei GRABEIN, in: SERING, Vererbung III, Anh.

[49] Zu der regionalen Aufteilung KROESCHELL, AgrarR 1978, 147 (148); Karte bei WAGEMANN, Die Vererbung, S. 247; KROESCHELL, in: HAR I, Sp. 174 f.

[50] Einen Überblick zu den einzelnen Erklärungsansätzen liefern WÖHRMANN/STÖCKER (7), Einl., Rn. 6.; KLUNZINGER, Anerbenrecht, S. 28 ff.; KROESCHELL weist in AgrarR 1978, 147 (148 ff.) allerdings nach, dass die germanischen Rechte das Anerbenrecht nicht kannten und tritt damit den Versuchen nationalsozialistischer Autoren (z.B. VOGELS, REG, Einl., S. 173 m.w.N.; WAGEMANN/HOPP, REG, Einl. S. 50) entgegen, die Anerbensitte auf einen wesensgemäß germanischen Ursprung zurückzuführen; ebenso KATERBERG, Die Schranken, S. 6 f.; FASSBENDER/HÖTZEL/VON JEINSEN/PIKALO, Einl., Rn. 5 ff., 14.

[51] KROESCHELL, AgrarR 1978, 147 (155).

[52] WÖHRMANN/STÖCKER (7), Einl., Rn. 5 mit dem Hinweis, dass der Gutsherr die Erben auf diesem Weg den Erbprinzipien unterwerfen wollten, die so oder ähnlich auch für ihn galten.

[53] MUGDAN I, S. 55 (Motive).

[54] Hierzu KROESCHELL, AgrarR 1978, 147 (151 m.w.N.), der vor allem in der Bodenbefreiung, d.h. der *„Beseitigung all dessen, was den Bauern in der freien Bodennutzung und -verfügung beschränkte"* eine *„für die Entwicklung der modernen Landwirtschaft"* unerlässliche Notwendigkeit sieht.

[55] HAACK, Grundriß, S. 1 ff.; BITTING, Die Aufhebung, S. 8.

gegen den der Aufklärung entstammenden Gedanken der freien, individuellen Verfügbarkeit über Eigentum[56]. Anerbenrechtliche Regelungen wurden oftmals aufgehoben und eine Vererbung nach Realteilungsgrundsätzen vorgenommen[57]. Insbesondere in den linksrheinischen Gebieten fand unter dem Einfluss des französischen *Code Civil*, der dem Grundsatz der gleichen Beteiligung aller Erben einer Ordnung am Nachlass folgte, eine Abkehr von der Anerbensitte statt[58]. Dieser Entwicklung versuchten die deutschen Staaten in der zweiten Hälfte des 19. Jahrhunderts durch den Erlass einer Anzahl von Anerbengesetzen entgegenzuwirken[59], die ihrerseits jedoch allesamt die Realteilung fakultativ[60] ermöglichten[61]. Grundlage hierfür waren das bayrische Gesetz *"betreffend die landwirtschaftlichen Erbgüter im diesrheinischen Bayern"* vom 22. Februar 1855, das hessische *Gesetz die landwirtschaftlichen Güter betreffend* vom 11. September 1858, deren praktische Bedeutung gering war[62], und später das preußische *Gesetz, betreffend das Höferecht in der Provinz Hannover* vom 2. Juni 1874[63]. Auf diese Weise sollte das Rechtsinstitut der Familienfideikomisse des niederen Adels auf den Bauernstand übertragen werden[64].

---

[56] So weist KROESCHELL, AgrarR 1978, 147 (151) nach, dass die freie Verfügung über das Grundeigentum wesentliches Ziel der Bodenpolitik der liberalen Strömungen des 19. Jahrhunderts war. Siehe auch KLUNZINGER, Anerbenrecht, S. 39 f.

[57] LANGE/KUCHINKE, § 53 I 2 b); STAUDINGER-MAYER, Art. 64 EGBGB, Rn. 3.

[58] KATERBERG, Die Schranken, S. 10; NIEMEIER, Die Sondererbfolge, S. 7.

[59] Sog. *„neuere Anerbengesetzgebung"*; vgl. LANGE/KUCHINKE, § 53 I 2 b); KROESCHELL, AgrarR 1978, 147 (152); SCHIERHOLT, Die Rechtsstellung, S. 2; KLUNZINGER, Anerbenrecht, S. 40.

[60] Beim sog. *fakultativen Anerbenrecht* (als weitere Bezeichnungen werden die Begriffe *mittelbares* oder *indirektes Anerbenrecht* verwandt) kann der Eigentümer seinen Hof der Geltung des Landgüterrechts und damit eben auch dem Anerbenrecht wieder entziehen, indem er die Löschung des Höfevermerks beantragt, d.h. die anerbenrechtliche Bindung ist von einer Willenserklärung bzw. dem Unterlassen einer solchen abhängig. Hierzu BITTING, Die Aufhebung, S. 1, Fußn. 2; KROESCHELL, AgrarR 1978, 147 (147); STAUDINGER-MAYER, Art. 64 EGBGB.

[61] FASSBENDER/HÖTZEL/VON JEINSEN/PIKALO, Einl., Rn. 19; SCHIERHOLT, Die Rechtsstellung, S. 2.

[62] KATERBERG, Die Schranken, S. 17; MUGDAN I, S. 51 f. (Motive). Hierzu näher unten C II 4 (S. 49 f.).

[63] Dem folgten weitere Gesetze in den preußischen Provinzen, wie z.B. das *Gesetz betr. das Anerbenrecht bei Landgütern in der Provinz Westfalen und in den Kreisen Rees, Essen (Land), Essen (Stadt), Duisburg, Ruhrort und Mülheim a.d. Ruhr vom 2. Juli 1898* (GS, S. 139). Siehe hierzu unten C IV 3 (S. 105 ff.).

[64] Einer der Gründe hierfür ist wohl in den Folgen der industriellen Revolution zu sehen, die den Erlass von Regelungen zur Erhaltung der bäuerlichen Betriebe vor dem Hintergrund der stark gestiegenen Grundstückspreise erforderten. Damit erwies sich eine Beschränkung der Abfindungsansprüche der weichenden Erben zur Abwendung der Überschuldung des Hofes als umso wichtiger, STAUDINGER-MAYER, Art. 64 EGBGB, Rn. 3; LANGE/KUCHINKE, § 53 I 2 b).

Bei Schaffung des BGB bestand daher eine erheblich zersplitterte und uneinheitliche Rechtslandschaft des bäuerlichen Anerbenrechts. Zwar ergab sich eine kontroverse Diskussion innerhalb der Ersten Gesetzgebungskommission über die Aufnahme anerbenrechtlicher Bestimmungen in das BGB[65]. Im Ergebnis blieb es indes bei der landesgesetzlichen Regelungsbefugnis des Anerbenrechts, dessen Fortgeltung bzw. Schaffung nunmehr auf dem durch Art. 64 EGBGB eingeführten Vorbehalt beruhte, da kein *"allgemeines Bedürfnis für das Anerbenrecht im Gebiete des Reiches"* bestünde[66].

2. Das Reichserbhofrecht

Weitgehende anerbenrechtliche Änderungen brachte das *Preußische Bäuerliche Erbhofrecht* vom 15. Mai 1933[67] mit sich, das allerdings als Landesgesetz noch den Bindungen des BGB unterlag und wenig praktische Bedeutung erlangte, da bereits am 29. September 1933 der Erlass des REG folgte. Mithin richtete sich die Erbfolge in Erbhöfe gemäß § 1 des REG einheitlich im gesamten Reichsgebiet – somit auch in den vormaligen Realteilungsgebieten – nach den in diesem Gesetz getroffenen anerbenrechtlichen Vorschriften. Gemäß § 60 REG traten die landesgesetzlichen Regelungen außer Kraft. Damit wurden die Erbhöfe im gesamten Reichsgebiet geschlossen aus dem allgemeinen Recht herausgenommen[68]. Infolge dessen waren im Jahr 1938 ca. 685.000 landwirtschaftliche Betriebe mit einer Fläche von 15,5 Millionen Hektar, d.h. 37% der land- und forstwirtschaftlichen Gesamtfläche, landwirtschaftlichem Sondererbrecht unterstellt[69].

Als Erbhof galt dabei land- oder forstwirtschaftliches Eigentum, das den Anforderungen der §§ 1 ff. REG unterfiel, d.h. Grundeigentum eines nach den §§ 11 ff. REG *bauernfähigen*[70] Eigentümers, das nicht ständig durch Verpachtung genutzt wurde (§ 1 Abs. 2 REG) und mindestens die Größe einer *Ackernahrung* (§ 2 REG), nicht jedoch mehr als 125 Hektar (§ 3 REG) besaß. Das Erfordernis der *Ackernahrung* galt als erfüllt, sobald der Ertrag des Besitzes für den gesamten standesgemäßen Lebensbedarf einer durchschnittlichen Bauernfamilie unter Berücksichtigung der regionalen Besonderheiten ausreichend war[71]. Der Erbhof

---

[65] MUGDAN I, S. 53 ff. (Motive).
[66] MUGDAN, a.a.O; näher zu Art. 64 EGBGB unten C IV 2 a) (S. 85 ff.).
[67] PreußGBl., S. 164.
[68] LANGE/KUCHINKE, § 2 II 2 c).
[69] HAUSHOFER, Die deutsche Landwirtschaft, S. 264; HÜBINGER, Die Entwicklung des Anerbenrechts, S. 24; SCHAPP, Boden- und HöfeR, S. 123 spricht dagegen von 500.000 Höfen.
[70] Hierzu unten C V 4 (S. 158 ff.).
[71] REITMAIR/KRUIS, REG, S. 15; WAGEMANN/HOPP, REG, § 2, Bem. 2.

ging dann im Erbfall ungeteilt auf den Anerben nach Jüngsten- bzw. Ältestenrecht über (§ 21 Abs. 3 REG).

Gekennzeichnet war das REG durch eine nahezu vollständige Beseitigung der bäuerlichen Testierfreiheit und eine starre gesetzliche Anerbenfolge. Die Anerbenrechtsfolge war obligatorisch, d.h. sie konnte durch Verfügung von Todes wegen weder ausgeschlossen noch beschränkt werden. Veräußerungen, Belastungen und Verpachtungen des Erbhofs waren von der Genehmigung des Bauerngerichts abhängig und eine Zwangsvollstreckung wegen Geldforderungen in den Erbhof und sein Zubehör gänzlich untersagt. Daneben war das REG geprägt von der Bevorzugung des Mannesstammes in der Form, dass die Frau und die Töchter des Bauern gegenüber dessen männlichen Verwandten nach der Anerbenordnung des § 20 REG enterbt wurden[72].

---

[72] Zu den Beschränkungen der Testierfreiheit im Einzelnen unten C IV 1 b) (S. 81 ff.).

B. Chronologie der Reformbestrebungen

I. Erlass der Höfeordnung

1. Reformbedürfnis nach dem Ende des Zweiten Weltkriegs

Sowohl von deutscher als auch von britischer Seite lassen sich nach Ende des Zweiten Weltkriegs sehr früh die Bestrebungen erkennen, das Landwirtschaftsrecht zu reformieren[73]. Zwar galten die Bestimmungen des REG und seiner Nebengesetze auch nach Kriegsende fort, eine praktische Anwendung war indes nicht möglich, da die nach den §§ 41 ff. REG zuständigen Anerbengerichte aufgrund des Art. 1 Abs. 1 des Gesetzes Nr. 2 der Militärregierung[74] geschlossen worden waren und ihre Tätigkeiten nach Kriegsende nicht wieder aufgenommen hatten[75]. Soweit die Verfahrenszuständigkeit den ordentlichen Gerichten übertragen war, konnten verfahrensrechtliche Entscheidungen bereits relativ kurzfristig wieder nach der Kapitulation Deutschlands herbeigeführt werden; im Übrigen stellte das Reichserbhofrecht aufgrund seiner Fortgeltung materielles Recht ohne ein praktikables Verfahrensrecht dar[76]. Ursprünglich war das REG von dem Katalog des Art. 1 des MilRegG Nr. 1 *zur Aufhebung nationalsozialistischer Gesetze*[77] umfasst und sollte damit bereits mit dessen Verkündung am 18. September 1944, als dem Tag, an dem die alliierte Besatzung des Deutschen Reichs begann[78], außer Kraft gesetzt werden (Art. VI MilRegG Nr. 1). Nicht zuletzt aufgrund seiner nationalsozialistischen Prägung war das Reichserbhofrecht früh in das Blickfeld der Alliierten gerückt.

---

[73] In einem Schreiben des OLGPräs Celle, v. HODENBERG, an den Dekan der Rechts- und Staatswissenschaftlichen Fakultät der Universität Göttingen vom 24.11.1945 wurde im Hinblick auf die *"Ausmerzung nationalsozialistischen Gedankengutes"* eine baldige Überprüfung des Erbhofrechts in Aussicht gestellt, in: Hann. 173 Acc. 123/87 Nr. 2 (NA). Ebenso hieß es z.B. in einer kurzen Aktennotiz des OLGPräs Oldenburg, KOCH, an die OLGPräs Braunschweig, Celle, Düsseldorf, Hamburg, Hamm, Kiel und Köln vom 23.12.1945: *"Mit dem Herrn Ministerpräsidenten von Oldenburg stimme ich darin überein, dass die Reform des Erbhofrechts alsbald in Angriff genommen werden muss."*, in: Z 21/1164, 52 (BA).

[74] ABl. MilReg Nr. 1, S. 12 ff. Das Gesetz Nr. 2 der Militärregierung erging gemeinsam mit dem Gesetz Nr. 1 sowie der von General EISENHOWER als dem *"Obersten Befehlshaber der Alliierten Streitkräfte bei Betreten deutschen Bodens"* erlassenen Proklamation Nr. 1.

[75] KLÄSSEL, Agrarrecht, S. 96; Hierzu auch WIESEN, in: Festschrift OLG Düsseldorf, S. 85 ff. sowie v. HODENBERG, in: Festschrift 250 Jahre OLG Celle, S. 121.

[76] Hierzu SCHAPP, Boden- und HöfeR, S. 124.

[77] ABl. MilReg Nr. 1, S. 11. Hierzu näher unten C VI 2 a) (S. 183 f.).

[78] ABl. MilReg Nr. 1, S. IV, V.

Ausgangspunkt für die Aufhebung war aus alliierter Sicht die Bestimmung des III. Abschnitts Teil A Nr. 4 des Potsdamer Abkommmens, die die Aufhebung aller nationalsozialistischen Gesetze, die die Grundlage für das Hitlerregime geliefert hatten oder eine Diskriminierung auf Grund der Rasse, Religion oder politischen Überzeugung beinhaltet hatten, festlegte.

Daneben führten die angespannte ernährungswirtschaftliche Situation und die desolate Versorgungslage nach dem Zusammenbruch des „Dritten Reichs" zu dem Bestreben, die deutsche Agrarwirtschaft durch eine Reform des Landwirtschaftsrechts zu stärken und die Leistungsfähigkeit der Landwirtschaft auf diesem Weg zu erhöhen.

2. KRG Nr. 45

Rechtsgrundlage für den Erlass der MilRegVO Nr. 84 als einheitliche Durchführungsbestimmung für die ehemals britische Besatzungszone war die den Besatzungszonenbefehlshabern durch Art. XI des Alliierten Kontrollratsgesetzes (KRG) Nr. 45 vom 20. Februar 1947[79] erteilte Ermächtigung.

Die Gesetzgebungskompetenz für den Erlass des KRG Nr. 45 ergab sich ihrerseits aufgrund der Suspendierung der gesamten Staatsgewalt des besetzten Nachkriegsdeutschlands durch die alliierte Besatzungsgewalt. Die vier Besatzungsmächte übernahmen in der Präambel der *„Erklärung in Anbetracht der Niederlage Deutschlands und der Übernahme der obersten Regierungsgewalt hinsichtlich Deutschlands"*[80] die *„höchste Autorität Deutschlands"* und damit einhergehend auch die Gesetzgebungskompetenz für das gesamte besetzte deutsche Gebiet. Nach der gleichzeitig getroffenen Feststellung der Regierungen der Besatzungsmächte wurde die *„übernommene oberste Gewalt von den Oberbefehlshabern der vier Mächte auf Anweisung ihrer Regierungen ausgeübt"*[81], wobei der *Alliierte Kontrollrat* durch die Oberbefehlshaber gemeinsam[82] gebildet wurde. Damit ergab sich für die Besatzungsmächte die umfassende Gesetzgebungskompetenz in Deutschland[83], deren Wahrnehmung dem *Alliierten Kontrollrat* oblag. Gemäß der Direktive Nr. 10 des *Alliierten Kontrollrats* erfolgte die Rechtssetzung durch Proklamationen, Gesetze und Befehle[84].

---

[79] KRABl., S. 256.
[80] KRABl., Ergänzungsblatt Nr. 1, S. 7, zit. nach BRANDL, S. 319. Vgl. auch Abs. II der Proklamation Nr. 1 der Militärregierung Deutschland, Kontrollgebiet des obersten Befehlshabers, zit. nach BRANDL, a.a.O., S. 19.
[81] KRABl., Ergänzungsblatt Nr. 1, S. 10, Ziff. 1, zit. nach IPSEN, Gesetz und Recht 1947, Heft 5, S. 2 f.
[82] KRABl., Ergänzungsblatt Nr. 1, S. 10, Ziff. 2, zit. nach IPSEN, a.a.O.
[83] SCHRÖDER, Besatzungsrecht, S. 14.
[84] SCHRÖDER, a.a.O., S. 15.

Das KRG Nr. 45 hatte seinerseits als Rahmengesetz die Zielsetzung, die Erbhofgesetze des „Dritten Reichs" aufzuheben und neue Bestimmungen über land- und forstwirtschaftliche Grundstücke einzuführen. Dementsprechend hob das KRG Nr. 45 in Art. I das REG, die Erbhofrechtsverordnung vom 21. Dezember 1936 (EHRV)[85], die Erbhofverfahrensordnung vom 21. Dezember 1936 (EHVfO)[86] und die Erbhoffortbildungsverordnung vom 30. September 1943 (EHFV)[87], einschließlich aller zusätzlichen Gesetze, Ausführungsvorschriften, Verordnungen und Erlasse, somit das gesamte nationalsozialistische Erbhofrecht[88], auf. Stattdessen setzte das KRG Nr. 45 in Art. II – vorbehaltlich der Bestimmung des Art. III – die vor dem 1. Januar 1933 in Kraft gewesene Gesetze über die Vererbung von Liegenschaften durch gesetzliche Erbfolge oder Verfügung von Todes wegen wieder in Kraft.

Während Art. I KRG Nr. 45 damit die Aufhebung sowohl privatrechtlicher als auch öffentlich-rechtlicher nationalsozialistischer Bestimmungen betraf – das REG nahm eine diesbezügliche Differenzierung bewusst nicht vor[89] – handelte es sich bei den Art. II und III, die die Erbfolge und die Rechtsnatur des Grundeigentums regeln, um rein privatrechtliche Vorschriften.

Die Art. IV bis VII stellten dagegen öffentlich-rechtliche Bestimmungen dar, wobei Art. IV, V und VI die Beschränkung der rechtlichen Herrschaftsgewalt des Eigentümers durch das behördliche Genehmigungserfordernis betrafen, Art. VII indes die Beschränkung der tatsächlichen Herrschaftsgewalt des Eigentümers bei Schlechtbewirtschaftung[90].

Bei den Art. VIII und IX handelte es sich um öffentlich-rechtliche Verfahrensregeln. Art. X regelte die Wirkung auf andere Gesetzesbestimmungen, Art. XI Durchführungsbestimmungen (mit der Ermächtigung für die Zonenbefehlshaber) und Art. XII den Zeitpunkt des Inkrafttretens sowie die Rückwirkung auf dem Gebiet des Privatrechts. Art. XI des KRG Nr. 45 beinhaltete insoweit eine doppelte Ermächtigungsgrundlage, als die Befehlshaber der Besatzungszonen die *„im Rahmen dieses Gesetzes"* erforderlichen Durchführungsbestimmungen, daneben jedoch auch *„ungeachtet der Bestimmungen dieses Gesetzes"* gesetzliche Bestimmungen zur Änderung oder Aufhebung der durch das KRG wieder

---

[85] RGBl. I, S. 169.
[86] RGBl. I, S. 1082.
[87] RGBl. I, S. 549.
[88] STAUDINGER-MAYER, Art. 64 EGBGB, Rn. 80.
[89] KAHLKE, SchlHA 1964, 247 (248).
[90] SCHAPP, Boden- und HöfeR, S. 122.

hergestellter oder anderweitig in Kraft gesetzter Gesetzgebung erlassen konnten[91].

3. MilRegVO Nr. 84

Von dieser durch Art. XI KRG Nr. 45 – erst auf Drängen der Briten in das KRG Nr. 45 aufgenommenen[92] – den Zonenbefehlshabern eingeräumten Ermächtigungsgrundlage machte die britische Besatzungsmacht durch den Erlass der MilRegVO Nr. 84 Gebrauch. Andernfalls hätte der von Art. II KRG Nr. 45 vorgesehene Rückgriff auf die Gesetzeslage vor 1933 für die ehemals britische Besatzungszone eine regionale Zersplitterung des land- und forstwirtschaftlichen Erbrechts bedeutet und damit zu einer uneinheitlichen Handhabung und Rechtspraxis geführt, die von britischer, aber auch deutscher Seite nicht erwünscht war[93].

Um dem entgegenzutreten, bestimmte Art. 1 Abs. 1 Satz 1 der MilRegVO Nr. 84, dass *„die gemäß Art. II des Kontrollratsgesetzes Nr. 45 wieder in Kraft gesetzten landesrechtlichen Vorschriften über Vererbung von Liegenschaften durch gesetzliche Erbfolge oder Verfügung von Todes wegen, insbesondere die in der Anlage A aufgeführten Gesetze und Verordnungen"* durch die Bestimmungen der aus der Anlage B ersichtlichen HöfeO abgeändert und im Übrigen aufgehoben wurden. Damit war das durch das KRG Nr. 45 wieder eingeführte, vor dem 1. Januar 1933 bereits bestehende Anerbenrecht für das britische Besatzungsgebiet sofort durch die HöfeO als Anlage B der MilRegVO Nr. 84 beseitigt worden und gelangte zu keinem Zeitpunkt erneut zur Geltung[94].

Neben dem Verzeichnis der durch Art. II des KRG Nr. 45 wieder in Kraft gesetzten landesrechtlichen Rechte und Verordnungen über die Vererbung von Liegenschaften durch gesetzliche Erbfolge oder von Todes wegen als Anlage A und der HöfeO als Anlage B enthielt die MilRegVO Nr. 84 die in Ausführung des Art. VII KRG Nr. 45 in Verbindung mit Art. V HöfeO ergangene *Landbewirtschaftungsordnung* als Anlage C.

---

[91] Hierzu die Verlautbarung zur MilRegVO Nr. 84 aus dem Kreise seiner Mitarbeiter in Hann. Rpfl. 1947, S. 13 f., in: Nds. 50, Nr. 123 (NA).
[92] Hierzu unten B III 1 (S. 27 f.).
[93] Hierzu unten C II 2 (S. 43 ff.).
[94] STAUDINGER-MAYER, Art. 64 EGBGB, Rn. 88.

4. Geltungsbereich und Regelungsgehalt der Höfeordnung

Die HöfeO trat gemäß Art. I Abs. 1 Satz 2 der MilRegVO Nr. 84 für das „*gesamte Gebiet der britischen Zone in Kraft*", d.h. für die heutigen Bundesländer Schleswig-Holstein, Hamburg, Niedersachsen und Nordrhein-Westfalen, und ist in diesen Bundesländern – freilich mit mehrfachen Änderungen – noch immer geltendes Recht[95]. Keine Geltung erlangte die HöfeO dagegen im Land Bremen als amerikanischer Enklave im britischen Besatzungsgebiet[96] sowie im britischen Besatzungsteil Berlins[97]. Gegenwärtig ist die HöfeO auch in ihren nicht von dem *Zweiten Gesetz zur Änderung der Höfeordnung* (2. HöfeÄndG) vom 29. März 1976[98] unmittelbar betroffenen Teilen nicht mehr Besatzungsrecht, sondern seit Inkrafttreten des Grundgesetzes aufgrund Art. 125 GG partielles Bundesrecht[99] und insoweit nach wie vor in ihrem Geltungsbereich auf die ehemalige Besatzungszone beschränkt[100]. Das KRG Nr. 45 und die landesrechtlichen Ausführungsbestimmungen hierzu wurden durch § 39 Abs. 3 des Gesetzes über Maßnahmen zur Verbesserung der Agrarstruktur und zur Sicherung land- und forstwirtschaftlicher Betriebe (Grundstücksverkehrsgesetz – GrdstVG) vom 28. Juli 1961[101] für den Rechtsraum der früheren Bundesrepublik beseitigt und infolgedessen bundesrechtliche Regelungen des Anerbenrechts möglich[102].

---

[95] Vgl. Art. 3, § 8 des *Zweiten Gesetzes zur Änderung der Höfeordnung* (2. HöfeÄndG) vom 29.3.1976.

[96] In Bremen, das sich gemäß der BritMilRegVO Nr. 76 aus dem Gebiet der Stadt Bremen, dem Landgebiet Bremen und dem Landkreis Wesermünde zusammensetzte, trat aufgrund des KRG Nr. 45 das BremHöfeG in der Fassung vom 29.6.1923 wieder in Kraft und wurde später durch die Durchführungsverordnung zum KRG Nr. 45 vom 19.7.1948 (BremGBl., S.119) geändert, hierzu im Einzelnen JACOBS, Das Bremische Höfegesetz, S. 119 ff.; WENZLAU, Der Wiederaufbau der Justiz, S. 73. Zu den anfänglich wechselnden Zuständigkeiten der Gerichte an der Unterweser siehe V. HODENBERG, in: Festschrift 250 Jahre OLG Celle, S. 147.

[97] Zu der Besonderheit der Umgliederung des Amtes Neuhaus sowie der Ortsteile Neu-Bleckede, Neu-Wendischthun, Stiepelse der Gemeinde Teldau und des Forstreviers Bohldamm in der Gemeinde Garlitz von Mecklenburg-Vorpommern nach Niedersachsen siehe OLG Celle, AgrarR 1998, 225 (255) sowie WÖHRMANN/STÖCKER (7), § 1, Rn. 53.

[98] BGBl. I, S. 881 in der Bekanntmachung der Neufassung vom 26.7.1976 (BGBl. I, S. 1933).

[99] BGHZ 33, 208 (213); KAHLKE, SchlHA 1964, 247 (254); PIKALO, NJW 1959, 1609 (1610); LANGE/WULFF/LÜDTKE-HANDJERY, § 16, Rn. 2; MÜNCHKOMM-LEIPOLD, Einl. vor § 1922, Rn. 73; PALANDT-EDENHOFER (61), Art. 64 EGBGB, Rn. 6; STAUDINGER-MAYER, Art. 64 EGBGB, Rn. 90; NIEMEIER, Die Sondererbfolge, S. 37; KAHLKE, SchlHA 1964, 247 (254); zu dem Begriff des *partiellen Bundesrechts* MAUNZ/DÜRING-MAUNZ, GG, Art. 124, Rn. 11 sowie V. MÜNCH/KUNIG-KIRN, GG, Art. 125, Rn. 5.

[100] ROBRA, NJW 2001, 633 (634).

[101] BGBl. I, S. 1091. Das Genehmigungserfordernis bei der Belastung landwirtschaftlicher Grundstücke gemäß Art. V des KRG Nr. 45 war bereits zuvor durch das Vierte Gesetz

Im Gegensatz zum REG regelt die HöfeO nicht den gesamten land- und forstwirtschaftlichen Grundstücksverkehr, sondern legt allein die privatrechtlichen Erbfolgeregelungen für Höfe fest. Die einzige Ausnahme stellt § 17 HöfeO dar, der den Übergabevertrag, d.h. ein Rechtsgeschäft unter Lebenden, regelt. Diese Ausnahmeregelung findet ihre Rechtfertigung darin, dass es sich bei einem Hofübergabevertrag seiner Natur nach eigentlich um einen Fall der vorweggenommenen Erbfolge handelt[103]. Durch die Hofübergabe soll ebenso wie durch eine Verfügung von Todes wegen die Rechtsnachfolge in den Hof sichergestellt werden[104]. Dementsprechend ist die Hofübergabe zu Lebzeiten aufgrund der gleichen Zielrichtung unmittelbar mit den übrigen Regelungen der HöfeO verknüpft und systematisch folgerichtig unter die erbrechtlichen Bestimmungen der HöfeO aufgenommen.

Dagegen richten sich die Genehmigungserfordernisse hinsichtlich der Verpachtung, Belastung und Veräußerung eines Hofes sowie der dazugehörigen Grundstücke nach dem GrdstVG[105] und dem Landpachtgesetz vom 25. Juni 1952[106]. Auch bei diesen Gesetzen steht die Erhaltung lebensfähiger landwirtschaftlicher Betriebe durch Vermeidung der Zersplitterung des Grundbesitzes im Vordergrund[107]. Im Folgenden soll jedoch der Blickwinkel der Arbeit im Wesentlichen auf den anerbenrechtlichen Bereich und damit die Kodifikation der HöfeO beschränkt bleiben.

---

[102] zur Aufhebung des Besatzungsrechts vom 19.12.1960 (BGBl. I, S. 1015) aufgehoben worden.
LANGE/KUCHINKE, § 53 I 3 b). Das GrdstVG diente dabei bereits bei Erlass nicht mehr vorrangig der Ernährungssicherung, sondern zielte darauf ab, bäuerliche Betriebe möglichst weitgehend in der Hand selbständiger und als Eigentümer darauf wirtschaftender Familien zu erhalten und eine Flurzersplitterung zu verhindern, NIES, Boden- und Erbrecht, S. 9.
[103] LANGE, HöfeO, Rn. 134.
[104] WÖHRMANN (1), S. 37.
[105] BGBl. I, S. 1091.
[106] BGBl. I, S. 343.
[107] LANGE, GrdstVG, Einf., S. 1.

II. Die maßgeblich beteiligten Stellen

Die Struktur und die Zuständigkeit der an der Reform des Landwirtschaftsrechts beteiligten Stellen war aufgrund der Besonderheit der Ausübung der besatzungsrechtlichen Gesetzgebungskompetenz und der Einbindung der deutschen Stellen äußerst vielschichtig und unübersichtlich. Die folgende Darstellung soll zunächst einen knappen Überblick hierüber vermitteln.

1. Auf deutscher Seite

Die Zuständigkeit für das Erbhofrecht lag im "Dritten Reich" federführend beim Reichsjustizminister, während für das übrige Landwirtschaftsrecht der Reichsminister für Ernährung und Landwirtschaft maßgebend war und zwar grundsätzlich unter Beteiligung des jeweilig anderen Ministers. Damit stellte sich nach der deutschen Kapitulation zunächst die Frage nach der Zuständigkeit für die Reform anerbenrechtlicher Bestimmungen innerhalb der britischen Besatzungszone. Die Befugnisse des Reichsernährungsministers gingen teilweise auf das am 11. März 1946 gegründete Zentralamt für Ernährung und Landwirtschaft als Nachfolgerin der im Juli 1945 in Obernkirchen errichteten Zentralstelle für Ernährung und Landwirtschaft bei der britischen Militärregierung (*German Interregional Food Allocation Committee (GIFAC)*) über[108]. Die Zuständigkeit des ab März 1946 in Hamburg ansässigen Amts ergab sich zunächst im Hinblick auf den gebietsübergreifenden Ausgleich der Lebensmittelversorgung der britischen Besatzungszone, erstreckte sich seit August 1946 jedoch daneben aufgrund der Instruktion Nr. 108 vom 10. Juli 1946 auf umfassende exekutive Funktionen[109] und zu einem wesentlichen Teil auch auf die Erarbeitung der MilRegVO Nr. 84 nebst ihren Anlagen.

Die Befugnisse des Reichsjustizministers gingen dagegen auf die durch die britische Militärregierung ernannten[110] Oberlandesgerichtspräsidenten der britischen Besatzungszone, d.h. die Präsidenten der Oberlandesgerichte Kiel, Hamburg, Oldenburg, Celle, Braunschweig, Hamm, Düsseldorf und Köln über[111]. Die acht Oberlandesgerichtspräsidenten bildeten den sogenannten *Zentralen Rechtsausschuss*[112]. Hierbei kam ihnen die "Gesetzgebungsbefugnis" u.a. für das Bürgerli-

---

[108] Zu der Entwicklung siehe SPENGLER, S. 40 ff.
[109] GRANIER, Bundesarchiv, S. 412; SPENGLER, S. 46; Protokoll der Sitzung mit den Ernährungsministern und Präsidenten der Landesbauernschaften am 13.09.1946 in Hamburg, in: Z 6 I/94 (BA).
[110] Vorbemerkungen des Findbuchs Z 21 – Zentraljustizamt für die britische Zone (BA).
[111] Hierzu V. HODENBERG, in: Festschrift 250 Jahre OLG Celle, S. 125. Zur Zusammenarbeit der OLGPräs siehe auch WICK, in: Festschrift 275 Jahre OLG Celle, S. 246 f.
[112] „*Zentraler Rechtsausschuss der acht OLG.-Präsidenten der britischen Zone*" gemäß Ziff. 2 c der Anweisung Nr. 4 und Ziff. 4 a der Anweisung Nr. 10 an die Oberlandesgerichtspräsidenten, zit. nach: IPSEN, Gesetz und Recht 1947, Heft 5, S. 22. Zu der vorangegangenen Entwicklung WENZLAU, Der Wiederaufbau der Justiz, S. 162 ff. Vgl. auch

che Recht und das Zivilprozessrecht zu, allerdings nicht im Sinne einer Erlasszuständigkeit – diese lag bei der Militärregierung[113] –, sondern in Form einer Entwurfszuständigkeit. Der *Zentrale Rechtsausschuss* beauftragte seinerseits den Oberlandesgerichtspräsidenten Celle, VON HODENBERG, mit der Erarbeitung des Landwirtschaftsrechts[114]. Zu diesem Zweck setzte dieser einen Ausschuss ein, der fortan die Änderungen der gesetzlichen Bestimmungen über land- und forstwirtschaftliche Grundstücke und über die Ersetzung des Erbhofrechts bearbeitete[115].

Mit Wirkung vom 1. Oktober 1946 ging die Zonengesetzgebung durch die MilRegVO Nr. 41[116] vom Zentralen Rechtsausschuss auf das Zentraljustizamt für die britische Zone in Hamburg über[117]. Das Zentraljustizamt war der britischen Militärregierung hinsichtlich einer leistungsfähigen Justizverwaltung verantwortlich und insbesondere mit Genehmigung der Militärregierung dazu ermächtigt, auf zahlreichen Gebieten, die zuvor der Zuständigkeit des Reichsjustizmi-

---

[113] FO 1060/957 (PRO) sowie Vorbemerkungen des Findbuchs Z 21 – Zentraljustizamt für die britische Zone (BA); V. HODENBERG spricht von dem *Justiz-Zentralausschuß*, in: Festschrift 250 Jahre OLG Celle, S. 128; WIESEN, in: Festschrift OLG Düsseldorf, S. 90. Die Tagungsprotokolle befinden sich in: Nds. 710, Acc. 124/87, Nr. 47 (NA). Siehe auch WENZLAU, Der Wiederaufbau der Justiz, S. 155 ff.

[114] Schreiben der *Legal Division*, Lübbecke, an die *A.T.C. Branch*, Herford, vom 6.5.1946, in: FO 1010/957 (PRO).

[115] So heißt es in einem *Auszug aus der Niederschrift über die 4. Besprechung der Oberlandesgerichtspräsidenten in der britischen Zone in Bad Pyrmont am 6.2.1946* zum Erbhofrecht: „*Die Versammlung beschliesst:*
(30a) Die Vorbereitung der materiell-rechtlichen Fragen des Erbhofrechts verbleibt bei den einzelnen Bezirken.
(30b) Federführend für das Erbhofrecht ist das Oberlandesgericht Celle.", in: Z 21/1164, 55 (BA); siehe auch Tagungsprotokoll, in: Nds. 710, Acc. 124/87, Nr. 47 (NA). Desgl. Aktenvermerk des Zentralamts für Ernährung und Landwirtschaft vom 9.7.1946, in: Z 6 I/162, 128 (BA) sowie WÖHRMANN (1), S. 12. Zu der Person V. HODENBERGS siehe WICK, in: Festschrift 275 Jahre OLG Celle, S. 241 ff.

[116] V. HODENBERG, in: Festschrift 250 Jahre OLG Celle, S. 128.

[117] Abl.MilReg, S. 299, hierzu auch Vorbemerkungen des Findbuchs Z 21 – Zentraljustizamt für die britische Zone (BA).

So bestimmte Artikel IV:
„*8. Die Vollmachten auf dem Gebiet der Gesetzgebung, die gegenwärtig von der Militärregierung dem Zentralrechtsausschuß übertragen sind, gehen hiermit auf das Zentraljustizamt über.*
9. Mit Genehmigung der Militärregierung ist das Zentraljustizamt ermächtigt:
a) innerhalb der britischen Zone auf solchen Gebieten (siehe Anhang dieser Verordnung), für die früher der Reichsjustizminister zuständig war, Gesetze vorzuschlagen, zu entwerfen und zu verkünden. Weitere Aufgaben können von Zeit zu Zeit durch die Militärregierung übertragen werden.", zit. nach: IPSEN, Gesetz und Recht 1947, Heft 5, S. 20 f.; hierzu auch V. HODENBERG, in: Festschrift 250 Jahre OLG Celle, S. 129; WENZLAU, Der Wiederaufbau der Justiz, S. 193 ff.

nisters unterlagen, Gesetze vorzuschlagen, zu entwerfen und zu verkünden[118]. Gedacht war das Amt als Übergangseinrichtung bis zur Bildung von Länderregierungen mit gesetzgeberischen und sonstigen Befugnissen. Die weiteren gesetzgeberischen Arbeiten wurden daher im Wesentlichen innerhalb der Zuständigkeit des Zentraljustizamts und des Zentralamts für Ernährung und Landwirtschaft durchgeführt.

2. Auf britischer Seite

Auf britischer Seite hatte die Beschäftigung mit dem nationalsozialistischen Recht und damit auch dem Reichserbhofrecht bereits vor Kriegsende begonnen[119] und das Landwirtschaftsrecht war immer weiter in den Mittelpunkt des besonderen Interesses gerückt[120]. Zuständig für die Aufhebung des nationalsozialistischen Rechts sowie für die alliierte Gesetzgebung war nach Kriegsende der *Alliierte Kontrollrat*, dem seinerseits das *Legal Directorate* unterstand, das die jeweiligen Gesetzesentwürfe im Vorfeld beriet und dem *Alliierten Kontrollrat* bzw. der *Control Commission* zuleitete.

Innerhalb des *Legal Directorates* wurden vorrangig die Entwürfe zum späteren KRG Nr. 45 diskutiert, wobei die britischen Vertreter maßgeblich von der britischen *Legal Division* beraten wurden. Diese war eine Einrichtung der aufgrund ihrer historischen Entwicklung unübersichtlich und komplex aufgebauten[121] britischen Militärverwaltung im Rahmen der *Control Commisssion for Germany, British Element (CCG (BE))*. Die *Legal Division* war ihrerseits untergliedert in die *Legal Division, H.Q.*, Berlin, sowie das *Zonal Executive Office (Z.E.C.O.)* in Lübbecke, dessen Unterabteilung, die *Administrative Tribunal Control Branch (A.T.C.)* in Herford in engem Kontakt zu den oben genannten deutschen Stellen stand[122].

---

[118] GRANIER, Bundesarchiv, S. 396; vgl. auch Vorbemerkungen des Findbuchs Z 21 – Zentraljustizamt für die britische Zone (BA).

[119] Der *Foreign Office* lag bereits 1943 eine Stellungnahme des *Committee for the revision of German law* (bestehend aus früheren deutschen Juristen) vor, in der u.a. die Aufhebung des REG insbesondere vor dem Hintergrund des § 13 gefordert wurde, Schreiben von Ernst WOLF an Alfred BROWN vom 11.5.1945, in: FO 1060/1099 (PRO).

[120] WÖHRMANN, Atti del Primo Convegno, S. 580 bezeichnete es als ein *"Gebot der Gerechtigkeit und Ritterlichkeit ... unumwunden anzuerkennen"*, dass die Erarbeitung der HöfeO weitgehend auf die britische Besatzungsmacht zurückzuführen ist.

[121] Akten der brit. MilReg., Bd. 1, S. VIII ff. sowie Bd. 6, S. XXII f. Zum Aufbau siehe WENZLAU, Der Wiederaufbau der Justiz, S. 74 ff.

[122] Die Beschäftigung der *A.T.C. Branch* mit dem Reichserbhofrecht erfolgte, da die Rechtsprechung hier bei der besonderen Gerichtsbarkeit der Erbhofgerichte lag, so der Bericht der *A.T.C. Branch* vom 29.3.1947, in: FO 1060/765 (PRO).

Zusätzlich betreut wurden die Reformarbeiten zum Anerbenrecht von der bereits Ende 1944 im Rahmen der *Legal Branch* zur Beratung der britischen Miltärregierung in Fragen des deutschen Rechts und das Rechtswesen betreffend gegründeten[123] *British Special Legal Research Unit (B.S.L.R.U.)* in London[124], die sich u.a. intensiv mit dem Anerbenrecht nicht nur im Rahmen des REG, sondern auch seiner Tradition in Deutschland sowie den Entwürfen zum KRG Nr. 45 auseinander setzte[125]. Die *B.S.L.R.U.* verstand sich hierbei als unterstützende sowie ratgebende Abteilung insbesondere für die deutschen Stellen und beschäftigte sich aufgrund der vielschichtigen Materie nicht mit Detailfragen und Einzelheiten, sondern überließ dieses den deutschen Gremien[126].

Daneben wurde teilweise das *Special Legal Advice Bureau (S.L.A.B.)* in Herford[127] zu den Entwurfsberatungen herangezogen. Hierbei handelte es sich um eine deutsche Rechtsabteilung zur Beratung der britischen *Legal Division* bei der Gesetzgebung, Einzelrechtsfragen sowie der deutschen Interessenvertretung bei Gesetzgebungsvorhaben[128].

---

[123] FO 936/106 (PRO).

[124] Hierzu WENZLAU, Der Wiederaufbau der Justiz, S. 74 ff.

[125] Die Aufhebung des Reichserbhofrechts sowie die Auseinandersetzungen um die Neuregelung innerhalb des *Legal Directorates* erfuhren in der Folgezeit wesentliche Kommentierungen durch die *B.S.L.R.U.*:
a) *Report on Restrictions of Freedom of Management, Transfer inter vivos and devolution on death in respect of agricultural property in Germany* vom 14.9.1945, in: FO 937/41 (PRO)
b) *Notes on Draft Hereditary Farm Law* vom 8.4.1946, in: FO 937/41 (PRO).
c) *Comments* vom 1.10.1946, in: FO 937/41 (PRO)
d) *Comments on Control Council Draft Law* vom 29.1.1947, in: FO 937/41(PRO) sowie
e) *Comments* vom 12.2.1947, in: FO 1160/1140 (PRO);
hierzu Schreiben E.J. COHNS vom 5.2.1947, in: FO 1160/1140 (PRO).

[126] *"The assistance of both legal and agricultural outside experts can be expected for our task .... It is fully realised that it is impossible from here to advise on the details of this most complicated legal topic."*, Schreiben der *B.S.L.R.U.* vom 11.2.1947, in: 1060/1140 (PRO). Einzige Ausnahme war der Vorschlag einer territorialen Öffnungklausel hinsichtlich der Erbberechtigung nach Ältesten- bzw. Jüngstenrecht, wie sie dann in § 6 Abs. 1 Satz 1 HöfeO aufgenommen wurde, Stellungnahme der *B.S.L.R.U.* vom 11.2.1947, in: FO 1060/1140 (PRO).

[127] Ab Mai 1948 umbenannt in *Deutsche Rechtsabteilung bei der britischen Militärregierung*.

[128] GRANIER, Bundesarchiv, S. 398.

III. Entwicklungsstadien

Bereits im Herbst 1945 war am Oberlandesgericht Celle ein Entwurf zu einer Verordnung des vorläufigen Verfahrens in Pachtschutz, Landbewirtschaftungs- und Erbhofsachen erarbeitet worden[129], der jedoch nicht die Billigung der britischen Militärregierung fand[130] und daher niemals Gesetzeskraft erlangte. Dem folgte zur Neuordnung des materiellen Höferechts am 18. Oktober 1945 ein Fragenkatalog des Oberlandesgerichts Celle zur Umgestaltung des Reichserbhofrechts[131], der den Landgerichtspräsidenten des Bezirks zur Beantwortung vorgelegt wurde[132]. Daneben bildete sich Ende 1945 ein Gremium in Oldenburg bestehend aus dem damaligen Oberlandesgerichtspräsidenten Oldenburg, KOCH[133], dem Ministerpräsidenten von Oldenburg, TANTZEN[134], sowie dem Präsidenten der Landesbauernschaft, das die Vorarbeiten zu der Reform des Erbhofrechts leisten wollte[135]. Unabhängig von diesem Gremium beauftragte die britische Besatzungsmacht auf Drängen der Bauernschaft Anfang 1946 die beiden ehemals am Oberlandesgericht und zugleich am Landeserbhofgericht Celle tätigen Richter Senatspräsident STARCKE[136] und Oberlandesgerichtsrat WÖHRMANN mit der Erstellung eines Berichts über die Unterschiede der vor 1933 bestehenden Höfegesetze[137].

---

[129] WÖHRMANN (1), S. 20; ders.; RdL 1950, 101 (102). Text in: FO 1060/765 (PRO).

[130] v. HODENBERG, SchlHA 1947, 57 (57). Die Arbeiten hierzu wurden allerdings bis zum August 1946 fortgeführt, siehe Entwurf und Schriftverkehr in: Nachlass WÖHRMANN.

[131] „Fragen zur Umgestaltung des Reichserbhofrechts", in: Nds. 50, Nr. 123 (NA). Zur Bearbeitung dieses Katalogs war am OLG Celle ein „agrarpolitischer Ausschuss" gebildet worden, der sich u.a. mit der Frage der Umgestaltung des Reichserbhofrechts befassen sollte, Schreiben des OLGPräs Celle, v. HODENBERG, vom 17.12.1945, in: Hann. 173 Acc. 123/87 Nr. 2 (NA).

[132] Stellungnahme des LGPräs Verden, HAGEMANN, vom 30.4.1946, in: Nds. 50, Nr. 123 (NA).

[133] KOCH wurde später Vizepräsident des Zentraljustizamts.

[134] Zu der Person TANTZEN, seinen liberalen Überzeugungen und seiner oppositionellen Haltung zum Nationalsozialismus siehe Gedenkschrift Theodor TANTZEN sowie NEUMANN, Theodor TANTZEN. Zu seinen Bemühungen um die Entnazifizierung der Oldenburger Landesbauernschaft insbesonder NEUMANN, a.a.O., S. 386 ff.

[135] Schreiben des OLGPräs Oldenburg, KOCH, an die OLGPräs der britischen Zone vom 23.12.1945, in: Z 21/1164, 52 (BA). Zu dem noch daneben gebildeten agrarpolitischen Ausschuss beim Oberpräsidium Hannover siehe Nds. 50, Nr. 40 (NA).

[136] Zur Person STARCKES siehe WICK, in: Festschrift 275 Jahre OLG Celle, S. 260 f.

[137] Aktenvermerk von Senatspräsident STARCKE an den Vertreter vom Zentralamt für Ernährung und Landwirtschaft, Reichslandwirtschaftsrat SAUER, vom 5.2.1946, in: Z 6/II 50 (BA); KAHLKE, SchlHA 1964, 247 (249); WÖHRMANN, RdL, 1967, 85 (85).

1. Die alliierte Diskussion

Auch das *Legal Directorate* war frühzeitig bemüht, das gesamte nationalsozialistische Landwirtschaftrecht zu ersetzen. Nachdem von der ursprünglich vorgesehenen Aufhebung des REG und den in seiner Ausführung ergangenen Gesetzen durch das KRG Nr. 1 vom *Legal Directorate* abgesehen worden war[138], wurde im September 1945 ein Ausschuss gegründet, der sich mit der Aufhebung des Reichserbhofrechts beschäftigen sollte[139]. Beraten wurde hier ein erster Gesetzentwurf zur Aufhebung des Reichserbhofrechts, der sich seinerseits stark an dem REG-Text orientierte[140]. Dieser Entwurf wurde von dem *Legal Directorate* als inakzeptabel angesehen, und es wurde beschlossen, in einem weiteren Ausschuss einen amerikanischen[141] und einen sowjetischen[142] Entwurf zur Diskussion zu stellen[143].

Die gesetzgeberischen Arbeiten traten jedoch erst durch die Vorlage eines amerikanischen Entwurfs eines Gesetzes über die Aufhebung des Reichserbhofgesetzes und anderer agrarrechtlicher Bestimmungen beim *Legal Directorate* am 25. Februar 1946[144] in ein akutes Stadium[145]. Dieser amerikanische Entwurf glich im Wesentlichen dem später erlassenen KRG Nr. 45 und sah wie dieses die Wiedereinführung der vor 1933 bestehenden Anerbengesetze vor. Während die drei übrigen Besatzungsmächte darauf drängten, die Vorlage anzunehmen, machte die britische Militärregierung Bedenken hinsichtlich des Rückgriffs auf die vor 1933 bestehende Gesetzeslage geltend, aufgrund derer auch ein zwischenzeitlich gebildeter zweiter Ausschuss bei seinem letzen Treffen im März 1946 keine Einigkeit erzielen konnte und die Entscheidungsfindung dem *Legal Directorate* überließ[146].

---

[138] Protokoll des 2. Treffens des *Legal Directorates* am 28./31.8.1945, in: FO 1005/742 (PRO); hierzu unten C VI 2 a) (S. 183 f.).
[139] Protokoll des 3. Treffens des *Legal Directorates* am 6.9.1945, in: FO 1005/742 (PRO).
[140] DLEG/P (45) 30, in: FO 1005/748 (PRO).
[141] Entwurf vom 2.11.1945, in: FO 1005/748 (PRO).
[142] Protokoll des 9. Treffens des *Legal Directorates* am 16.10.1945, in: FO 1005/742 (PRO).
[143] Protokoll des 13. Treffens des *Legal Directorates* am 6.11.1945, in: FO 1005/742 (PRO);
[144] DLEG/P (46) 33, in: FO 371/55518 (PRO).
[145] WÖHRMANN (1), S. 11; ders. RdL 1950, 101 (102).
[146] Bericht des Ausschussvorsitzenden, LISSIAC, vom 20.3.1946, in: FO 937/41 (PRO).

Im Folgenden wurde der amerikanische Entwurf im April 1946 an das *Economic Directorate* mit der Bitte um Stellungnahme weitergeleitet[147], das sich seinerseits mit dem Entwurf zwar grundsätzlich einverstanden zeigte, jedoch Bedenken gegen das Wiederaufleben der vor 1933 bestehenden Anerbengesetze hatte[148]. In den weiteren Diskussionen innerhalb des *Legal Directorates* machten die Briten diese Einwendungen geltend und verzögerten so bewusst die Verabschiedung des Entwurfes[149], zogen damit aber gleichzeitig den Unmut der anderen Mitglieder auf sich[150].

Beim 76. Treffen des *Legal Directorates* vom 17. und 19. Dezember 1946 wurde beschlossen, den Entwurf unter dem Titel *"Repeal of Legislation on Hereditary Farms and Enactment of other Provisions Regulating Agricultural and Forest Lands"*[151] dem *Coordinating Committee* für den *Alliierten Kontrollrat* zur Beratung zu übersenden[152]. Die Mitglieder des *Coordinating Committee* stimmten dabei mit dem *Legal Directorate* grundsätzlich in der Einschätzung überein, dass das REG schnellstmöglich aufgehoben werden müsse[153].

Vor dem Hintergrund der Bestimmung des III. Abschnitts Teil A Nr. 4 des Potsdamer Abkommens wies die britische *Legal Division* in der Tagesordnung des *Coordinating Committee* für den *Alliierten Kontrollrat* zum 99. Treffen am 16. Januar 1947 noch einmal ausdrücklich darauf hin, dass das Reichserbhofrecht wegen seiner Durchsetzung mit der nationalsozialistischen Blut-und-Boden-Ideologie der gänzlichen Aufhebung bzw. wesentlicher Modifikation bedürfe[154].

---

[147] Protokoll des 41. Treffens des *Legal Directorates* am 23./25.4.1946 sowie Mitteilung des *Legal Directorates* an das *Economic Directorate* vom 26.4.1946, beides in: FO 371/55772 (PRO).
[148] Stellungnahme des *Economic Directorates* vom 30.8.1947, in: FO 937/41 (PRO).
[149] Stellungnahme der *A.T.C. Branch* vom 11.1.1947, in: FO 1060/765 (PRO).
[150] *"Judge Madden, regretting the inability of the British Delegation to consider this law, called the attention of the Directorate of the extensive delays which had already been requested by the British delegation both in the working party and in the Legal Directorate."*, Protokoll des 39. Treffens des *Legal Directorates* am 9./11.4.1946, in: FO 1005/743 (PRO).
[151] Protokoll des 75. Treffens des *Legal Directorates* am 10./12.12.1946, in: FO 1005/744 (PRO).
[152] Protokoll des 76. Treffens des *Legal Directorates* am 17./19.12.1946, in: FO 1005/744 (PRO). Der Entwurf wurde unter dem Aktenzeichen DLEG/M (46) 51 geführt. WÖHRMANN ging davon aus, dass es sich hierbei um einen zweiten amerikanischen Entwurf handelte, WÖHRMANN (1), S. 13; ders., RdL 1950, 101 (103).
[153] Hierzu unten C VI 2 a) (S. 183 f.).
[154] *"The Nazi Hereditary Farm legislation is based on the theory of "blood and soil", and there can be no doubt that from that point of view it deserves to be abrogated or very substantially modified .... The abrogation of this legislation was undertaken in pursuance of § 4 of Section III, A of the Potsdamer Agreement, under which all Nazi*

Aufgrund der britischen Einwände gegen den Rückgriff auf die Gesetzeslage vor 1933, wie ihn Art. II des Entwurfs vorsah, konnte jedoch weder bei der 99. noch der 101. Zusammenkunft eine Einigung über die Gesetzesfassung erzielt werden[155]. Bei der 101. Zusammenkunft am 27. Januar 1947 wurde der Beschluss getroffen, den *Alliierten Kontrollrat* selbst mit der Frage des Festhaltens an Art. II der Vorlage zu befassen[156].

Bei der 53. Zusammenkunft des *Alliierten Kontrollrats* am 30. Januar 1947 einigte man sich schließlich auf die Beibehaltung des Art. II, gleichzeitig jedoch aufgrund des Drängens der britischen Besatzungsmacht auch auf die Einführung folgenden Zusatzes in Art. XI als Ermächtigung der Zonenbefehlshaber zum Erlass von Durchführungsbestimmungen[157]:

„Ungeachtet der Bestimmungen dieses Gesetzes können die Zonenbefehlshaber in ihren betreffenden Zonen gesetzliche Bestimmungen zur Änderung oder Aufhebung irgendwelcher, durch dieses Gesetz wiederhergestellter oder anderweitig in Kraft getretener Gesetzgebung erlassen."

---

laws which provides the basis of the Hitler regime or established discrimination on grounds of race, creed or political opinion were to be abolished.", Vermerk der *Legal Division* für den britischen Vertreter beim 99. Treffen des *Coordinating Committee* am 16.1.1947, in: FO 1060/765 (PRO). Bereits früher hatte das *Legal Directorate* auf die Wichtigkeit der Aufhebung des Reichserbhofrechts aufgrund dieser Bestimmung hingewiesen, Aufforderung des *Legal Directorats* zur Stellungnahme an den Chairman des *Economic Direcotrates* bezüglich des Entwurfs des späteren KRG Nr. 45, in: FO 371/55772 (PRO).

[155] Hierzu im Einzelnen die Diskussion anhand des Protokolls sowie Wortprotokolls der 99. Sitzung des *Coordinating Committee* vom 16.1.1947, in: Z 45 F 2/118-3/2-9 bzw. 2/106-2/13-17 (BA) sowie den Report des *Coordinating Committee* vom 29.1.1947, in: FO 371/64443 (PRO).

[156] Protokoll sowie Wortprotokoll der 99. Sitzung des *Coordinating Committee* vom 16.1.1947, in: Z 45 F 2/118-3/2-9 bzw. 2/106-2/13-17 (BA).

[157] Protokoll sowie Wortprotokoll der 53. Sitzung des *Alliierten Kontrollrats* vom 30.1.1947, in: Z 45 F 2/109-1/1-69 bzw. 2/108-3/4 (BA); Aktennotiz der *CCG (BE)* vom 3.2.1947, in: FO 1060/765 (PRO). In dem Entwurf vom 26.12.1946, Nachlass WÖHRMANN, hatte es in Art. XI Abs. 1 noch geheißen: *"Die Zonenkommandeure sind ermächtigt, im Bereich ihrer Zonen Durchführungsverordnungen für dieses Gesetz zu erlassen"*.

Mit diesem Zusatz wurde der Entwurf beschlossen und beim 54. Zusammentreffen des *Alliierten Kontrollrats* am 20. Februar 1947 unterzeichnet[158]. Die anfänglichen Auslegungsfragen hinsichtlich Art. XI auf britischer Seite[159] wurden von der *B.S.L.R.U.* im Sinne einer möglichst weitgehenden Ermächtigung für die Zonenbefehlshaber interpretiert. Nicht eröffnet sein sollte lediglich die Möglichkeit, Bestimmungen des KRG Nr. 45 selbst bzw. den Katalog des Art. I abzuändern oder mit den von Art. I aufgehobenen Gesetzen inhaltlich gleichartige Regelungen zu erlassen[160]; im Übrigen sah man sich in der Gestaltung der MilRegVO Nr. 84 nicht mehr durch die Bestimmungen des KRG Nr. 45 beschränkt.

2. Die deutsche Diskussion

Die deutschen Stellen wurden frühzeitig von der britischen Besatzungsmacht aufgefordert, zu dem amerikanischen Gesetzentwurf vom 25. Februar 1946 Stellung zu nehmen und selbst einen Entwurf *"zur Überholung der deutschen Agrargesetzgebung"* auszuarbeiten[161]. Am 12. und 13. sowie 19. und 20. März 1946 fanden Beratungen der Oberlandesgerichtspräsidenten der britischen Zone mit dem Zentralamt für Ernährung und Landwirtschaft in Obernkirchen statt[162], als deren Ergebnis die *Obernkirchener Gedenkschrift vom 8. April 1946* als Gegenkonzept zu dem amerikanischen Entwurf erstellt wurde.

Im Rahmen der *Obernkirchener Gedenkschrift* wurde neben der allgemeinen Kritik an dem amerikanischen Vorschlag[163] auch ein umfassender Entwurf eines *Gesetzes über die Neuordnung des Bauern- und Bodenrechts (Bauernrechtsordnung)*[164] mit 83 Paragrafen erstellt, das seinerseits im III. Abschnitt in den §§ 31 bis 50 den „*Eigentumswechsel durch Vererbung*" regelte[165]. Dieser Abschnitt wiederum basierte auf dem Vorschlag eines *Gesetzes über die Vererbung der Anerbenhöfe*[166]. Daneben beinhaltete die *Obernkirchener Gedenkschrift* den

---

[158] Protokoll sowie Wortprotokoll der 53. Sitzung des *Alliierten Kontrollrats* vom 30.1.1947, in: Z 45 F 2/109-1/1-69 bzw. 2/108-3/4 (BA).
[159] Schreiben der *A.T.C. Branch*, Herford an die *B.S.L.R.U.* vom 7.2.1947 sowie Antwortschreiben vom 12.2.1947, in: FO 1060/1140 (PRO).
[160] Schreiben der *B.S.L.R.U.* vom 12.2.1947, in: FO 1060/1140 (PRO).
[161] Schreiben des OLGPräs Celle, V. HODENBERG, an die übrigen OLGPräs der britischen Besatzungszone vom 29.4.1946, in: Nachlass WÖHRMANN.
[162] WÖHRMANN, RdL 1950, 101 (102).
[163] Z 6/II 50 (BA).
[164] Z 21/1164, 2 bis 48 (BA). Der Entwurf mit ausführlichen Anmerkungen STARCKES hierzu findet sich in: Z 6/II 50 (BA).
[165] In formeller Hinsicht beinhaltet die Gedenkschrift daneben offensichtlich den Entwurf einer umfänglichen *Bauerngerichtsordnung* (Z 21/1164, 81 ff.), der in dieser Form Gegenstand der Diskussion *"landwirtschaftlicher und rechtswissenschaftlicher Interessenten"* war, Schreiben des OLGPräs Köln, SCHETTER, vom 20.7.1946, in: Z 21/1164, 92.
[166] Ein nichtdatierter Entwurf in der Form eines *"Eventualvorschlags"* hierzu findet sich in: Z 6 II/50 (BA).

Entwurf eines Rahmengesetzes, des *Gesetzes über die Aufhebung des Reichserbhofgesetzes und über die Neuordnung des Bodenrechts*[167], das in seiner äußeren Form dem amerikanischen Gesetzentwurf entsprach und für den Fall gedacht war, dass die umfängliche *Bauernrechtsordnung* vom *Alliierten Kontrollrat* nicht befürwortet werden sollte[168].

Aufgrund dieser Gegenvorschläge zu der amerikanischen Gesetzesvorlage vom 25. Februar 1946 stimmte die britische Besatzungsmacht dem Entwurf innerhalb des *Legal Directorates* nicht zu, sondern machte – wie gezeigt – in der Folgezeit zahlreiche Bedenken geltend. Parallel dazu beauftragte die britische Militärregierung die oben genannten deutschen Stellen mit der Erarbeitung eines neuen Konzepts[169]. Infolgedessen berieten die Oberlandesgerichtspräsidenten auf einer Tagung im Oberlandesgericht Celle am 26. September 1946[170] über einen neuen, auf der *Bauernrechtsordnung* basierenden[171] Entwurf des *Gesetzes über die Vererbung der Anerbenhöfe*[172] mit 33 Paragrafen. Dieser wurde im November 1946 an das Zentralamt für Landwirtschaft und Ernährung übermittelt, das seinerseits die Präsidenten der Landwirtschaftskammern um Stellungnahme ersuchte[173]. Gleichzeitig legte das Zentralamt für Ernährung und Landwirtschaft einen neuen, mit der britischen Militärregierung abgesprochenen Vorschlag eines *Rahmengesetzes (Gesetz über die Aufhebung des Reichserbhofgesetzes und über die Neuordnung des Bodenrechts)*[174] vom Oktober 1946[175] vor.

---

[167] Z 21/1164, 96 ff. (BA). Der Entwurf mit kurzen handschriftlichen Anmerkungen findet sich in: Z 6 /II 50 (BA).
[168] WÖHRMANN, RdL 1950, 101 (102).
[169] Zu der Entwicklung im Einzelnen WÖHRMANN, RdL 1967, 85 (85).
[170] Protokoll über die Anerbengesetztagung in Celle am 26.9.1946, in: Z 21/1164, 99 (BA). Die Tagesordnung hierzu findet sich in: Nachlass WÖHRMANN.
[171] WÖHRMANN, SchlHA 1949, 112 (113).
[172] Z 21/1164, 113 ff. (BA).
[173] WÖHRMANN (1), S. 21 f.; ders., RdL 1950, 101 (103).
[174] Z 21/1164, 125 ff. (BA).
[175] WÖHRMANN (1), S. 13; ders., RdL 1950, 101 (103).

3. Die MilRegVO Nr. 84 als Durchführungsverordnung zum KRG Nr. 45

Die deutsche Gesetzgebungskommission hatte im Folgenden von der amerikanischen Vorlage anlässlich der Tagung der Vertreter der beteiligten Stellen am 21. und 22. Januar 1947 im Zentraljustizamt in Hamburg erfahren. Dennoch waren die Beratungen über das *Rahmengesetz (Gesetz über die Aufhebung des Reichserbhofgesetzes und über die Neuordnung des Bodenrechts)*[176] fortgesetzt[177] und der Beschluss gefasst worden, dieses Gesetz endgültig fertig zu stellen[178]. Die Formulierung der einzelnen Bestimmungen wurde dabei Oberlandesgerichtsrat WÖHRMANN übertragen. Des Weiteren sollte der Entwurf des *Gesetzes über die Vererbung der Anerbenhöfe* gemeinsam durch WÖHRMANN sowie den Oberlandwirtschaftsrat HENRICI von der Landwirtschaftskammer Hannover[179] einer Neubearbeitung unterzogen werden [180]. Daneben wurde beschlossen, eine Kommission bestehend aus HENRICI, WÖHRMANN sowie SAUER vom Zentralamt für Ernährung und Landwirtschaft mit der Abfassung einer zweiten Kritik an dem amerikanischen Entwurf als "konstruktivem Gegenvorschlag" zu beauftragen[181].

Der Erlass des KRG Nr. 45 wurde allerdings – wie gezeigt – weder durch die Kritik[182] an ihm noch durch das überarbeitete *Gesetz über die Aufhebung des Reichserbhofgesetzes und über die Neuordnung des Bodenrechts*[183] verhindert. Vermutlich wurden diese Entwürfe nicht einmal dem *Coordinating Committee* bzw. dem *Alliierten Kontrollrat* zugeleitet; eine diesbezügliche Diskussion ist

---

[176] Z 21/1164, 125 ff. (BA). Erarbeitet worden war dieser Entwurf im Wesentlichen von dem vormaligen Reichslandwirtschaftsrat SAUER vom Zentralamt für Ernährung und Landwirtschaft, vgl. Aktennotiz v. WERNER vom 7.2.1947, in: Z 21/1164, 195 (BA).

[177] Ein überarbeiteter Entwurf des *Gesetzes über die Aufhebung des Reichserbhofgesetzes und über die Neuordnung des Bodenrechts* vom Januar 1947 findet sich in: Z 21/1164, 174 ff. (BA) und ist zu diesem Zeitpunkt noch als Gesetzentwurf für den *Alliierten Kontrollrat* vorgesehen.

[178] Protokoll der Tagung am 21./22.1.1947, in: Z 21/1164, 164 (BA); WÖHRMANN (1), S. 13; ders., RdL 1967, 85 (86).

[179] Bei der Landwirtschaftskammer Hannover handelte es sich um die inzwischen wieder unter deutscher Leitung stehende Landesbauernschaft, hierzu SPENGLER, S. 38. Zu der weiteren Entwicklung, insbesondere der Diskussion um einen bundesrechtlichen Rahmengesetzerlass, siehe SAUER, RdL 1952, 1 ff.

[180] Aktennotiz v. WERNER vom 23.1.1947 über die Tagung am 21./22.1.1947 im Zentraljustizamt in Hamburg, in: Z 21/1164, 163 (BA).

[181] Z 21/1164, 182 (BA); Z 21/1164, 163 R (BA); WÖHRMANN, RdL 1950, 101 (103). Unterstützt wurde diese Arbeitsgruppe durch den deutschen Rechtsanwalt STROTHMANN vom S.L.A.B., Schreiben der A.T.C. Branch vom 29.3.1947, in: FO 1060/765 (PRO). Zu dessen hilfreicher Rolle siehe WÖHRMANN, RdL 1967, 85 (86).

[182] Z 21/1164, 183 ff. (BA).

[183] Z 21/1164, 125 ff. (BA).

zumindest anhand der Protokolle der Sitzungen des *Coordinting Committee* bzw. des *Alliierten Kontrollrats* nicht ersichtlich[184]. Im Gegenteil wurde die britische Kommission im *Coordinating Committee* dafür kritisiert, trotz der Ablehnung des amerikanischen Entwurfs vom Februar 1946 noch keinen eigenen Entwurf erarbeitet zu haben[185].

Die ausgearbeiteten Grundsätze des *Rahmengesetzes* dienten im Folgenden stattdessen als Grundlage der MilRegVO Nr. 84, während der Entwurf des *Gesetzes über die Vererbung der Anerbenhöfe* – dann allerdings in der späteren Form als Entwurf eines *Höfegesetzes für die britische Zone*[186] – seinerseits die Basis der HöfeO darstellte[187].

Bereits am 3. Februar 1947 begannen die ersten vorbereitenden Besprechungen zum Erlass der nach Art. XI KRG Nr. 45 ermöglichten Durchführungsverordnung mit einem einheitlichen Höfegesetz für das Gebiet der britischen Besatzungszone bei der *Legal Division, Z.E.C.O.*, in Herford und anschließend im Oberlandesgericht Celle[188]. Diese Gesetzesvorhaben sollten mit dem am 24. Februar 1947 verkündeten KRG Nr. 45 gleichzeitig am 24. April 1947 (Art. XII Abs. 1 KRG Nr. 45) in Kraft treten. Zu einer ersten Lesung des Entwurfs kam es bei der Tagung der deutschen Gesetzgebungskommission im kleinen Kreis im Zentraljustizamt in Hamburg am 5. und 6. Februar 1947[189]. Hierbei wurde endgültig beschlossen, eine Ausführungsverordnung zum KRG Nr. 45 mit den erforderlichen Durchführungsbestimmungen und einem einheitlichen Höfegesetz auf der Grundlage der bestehenden Ausarbeitungen zu entwerfen[190]. Die zweite Lesung fand bei der Tagung der deutschen Gesetzgebungskommission im erweiterten Kreis im Oberlandesgericht Celle am 11. Februar 1947 statt[191].

---

[184] Protokoll sowie Wortprotokoll der 101. Sitzung des *Coordinating Committee* vom 27.1.1947, in: Z 45 F 2/118-3/2-9 bzw. 2/106-2/13-17 (BA).

[185] Protokoll der 101. Sitzung des *Coordinating Committee* vom 27.1.1947, in: Z 45 F 2/118-3/2-9 (BA).

[186] Z 21/1164, 179 ff. (BA).

[187] WÖHRMANN, RdL 1950, 101 (103); ders. SchlHA 1949, 112 (114).

[188] WÖHRMANN (1), S. 23. Die Federführung in dieser letzten Phase der Gesetzgebungsarbeiten lag nun zunehmend bei dem Zentralamt für Ernährung und Landwirtschaft, vgl. Entwurfsschreiben des Zenraljustizamts vom 22.3.1947, in: Z 21/1165, 69 (BA).

[189] Aktennotiz vom 7.2.1947 über die gemeinsame Besprechung über die Neugestaltung des Höferechts, in: Z 21/1164, 195 (BA). Teilnehmer hierbei waren: DOUGAL (Food and Agriculture Division, Z.E.C.O., Hamburg), v. WERNER (Zentraljustizamt), SAUER (Zentralamt für Ernährung und Landwirtschaft), WÖHRMANN und TASCHE (beide OLG Celle), Schreiben der *Food and Agriculture Division, Z.E.C.O.*, Hamburg an die *Legal Division, Z.E.C.O.*, Herford, vom 11.2.1947, in: FO 1060/1140 (PRO).

[190] Aktennotiz vom 7.2.1947 über die gemeinsame Besprechung über die Neugestaltung des Höferechts, in: Z 21/1164, 195 (BA).

[191] Aktennotiz v. WERNER, in: Z 21/1165, 61 (BA); WÖHRMANN (1), S. 23.

Der in dieser Phase erarbeitete *Entwurf einer britischen Durchführungsverordnung zum KRG Nr. 45* vom 26. Februar 1947[192] nebst den damaligen Anlagen A (HöfeO)[193] und B (LandwirtschaftsO)[194] erfuhr in dem Zeitraum vom 27. Februar bis zum 4. März 1947 noch Abänderungen durch das Zentralamt für Ernährung und Landwirtschaft in Zusammenarbeit mit den Vertretern der britischen *Food and Agriculture Division*[195]. Die letzten entscheidenden Beratungen fanden am 27. März 1947 bei der *Legal Division, Z.E.C.O.,* in Herford[196] bzw. am 1. und 2. April 1947 unter Beteiligung zweier Vertreter der *Legal Division* im Oberlandesgericht Celle statt.

Bereits anlässlich der Besprechung am 11. Februar 1947 im Oberlandesgericht Celle war aufgrund des bestehenden Zeitmangels beschlossen worden, von der Fertigstellung des Entwurfs einer Verfahrensordnung sowie von Bestimmungen über unerledigte Erbfälle und noch anhängige Erbhof- und Landbewirtschaftungssachen abzusehen[197]. Stattdessen wurde mit Art. VI Abs. 14 bis 16 der MilRegVO Nr. 84 eine Übergangsbestimmung erlassen, um die durch das KRG Nr. 45 und die MilRegVO Nr. 84 vorgesehenen behördlichen und gerichtlichen Stellen einzurichten. Gleichzeitig wurde der Präsident des Zentraljustizamts für die britische Zone durch Art. VI Abs. 18 ermächtigt, eine einheitliche Verfahrensordnung zur Anpassung an die MilRegVO Nr. 84 zu erlassen. Von dieser Ermächtigung wurde durch den Erlass der *Verfahrensordnung für Landwirtschaftssachen (LVO)* vom 2. Dezember 1947[198] Gebrauch gemacht. Grundlage der *LVO* war die *Bauerngerichtsordnung*, die ursprünglich als Verfahrensordnung für die *Bauernrechtsordnung* am Oberlandesgericht Celle erarbeitet worden war[199].

---

[192] Z 21/1164, 202 ff. (BA). Am 26.2.1946 waren anlässlich einer Konferenz in der *Food and Agiculture Division* in Hamburg neben den Vertretern des Zentralamts für Ernährung und Landwirtschaft auch Vertreter der Landesbauernschaften zu dem Entwurf gehört worden, Schreiben der *Food and Agriculture Division, Z.E.C.O.,* Hamburg an die *Legal Division, Z.E.C.O.,* Herford vom 8.3.1947, in: FO 1060/1140 (PRO).
[193] Z 21/1164, 204 ff. (BA).
[194] Z 21/1164, 197 ff. (BA).
[195] WÖHRMANN (1), S. 24. Zum Aufbau der *Food and Agriculture Division* siehe FARQUHARSON, The Western Allies, S. 34 ff.
[196] Aktenvermerk über diese Besprechung, in: Nachlass WÖHRMANN.
[197] Aktennotiz v. WERNER, in: Z 21/1165, 61 (BA).
[198] VOBl. BZ, S. 157.
[199] Näher hierzu WÖHRMANN (1), S. 296.

Die aufgezeigte Entwicklung verdeutlicht, dass die Erarbeitung der HöfeO zwar von britischer Seite betreut wurde, die konkrete inhaltliche und sprachliche Ausgestaltung indes auf deutscher Seite vorgenommen wurde, so dass es sich im Wesentlichen um ein von deutschen Stellen ausgearbeitetes Gesetz handelt[200]. In Konsequenz dessen und aufgrund der Probleme der genauen Übersetzung der spezifischen rechtstechnischen Termini[201] legte Art. VIII MilRegVO Nr. 84 für die Auslegung der HöfeO und der Landbewirtschaftungsordnung trotz englischer und deutscher Bekanntmachung zuvorderst und erstmalig[202] den deutschen Text als maßgeblich zu Grunde.

---

[200] WÖHRMANN (1), S. 11; ders., RdL 1950, 101 (101).
[201] Schreiben der *Legal Division, Z.E.C.O.* an die *Food and Agriculture Division*, H.Q., vom 14.4.1947, in: FO 1060/765 (PRO).
[202] Dieses hebt WÖHRMANN, Atti del Primo Convegno, S. 581 besonders hervor.

C. Grundgedanken der Erbhofrechtsreform

In diesem Abschnitt der Arbeit werden die den Reformarbeiten zu Grunde liegenden Leitgedanken und ihre Berücksichtigung in der Reformdiskussion betrachtet. Seine Untergliederung findet dieser Teil aufgrund der Darstellung der mit der Reform verbunden Ziele, und zwar zum einen aus Sicht der britischen Besatzungsmacht, zum anderen aus deutscher Betrachtung.

I. Festhalten an der Anerbensitte

1. Britische Sicht

Ursprünglich sollte das REG aufgrund seiner Ideologiedurchdringung als typisch nationalsozialistisches Gesetz bereits von Art. 1 des Militärregierungsgesetzes Nr. 1 umfasst und damit aufgehoben werden[203]. Die britische Besatzungsmacht erkannte sehr früh, dass es sich beim Anerbenrecht grundsätzlich nicht um eine nationalsozialistische Erfindung handelte und sich eine Aufhebung ohne Ersatzregelung nicht mit einem bloßen Verweis auf den nationalsozialistischen Ursprung des Reicherbhofrechts begründen ließ[204]. Bereits beim zweiten Treffen des *Legal Directorates* im August 1945 wurden die für den Bauernstand positiv wirkenden Seiten des Reichserbhofrechts thematisiert und von einer bloßen Aufhebung Abstand genommen[205]. Eine vollständige Abschaffung des Reichserbhofrechts ohne anerbenrechtliche Ersatzregelung wurde in der Folgezeit im *Legal Directorate* nicht weiter thematisiert, da der erste gemeinsame Ausschuss zur Betrachtung des deutschen Rechts zu dem Ergebnis gekommen war, dass aus wirtschaftlichen Gründen an dem System *"Unveräußerlichkeit"* von Höfen festgehalten werden sollte[206] und die britische Besatzungsmacht früh verdeutlicht hatte, dass sie einer Aufhebung des REG ohne adäquate Alternativgesetzgebung nicht zustimmen würde[207].

---

[203] Im Einzelnen hierzu unten C VI 2 a) (S. 183 f.).

[204] *"Report on restrictions of freedom of management; Transfer inter vivos and devolution upon death in respect of agricultural property in Germany"*, S. 93 vom 14.9.1945, in: FO 937/41 (PRO). Verfasst wurde diese umfangreiche Betrachtung des Reichserbhofrechts von dem deutschen Arbeitsrechtler KAHN-FREUND, der in der unmittelbaren Nachkriegszeit kurzzeitig für die *B.S.L.R.U.* arbeitete. Zu seiner Person, seinem Lebenslauf und seiner Emigration aus Deutschland 1933 siehe HEPPLE, in: Gedächtnisschrift KAHN-FREUND, S. XVII ff. sowie RAMM, a.a.O., S. XXVII ff.

[205] Protokoll des 2. Treffens des *Legal Directorates* am 28./31.8.1945, in: FO 1005/742 (PRO); hierzu näher unten C VI 2 a) (S. 183 f.).

[206] Bericht der *Working party on German law"* vom 12.10.1945, in: FO 1005/748 (PRO).

[207] Protokoll des 3. Treffens des *Legal Directorates* am 6.9.1945, in: FO 1005/742 (PRO).

Zwar wurde auf britischer Seite ein Festhalten am Anerbenrecht teilweise als "feudalistische" Rechtserscheinung in Frage gestellt:

> "... feudal tenures are anachronism in any country today, and Erbhof- (formerly Anerben-) recht is undoubtly overdue for abolition."[208]

Diese Charakterisierung des Anerbenrechts bezog sich ihrerseits allerdings nur auf den Rückgriff auf die früheren Anerbenrechte; die Neuregelungsentwürfe waren hiervon ausgenommen, denn eine Sondererbfolge in Bezug auf landwirtschaftliche Grundstücke sollte aus britischer Sicht grundsätzlich bestehen bleiben[209]. Die Vererbung eines landwirtschaftlichen Grundstücks an eine Erbengemeinschaft nach den allgemeinen Vererbungsregelungen des BGB unterlag Bedenken in Bezug auf die möglicherweise geringere Ertragsfähigkeit des Hofes aufgrund bestehender Uneinigkeit zwischen den Erben bzw. mangelnder agrarwirtschaftlicher Kenntnisse bei an der Erbengemeinschaft beteiligten Personen[210].

---

[208] Stellungnahme der *A.T.C. Branch* vom 11.1.1947, in: FO 1060/765 (PRO).

[209] Dabei unterlagen die Briten starker sowjetischer Kritik innerhalb des *Legal Directorates*. Der Vertreter der sowjetischen Besatzungsmacht war der Ansicht, dass der frühe Entwurf des Gesetzes zur Aufhebung des REG (DLEG/P (45) 30) die bäuerliche Bevölkerungsschicht als solche ähnlich wie die Junker als *"Quelle des deutschen Militarismus und Nationalismus"* hätte schützen wollen und daher feudalistisch und antidemokratisch gewesen sei, *Annexure "C"* zu DLEG/P (45) 30, in: FO 1005/748 (PRO).

[210] *"1. The Erbengemeinschaft occuring in many cases leads, by experience, to disunity in the farm management. Farming itself will also suffer.
2. The break-down of smaller farms will be simplified. The number of self-suppliers increases and delieveries decrease.
3. Persons who do not understand agriculture are also becoming owners and will farm badly and deliver very little."*, Aktennotiz vom 24.1.1947, in: FO 1060/1140 (PRO).

2. Deutsche Sicht

Auf deutscher Seite bestand bei der Erarbeitung der Landwirtschaftsrechtsreform sowohl bei den beteiligten Stellen, daneben aber auch im frühen Schrifttum[211], weitgehende Einigkeit, grundsätzlich an dem Bestehen anerbenrechtlicher Bindungen für land- und forstwirtschaftliche Grundstücke im *"Interesse der Volksernährung"*[212] festzuhalten. Zwar gab es insbesondere im Rheinland, in dem bis 1933 das Prinzip der Realteilung vorherrschend war, erkennbar Stimmen, die gänzlich von anerbenrechtlichen Bestimmungen Abstand nehmen wollten:

> *„Bekanntlich ist das rheinische Landvolk der Aufrechterhaltung aller erbhofrechtlicher Bindungen abgeneigt. Infolge dessen werden auch Stimmen laut, das Erbhofgesetz mit all seinen Durchführungsbestimmungen gänzlich zu beseitigen. Es gelang aber in der Diskussion, diese radikale Strömung einzudämmen und eine große Mehrheit für die Beibehaltung des Erbhofes als eines Rechtsgebildes eigener Art zu gewinnen."*[213]

Grundsätzlich überwogen in der rechtswissenschaftlichen Diskussion im britischen Besatzungsgebiet jedoch insgesamt die Anhänger des Festhaltens am Anerbenrecht, und zwar sowohl in den vormaligen Anerbenrechts- als auch in den Realteilungsgebieten.

Die vollständige und grundsätzliche Abschaffung des landwirtschaftlichen Anerbenrechts – und damit einhergehend eine Vererbung nach der gesetzlichen Erbfolge des BGB – unterlag insofern starken Bedenken, als hierdurch die besondere Verbundenheit des Bauern mit seinem Land nicht hinreichend berücksichtigt werde[214]. Auch von den Kritikern starker anerbenrechtlicher Bindungen wurde überwiegend gefordert, zwar die grundsätzliche Testierfreiheit des Bau-

---

[211] KLÄSSEL, Agrarrecht, S. 102. Das Buch ist zwar erst nach Erlass der HöfeO im Oktober 1947 erschienen, wurde jedoch dem Vorwort nach bereits im Sommer 1946 – somit zur Zeit der Reformbemühungen innerhalb der britischen Besatzungszone – erarbeitet.

[212] Aktennotiz des Zentraljustizamts aus dem Jahr 1947, in: Z 21/1164, 171 (BA).

[213] Stellungnahme des OLGPräs Köln, SCHETTER, zu dem Entwurf der *Bauernrechtsordnung* vom 20.6.1946, in: Z 21/1164, 68 (BA).

[214] *„Die gesetzlichen Bestimmungen des BGB. sind dafür (die geschlossene Vererbung des Hofes – d.V.) nicht geeignet, da sie den Grund und Boden als Ware behandeln und auf die Verbundenheit des Bauernstandes mit der heimatlichen Scholle keine Rücksicht nehmen"*, in: Denkschrift des Oldenburgischen Ministerpräsident TANTZEN aus dem Jahr 1946, in: Z 21/1164, 57 – 60 (BA); ebenso Stellungnahme des OLGPräs Braunschweig, MANSFELD, zu dem Entwurf der *Bauernrechtsordnung* vom 8.10.1946, in: Z 21/1164, 74 (BA). SERING, Erbhofrecht und Entschuldung, S. 34, ging dagegen davon aus, dass auch in den rheinischen Realteilungsgebieten die Bodenverbundenheit der Bauern nicht geringer sei als in den Anerbengebieten.

ern hinsichtlich der gewillkürten Erbeinsetzung wieder herzustellen, jedoch für den Fall des Nichtvorliegens einer letztwilligen Verfügung eine gesetzliche Anerbenregelung für eine geschlossene Hofvererbung anstelle der BGB-Regelungen festzuschreiben[215]. Im Ergebnis überwogen somit in den entscheidenden Gremien grundsätzlich die Vertreter des Festhaltens am Anerbenrecht bei land- und forstwirtschaftlichen Gütern flächendeckend[216].

Zu berücksichtigen hierbei ist, dass innerhalb der Gebiete der britischen Besatzungszone mit den Regionen des Rheinlands und der Nordseeküste zwar Realteilungsgebiete vor 1933 bestanden[217], die übrigen Regionen jedoch traditionell durch anerbengesetzliche Regelungen – wenn auch jeweils von unterschiedlicher Intensität – geprägt waren[218]. Diese Prägung vermag die Bedenken gegen eine vollständige Abschaffung des Anerbenrechts und eine damit einhergehende Vererbung von land- und forstwirtschaftlichen Gütern nach den allgemeinen Bestimmungen des BGB innerhalb der britischen Besatzungszone zu erklären[219]. Dieses gilt umso mehr, als die ungeteilte Erbfolge überwiegend bereits vor 1933 praktiziert worden war und dem bäuerlichen Rechtsempfinden grundsätzlich entsprach[220].

Eine erhebliche Bedeutung hatte daneben m.E. die Tatsache, dass die an der Erarbeitung der Reform beteiligten Personen im Wesentlichen bereits von ihrer Biographie her durch die Beschäftigung mit dem Reichserbhofrecht geprägt wa-

---

[215] *„Das Testament des Bauern muss allen anderen gesetzlichen Vorschriften vorgehen. Lediglich für den Fall, dass der Bauer eine letztwillige Verfügung nicht getroffen hat, muss der Staat ihm ein Gesetz an die Hand geben, dass eine Vererbung des geschlossenen Hofes an einen Erben, den Anerben, nach klaren, einfachen Regeln ermöglicht."*, in: Denkschrift des Oldenburgischen Ministerpräsident TANTZEN aus den Jahr 1946, in: Z 21/1164, 57 – 60; ebenso Stellungnahme des LGPräs Verden, HAGEMANN, in: Nds. 50, Nr. 123 (NA).

[216] *„Die Notwendigkeit einer geschlossenen Vererbung der Höfe im Interesse der Volksernährung ist allgemein anerkannt und Freiteilungsgebiete haben die in dieser Hinsicht bestehenden Vorzüge des Reichserbhofgesetzes bejaht."*, Aktennotiz von V. WERNER aus dem Jahr 1947, in: Z 21/1165, 61 (BA).

[217] Zu den unterschiedlichen Erbsitten des Rheinlands zu Anfang des 19. Jahrhunderts und zu der weiteren Entwicklung siehe BITTING, Die Aufhebung, S. 16 f.

[218] Hierzu oben dargestellte Gebietsauflistung A III 1 (S. 10 f.) sowie unten unter C II 2 (S. 43 f.).

[219] SCHEYHING, HöfeO, S. 31.

[220] STÖCKER, AgrarR 1972, 341 (343) wies anhand einer 1971 vom Bundesministerium für Justiz veranlassten Meinungsumfrage zur Erbrechtsreform (hierzu ders., FamRZ 1971, 609 ff.) nach, dass ein Festhalten am Anerbenrecht dem sozialtypischen Erblasserwillen der bäuerlichen Bevölkerung mehrheitlich entsprach.

ren[221] und daher ein Eintreten für die vollständige Abschaffung nicht zu erwarten war[222]. Dementsprechend ergab es sich nicht zufällig, dass die Bemühungen um die Reform des Anerbenrechts zunächst vom Oberlandesgericht Celle als vormaligem Sitz des Landeserbhofgerichts nach § 43 Abs. 1 REG und ebenfalls des Reichserbhofgerichts (§ 47 REG) ausgingen und im Weiteren dem Oberlandesgericht Celle die Federführung für das Anerbenrecht von dem *Zentralen Rechtsausschuss* übertragen wurde.

---

[221] So war WÖHRMANN beispielsweise an den Vorarbeiten zum am 15.5.1933 beschlossenen *Bäuerlichen Erbhofrecht* Preußens beteiligt, das jedoch aufgrund des Erlasses des REG nur wenige Monate später kaum praktische Bedeutung erlangt hatte. In der Folgezeit war er Richter am Preußischen Landeserbhofgericht in Celle und erarbeitete einen eigenen Kommentar zum REG in 3. Auflage (Berlin 1936) sowie die Bücher *"Deutsches Bauernrecht"* und *"Reichserbhofrecht – 45 Fälle mit Lösungen"*, hierzu WÖHRMANN (1), Vorwort; siehe auch KROESCHELL, AgrarR 1973, 33 (34). SAUER vom Zentralamt für Ernährung und Landwirtschaft war zuvor Reichslandwirtschaftsrat und in dieser Eigenschaft Abteilungsleiter beim Reichsbauernführer.

[222] WÖHRMANN, SchlHA 1949, 112 (114) sprach selbstkritisch davon, anfangs noch etwas unter *"dem Eindruck"* des Erbhofrechts gestanden zu haben.

II. Vermeidung von Rechtszersplitterung und Rechtsunsicherheit

1. Bemühungen um eine besatzungszonenübergreifende Anerbenrechtsreform

Innerhalb des *Zentralen Rechtsausschusses* war man anfangs bestrebt, eine einheitliche Regelung des Anerbenrechts für alle vier Besatzungszonen zu schaffen[223]. So sah bereits der Entwurf des *Gesetzes über die Aufhebung des Reichserbhofgesetzes und über die Neuordnung des Bodenrechts (Rahmengesetz)* vom 8. April 1946 in Art. VII vor, das REG sofort durch ein einheitliches Anerbenrecht für Deutschland zu ersetzen[224]. Konsens herrschte dabei bereits frühzeitig in Bezug auf die Notwendigkeit, die Eigenheiten einzelner Länder oder Bezirke[225] zu berücksichtigen[226]. Insbesondere das Rheinland bestand dabei auf einer derartigen Berücksichtigungs- bzw. Öffnungsregelung hinsichtlich regionaler Besonderheiten[227].

Daneben gab es vereinzelt Stimmen, die die historisch gewachsenen Unterschiede des Anerbenrechts vor 1933 – ähnlich wie bereits fünfzig Jahre zuvor in der Diskussion der 1. Kommission zur Ausarbeitung des Entwurfs eines BGB um

---

[223] Protokoll über die Anerbengesetztagung in Celle am 26.9.1946, in: Z 21/1164, 99 (BA). Dagegen war KLÄSSEL, Agrarrecht, S. 103, der Meinung, dass aufgrund der bisherigen historischen Entwicklung und der praktischen Schwierigkeiten eine einheitliche Regelung für das ehemalige Reichsgebiet aufgrund der unterschiedlichen regionalen Rechtsauffassungen und Regelungen nicht zu erreichen sei.

[224] WÖHRMANN, RdL 1950, 101 (102).

[225] „*Es bestand Einigkeit darüber, dass auf dem Gebiet des Erbhofrechts Hamburg besondere Aufgaben zu lösen hat (Gemüsebauhöfe, Stadtrand-Erbhöfe) und dass daher die hamburgische Beteiligung an der Neugestaltung des materiellen Erbhofrechts wünschenswert ist.*", Auszug über die "Niederschrift über eine Besprechung in Erbhof-pp.-Sachen" vom 12.1.1946, in: Z 21/1164, 53 (BA).

[226] Protokoll über die Anerbengesetztagung in Celle am 26.9.1946: „*OLGPräs. Dr. Frhr. v. Hodenberg fasst das Ergebnis dahin zusammen, dass ein Anerbenrecht für das gesamte Reichsgebiet erwünscht ist, das aber Lockerungen landschaftlich bedingter Art zugelassen werden möchten.*", in: Z 21/1164, 99 (BA); ebenso Aktenvermerk v. HODENBERGS vom 28.10.1946, in: Nachlass WÖHRMANN.

[227] Stellungnahme des OLGPräs Köln, SCHETTER, zu der Frage der Geltung eines Anerbenrechts für das gesamte Reichsgebiet im Protokoll über die Anerbengesetztagung in Celle am 26.9.1946, in: Z 21/1164, 99 (BA); ferner Schreiben des OLGPräs Celle, v. HODENBERG, an das Zentralamt für Ernährung und Landwirtschaft vom 5.11.1946: „*Das schließt nach Meinung der Tagungsteilnehmer (der Anerbengesetztagung in Celle vom 26.9.1946 – d.V.) jedoch nicht aus, dass abweichende Auffassungen einzelner Länder oder Bezirke, wie sie sich aus der historischen und agrarpolitischen Entwicklung ergeben, Rechnung getragen wird. Ein entsprechender Wunsch nach dieser Richtung wurde insbesondere aus den Bezirken der westlichen Oberlandesgerichte geäußert.*", in: Z 21/1164, 111 (BA).

die Aufnahme eines einheitlichen Anerbenrechts[228] – für derart bedeutend hielten, dass sie eine einheitliche Regelung für nicht sachdienlich ansahen[229]. Stattdessen sollten die alten anerbenrechtlichen Regelungen wieder aufleben, wenn auch unter Anpassung im Hinblick auf die Zweckmäßigkeit der früheren Regelungen[230]. Überwiegend wurden jedoch ein Rückgriff auf die einzelnen regionalen Anerbenrechte und die damit eintretende Rechtszersplitterung des Höferechts abgelehnt[231].

Aufgrund der unterschiedlichen Ansichten und angestrebten Vorgehensweisen in den einzelnen Besatzungszonen wurde frühzeitig deutlich, dass eine besatzungszonenübergreifende Regelung des Anerbenrechts besondere Schwierigkeiten mit sich bringen würde und deshalb nicht zu erreichen war[232]. Gleichwohl

---

[228] MUGDAN I, S. 53 (Motive).

[229] *„Es wird jedoch kaum möglich sein, will man nicht wieder in den Fehler der Schematisierung verfallen, ein Intestaten-Anerbenrecht für das ganze Gebiet der britischen Zone, noch weniger für ganz Deutschland zu erlassen"*, aus der *Nordwest-Zeitung* vom 7.5.1946, in: Z 6 II/50 (BA).

[230] *„Theoretisch erscheint es daher möglich, dass der Gesetzgeber ein einheitliches Intestatenerbrecht für das ganze Gebiet schaffen kann. Eine nähere Prüfung ergibt jedoch, dass zahlreiche Bestimmungen über die Größe und die wirtschaftliche Kraft des Anerbengutes, die Frage des Zubehörs und seine Bewertung, die Rangfolge der Anerbenberechtigten, die Bemessung des Voraus, die Ansprüche der abgehenden Geschwister, des Anerben usw. nicht unwesentlich voneinander abweichen. Diese Abweichungen sind indessen in erster Linie auf die Verschiedenartigkeit der deutschen Landschaft und ihrer Volksstämme, der Bodengestaltung, der Güte der Böden, der Betriebsführung, der Lebenshaltung usw. zurückzuführen, also auf Ursachen, die im hohen Masse landes- oder stammeseigentümlich sind und sich im Laufe der Jahrhunderte durch die bäuerliche Arbeit und Überlieferung herausgebildet haben. Wenn es auch gesetzgeberisch möglich erscheint, diese Unterschiede einzuebnen, so ist es doch fraglich, ob damit dem Bauerntum der einzelnen Provinzen und auch der Gesamtheit mit einer solchen Regelung gedient ist. Es dürfte daher zweckmässig sein, die alten Anerbenrechte, die für die einzelnen Provinzen in der Preussischen Gesetzsammlung, – in entsprechender Weise für die beteiligten Länder, – verkündet worden sind, wieder aufleben zu lassen. Dabei wird es sich als notwendig erweisen, dass das materielle Recht überprüft und, wo es erforderlich ist, den heutigen Bedürfnissen des Bauernstandes noch besser angepasst wird und ferner Entscheidung darüber getroffen wird, ob und welche Überleitungsbestimmungen erforderlich werden."*, Denkschrift des Oldenburgischen Ministerpräsidenten TANTZEN aus dem Jahr 1946, in: Z 21/1164, 58 f. (BA). Diese Ausführungen finden sich auch in einem Schreiben TANTZENS vom 22.2.1946 an die Oberlandesgerichtspräsidenten der britischen Zone wieder, in: Z 21/1164, 63 (BA).

[231] Hierzu unten C II 2 (S. 43 f.).

[232] Der Diskussionsstand innerhalb der Besatzungsmächte lässt sich einer Niederschrift über die Besprechung der Vertreter der Landesjustizverwaltung der französischen Zone vom 20.8.1946 in Baden-Baden entnehmen: *„Betr. Erbhofrecht: Zu besonderen Schwierigkeiten habe das Erbhofrecht Anlaß gegeben. Die Russen hätten entsprechend ihrer auf Bodenaufteilung gerichteten Politik schon im September 1945 die völlige Beseiti-*

war man im Zentralamt für Ernährung und Landwirtschaft noch im November 1946 in Bezug auf den Entwurf des *Rahmengesetzes (Gesetz über die Aufhebung des Reichserbhofgesetzes und über die Neuordnung des Bodenrechts)*[233] vom Oktober 1946 bemüht, eine besatzungszonenübergreifende Regelung herbeizuführen[234].

Als der Entwurf des KRG Nr. 45 angenommen und beim 53. Zusammentreffen des *Alliierten Kontrollrats* am 30. Januar 1947 die Einfügung des Art. XI des KRG Nr. 45 beschlossen wurde, war damit zwar deutlich, dass mit Art. XI eine Ermächtigungsgrundlage für den Erlass von Durchführungsverordnungen durch die jeweiligen Besatzungszonenbefehlshaber gegeben war. Da das KRG Nr. 45 jedoch in Art. II die vor dem 31. Januar 1933 geltenden Gesetze über die Vererbung von Liegenschaften für alle vier Besatzungszonen wieder in Kraft setzte, die Ermächtigungsgrundlage sich indes lediglich auf die jeweiligen Zonenbefehlshaber bezog, war vorbestimmt, dass von einer zonenübergreifenden anerbenrechtlichen Regelung Abstand genommen werden musste[235]. Zwar herrschte auch noch bei der Tagung der Vertreter der beteiligten Stellen am 21. und 22. Januar 1947 im Zentraljustizamt in Hamburg der Wunsch vor, ein einheitliches Anerbenrecht für ganz Deutschland einzuführen, doch waren sich die Teilnehmer bereits hier im Klaren darüber, dass allenfalls noch eine einheitliche Lösung für die britische Besatzungszone zu erreichen war[236].

---

gung dieses gewissermaßen „feudalen" Rechtsinstituts gefordert. Demgegenüber hatte der englische Vertreter aufgrund der Verhältnisse in seiner Zone unter Hinweis auf die Gefahr einer Proletarisierung der Landwirtschaft eine mehr konservative Haltung eingenommen. Er, Präsident Goehrs persönlich, habe mehr der engl. Auffassung zugeneigt und sei dementsprechend für eine Aufrechterhaltung der Gesetzgebung unter entsprechender Anpassung eingetreten. Da eine Einigung nicht habe erzielt werden können, habe schließlich der amerikanische Vertreter einen Ausweg ermöglicht, indem er darauf hingewiesen habe, daß das deutsche Recht schon seit 1918 Beschränkungen des Verkehrs mit landwirtschaftlichem Grundbesitz gekannt habe. Man sei nunmehr auf eine Regelung abgekommen, die sich nicht mehr auf das Erbhofrecht beschränke, sondern allgemein den Verkehr mit land- und forstwirtschaftlichen Grundstücken regele unter weitgehenden Vorbehalten für die Zonenbefehlshaber, sich den besonderen ökonomischen und geographischen Verhältnissen ihrer Zone anzupassen.", in: Z 21/1164, 95.

[233] Z 21/1164, 125 ff. (BA).
[234] Schreiben des Reichslandwirtschaftsrats SAUER vom Zentralamt für Ernährung und Landwirtschaft an den Oberlandesgerichtspräsidenten Celle, V. HODENEBERG, vom 11.11.1946: *„Zweckmässig müssten wir uns auch darüber schlüssig werden, welchen Weg wir einschlagen, um mit den süddeutschen Ländern zu einer übereinstimmenden Fassung zu gelangen."*, in: Z 21/1164, 124 (BA).
[235] WÖHRMANN (1), S. 23; ders., RdL 1950, 101 (103).
[236] *„Es bestand Einigkeit darüber, dass diese Ausführungsbestimmungen, wenn irgend möglich, einheitlich für das gesamte Reichsgebiet erlassen werden sollten, dass aber etwas derartiges wohl vom Kontrollrat nicht zu erreichen wäre. Infolgedessen soll zu-*

2. Besatzungszoneneinheitliche Geltung

Dementsprechend konzentrierte man sich bei einer Tagung der deutschen Gesetzgebungskommission für die britische Besatzungszone im Zentraljustizamt in Hamburg am 5. und 6. Februar 1947 auf die Schaffung eines einheitlichen Anerbenrechts ausschließlich für den Geltungsbereich der britischen Besatzungszone[237]. Im Vordergrund stand hierbei das Bemühen um Vermeidung einer Rechtszersplitterung und uneinheitlichen Rechtslage und damit der Gefahr einer Rechtsunsicherheit. Art. II KRG Nr. 45 sah die Wiedereinführung der vor 1933 bestehenden Anerbengesetze vor, soweit sie nicht mit diesem Gesetz oder anderen gesetzlichen Vorschriften des *Kontrollrats* in Widerspruch standen. Dieses bedeutete für die übrigen Besatzungsgebiete die Wiedereinführung von neun Anerbengesetzen[238], für die britische Besatzungszone jedoch den Rückgriff auf 23 unterschiedliche Anerbengesetze, wobei hierbei für Schleswig-Holstein allein drei Gesetze für den Landesteil Schleswig (aus den Jahren 1623 bis 1777) und neun Gesetze für den Landesteil Holstein (aus den Jahren 1654 bis 1789) wieder in Kraft getreten wären[239]. Eine Auflistung der Gebiete, in denen bereits vor 1933 anerbengesetzliche Regelungen bestanden, ergab sich aus der Anlage A der MilRegVO Nr. 84. Diese waren im Einzelnen: das Land Braunschweig, die

---

mindest eine Zoneneinheitlichkeit erstrebt werden.", Aktennotiz über die Tagung vom 21./22.1.1947, in: Z 21/1164, 163 R (BA)

[237] Aktennotiz vom 7.2.1947 über die Tagung der deutschen Gesetzgebungskommission für die britische Besatzungszone im Zentraljustizamt in Hamburg am 5./6.2.1947, in: Z 21/1164, 195 (BA).

[238] Kritik WÖHRMANN/STARCKE vom März 1946 am amerikanischen Entwurf zum späteren KRG Nr. 45 (Punkt 6 a), in: Z 6 /II 50 (BA). Im Einzelnen waren dieses: Bayern: Gesetz vom 22. Februar 1855, Würtemberg: Gesetz vom 4. Februar 1930, Baden: Gesetz vom 20. August 1898, Hessen: Gesetz vom 11. September 1858, Mecklenburg-Schwerin: Verordnung vom 9. April 1899, Mecklenburg-Strelitz: Gesetz vom 20. April 1922, Provinz Brandenburg: Gesetz vom 10. Juli 1883, Provinz Schlesien Gesetz vom 24. April 1884, Regierungsbezirk Kassel: Gesetz vom 10. Juli 1887.

[239] Ebenda, in: Z 6 /II 50 (BA). Im Einzelnen waren diese: Braunschweig: Gesetz vom 28. März 1874, Herzogtum Lauenburg: Gesetz vom 21. Februar 1881, Lippe: Gesetz vom 26. März 1924 (als Ersatz für das Gesetz vom 24. September 1782), Oldenburgischer Landesteil Lübbeck: Gesetz vom 14. Juli 1899, Herzogtum Oldenburg: Gesetz vom 19. April 1899, Preussen (mit Ausnahme des Oberlandesgerichtsbezirks Köln): Gesetz über das Anerbenrecht bei Renten- und Ansiedlungsgütern vom 8. Juni 1896, Grafschaft Schaumburg: Gesetz vom 9. Juli 1910, Schaumburg-Lippe: Gesetz vom 4. April 1909 (als Ersatz für das Gesetz vom 11. April 1870), Schleswig-Holstein: Gesetz vom 2. April 1886 (außerdem neun Gesetze für den Landesteil Holstein aus den Jahren 1654 bis 1789 und drei Gesetze für den Landesteil Schleswig aus den Jahren 1623 bis 1777), Waldeck-Pyrmont: Gesetz vom 27. Dezember 1909, Westfalen und Teile der Rheinprovinz: Gesetz vom 2. Juli 1898 (daneben Bremen als amerikanische Besatzungsenklave: Gesetz vom 16. Juli 1899, Provinz Hannover Gesetz vom 28. Juli 1909 [als Ersatz für das Gesetz vom 2. Juni 1874]); vgl. Auflistung in Anlage A der MilRegVO Nr. 84.

Provinz Hannover, der Kreis Herzogtum Lauenburg, das Land Lippe, das Land Oldenburg (Herzogtum Oldenburg sowie der Landesteil Fürstentum Lübeck), der Kreis Grafschaft Schaumburg, das Land Schaumburg Lippe, die Provinz Schleswig-Holstein (mit Ausnahme des Kreises Herzogtum Lauenburg), das Land Waldeck-Pyrmont (hier: Kreisteil Pyrmont des Kreises Hameln-Pyrmont) sowie die Provinz Westfalen und Teile der Rheinprovinz mit den Kreisen Rees, Essen (Land), Essen (Stadt), Duisburg, Ruhrort und Mülheim an der Ruhr.

Dagegen war insbesondere das Rheinland innerhalb der britischen Besatzungszone vor 1933 überwiegend Realteilungsgebiet. Aber auch im Geltungsbereich des *Höfegesetzes für die Provinz Hannover* gab es einige Gebiete, wie zum Beispiel das Eichsfeld sowie das Küstengebiet des friesischen Landes, insbesondere die ostfriesischen Marschen, in denen vor 1933 kaum ein Hof in die Höferolle[240] eingetragen gewesen war und somit das Anerbenrecht aufgrund seines fakultativen Charakters nur vereinzelt zur Anwendung kam.

Die mit dem Rückgriff auf diese Gesetzeslage einhergehende Rechtszersplitterung wurde dementsprechend von den beteiligten deutschen wie auch britischen Stellen[241] als bedenklich und im Sinne einer Rechtssicherheit als untragbar angesehen[242]. Besonderen Bedenken unterlag dabei die Unterschiedlichkeit der Regelungen der Anerbengesetze bei:

"der Unterstellung der Höfe unter das Gesetz unmittelbar kraft gesetzlicher Vorschriften oder nur auf Antrag des Eigentümers,
der wirtschaftlichen Eigenschaften der Höfe als Voraussetzung für die Unterstellung unter die Vorschriften des Gesetzes,
der Befugnis des Miteigentümers zu Verfügungen über die Höfe unter Lebenden,
dem Kreise der anerbenberechtigten Personen und der Reihenfolge ihrer Berufung zum Anerben,
dem Umfang der Bevorzugung des Anerben und der Berechnung des Anrechnungswertes des Hofes,

---

[240] Das System der Höferolle ist dadurch gekennzeichnet, dass landwirtschaftlicher Grundbesitz durch seine Eintragung in die Höferolle die Eigenschaft eines Hofes erlangt und der damit den anerbenrechtlichen Bindungen unterliegt (so z.B. §§ 1 ff. des Höfegesetzes für die Provinz Hannover vom 9.8.1909 [GS, S. 663]).

[241] Stellungnahme der *A.T.C. Branch* vom 11.1.1947, in: FO 1060/765 (PRO).

[242] Die 1. Kommission zur Ausarbeitung des Entwurfs eines BGB sah dagegen den lokalen Charakter der jeweiligen Anerbengesetze als *"ein Produkt innerer Notwendigkeit"*, MUGDAN I, S. 54 (Motive).

der Art und der Höhe der Ansprüche der Miterben, dem Verfahren zur Geltendmachung und Durchsetzung der Ansprüche."[243]

Ausgangspunkt der Bedenken war hierbei die Annahme der unmittelbaren negativen Auswirkungen einer Rechtszersplitterung auf die landwirtschaftliche Erzeugungssituation[244].

Auch aus diesem Grund wollte die britische Besatzungsmacht die von den Entwürfen des KRG Nr. 45 vorgesehene Wiedereinführung der vor 1933 bestehenden Anerbengesetze *"um jeden Preis"* vermeiden[245]. Der Rückgriff auf die zersplitterte Anerbenrechtslage in der britischen Besatzungszone wurde konsequent von allen beteiligten britischen Stellen abgelehnt, und die Regelung des Art. II des KRG Nr. 45 war der stärkste Kritikpunkt der britischen Besatzungsmacht bei den Entwurfsdiskussionen, sowohl im *Legal Directorate*[246], der *B.S.L.R.U.*[247], der *A.T.C. Branch*[248], sowie im *Economic Directorate*[249] als auch innerhalb des *Coordinating Committees*[250] bzw. des *Alliierten Kontrollrats*[251] selbst.

Dabei befürchtete man auf britischer wie deutscher Seite für den Fall des bloßen Rückgriffs auf die vor 1933 bestehende Gesetzeslage maßgebliche praktische Schwierigkeiten, da auch bei den deutschen Juristen überwiegend ein Mangel an

---

[243] Kritik WÖHRMANN/STARCKE vom März 1946 am amerikanischen Entwurf zum späteren KRG Nr. 45 (Punkt 6 b), in: Z 6 /II 50 (BA).

[244] Ebenda, in: Z 6 II/50 (BA): *"Sie (die Wiederenführung der früheren Anerbengesetze – d.V.) würde auch in ihren wirtschaftlichen Auswirkungen zu einem erheblichen Rückgang der landwirtschaftlichen Erzeugung und damit zu einer schweren Schädigung der Ernährungslage in Deutschland führen und deswegen untragbar sein"*.

[245] *"The 34 old laws have long been obsolete and a draft had been prepared to adapt them to present circumstances .... The repeal of Erbhof Law without an adequate law to replace it would be a situation that must be avoided at all costs."*, Stellungnahme der *Food and Agriculture Division* vom 15.1.1947, in: FO 1060/765 (PRO).

[246] Protokoll des 75. sowie 76. Treffens des *Legal Directorates* am 10./12.12. bzw. 17./19.12.1946, in: FO 1005/744 (PRO).

[247] Stellungnahme der *B.S.L.R.U.* vom 22.1.1947, in: FO 1060/1140 (PRO) sowie vom 29.1.1947, in: FO 937/41 (PRO).

[248] Stellungnahme der *A.T.C. Branch* vom 11.1.1947, in: FO 1060/765 (PRO) sowie Stellungnahme vom 19.1.1947, in: FO 1060/1140 (PRO).

[249] Stellungnahme vom 30.8.1946, in: FO 937/41 (PRO).

[250] Wortprotokoll der 99. Sitzung des *Coordinating Committee* vom 16. Januar 1947, in: Z 45 F 2/106-2/13-17 (BA) sowie Protokoll sowie Wortprotokoll der 101. Sitzung des *Coordinating Committee* vom 27.1.1947, in: Z 45 F 2/118-3/2-9 bzw. 2/106-2/13-17 (BA).

[251] Protokoll sowie Wortprotokoll der 53. Sitzung des *Alliierten Kontrollrats* vom 30.1.1947, in: Z 45 F 2/109-1/1-69 bzw. 2/108-3/4 (BA);

hinreichenden Kenntnissen des früheren Rechts vermutet wurde[252]. Daneben finden sich in Bezug auf eine damit einhergehende Wiedereinführung des Systems der Höferolle bzw. dessen praktischer Umsetzung gewichtige Bedenken[253], nachdem das REG alle landesgesetzlichen Vorschriften und damit auch die Einrichtung und Fortführung der landesgesetzlich eingeführten Höferolle beseitigt hatte. Die jeweiligen Höferollen – sofern sie nach den Kriegswirren überhaupt noch aufzufinden waren – hatte man über den Zeitraum von mittlerweile dreizehn Jahren nicht weitergeführt. Der überwiegende Teil der Höfe hätte damit dem Anerbenrecht nur auf nochmaligen Antrag seines Eigentümers unterlegen[254].

Gleichzeitig war man um die Stimmungslage in der Bauernschaft besorgt[255], bei der man eine erneute Unsicherheit in der Rechtsanwendung vermeiden wollte. Auf britischer Seite lag insbesondere die Besorgnis vor, dass eine sich aus der Rechtsunsicherheit ergebende Unzufriedenheit innerhalb der Bauernschaft zu erneuter Unterstützung nationalsozialistischen Gedankengutes beitragen könne[256]. Auf deutscher Seite sah man mit der Wiedereinführung der früheren unterschiedlichen Anerbengesetze die Gefahr einer Ungleichbehandlung, nachdem sich die Bauernschaft zwölf Jahre an die einheitliche Erbhofgesetzgebung habe gewöhnen können[257]. In diesem Zusammenhang wurden dem REG positive Züge abgewonnen, habe es doch

---

[252] Stellungnahme der *A.T.C. Branch* vom 19.1.1947, in: FO 1060/1140 (PRO).

[253] Ebenda, in: FO 1060/1140 (PRO); Stellungnahme zum Erbhofrecht des OLGPräs Hamm, HERMSEN, vom 20.10.1945 an die britische Militärregierung, in: Z 21/1164, 49 f. (BA).

[254] Allgemeine Kritik WÖHRMANN/HENRICI vom Januar 1947 am amerikanischen Entwurf zum späteren KRG Nr. 45, in: Z 21/1164, 184 (BA). WÖHRMANN, MDR 1947, 6 (6) war der Ansicht, dass eine frühere Eintragung in die Höferolle nicht wieder aufleben könne, da zwischenzeitlich wesentliche Änderungen der Gesetzeslage eingetreten waren, sowie Änderungen der Willensrichtung des Eigentümers vorstellbar gewesen seien.

[255] *"The present law* (das KRG Nr. 45 – d.V.) *will be a unpopular measure among the Germans, certainly among farmers"*; Stellungnahme der *A.T.C. Branch* vom 19.1.1947, in: FO 1060/1140 (PRO).

[256] *"The difficulties lead to dissatifaction amongst the population and will assist Nazi propaganda."*, Aktennotiz vom 24.1.1947, in: FO 1060/1140 (PRO).

[257] *"Die Folge des Art. II würde hiernach eine unerträgliche Rechtszersplitterung sein, die für die Betroffenen eine große Rechtsunsicherheit und das Gefühl, ungleichmäßig und deshalb ungerecht behandelt zu werden, mit sich bringen würde. Diese Folge ist nicht nur rechtlich und agrarpolitisch, sondern auch stimmungsmäßig umso bedenklicher, als die Betroffenen seit 1933 unter einem einheitlichen Recht standen und dabei völlig gleichmäßig behandelt wurden."*, Allgemeine Kritik WÖHRMANN/HENRICI vom Januar 1947 am amerikanischen Entwurf zum späteren KRG Nr. 45, in: Z 21/1164, 184 (BA). Ähnlich argumentierte die *B.S.L.R.U.* in ihrer Stellungnahme vom 29.1.1947, in: FO 937/41 (PRO).

"wenigstens eine Vereinheitlichung des Rechts gebracht und dadurch die Gewöhnung der Betroffenen an den Zustand der Zersplitterung beseitigt".[258]

Man wollte eine Rückkehr zu der vor 1933 bestehenden Rechtszersplitterung *"unter allen Umständen"* vermeiden und stattdessen *"die Fortentwicklung, die seitdem das Anerbenrecht gemacht hat, beibehalten"*[259].

Obwohl teilweise auch innerhalb des der HöfeO unterliegenden Gebietes Möglichkeiten der Abbedingung bzw. eine Rückkehr zur Realteilung gefordert wurden[260], stand bei den gesetzgeberischen Arbeiten die positive Bewertung der mit dem Erlass des REG einhergehenden Rechtsvereinheitlichung im Vordergrund. Diese wurde zum Anlass genommen, das zuvor im Bereich des Höferechts so zersplittere Gebiet der britischen Besatzungszone einer einheitlichen Regelung zu unterwerfen, freilich nicht ohne Berücksichtigung einzelner regionaler Unterschiede (beispielsweise bei der Anwendung von Ältesten- bzw. Jüngstenrecht nach § 6 Abs. 1 Satz 1 HöfeO). Daneben wurde nach eindringlichen Diskussionen die Möglichkeit der Anordnung fakultativ wirkenden Anerbenrechts nach § 19 Abs. 5 HöfeO geschaffen[261].

---

[258] Kritik WÖHRMANN/STARCKE vom März 1946 am amerikanischen Entwurf zum späteren KRG Nr. 45 (Punkt 6 a), in: Z 6 /II 50 (BA); ebenso Allgemeine Kritik WÖHRMANN/HENRICI vom Januar 1947 am amerikanischen Entwurf zum späteren KRG Nr. 45, in: Z 21/1164, 184 (BA). Zu dem Wunsch nach einer einheitlichen Interpretation des Art. XII Abs. 2 KRG Nr. 45 siehe DÖLLE anlässlich des Konstanzer Juristentages, S. 106 f.
[259] Aktennotiz V. WERNER über die Tagung am 21./22.1.1947 im Zentraljustizamt in Hamburg, in: Z 21/1164, 163 (BA).
[260] Hierzu unten C IV 2 b) aa) (S. 89 ff.).
[261] Hierzu im Einzelnen unten C IV 2 d) bb) (S. 101 f.).

3. Einfache Form der gesetzlichen Bestimmungen

Die Anwendbarkeit der anerbenrechtlichen Bestimmungen sollte durch eine für die landwirtschaftliche Bevölkerung verständliche und einfache Gesetzesform sichergestellt werden. Grundsätzlich sollten die einzelnen Entwürfe in sich leicht begreiflich sein, um eine Rechtsunsicherheit bei der Anwendung durch die Landbevölkerung zu vermeiden und so die Effektivität der Bestimmungen zu sichern. Das kodifizierte Anerbenrecht sollte hierbei im Ergebnis nur wenig kasuistisch, leicht verständlich, systematisch und möglichst von geringem Umfang sein[262]. So wies bereits der Oberlandesgerichtspräsident Celle, VON HODENBERG, in seinem Schreiben vom 5. November 1946 zu dem Entwurf der *Bauernrechtsordnung*[263] darauf hin, dass

"die äusserliche Form nicht den bäuerlichen Bedürfnissen entspricht. Die einzelnen gesetzlichen Paragraphen sind zu lang und enthalten so viele Einzelheiten, dass dadurch die tragenden Grundsätze des Anerbenrechts verloren gehen".[264]

Ebenso waren die Landwirtschaftskammer als direktes Bindeglied zur Bauernschaft und das Ernährungsamt Hannover als Vertreter bäuerlicher Interessen an einer einfachen Formulierung und Form der gesetzlichen Bestimmungen zur Sicherstellung des Verständnisses bei der Bauernschaft interessiert:

„*Das Gesetz muss in leicht verständlicher Form formuliert werden, damit es insbesondere von der ländlichen Bevölkerung verstanden wird. Aus diesem Grund ist der Entwurf in drei Teile gegliedert, wobei im ersten Teil die sachlichen, im zweiten Teil die formellen und im dritten Teil die Übergangsbestimmungen enthalten sind.*"[265]

Damit wird deutlich, dass bei den an den Reformbestrebungen beteiligten Stellen überwiegend die Ansicht vorherrschte, eine neu erarbeitete gesetzliche Grundlage des Anerbenrechts müsse, um den Kerngedanken Ausdruck zu geben, relativ kurz und prägnant sein und nicht wie der Entwurf der *Bauernrechtsordnung* über den Umfang von 83 ausführlichen Paragrafen verfügen.

---

[262] Aktennotiz v. WERNER vom 23.1.1947 über die Tagung am 21./22.1.1947 im Zentraljustizamt in Hamburg, in: Z 21/1164, 164 (BA).
[263] Z 21/1164, 2 ff. (BA).
[264] Z 21/1164, 112 (BA).
[265] Schreiben der Landwirtschaftskammer und des Landesernährungsamtes Hannover vom 16.9.1946 an das Zentralamt für Ernährung und Landwirtschaft anlässlich der Übersendung des Entwurfes des *Gesetzes über die Vererbung der Anerbenhöfe*, in: Z 6/II 50 (BA).

Im Weiteren wurde auch der im Vergleich zur *Bauernrechtsordnung* bereits sehr übersichtliche Entwurf des *Gesetzes über die Vererbung der Anerbenhöfe*[266] zwar als Verbesserung, dennoch als *"zu kasuistisch und umständlich bzw. dem Bauern nicht verständlich"* bewertet[267]. Infolgedessen sollte der Entwurf noch einmal *"unter dem Gesichtspunkt einer möglichen Kürze, Zusammenfassung aller dieselbe Materie betreffenden Vorschriften und Verständlichkeit für die für die Anerbenbestimmungen hauptsächlich in Frage kommenden Kreise"* von WÖHRMANN und HENRICI überarbeitet werden[268].

In der Folgezeit war man zusätzlich sehr um die Verbreitung und Kenntnis der Regelungen in der Bauernschaft bemüht, um deren Anwendung weitgehend durchzusetzen. So wurde beispielsweise nach Erlass der HöfeO eine 32seitige Einführungsschrift in das Höferecht unter Nennung von Beispielen[269] kostenlos an die Mitglieder des Niedersächsischen Landvolks Bezirk Südhannover verteilt.

4. Beurteilung

Die deutschen wie auch britischen Bemühungen zur Erreichung möglichst einheitlicher Regelungen, die gleichzeitig von der Bauernschaft verstanden werden sollten, lassen sich anhand der historischen Erfahrungen gut nachvollziehen. Wie maßgeblich es für die tatsächliche Anwendung eines Höferechts war, dass dieses den Rechtsüberzeugungen der Bauernschaft entsprach, war aufgrund der zahlreichen Widersprüche, die das zwingende und starre Anerbenrecht sowie die Benachteiligung der weichenden Erben nach dem Reichserbhofrecht hervorgerufen hatte[270], deutlich geworden. Bereits bei den Vorarbeiten zum BGB war die Notwendigkeit einer konsequenten historischen Entwicklung für eine von der Akzeptanz innerhalb der beteiligten Bauernschaft getragenen Anerbenregelung in Bezug auf das bayrische *Gesetz betreffend die landwirtschaftlichen Erbgüter im diesrheinischen Bayern* vom 22. Februar 1855 und dem hessischen *Gesetz die landwirtschaftlichen Erbgüter betreffend* vom 11. September 1858 eindrücklich demonstriert worden. Das hessische Gesetz kam nicht in einem einzigen, das bayrische in *"zwei, höchstens vier Fällen"* zur Anwendung, da *"keines der beiden Gesetze in der Lage war, an historisch gegebene Verhältnisse anzu-*

---

[266] Z 21/1164, 113 ff. (BA).
[267] Aktennotiz v. WERNER vom 23.1.1947 über die Tagung am 21./22.1.1947 im Zentraljustizamt in Hamburg, in: Z 21/1164, 164 (BA).
[268] Aktennotiz v. WERNER, a.a.O.
[269] POHLMANN, Einführung.
[270] Hierzu unten unter C V 5 a) (S. 172 f.).

knüpfen"[271]. Bei Betrachtung der anerbengesetzlichen Entwicklung wird damit deutlich, dass ein gesetzliches Anerbenrecht, das im Widerspruch zu einer praktizierten tatsächlichen Anerbensitte steht, regelmäßig keine Aussicht auf einen dauerhaften Erfolg hat[272].

Für das gesamte damalige Reichsgebiet war die Aufnahme anerbenrechtlicher Bestimmungen bei den gesetzgeberischen Vorarbeiten zum BGB bereits mit folgender Begründung abgelehnt worden:

"Ein solches Bedürfnis (für ein Anerbenrecht im gesamtem Reichsgebiet – d.V.) ist nicht vorhanden. Es gibt große Gebiete, namentlich in Mittel-, Süd- und Westdeutschland, für die das Anerbenrecht überhaupt nicht paßt. Es sind dies die Gebiete mit hochentwickelter Bodenkultur, ausgebreiteter Industrie, dichter Bevölkerung und weitgehender Bodenzersplitterung. In anderen Gebieten sind zwar die Voraussetzungen für die Einführung zu einem nicht geringen Theile gegeben, der ländliche Grundbesitz ist mehr oder weniger abgerundet und es besteht die Sitte, daß das Gut vom Vater ungetheilt und unter normalen Bedingungen auf einen Sohn übergeht. Gleichwohl ist das Anerbenrecht nicht begehrt und dessen Einführung würde dem Rechtsbewusstsein und einer vielhundertjährigen Stammesgewohnheit zuwider laufen."[273]

Aufgrund der regionalen Besonderheiten gelangte FROMMHOLD in seinem Gutachten anlässlich des *24. Deutschen Juristentages* 1897 zu dem Ergebnis, dass ein Aufbau eines bäuerlichen Erbrechts – wenn er eine feststehende Rechtspraxis begründen wolle – ausschließlich von unten nach oben erfolgen dürfe, da es nur auf diesem Wege an bestehende bäuerliche Gewohnheiten anknüpfen könne[274].

---

[271] So die Einschätzung der 1. Kommission zur Ausarbeitung des Entwurfs eines BGB, MUGDAN I, S. 52 (Motive). Im Weiteren wurde hieraus der Schluss gezogen, dass es *"kein Zufall sondern ein Produkt innerer Notwendigkeit"* sei, *"dass alle neueren das Anerbenrecht betreffenden Gesetzgebungsversuche einen lokalen Charakter an sich tragen"* und das Anerbenrecht als Landesrecht ausgestaltet sein müsse, MUGDAN I, S. 54 (Motive). Zu dem gleiches Ergebnis gelangt KATERBERG, Die Schranken, S. 17, auch wenn er für das hessische Gesetz von der Geltung für einen Hof ausgeht.

[272] BITTING, Die Aufhebung, S. 5. Die 1. Kommission zur Ausarbeitung des Entwurfs eines BGB, MUGDAN I, S. 53 f. (Motive) gelangte dementsprechend zu dem Schluss, dass in den Gebieten, in denen der ungeteilte Erbanfall nicht den bäuerlichen Anichten entsprach, sogar die Einführung des Systems der Höferolle fehl am Platze sei.

[273] MUGDAN, I, S. 53 (Motive).

[274] Verhandlungen des *24. Deutschen Juristentages* I, S. 4.

Im Weiteren hatte es beispielsweise seit Ende des 19. Jahrhunderts bis 1924 innerhalb der Rheinprovinz fortwährend Bestrebungen landwirtschaftlicher Spitzenorganisationen zur Einführung eines zumindest mittelbaren Anerbenrechts gegeben. Diese waren jedoch stets an den Widerständen der Landbevölkerung gescheitert[275].

Ähnlich differenzierte Überlegungen zum Erlass eines einheitlichen Anerbenrechts, wie sie bei der Frage der Aufnahme anerbenrechtlicher Bestimmungen in das BGB zum Tragen kamen, lassen sich innerhalb der Diskussionen um die Schaffung der HöfeO nicht belegen. Die Bedenken innerhalb der ehemaligen Freiteilungsgebiete, die den Erlass eines einheitlichen Anerbenrechts zumindest ohne die Berücksichtigung regionaler Besonderheiten ablehnten, fanden vielmehr im Ergebnis nur am Rande Berücksichtigung. Auch stellt sich die Frage, ob der von dem KRG Nr. 45 vorgesehene Rückgriff auf die Anerbenrechtslage vor 1945 tatsächlich einen derart großen Rückschritt für die agrarwirtschaftlichen Verhältnisse und die Stimmungslage in der Bauernschaft bedeutet hätte, wie von den deutschen und britischen Stellen angenommen wurde. Überzeugend ist m.E. jedenfalls der Verweis auf die praktischen Schwierigkeiten, die ein derartiger Rückgriff mit sich gebracht hätte, da zum Wiederaufleben der Hofeigenschaft ein Antrag des Hofeigentümers zu großen Teilen notwendig gewesen wäre[276]. Allein aufgrund der Geltungsdauer des Reichserbhofrechts war schon eine Gewöhnung an die zwingende Ausgestaltung des REG innerhalb der Bauernschaft eingetreten[277], und das Erfordernis einer erneuten Antragsstellung hätte sicherlich zu nicht unerheblichen, aufgrund der dramatischen Ernährungslage hingegen völlig unerwünschten Anwendungsverzögerungen geführt[278]. Dass die britische Besatzungsmacht infolgedessen um die Stimmungslage innerhalb der Bauernschaft fürchtete und daher eine möglichst einheitliche Anwendung des Anerbenrechts befürwortete, erscheint begründet.

---

[275] BITTING, Die Aufhebung, S. 19; zu den Widerständen im Oberlandesgerichtsbezirk Köln siehe WYGODZINSKI, in: SERING, Vererbung I, S. 142 ff.
[276] Zur geographischen Verteilung der fakultativen Anerbenrechte mit Antragserfordernis siehe unten C IV 3 (S. 106).
[277] Wobei HERLEMANN, Der Bauer, S. 95 wohl zu Recht von einem *"sich abfinden"* in Abgrenzung zu einem *"einvernehmlich akzeptieren"* spricht.
[278] So geht FASSBENDER, AgrarR 1998, 188 (190) auch noch für die Gegenwart davon aus, dass die nicht in der Anerbenrechtstradition groß gewordenen Bauern in Sachsen-Anhalt bereits allein durch das Erklärungserfordernis *"überfordert"* seien.

Der gleichen Zielsetzung diente das Bestreben nach einer einfachgesetzlichen Form des neuen Anerbenrechts, da das Verständnis die Akzeptanz des Gesetzes innerhalb der Bauern als Rechstanwender sichern sollte. Mag sich dieses Bestreben anhand der historischen Entwicklung auch als sinnvoll und nachvollziehbar darstellen, wurde hiermit jedoch ein in gleicher Weise vom Erbhofrecht verfolgter Gedanke aufgegriffen. Insoweit waren bereits die Regelungen des REG darauf angelegt, *"volkstümlich zu sprechen"*, um auch ein der Form nach nationalsozialistisches Gesetz zu schaffen, und das sogar absichtlich *"auf Kosten der juristischen Genauigkeit"*[279]. Dieser Ansatz führte dazu, dass das System des REG in seiner Ursprungsform stets neuer Abwandlung und Ausgestaltung zur Anpassung an die bäuerlichen Verhältnisse bei gleichzeitigem Bemühen um Durchsetzung der nationalsozialistischen Ideologie bedurfte und damit für Laien zu einem *"Buch mit 7 Siegeln"* wurde[280]. GÜDE verdeutlichte in seiner Nachkriegskritik:

"Um endlich einmal ein gemeinverständliches, volkstümliches und für die Verarbeitung in propagandistischen Formen geeignetes Gesetz zu erhalten, hat man das RER aus einigen ideologischen, für die Propaganda zugespitzten Gedanken verhältnismäßig klar und wirkungsvoll aufgebaut, so daß es den Juristen als Muster einer volkstümlichen Gesetzgebung vorgehalten werden konnte. Da aber bei dieser Methode alle Schwierigkeiten der Anpassung an die gegebenen Verhältnisse aus dem Gesetz verbannt bleiben mußten, überließ man diese Aufgabe den Ausführungs- und Durchführungsverordnungen. So entwickelte sich ein groteskes System der Systemlosigkeit, von planlosen Modifikationen und Durchbrechungen des Gesetzes von der ersten Stunde an in immer kasuistischer werdenden Verordnungen bis zur Erbhoffortbildungsverordnung, nach der selbst der Fachmann nicht mehr wußte, was galt."[281]

---

[279] BLOMEYER, Deutsches Bauernrecht, S. 83. Hierzu auch die Ausführungen FREISLERS, Erbrecht, in: WAGEMANN/HOPP, REG, S. 35 f. zum Preußischen Erbhofrecht, das *"nicht die Sprache der eleganten Jurisprudenz"* sprach, sollte es doch *"dem Bauernbub von Lehrern in der Dorfschule näher gebracht werden"*. Dabei wurde sogar darüber nachgedacht, das REG in plattdeutsche Mundart zu übersetzen, HERLEMANN, Der Bauer, S. 98.

[280] WÖHRMANN, Atti del Primo Convegno, S. 579.

[281] Konstanzer Juristentag, S. 84.

Gleichwohl kann der Versuch der Schaffung eines leicht verständlichen Anerbenrechts nicht als Fortführung nationalsozialistischer Volkstümlichkeit gewertet werden, ging es schließlich bei den Entwürfen der HöfeO im Gegensatz zum REG nicht um die propagandamäßige, schlagwortartige Umsetzung ideologischer Grundlagen. Zielsetzung war vielmehr die Verständlichkeit anerbenrechtlicher Regelungen, um deren praktische Anwendung sicherzustellen. Das Gesetz sollte auf diese Weise in der Bauernschaft eine Akzeptanz erlangen, die ein Verständnis und eine praktische Anwendung durch den Erblasser begründete. Schließlich waren diesem – wie noch zu zeigen sein wird – durch die HöfeO Testiermöglichkeiten eröffnet worden, die ihm nach dem Reichserbhofrecht nicht offen standen.

III. Sicherung der Ernährungslage

Vordringlichste Zielsetzung der Reform des Landwirtschaftsrechts war die Sicherung der Ernährungs- und Versorgungslage der deutschen Bevölkerung. Die aufgezeigten formalen und inhaltlichen grundsätzlichen Bedenken gegen einen Rückgriff auf die vor 1933 im britischen Besatzungsgebiet bestehenden Anerbengesetze beruhten auf der Annahme, dass im Falle eines solchen Rückgriffs die Sicherung der Ernährungslage nicht erreicht werden könne. Die Diskussion über diese Frage innerhalb der beteiligten Stellen wird im Folgenden nach einer kurzen Beschreibung der Ausgangssituation nach dem Zweiten Weltkrieg aufgezeigt, da sich die Reformdebatte nur vor dem Hintergrund der Hungersituation vollständig nachvollziehen lässt. Besonderes Augenmerk wird auf die zeitgenössische Sicht und Einschätzung des Zentralamts für Ernährung und Landwirtschaft gelegt, da dieses maßgeblich an der Erarbeitung der HöfeO beteiligt war und dessen Bewertung der Gestaltung der HöfeO zu Grunde lag.

1. Die Ernährungssituation nach dem Zweiten Weltkrieg

Aufgrund der Autarkiebestrebungen des „Dritten Reichs" sahen die Agrarideologen aus nationalsozialistischer Sicht im Bereich der Landwirtschaft die Notwendigkeit, die Agrarproduktion erheblich zu steigern, um die Unabhängigkeit der deutschen Wirtschaft von Agrarimporten herbeizuführen. Zur Erreichung dieses Ziels wurde aufgrund der sinkenden Ernteerträge bereits 1933 der *Reichsnährstand*[282], dem als Zwangsorganisation neben sämtlichen Landwirten auch alle Verarbeiter und Händler landwirtschaftlicher Erzeugnisse angehören mussten[283], gegründet und im Herbst 1934 die sog. *Erzeugungsschlacht* ausgerufen[284]. Neben anderen staatlichen Maßnahmen, wie beispielsweise durch Steuer- und Zinserleichterungen oder Mindestpreisfestsetzungen bzw. Preiserhöhungsverboten[285] und Entschuldungsaktionen, war aus Sicht der Nationalsozialisten mit dem Erlass des REG bereits zuvor ein weiteres wesentliches staatliches Steuerinstrumentarium zur Erreichung der Produktionssteigerung geschaffen worden.

---

[282] Zum Aufbau des *Reichsnährstands* nach dem nationalsozialistischen Führerprinzip siehe SPENGLER, S. 15 ff.

[283] KLEIN, Geschichte der deutschen Landwirtschaft, S. 171; HAUSHOFER, in: HAR II, Sp. 668. Der *Reichsnährstand* wurde auf Basis des *Gesetzes über den vorläufigen Aufbau des Reichsnährstandes und Maßnahmen zur Markt- und Preisregulierung für landwirtschaftliche Erzeugnisse* vom 13.9.1933 (RGBl. I, S. 626) geschaffen.

[284] KRUEDERER, ZWS 1974, 335 (338).

[285] Siehe z.B. *Gesetz zur Sicherung der Getreidepreise* vom 26.9.1933 (RGBl. I, S. 667); *Gesetz zur Ordnung der Getreidewirtschaft* vom 27.6.1934 (RGBl. I, S. 527) sowie die hierzu ergangenen Verordnungen, beispielsweise die *Verordnung zur Regelung des Getreidepreises* vom 23.3.1937 (RGBl. I, S. 380).

Waren die Erfolge dieser Maßnahmen anfangs noch festzustellen, stagnierte die landwirtschaftliche Produktion in den Jahren der verstärkten Kriegsvorbereitung (1936 bis 1939), und eine Steigerung der Produktionszahlen war trotz erheblicher staatlicher Förderung nicht mehr zu erreichen[286]. Die landwirtschaftliche Erzeugung stellte sich bereits in den Jahren 1933 bis 1938 wie folgt dar:

Die landwirtschaftliche Erzeugung
(in 1.000 Tonnen)[287]

	1933	1936	1937	1938
Weizen	5.765	4.523	4.576	5.682
Roggen	8.727	7.386	6.917	8.606
Hafer	6.334	5.618	5.919	6.366
Gerste	3.468	3.399	3.638	4.249
Kartoffeln	41.472	46.324	55.310	50.894
Zuckerrüben	8.579	12.096	13.701	15.546
Milch	24.829	25.400	25.445	25.185

(Tabelle 1)

Trotz der deutlichen Produktionssteigerung bei Gerste, Kartoffeln und Zuckerrüben lässt sich anhand der Auflistung in Tabelle 1 erkennen, dass die Ertragslage beim übrigen Getreide sowie der Milcherzeugung keine wesentliche Steigerung erfuhr[288]. Ein ähnliches Bild ergab sich im Jahr 1946 aus Sicht der Landwirtschaftskammer und des Landesernährungsamts Hannover, das dem Zentralamt für Ernährung und Landwirtschaft mit Blick auf die Zukunft folgende Einschätzung der Entwicklung der Ertragssituation in der britischen Besatzungszone vorlegte:

---

[286] GRUNDMANN, Agrarpolitik, S. 101 ff.
[287] Zahlen zit. nach KLEIN, Geschichte der deutschen Landwirtschaft, S. 172.
[288] Dennoch ging der Agrarideologe und Nationalsozialist DARRÉ, von 1933 bis 1942 amtierender Reichsminister und Preußischer Minister für Ernährung und Landwirtschaft und Schöpfer des Reichserbhofrechts, davon aus, dass *"das deutsche Volk seit 1939 ein großes Vertrauen in die deutsche Ernährungswirtschaft gewonnen hat"*, Manuskript des aufgrund der dramatischen Ernährungslage im Frühjahr 1945 verfassten *Plans für die Wiederherstellung einer normalen Ernährungswirtschaft in Deutschland*, in: Nachlass DARRÉ N 1094/I 26 (BA).

Erträge in der britischen Besatzungszone in dz je ha[289]

	1933-34	1935-39	1940-44	1947	1948
Weizen	26,3	27,0	25,6	21,0	21,4
Roggen	19,3	19,4	19,2	14,9	15,8
Gerste	24,4	25,6	23,3	19,2	20,3
Kartoffeln	179	184	178	144	152
Zuckerrüben	322	330	314	276	286

(Tabelle 2)

Anhand der Zahlen in Tabelle 2 lässt sich deutlich erkennen, dass sich die Ernährungslage in den Kriegsjahren rapide verschlechterte[290]. Trotz des Einsatzes ausländischer Arbeitskräfte und Kriegsgefangener bei der Ernteeinbringung gingen die Bodenerträge deutlich zurück[291], und die nationalsozialistische Ertragssteigerungspolitik griff nicht. Daneben war die *"Fettlücke"* nicht mehr zu schließen. Dementsprechend wurde die Lebensmittelrationierung für die Zivilbevölkerung stetig strenger[292]. Dieser kontinuierliche Ertragsrückgang ab der Jahreswende 1938/39 lässt sich zum einen mit den sich ausweitenden Kriegshandlungen begründen. Zum anderen behinderten aber auch die Regelungen des REG mit seinen *"überkommenen, bisweilen abenteuerlich rückständigen Agrarverhältnissen"*[293] eine Produktionssteigerung, war es doch geprägt durch agrarromantische Vorstellungen und die damit einhergehende Zielsetzung der Rückführung der Höfe auf eine geschlossene Wirtschaftsweise[294], d.h. der Verhinderung der Spezialisierung auf einzelne Produktionszweige[295].

---

[289] Zahlen nach einem Aktenvermerk der Landwirtschaftskammer und des Landesernährungsamts zu der Frage *"Welchen Stand können die Erträge der einzelnen Feldfrüchte gemessen am Vorkriegsstand 1952 erreicht haben?"* vom 28.11.1946, in: Z 6 /II 52 (BA).

[290] KRUEDERER, ZWS 1974, 335 (341) ist sogar der Ansicht, dass aufgrund der von den nationalsozialistischen Agrarideologen (insbesondere DARRÉ und BACKE) beabsichtigten Zurückführung der Höfe auf eine geschlossene Wirtschaftsweise – d.h. unter Vermeidung einer Produktspezialisierung – eine produktivitätsorientierte Strukturpolitik überhaupt nicht mehr beabsichtigt war.

[291] SCHOENBAUM, Die braune Revolution, S. 210 formuliert: *"Es war weniger das Gesetz über den Reichsnährstand als das Gesetz des sinkenden Ertrags, das die deutsche Landwirtschaft beherrschte".*

[292] KLEIN, Geschichte der deutschen Landwirtschaft, S.175; GRUNDMANN, Agrarpolitik, S. 102 ff.

[293] KRUEDENER, ZWS 1974, 335 (346).

[294] BACKE, Das Ende des Liberalismus, S. 36.

[295] Hierzu unten C V 1 a) (S. 117 ff.).

Zusätzlich ergab sich eine weitere beachtliche Verschlechterung der Ertragssituation innerhalb der britischen Besatzungszone in der direkten Nachkriegszeit im Vergleich zu den späten Kriegsjahren. Die in Tabelle 2 angeführten Zahlen spiegeln den massiven Ertragseinbruch bei allen Feldfrüchten in dem Zeitraum 1946 bis 1947 wider[296]. Die Nahrungsmittelversorgung außerhalb der Landbevölkerung befand sich unterhalb des Existenzminimums, und die Brotgetreide- und Kartoffelernte lag nur wenig über der Hälfte des Vorkriegsstandes[297]. Damit waren die Reformarbeiten des Landwirtschaftsrechts eingebettet in eine desolate ernährungswirtschaftliche Versorgungssituation, die zudem von den Flüchtlings- bzw. Vertriebenenströmen sowie den daraus resultierenden Ängsten innerhalb der Bevölkerung geprägt wurde.

In einem Gutachten zu den „*Ernährungsreserven in der Landwirtschaft der britischen Zone*" vom 23. Juni 1946 aus dem Aktenbestand des Zentralamts für Ernährung und Landwirtschaft wird die Ernährungssituation wie folgt beschrieben:

> „*Die gegenwärtige Ernährungslage ist dadurch gekennzeichnet, dass auf Bewohner der britischen Zone 0,25 ha landw. Nutzfläche entfallen, und dass die Lebensmittelzuteilung pro Tag den Nährwert von 1040 cal. hat, während 2500 cal. die Mindestmenge zur Lebenserhaltung ohne gesundheitliche Schäden ist. Nur die in der Landwirtschaft beschäftigten 2,5 Mill. Menschen sind ausreichend ernährt, dagegen erhalten 20 Mill. Menschen nur 40% des Existenzminimums. Mit vollem Recht ist die gegenwärtige Lage als eine Hungersnot zu bezeichnen, die bei längerer Dauer Millionen Menschen in den Tod führt.*"[298]

Die hier beschriebene Lage verschlimmerte sich in der Folgezeit noch weiter. Nach einer Untersuchung der Bundesärzteschaft lag die in dem Zeitraum von April bis Juni 1947 und damit dem Höhepunkt der Versorgungskrise ausgegebene Lebensmittelration für den Durchschnittsverbraucher bei ca. 800 Kalorien[299].

---

[296] DARRÉ ging dabei davon aus, dass "*ein Hungerswinter 1945/46 ... nicht zu vermeiden*" sei, Manuskript des *Plans für die Wiederherstellung einer normalen Ernährungswirtschaft in Deutschland*, in: Nachlass DARRÉ N 1094/I 26 (BA).

[297] KLEIN, Geschichte der deutschen Landwirtschaft, S.177. Dieser Rückgang ist wohl vor allem auf den Arbeitskräfte-, Produktions- und Düngemittelmangel der frühen Nachkriegsjahre zurückzuführen.

[298] „*Die Ernährungsreserven in der Landwirtschaft der britischen Zone. Vorschläge zu ihrer Erschließung durch eine allgemeine Betriebsplanung und Überwachung sowie durch Umstellung der Ernährungsgewohnheit*", in: Z: 6/II 52 (BA).

[299] SPENGLER, S. 109; WICK, in: Festschrift 275 Jahre OLG Celle, S. 238. Siehe hierzu auch FARQUHARSON, The Western Allies, S. 110 f.

Für die politische und rechtliche Regelung der gesamten Agrarwirtschaft stellte sich im außeranerbenrechtlichen wie auch anerbenrechtlichen Bereich die Frage, inwieweit der Hungersituation mit ähnlichen staatlichen Zwangsmitteln wie dem *Reichsnährstand*, einem zwingenden Anerbenrecht oder weitergehenden Genehmigungszwängen Einhalt geboten werden könne. In einem Gutachten vom Februar 1946 zur Agrarreform, das dem Zentralamt für Ernährung und Landwirtschaft vorlag, wurde beispielsweise frühzeitig der Nachweis erbracht, dass der *Reichsnährstand* keinesfalls, wie stets propagiert, zu einem Höhenflug der landwirtschaftlichen Produktion geführt hatte, sondern allenfalls effektives Instrument der Nahrungsverteilung war[300]. Dementsprechend planten die Briten bereits seit Sommer 1944, den *Reichsnährstand* als noch funktionierende Organisation vor dem Hintergrund der Nahrungsmittelnotlage zu übernehmen[301] und erst anschließend zu entnazifizieren[302]. Nach dem Willen der Besatzungsmächte sollte zunächst mit dem Reichsnährstand ein Organisationsapparat für die Ernährungswirtschaft bestehen bleiben[303].

Im Hinblick auf die Produktionszahlen wurde dagegen im Zentralamt für Ernährung und Landwirtschaft davon ausgegangen, dass diese ausschließlich durch eine gute Betriebsführung gesteigert werden könne, die ihrerseits auf der Selbstständigkeit und dem Ehrgeiz des Bauern beruhen müsse[304]. Ausgehend von dieser Prämisse kam damit der Landwirtschaftserbrechtsreform aus Sicht des Zentralamts für Ernährung und Landwirtschaft wie auch der übrigen beteiligten Stellen maßgeblich die Aufgabe zu, eine gute Betriebsführung und Hofbewirtschaftung zu erreichen und für den Erbfall sicherzustellen.

---

[300] In dem Gutachten *"Agrarreform aus einem Guss: I. Reform der Beeinflussungsmethoden"* von Bernd MATTHEUS vom Februar 1946 heißt es hierzu auf Seite 1: „*Die Leistungen des Reichsnährstandes lagen auf dem Gebiete der Erfassung und der Verteilung: das mag auch heute noch anerkannt werden. Aber er versagte auf dem Gebiete der Erzeugung. Auf einer Produktionshöhe, die im allgemeinen nicht mehr zu überbieten ist, waren und sind auch zur Zeit nur verhältnismässig wenige landwirtschaftliche Spitzenbetriebe. Bezeichnend für den Unsegen des Mangels an Kritik und des propagandistischen Eigenlebens ist es, dass fast das ganze Volk und sogar der grösste Teil des Landvolkes an die völlig falschen Behauptungen glaubt, wir stünden in Deutschland auf der Höhe unserer Produktion, die nur noch durch zusätzliche Betriebsmittel gefördert werden könne. Infolge dessen wurde versäumt, das Können des einzelnen Landwirts zu fördern.*", in: Z 6 II/52 (BA).
[301] SPENGLER, S. 36.
[302] FARQUHARSON, The Western Allies, S. 30 ff. (37 ff.).
[303] SCHWEDE, Entwicklung und Wandel, S. 38.
[304] Gutachten *"Agrarreform aus einem Guss: I. Reform der Beeinflussungsmethoden"* von Bernd MATTHEUS vom Februar 1946 auf Seite 12, in: Z 6 II/52 (BA).

2. Einfluss der Ernährungssituation auf die Anerbenrechtsreform

a) Bedürfnis nach sonderrechtlichen Bindungen

Aus britischer Sicht war die Neugestaltung des Landwirtschaftsrechts eng mit der deutschen Ernährungssituation verbunden[305]. Hierbei sah man sich der Bestimmung des III. Abschnitts Teil B Nr. 13[306] und Nr. 17 lit. c[307] des Potsdamer Abkommens verpflichtet[308]. So wurde der von dem Entwurf des KRG Nr. 45 vorgesehene Rückgriff auf die Anerbenrechtslage vor 1933 als rückwärtsgewandt und damit aufgrund der kritischen Ernährungssituation als unhaltbar eingestuft[309]. Insbesondere für die Eventualität der Nichtanwendung des Höferechts aufgrund der früheren Bestimmungen wurde für den Fall der dann möglichen Hofbewirtschaftung durch eine Erbengemeinschaft eine Gefahr für die Ertragslage des Hofes gesehen[310]. Dabei ging man auf britischer Seite davon aus, dass mehr als 50% der landwirtschaftlichen Grundstücke in der britischen Besatzungszone Erbhöfe i.S.d. REG waren und ein radikaler Wechsel der Besitzverhältnisse vor dem Hintergrund der nicht abschätzbaren Bedeutung für die Ertragslage wirtschaftlich nicht wünschenswert sei[311]. Die britische Zielsetzung war pragmatisch: Das Erbhofrecht sollte von allen unerwünschten nationalsozialistischen Merkmalen befreit werden, dieses sollte jedoch mit einer möglichst geringen Störung der landwirtschaftlichen Produktion geschehen[312].

---

[305] *"Mr Dean stated that the British Food and Agriculture Division, working in close consultation with German officials, had prepared a new draft of this law, taking cognizance of the critical food situation in the British Zone ..."*, Protokoll des 40. Treffens des *Legal Directorates* am 16./18.4.1946, in: FO 1005/742 (PRO).

[306] *"Bei der Organisation des deutschen Wirtschaftslebens ist das Hauptgewicht auf die Entwicklung der Landwirtschaft und der Friedensindustrie für den inneren Bedarf (Verbrauch) zu legen."*

[307] *"Es sind unverzügliche Maßnahmen zu treffen zur: ... c) weitestmöglichen Vergrößerung der landwirtschaftlichen Produktion."*

[308] Report des *Economic Directorate* vom 10.2.1947, in: FO 371/64443 (PRO).

[309] Schreiben der *B.S.L.R.U.* an die *Legal Division* vom 22.1.1947, in: FO 1060/1140 (PRO).

[310] Aktennotiz vom 24.1.1947, in: FO 1060/1140 (PRO).

[311] Stellungnahme der *A.T.C. Branch* vom 19.1.1947, in: FO 1060/1140 (PRO); ebenso Schreiben der *CCG (BE)*, H.Q., Berlin, vom 3.2.1947, in: FO 1060/765 (PRO). Diese Schätzung war vorsichtig. Die *B.S.L.R.U.* ging von 78,4% für das gesamte Reichsgebiet aus und nahm an, dass der prozentuale Anteil in der britischen Zone noch darüber lag, *"Report on restrictions of freedom of management; Transfer inter vivos and devolution upon death in respect of agricultural property in Germany"*, S. 3 vom 14.9.1945, in: FO 937/41 (PRO).

[312] Schreiben der *CCG (BE)*, H.Q., Berlin, vom 3.2.1947, in: FO 1060/765 (PRO).

Aber auch aus deutscher Sicht war die Reform des Landwirtschaftsrechts von erheblicher Relevanz, weil sie unmittelbar mit der dargestellten ernährungspolitischen Situation und damit der Zukunft Nachkriegsdeutschlands verbunden wurde[313]. Die geographische Reduktion des Reichsgebiets ließ Befürchtungen hinsichtlich eines ausreichenden Bodenertrags für die deutsche Bevölkerung aufkommen[314], waren doch die zuvor im wesentlich landwirtschaftlich genutzten Gebiete jenseits der Oder-Neiße-Linie nach dem IX. Abschnitt lit. b) des Potsdamer Abkommens unter polnische Verwaltung und der Nordteil Ostpreußens nach dem VI. Abschnitt des Potsdamer Abkommens unter sowjetische Verwaltung gestellt worden. Genährt wurden diese Befürchtungen zum einen durch die damit einhergehende Um- und Aussiedlung der deutschen Bevölkerung, daneben aber auch durch die Nachwirkungen der nationalsozialistischen *Lebensraumdoktrin*[315], die ihrerseits auf der durch den Nationalsozialismus immer wieder propagierten These, das deutsche Volk sei ein Volk ohne Raum[316], beruhte.

Die Notwendigkeit eines spezifischen Landwirtschaftsrechts, insbesondere der Festschreibung der geschlossenen Hoferbfolge, wurde vor diesem Hintergrund vor allem deshalb überwiegend grundsätzlich, d.h. auch in den ehemaligen Freiteilungsgebieten anerkannt, weil dieses dem *„Interesse der Volksernährung"*[317] entspreche. Der Gefahr der Überschuldung und Zersplitterung der Höfe sollte

---

[313] *„Auf die höchstmögliche landwirtschaftliche Erzeugung aber, die nur von den besten und befähigsten Bauern erreicht werden kann, kommt es heute und in Zukunft mehr denn je in Deutschland an.",* aus der *Nordwest-Zeitung* vom 7.5.1946, in: Z 6 II/50 (BA).

[314] *„Das Leben und die Zukunft des deutschen Volkes hängt davon ab, dass aus dem deutschen Boden der höchstmögliche Ertrag herausgeholt wird. Die Ernährung der Nation auf dem durch den Krieg so einschneidend verengten Raum kann nur dann gebessert werden, wenn gut geformte, leistungsfähige landwirtschaftliche Betriebe von den tüchtigsten Bauern bewirtschaftet werden.",* Denkschrift des Oldenburgischen Ministerpräsidenten TANTZEN vom Anfang des Jahres 1946, in: Z 21/1164, 57 (BA). Auch auf britischer Seite fanden diese Bedenken Berücksichtigung. So wurde der in Buenos Aires lebenden Bernhard SIEVERS von der britischen Botschaft aufgefordert, eine Stellungnahme zur Landwirtschaftssituation in Deutschland für das britische Landwirtschaftsministerium abzugeben. Im Schreiben vom 20.11.1945 hieß es: "The new German borders, the transmission of millions of people, the repartition of the large estates and the terrible food situation in the cities have created problems in Germany of to-day, the solution of which cannot be obtained by common administrative means. A radical reorientation on the basis of scientific planing in all spheres of human life would be necessary, in order to build up an organic economy which could not be disturbed nor obstructed by political and spiritual conflicts", in: FO 371/55518 (PRO).

[315] Hierzu näher unten C VI 1 d) (S. 181 f.).

[316] BACKE, Volk und Wirtschaft, S. 14 spricht von einem *"beschränktem Boden";* vgl. auch FREISLER, Gedanken zum Erbhofrecht, S. 5, zit. nach: VOGELS, REG, Leitgedanken, S. 8.

[317] Aktennotiz v. WERNER aus dem Jahr 1947, in: Z 21/1165, 61 (BA).

durch die anerbenrechtliche Bindung der landwirtschaflichten Güter entgegengewirkt werden, da die desolate Ernährungslage Nachkriegsdeutschlands dieses nunmehr besonders notwendig mache[318].

b)   Ablehnung von zu weitreichenden Bindungen
Bestand im Hinblick auf die Notwendigkeit der Ertragssteigerung mit den Instrumentarien des Landwirtschafts- bzw. speziell des Anerbenrechts weitgehend Einigkeit, waren indes die hierzu erforderlichen Maßnahmen – insbesondere der Grad und die Intensität staatlicher Zwangsbestimmungen – umstritten. Besonders aus den früheren Freiteilungsgebieten gab es vereinzelt Stimmen, die die Prämisse, dass anerbenrechtliche Bindungen zu einer Ertragssicherung bzw. sogar Ertragssteigerung der Landwirtschaft führen, in Frage stellten. So hieß es in einem Schreiben des Oberlandesgerichtspräsidenten Köln, SCHETTER, an den Präsidenten des Zentraljustizamts für die britische Zone vom 7. März 1947:

„Der immer wieder vorgehobene und gewiss in erster Linie beachtliche Bewegrund für die landwirtschaftliche Bodenbindung, dass sie nämlich wesentlich zur Steigerung der Ertragsfähigkeit beitrage und daher in heutiger Zeit an erster Stelle stehen müsse, wird hier im Rheinland nur bedingt anerkannt. Es herrscht hier vielmehr die Meinung, dass die Höfe ohne Bindung in den mittleren Größenlagen von 15 – 200 ha mindestens ebenso ertragssicher und ablieferungsfreudig seien, wie die Erbhöfe gleicher Grösse und dass durch die Überbetonung der Bedeutung der Bindung dem Prinzip der Zuführung des landwirtschaftlichen Grundbesitzes an den besten Wirt nur Hindernisse in den Weg gelegt würden."[319]

Auch der Landesjustizminister in Schleswig-Holstein, KUHNT, wies darauf hin, dass Schleswig-Holstein in *"wesentlichen Teilen"* vor 1933 ein Anerbenrecht nicht gekannt habe. Zwar habe es in den östlichen Landesteilen und in *"Teilen des Mittelrückens"* Anerbenrechte gegeben, diese haben den Bauern jedoch zumindest nicht in der Verfügung unter Lebenden beschränkt. War der Bauer demnach in seiner Verfügungsmacht weitgehend uneingeschränkt, sei es den-

---

[318] Bereits im Schreiben des OLGPräs Hamm, HERMSEN, an die Militärregierung vom 20.10.1945 hieß es: *„Würden diese Bindungen (des REG – d.V.) jetzt aufgehoben, so entstünde die Gefahr der Zersplitterung, Verschuldung und Versteigerung und damit schwere Nachteile für die gerade in dieser Notzeit so wichtige Landwirtschaft.",* in: Z 21/1164, 49 (BA).
[319] Z 21/1165, 65 R (BA).

noch zu keiner für die Ernährungslage nachteiligen Zersplitterung von Grundbesitz gekommen[320].

In ähnlicher Weise wies der Oldenburgische Ministerpräsident TANTZEN bereits frühzeitig darauf hin, dass aus seiner Sicht eine Ertragssteigerung weniger aufgrund anerbenrechtlicher Bindungen, sondern vielmehr durch einen freien, weitgehend ungebundenen Bauernstand zu erreichen sei:

> *"Es ist bekannt, dass die Landwirtschaft des nordwestdeutschen Raumes in den Jahrzehnten vor dem Erlass des Reichserbhofgesetzes einen ungeahnten Aufschwung genommen hat. Dies gilt nicht nur für die Bezirke, wo unmittelbares oder mittelbares Anerbenrecht Geltung gehabt haben, sondern auch für die Marschen, wo der Bauer die Tierzucht und den Ackerbau auf eine in ganz Deutschland bis dahin unerreichte Höhe gebracht hat. Daneben sind Tausende von wenig bemittelten deutschen Menschen durch Arbeit und Pflichttreue ohne Zwang und Enteignung zu Grundbesitzern geworden. Die Fortschritte in der Landwirtschaft und die geordneten sozialen Verhältnisse auf dem Lande sind also nicht durch ein vom Staate verordnetes gebundenes Erbrecht, sondern in erster Linie durch das unermüdliche und fleissige Schaffen eines freien und gesunden Bauernstandes erzielt worden."*[321]

Aufgrund dieser Einschätzung trat TANTZEN innerhalb der Reformbemühungen für eine möglichst umfassende Wiederherstellung der bäuerlichen Testierfreiheit ein[322].

---

[320] Schreiben des Landesministers der Justiz in Schleswig-Holstein, KUHNT, an den Präsidenten des Zentraljustizamts der britischen Zone vom 5.4.1947, in: Z 21/1165, 124 R (BA).
[321] Z 21/1164, 58 f. (BA).
[322] Hierzu unten C IV 2 b) (S. 87 ff.).

c) Forderung nach weitgehenden Bindungen

Zur Sicherung der landwirtschaftlichen Ertragslage wurde jedoch überwiegend auch nach den Erfahrungen mit dem REG eine weitgehende staatliche Steuerung gefordert[323]. Das bäuerliche Erbrecht sollte hierbei ein wesentliches Steuerungsmittel darstellen, und seiner Reform kam aus vorherrschender Sicht innerhalb der beteiligten Stellen eine entsprechend hohe, nahezu existenzielle Bedeutung zu. Mehrheitlich wurde davon ausgegangen, dass die Erhaltung der kleineren und mittleren bäuerlichen Betriebe bei der Sicherung und Verbesserung der Ernährungslage von außergewöhnlich hohem Rang sei, der es seinerseits notwendig mache, eben diese Betriebe möglichst weitgehenden Bindungen zu unterwerfen. Laut einer Einschätzung des früheren Landsyndikus der bremischen Ritterschaft in Stade, Rechtsanwalt SCHMOLDT[324], ging dieser davon aus, dass bereits vor 1933 nur ein strenges Erbhofrecht den Verfall und die Verschuldung der Höfe habe verhindern können[325].

Ähnlich lautete eine Stellungnahme des Oberlandesgerichtspräsidenten Braunschweig, MANSFELD, vom 8. Oktober 1946 zu dem Entwurf des *Gesetzes über die Vererbung der Anerbenhöfe*[326]:

„Die Neuregelung des Anerbenrechts muß vor allem von der schwierigen ernährungspolitischen Lage ausgehen, die eine Entwicklung der Landwirtschaft zu größtmöglichen Leistungen fordert. Diese sind nur möglich, wenn das Recht alle Voraussetzungen dafür schafft, daß sich die landwirtschaftlichen Einzelbetriebe in einem leistungsfähigen Zustand befinden. Die politischen und agrarpolitischen Bestrebungen der Zeit lassen dabei die Bedeutung des mittleren und kleineren bäuerlichen Besitzes besonders hervortreten. Die Erfahrungen des vorigen Jahrhunderts haben aber ge-

---

[323] In den Anmerkungen der Landwirtschaftskammer und des Landesernährungsamts Hannover gegenüber dem Zentralamt für Ernährung und Landwirtschaft zur Neugestaltung des Agrarrechts vom 16.7.1946 hieß es: „*Nur wenn diese totale Genehmigungspflicht* (hinsichtlich der Hofesveräußerung – d.V.) *eingeführt wird, besteht die Möglichkeit, jede Bodenspekulation zu unterbinden, und den Grundstücksverkehr im übrigen entsprechend den landwirtschaftlichen und allgemeinwirtschaftlichen Notwendigkeiten zu lenken.*", in: Z 6/II 50 (BA). Hierbei sollte der Genehmigungszwang maximal auf 5 Jahre als Übergangszeitraum begrenzt sein. Gleiches wurde in den Anmerkungen im Hinblick auf Verpachtungen vorgeschlagen.

[324] SCHMOLDT hatte bereits 1933 an der Erstellung des *Preußischen Bäuerlichen Erbhofrechts* auf Wunsch der Landwirtschaftskammer mitgewirkt, hierzu HERLEMANN, Der Bauer, S. 90.

[325] Zit. nach einem Schreiben des früheren Senatspräsidenten am Landeserbhofgericht Celle, STARCKE, an den Vertreter vom Zentralamt für Ernährung und Landwirtschaft, Reichslandwirtschaftsrat SAUER, vom 26.2.1946, in: Z 6/II 50 (BA); hierzu unten C IV 2 c) aa) (S. 95 ff.) sowie C VI 2 b) (S. 185 f.).

[326] Z 21/1164, 113 ff. (BA).

zeigt, daß diese Betriebe nur dann gehalten werden können, wenn sie weitgehenden Bindungen unterworfen sind. Diesen Bedürfnissen trägt der vorliegende Entwurf Rechnung. Er berücksichtigt neben bewährten und der Bevölkerung vertrauten Grundsätzen die besonderen Bedürfnisse der augenblicklichen Lage, hält sich aber auch bei den Bestrebungen zur Erhaltung eines leistungsfähigen Bauernstandes von den Übertreibungen der nationalsozialistischen Gesetzgebung fern."[327]

Die vor 1933 bestehenden Bestimmungen wurden als nicht ausreichend erachtet, die Ertragslage sicherzustellen. Stattdessen war man innerhalb der maßgeblich beteiligten Gremien der Ansicht, dass der von den Entwürfen zum KRG Nr. 45 vorgesehene Rückgriff auf die vor 1933 bestehenden Anerbenrechte zu einem Rückgang der landwirtschaftlichen Erträge geführt hätte und daher unannehmbar gewesen wäre.

„Die kritische Ernährungslage Deutschlands wird es noch auf Jahre erfordern, dass alle landwirtschaftlichen Betriebe höchste Leistungen erzielen. Dies ist aber bei den für die Anwendung des Anerbenrechtes in Betracht kommenden Besitzungen, wie es die kleineren und mittleren Bauernwirtschaften sind, nur dann zu erwarten und zu ermöglichen, wenn diese Besitzungen in ihrer Geschlossenheit erhalten bleiben, also vor der Teilung oder gar Zersplitterung auch durch Verfügung von todeswegen bewahrt bleiben, wenn weiter Wechsel in der Person ihres Bewirtschafters nach Möglichkeit vermieden werden und wenn endlich die Besitzung nach Möglichkeit der auf ihr ansässigen tüchtigen Familie erhalten bleibt, aber auch von einem Mitgliede der Familie tatsächlich selbst bewirtschaftet wird. In dieser Beziehung genügen aber die alten Anerbengesetze unter den Verhältnissen der neuen Zeit den Anforderungen nicht mehr."[328]

Als Grundargument führten die Befürworter des Festhaltens an möglichst starren anerbenrechtlichen Regelungen an, dass es sowohl dem individuellen Interesse des Bauern als auch dem gesamtwirtschaftlichen Allgemeininteresse entspräche, den Hof an einen Erben unter geringer Abfindungsleistung der übrigen Erben geschlossen zu vererben, da dieses historisch nachweisbar der Ertragssteigerung diene[329]. In einer Aktennotiz des Zentraljustizamts aus dem Jahr 1947 hieß es diesbezüglich ohne weitere Begründung:

---

[327] Z 21/1164, 74 (BA).

[328] Kritik WÖHRMANN/STARCKE vom März 1946 am amerikanischen Entwurf zum späteren KRG Nr. 45 (Punkt 7 a), in: Z 6/II 50 (BA).

[329] *„Die geschichtliche Entwicklung und Praxis lehren, dass das Leistungs- und Erzeugungsniveau der Landwirtschaft in den Gebieten mit geschlossener Vererbung ungleich höher ist, als in den Gebieten der sogenannten Realteilung. Es ist deshalb nicht nur im*

„*Die Notwendigkeit einer geschlossenen Vererbung der Höfe im Interesse der Volksernährung ist allgemein anerkannt und die Freiteilungsgebiete haben die in dieser Hinsicht bestehenden Vorzüge des Reichserbhofgesetzes bejaht.*"[330]

d) HöfeO als landwirtschaftliches Sondererbrecht

Da jedoch die Gefahr der Zersplitterung landwirtschaftlichen Grundbesitzes prinzipiell nicht allein für den Fall des Erbgangs, sondern gleichermaßen im Bereich der Rechtsgeschäfte unter Lebenden besteht[331], war es konsequent, zugleich Genehmigungserfordernisse für diese sowie einen Katalog möglicher Maßnahmen für den Fall der Schlechtbewirtschaftung durch den Hofeigentümer zu erstellen. Demgemäß wurde bei der Anerbengesetztagung vom 26. September 1946 in Celle diskutiert, inwieweit für alle landwirtschaftlichen Grundstücke zur Veräußerung, Verpachtung und Belastung die Festschreibung einer allgemeinen bauerngerichtlichen Genehmigung im Rahmengesetz erforderlich sei[332].

Im Folgenden wurden diese – ihrer Natur nach öffentlich-rechtlichen – Regelungen weitgehend aus dem Anwendungsbereich der HöfeO und dem Rahmengesetz ausgenommen, da sie im Wesentlichen durch das KRG Nr. 45 vorgegeben wurden. Die ursprünglich in dem Entwurf der *Bauernrechtsordnung* vorgesehene Neuordnung des gesamten *"Bauern- und Bodenrechts"* und damit auch die Regelung von Rechtsgeschäften unter Lebenden (§§ 22 ff. der *Bauernrechtsordnung* bezüglich der Genehmigungspflicht bei Eigentumswechsel durch Rechtsgeschäft sowie der Belastung landwirtschaftlicher Grundstücke) waren insoweit nicht mehr durchsetzbar. Verfügungen, Belastungen und Verpachtungen land- und forstwirtschaftlicher Grundstücke bedurften bereits nach den Art. IV, V und VI KRG Nr. 45 der Genehmigung deutscher Behörden. Daneben er-

---

[330] *privat-wirtschaftlichen Interesse des einzelnen Bauern, sondern ebenso sehr im gesamtwirtschaftlichen Interesse gerechtfertigt, die Erbansprüche der Miterben zum Zwecke der Erhaltung gesunder und leistungsfähiger Bauernhöfe in einem vertretbaren Umfang zu schmälern.*", Gutachten über „*Das Problem der Abfindung der bürgerlich - rechtlichen Erben im Anerbenrecht*", in: Z 6/II 50 (BA) sowie Nachlass WÖHRMANN. Z 21/1164, 171 (BA). Ähnlich, allerdings mit – wenn auch angreifbarer – Begründung hieß es in dem Gutachten *"Die guten und die schlechten Seiten des Erbhofrechts"*, vom 19.12.1946, Nachlass WÖHRMANN (hierzu auch ders., RdL 1967, 85 [85]) wie folgt: *"Diese Leistungssteigerung wurde schon dadurch erreicht, daß der Hof geschlossen vererbt (...), in seinem Bestand erhalten (...) und gegen Verschuldung geschützt wurde (...). Denn durch diese Maßnahmen wurde die stetige Bewirtschaftung des Hofes in seiner Gesamtheit sichergestellt und Eingriffe von Gläubigern und Miterben in die Wirtschaftsführung abgewehrt".*

[331] Zur Einbindung des Übergabevertrags in die HöfeO siehe oben B I 4 (S. 20).

[332] Protokoll der Anerbengesetztagung in Celle am 26.9.1946, in: Z 21/1165, 105 R (BA).

gaben sich gegen den Nutzungsberechtigten eines landwirtschaftlichen Betriebes oder landwirtschaftlichen Grundstückes, sofern die Bewirtschaftung *"den zur Sicherung der Ernährung des deutschen Volkes zu stellenden Anforderungen"* nicht entsprach, die durch Art. VII KRG Nr. 45 vorgegebenen möglichen Maßnahmen. In Ausführung hierzu ergingen die Bestimmungen des Art. V MilReg-VO Nr. 84 und der *Landbewirtschaftungsordnung*[333]. Diese Maßnahmen konnten gegen jeden Hofeigentümer ergriffen werden und betrafen damit den außeranerbenrechtlichen Bereich, waren jedoch gleichzeitig in die Konzeption der Anerbenrechtsreform nach der HöfeO miteinbezogen[334].

Die Reform innerhalb der britischen Besatzungszone beschränkte sich damit spätestens mit Erlass des KRG Nr. 45 auf die Festschreibung eines landwirtschaftlichen Sondererbrechts[335].

3. Beurteilung unter Berücksichtigung der jüngeren Anerbenrechtsentwicklung

In der Anerbenrechtsreform nach dem Zweiten Weltkrieg wurde dem bäuerlichen Erbrecht weitgehend unter Verzicht auf eine strittige Auseinandersetzung bezüglich dessen faktischer Auswirkungen eine Schlüsselrolle im Hinblick auf die Sicherung der Ernährungslage zugedacht[336] und oftmals pauschal eine möglichst weitgehende anerbenrechtliche Bindung einschließlich der Beschränkung der bäuerlichen Testierfreiheit und ordnungspolitischer Zwänge gefordert[337].

Signifikant für diese Auffassung ist der in der Stellungnahme des Oberlandesgerichtspräsidenten Braunschweig, MANSFELD, vom 8. Oktober 1946 zu dem Entwurf des *Gesetzes über die Vererbung der Anerbenhöfe*[338] oben zitierte[339] pauschale Verweis auf die *"Erfahrungen des vorigen Jahrhunderts"*. Er bezieht sich

---

[333] Das entsprechende Verfahren hierzu wurde in der *Landwirtschaftsverfahrensordnung* vom 2.12.1947 (VOBl. BZ, S. 157) geregelt.
[334] Näher hierzu unten C V 2 b) (S. 128 ff.).
[335] Das seinerseits anders als das REG nicht beabsichtigte, ein in sich vollständig geschlossenes System des Landwirtschaftserbrechts darzustellen, hierzu SCHNEBLE, Von den Grenzen der Testierfreiheit, S. 49 f.
[336] So beispielsweise die Stellungnahme der OLGPräs Hamm, HERMSEN, vom 20.10.1945, in: Z 21/1164, 49 (BA); ebenso Entwurf der Kritik WÖHRMANN/STARCKE vom März 1946 am Entwurf zum späteren KRG Nr. 45 (zu Art. VIII), in: Z 6 II/50 (BA).
[337] Eine ähnliche Argumentation lässt sich allerdings auch in neuerer Zeit nachweisen, wenn das OLG Hamm, AgrarR 1980, 50 (50) davon ausgeht, dass, soweit sich die Ehegatten beim Ehegattenhof über dessen Vererbung nicht einig sind, aus § 8 Abs. 2 HöfeO der automatische Anfall zugunsten des überlebenden Ehegatten aus Gründen der Sicherung der allgemeinen Ernährungslage ergäbe.
[338] Z 21/1164, 113 ff. (BA).
[339] C III 2 c) (S. 63 f.).

offensichtlich auf die Agrarkrise in Deutschland, die Ende der siebziger Jahre des 19. Jahrhunderts begann. Zu diesem Zeitpunkt konnten die landwirtschaftlichen Erzeugungen den deutschen Nahrungsbedarf nicht mehr decken. Hieraus allerdings – wie MANSFELD – den Schluss zu ziehen, allein *"weitgehende Bindungen"* könnten die Überlebensfähigkeit bäuerlicher Betriebe sichern, erscheint gerade im Hinblick auf die durch diese Agrarkrise verursachte agrar- wie auch rechtswissenschaftliche Auseinandersetzung mit dem Anerbenrecht Ende des 19. Jahrhunderts und den hieraus resultierenden Ergebnissen ungenau. Die Schwerpunktsetzung der Argumentation auf die Verknüpfung der Agrarkrise mit den Protektionswirkungen des Anerbenrechts wird den Ursachen der Krise bei historischer Betrachtung nicht gerecht, gab es doch eine ganze Reihe weiterer ökonomisch weitaus maßgeblicherer Ursachen für die schwierige agrarwirtschaftliche Situation. So führte die industrielle Revolution zum Wandel vom Agrar- zum Industriestaat, einhergehend mit einem enormen Anstieg der Bevölkerungszahl. Daneben sah sich die Agrarwirtschaft einer steigenden ausländischen Konkurrenz infolge der Verbesserung des europäischen und internationalen Verkehrswesens sowie des sprunghaften Anstiegs der Getreide-Exporte Russlands und der USA zu Niedrigpreisen[340] ausgesetzt. Die Lage der deutschen Landwirtschaft sollte daher durch die Einführung von agrarischen Schutzzöllen gegen Getreideeinfuhren[341] gesichert werden. Gleichzeitig gewann allerdings neben dem Erlass dieser protektorischen Maßnahmen auch die Auseinandersetzung mit dem Anerbenrecht als agrarwirtschaftlichem Steuerungsmittel innerhalb der Rechtswissenschaft und der Gesetzgebung vor dem Hintergrund der Agrarkrise eine neue Qualität und Intensität[342].

Die hieraus entstandene Diskussion der tatsächlichen Auswirkungen anerbenrechtlicher Bindungen auf die Agrarwirtschaft spiegelt sich innerhalb der Vorarbeiten zum BGB[343] und der Auseinandersetzungen des *Vereins für Socialpolitik* Ende des 19. Jahrhunderts wider. Bei der Tagung des Vereins über das Anerbenrecht in Wien 1894 hatte Lujo BRENTANO den anerbenrechtlichen Grundgedanken, nämlich dass mit Realteilung notwendigerweise eine Besitzerzersplitterung einhergehe, bestritten. Unter Verweis auf den hohen Verschuldungsgrad innerhalb der Anerbengebiete war er für die weitgehende freie Verfügungsmöglichkeit des Bauern eingetreten[344].

---

[340] Hierzu KLEIN, Geschichte der deutschen Landwirtschaft, S. 120 f.
[341] TANGERMANN, in: HAR I, Sp. 220 f.
[342] MUGDAN I, S. 52 (Motive).
[343] MUGDAN I, S. 51 ff. (Motive). Zur Entwicklung der Diskussion zwischen der 1. und 2. Gesetzgebungskommission siehe SASSE, Grenzen der Vermögenspepetuierung, S. 28 f.
[344] Verhandlungen der am 28. und 29.9.1894 in Wien abgehaltenen Generalversammlung des *Vereins für Socialpolitik* über die Kartelle und das ländliche Erbrecht, Schriften des *Vereins für Socialpolitik* 61, S. 281 ff. BRENTANO schlug stattdessen vor, die freie Ver-

HAINISCH wies in diesem Zusammenhang darauf hin, dass die Auswirkungen des Anerbenrechts mit der eigentlichen Problematik der Verschuldung der landwirtschaftlichen Güter *"wenig zu thun"* habe[345], also die isolierte Betrachtung des Anerbenrechts einem gesamtheitlichen Blickwinkel auf eine Agrarverfassung weichen müsse. Der enge Zusammenhang zwischen Anerbenrecht und Agrarverfassung hatte verdeutlicht werden sollen, indem zu bedenken gegeben worden war, dass ein bloßes Anerbenrecht ohne Schutzmechanismen vor der Überschuldung des Hofes bereits zu Lebzeiten des Erblassers *"praktisch ziemlich bedeutungslos"* sei[346]. Dementsprechend ging HERMES davon aus, dass

"eine Änderung des Erbrechts ebenso wenig die augenblickliche Notlage der landwirtschaftlichen Produktion beseitigen" könne, *"wie denjenigen Mängeln der Agrarverfassung abhelfen, die sich auf den Verkehr unter Lebenden beziehen".*[347]

Wolle man nun einen weitergehenden Schutz gegen die Gefahr einer Überschuldung gewähren, so würde dieses zwingend den Grundsatz der Vertragsfreiheit beeinträchtigen. Jedoch vertrage sich bereits das Anerbenrecht nur bedingt mit demokratischen Grundgedanken, insbesondere dem Gleichheitsgrundsatz[348]. Etwaige daneben bestehende weitere Einschnitte in den Grundsatz der Vertragsfreiheit seien indes nicht hinnehmbar und demzufolge sei ein solches Vorgehen abzulehnen[349].

Im Ergebnis setzte sich sowohl bei den Diskussionen des *Vereins für Socialpolitik* in Wien 1894 als auch beim *23. Deutschen Juristentag* in Bremen 1895 im Einklang mit den bis dahin bestehenden Anerbengesetzen die Ansicht durch, dass das Anerbenrecht nicht zwangsweise gegen den Willen des Erblassers wir-

---

fügungsbefugnis des Bauern zu erhalten und der Gefahr der Hofesverschuldung im Erbfall durch die Einführung einer bäuerlichen Lebensversicherung zur Abfindung der weichenden Erben zu begegnen, a.a.O., S. 296 f.

[345] BÜCHER, Schriften des *Vereins für Socialpolitik* 61, S. 338.
[346] HAINISCH, Schriften des *Vereins für Socialpolitik* 61, S. 266.
[347] HERMES, Schriften des *Vereins für Socialpolitik* 61, S. 65.
[348] HAINISCH, Schriften des *Vereins für Socialpolitik* 61, S. 267; MUGDAN I, S. 51 (Motive).
[349] *"Wollte man also unter allen Umständen verhindern, daß eine Überlastung des Grundbesitzes mit Abfindungskrediten eintritt, so bliebe nichts übrig, als neben dem Anerbenrechte noch nach anderen Kautelen für die Begünstigung des Gutsübernehmers zu suchen. Solche Kautelen zu finden, ohne an den Grundsätzen des freien Vertragsrechts zu rütteln, ist aber unmöglich ..."*, HAINISCH, Schriften des *Vereins für Socialpolitik* 61, S. 266.

ken sollte³⁵⁰. Die umfangreiche Diskussion hatte gezeigt, dass die Annahme des Vorrangs der Verfügungs- und Testierfreiheit des Erblassers der überwiegenden Meinung entsprach³⁵¹. Folglich sah auch die Gesetzgebungskommission zum BGB keine maßgebliche Gefahr für die Sicherung der Ertragslage aufgrund unterschiedlicher regionaler Anerbenrechte und -sitten, sondern hielt an den Unterschieden und damit einhergehend auch an der Möglichkeit der Realteilung im Erbgang bewusst fest³⁵². Die damalige Beschäftigung mit dem Anerbenrecht führte somit zu einem völlig anderen Ergebnis als die Reformarbeiten nach dem Zweiten Weltkrieg.

Auch unter Geltung des REG wurde der Prämisse, die Zersplitterung landwirtschaftlichen Grundbesitzes führe automatisch und notwendigerweise stets zu einer schlechten Ertragslage, von Max SERING in seiner dem Justizministerium überreichten kritischen und mutigen Auseinandersetzung mit dem Reichserbhofrecht aus dem Jahr 1934 entgegengetreten:

"Die technischen Schädigungen, die die immer wiederholte Aufteilung der Liegenschaften im Erbgange zur Folge hat, fallen nicht sonderlich ins Gewicht, denn die Grundstücke des einzelnen Betriebs bilden bei gartenmäßiger Bewirtschaftung kein notwendig zusammengehöriges Ganzes. Die Vorstellung, daß aus der Teilungsgewohnheit lauter lebensunfähige Zwerggüter entstehen müßten, trifft nicht zu, weil sich starke Gegentendenzen geltend machen."³⁵³

Zwar hatte SERING die Meinung, dass dispositive anerbenrechtliche Regelungen durchaus dazu führen könnten, die landwirtschaftliche Verschuldung zu mindern, da ein Großteil der Hofbelastungen aus der Absplittung von Ertragsteilen und dem Erbgang herrührten, bereits bei der o.g. Tagung des *Vereins für Social-*

---

[350] ANDRÉ, in: Verhandlungen des *24. Deutschen Juristentages* I, S. 42 f.; hierzu auch: KROESCHELL, in: HAR II, Sp. 308; FROMMHOLD, in: Verhandlungen des *24. Deutschen Juristentages* I, S. 22 f.
[351] KROESCHELL, in HAR II, Sp. 309.
[352] MUGDAN I, S. 53 f., 57 (Motive).
[353] SERING, Erbhofrecht und Entschuldung, S. 34. Auf diese Schrift bezog sich 1945 das Gutachten der *B.S.L.R.U. "Report on restrictions of freedom of management; Transfer inter vivos and devolution upon death in respect of agricultural property in Germany"*, S. 93 vom 14.9.1945, in: FO 937/41 (PRO). Zu der durch diese Schrift geäußerten massiven Kritik SERINGS am Reichserbhofrecht und der Unterbindung dieser Kritik durch die Nationalsozialisten durch die Beschlagnahme und Einziehung ihrer greifbaren Exemplare (Gestapo-Rundschreiben Nr. 155/34) siehe THYSSEN, Bauern- und Standesvertretung, S. 269 ff., GRUNDMANN, Agrarpolitik, S. 56 ff. sowie HERLEMANN, Der Bauer, S. 118 f.

politik vertreten[354]. Dennoch wandte sich der Agrarwissenschaftler gegen die massive und zwingende Beschränkung des Eigentümers, über den Erbhof von Todes wegen oder durch Rechtsgeschäft unter Lebenden zu verfügen, indem er diese als ein *"Übermaß staatlichen Eingriffs"* bezeichnete[355]. Trotz seiner konservativen Grundüberzeugungen stellte er sich damit als einer der größten Kritiker des Reichserbhofrechts vor dem Hintergrund der Diskontinuität mit den bäuerlichen Erbsitten dar[356].

Trotz dieses ausgeprägten historischen rechts- wie agrarwissenschaftlichen Diskurses lässt sich ein Rückgriff auf die Argumente hinsichtlich der tatsächlichen Auswirkungen starrer und zwingender Verfügungsbeschränkungen im Landwirtschaftsrecht innerhalb der Reformarbeiten nach dem Zweiten Weltkrieg nicht erkennen. Auch die vereinzelten Gegenstimmen können nicht darüber hinweg täuschen, dass eine Diskussion über den Sinn und die Effektivität des landwirtschaftlichen Anerbenrechts als produktions- und ertragserhöhendes Steuerungsmittel innerhalb der an der Reform beteiligten Stellen nur in einem geringen Ausmaß geführt wurde. Nachweisbar gehört bzw. diskutiert wurden diese Ansichten weder innerhalb des Zentralamts für Ernährung und Landwirtschaft noch im Zentraljustizamt.

Dabei zeigte sich bei Betrachtung der Erfahrungen mit der Realteilung, dass diese keineswegs immer zu einer Bodenzersplitterung geführt hatte. So wies KROESCHELL bereits für das 15. Jahrhundert nach, dass die Realteilung gerade aufgrund der Teilbarkeit zu einem Wachstum der Güter geführt hatte, da aus Teilen vieler älterer Höfe wenige und dementsprechend größere Höfe zusammengelegt worden waren[357]. Die gleiche Entwicklung sah bereits Lujo BRENTANO in den Realteilungsgebieten anhand statistischer Erhebungen für das 19. Jahrhundert bestätigt[358]. Zwar ist diese Annahme bezüglich der Bodenparzellierung im Rheinland im 19. Jahrhundert umstritten[359]. Dennoch war die Folge

---

[354] SERING bei den Verhandlungen der am 28. und 29.9.1894 in Wien abgehaltenen Generalversammlung des *Vereins für Socialpolitik* über die Kartelle und das ländliche Erbrecht, Schriften des *Vereins für Socialpolitik* 61, S. 307, 314.
[355] SERING, Erbrecht und Entschuldung, S. 25.
[356] Hierzu im Einzelnen GRUNDMANN, Agrarpolitik, S. 56 ff.
[357] KROESCHELL, AgrarR 1978, 147 (153).
[358] BRENTANO bei den Verhandlungen der am 28. und 29.9.1894 in Wien abgehaltenen Generalversammlung des *Vereins für Socialpolitik* über die Kartelle und das ländliche Erbrecht, Schriften des *Vereins für Socialpolitik* 61, S. 282 f.; KROESCHELL, AgrarR 1978, 147 (153).
[359] BITTING, Die Aufhebung, S. 31, ist der Ansicht, dass sich für das 19. Jahrhundert in den Realteilungsgebieten des Rheinlandes eine deutliche Parzellierung und Grundbesitzersplitterung nachweisen lässt, die damit auch die Betriebsgrößenstruktur bestimmte. Nach ihm wiesen im Rheinland im 19. Jahrhundert 98,34% der landwirtschaftlichen Be-

hiervon lediglich eine erschwerte Bewirtschaftung und ein ständiger Landhunger der ländlichen Bevölkerung, nicht indes eine besondere Verschuldung des Besitzes[360]. Eine besorgniserregende Bestandsgefährdung derjenigen Landgüter, die die erbhofrechtlichen Voraussetzungen erfüllten, lässt sich – wie FARQUHARSON aufzeigt – auch bereits vor 1933 nicht nachweisen[361]. Der Grad der Verschuldung ging somit nicht unweigerlich mit dem Grad der Zersplitterung des landwirtschaftlichen Grundbesitzes einher[362].

Gerade im Hinblick auf die vorausgegangenen nationalsozialistischen landwirtschaftlichen Entschuldungsverfahren[363] kann die in den Reformarbeiten vorherrschende Einschätzung nicht überzeugen, da die Bodenverschuldung ausgerechnet im Rheinland als Realteilungsgebiet am niedrigsten ausfiel[364]. Damit entbehrte die in der Anerbenrechtsreformdiskussion verwandte Annahme SCHMOLDTS, dass nur durch ein strenges Erbhofrecht ein nochmaliger Verfall der mit staatlichen Mitteln entschuldeten Höfe habe vermieden werden können[365], in dieser pauschalen Form einer tatsächlichen Grundlage.

Dennoch ging man – abgesehen von den o.g. Stellungnahmen des Oberlandesgerichtspräsidenten Köln, SCHETTER, und des Oldenburgischen Ministerpräsidenten TANTZEN – sowohl innerhalb des Zentralamts für Ernährung und Landwirtschaft als auch dem Zentraljustizamt unkritisch davon aus, dass die anerbenrechtliche Bindung der land- und forstwirtschaftlichen Grundstücke unmittelbar

---

triebe nur eine Fläche bis zu 20 ha auf. Auch CRAMER, Der Einfluss des Anerbenrechts, S. 10 f., sah aufgrund eines Größenvergleichs der durchschnittlichen Parzellengröße von Grundbesitzungen der Dörfer Köhler/Kurstedt (Altes Amt Bederkesa) und Spaden/Wehden (Börde Debstedt) die *"zersetzende Wirkung der Realteilung"* bestätigt, wenngleich die Folgen der freien Teilbarkeit nicht so schlimm gewesen seien, *"als man eigentlich hätte erwarten müssen"*.

[360] BITTING, Die Aufhebung, S. 32 ff.
[361] FARQUHARSON, Plough, S. 122.
[362] CRAMER, Der Einfluss des Anerbenrechts, S. 20 ff., kam 1909 in seiner ausführlichen Untersuchung für den Regierungsbezirk Stade zu dem Ergebnis, dass das dort zusammengetragene Material in *"hinreichender Weise für den großen Wert, den das Anerbenrecht hinsichtlich der Erhaltung eines leistungsfähigen Bauernstandes hat, Zeugnis ablegt"*, musste aber gleichzeitig eingestehen, dass es aufgrund weiterer Faktoren (*"größere Fruchtbarkeit des Bodens"* [S. 43], *"der guten Kornpreise"* [S. 73]) auch bei der Vererbung nach Realteilungsgrundsätzen nicht unweigerlich zu einem höheren Verschuldungsgrad kommen musste. Im Ergebnis forderte er die Einführung eines bäuerlichen Intestatenanerbenrechts, das fakultativ ausgestaltet sein sollte, a.a.O., S. 90 ff.
[363] Hierzu HERLEMANN, Der Bauer, S. 127 ff.
[364] FARQUHARSON, Plough, S. 108; zur Geltendmachung dieses Arguments gegen das REG als Zwangsanerbenrecht bereits SERING, Erbrecht und Entschuldung, S. 33 ff.
[365] Hierzu oben C III 2 c) (S. 63 f.); siehe ebenfalls unten C IV 2 c) aa) (S. 93) sowie C VI 2 b) (S. 185 f.).

zu einer Ertragssteigerung und damit der Sicherung der Ernährungslage führe. Nicht ersichtlich ist eine ähnlich intensive inhaltliche Auseinandersetzung wie Ende des 19. Jahrhunderts mit der Frage des Zwecks des Anerbenrechts und der damit einhergehenden notwendigen Intensität der rechtlichen Festschreibung sowie der Problematik, inwieweit ein bäuerliches Anerbenrecht überhaupt dazu führen kann, die Wirtschaftsfähigkeit der Bauern sowie die Ertragslage zu sichern bzw. sogar zu verbessern.

Sicherlich beeinflussen anerbenrechtliche Regelungen aufgrund der Bestimmung der Person des Bewirtschaftenden und der geringeren Abfindungsbelastung des Hofes im Erbfall die Wirtschaftsführung landwirtschaftlicher Grundstücke sowie die Bereitschaft zur Übernahme landwirtschaftlicher Betriebe und damit auch deren Ertragslage bzw. die allgemeine agrarstrukturelle Entwicklung. Die Intensität der Bindung des Bauern in seiner Testier- und Verfügungsfreiheit führt dabei zu tatsächlichen Auswirkungen hinsichtlich der Ertragssteigerung oder auch des Ertragsrückgangs[366]. Insoweit waren auch die Regelungen des REG im Hinblick auf seine konkrete Wirksamkeit und tatsächlichen Folgen mehr als eine bloße *"tönende rhetorische Revolution"*. Gleichwohl kann das Anerbenrecht nur ein Faktor bezüglich der Beeinflussung der landwirtschaftlichen Ertragslage und der Produktionssteigerung sein[367]. Insbesondere die stagnierende Ertragsentwicklung trotz der starren Anerbenbindungen bereits vor Kriegsbeginn[368] hatte die Vielschichtigkeit der die Ertragslage neben dem Anerbenrecht beeinflussenden Faktoren aufgezeigt.

Eine gesamtheitliche Betrachtung der Steuerung von Produktionsfaktoren wie beispielsweise der Lenkung der Bevölkerungsentwicklung, des Mangels an Betriebsmitteln, der Größe der Betriebe (im Zusammenhang mit der Diskussion um

---

[366] So wirkte das Verbot der Belastung und der Zwangsvollstreckung des REG aufgrund des engen Finanzierungsspielraums im Ergebnis produktionshemmend, waren die Bauern gezwungen, sich zu entscheiden, mit den geringen Finanzmitteln die Produktion weiter zu steigern oder im Hinblick auf die Absicherung auch der weichenden Erben von Investitionen abzusehen. Dieses Dilemma wurde bereits von dem zeitgenössischen Schrifttum erkannt: *"Die grosse Masse der Bauernhöfe sah sich damit vor die Entscheidung gestellt, ob sie ihre Produktion nach dem Willen des Staates weiter steigern sollte, oder ob sie es mit Rücksicht auf die weichenden Erben bei dem erreichten Produktionsstand bewenden lassen sollte."*, A. SCHÜRMANN, Deutsche Agrarpolitik, in: Deutscher Landbau, Lehrbuchreihe des Forschungsdienstes Neudamm 1941, zit. nach: KRUEDENER, ZWS 1974, 335 (343). Hierzu unten C V 1 a) (S. 118 f.).

[367] Zu Recht gelangt WÖHRMANN/STÖCKER (7) im Vorwort daher bezüglich der gegenwärtigen Anerbenrechtslage zu der Ansicht, dass das Landwirtschaftserbrecht nicht dazu geeignet bzw. bestimmt sei, *"ökonomisch bedingte Strukturprobleme der Landwirtschaft zu lösen, seine Abschaffung noch weniger"*.

[368] Hierzu oben C III 1 (S. 54 ff.).

die Bodenreform) etc. fand neben dem rein anerbenrechtlichen Ansatz in den Reformdiskussionen allerdings nicht statt[369]. Stattdessen fallen in der Reformdebatte die Betonung der Schlüsselrolle sowie die isolierte Betrachtung des Höferechts als landwirtschaftliches Steuerungsmittel, die dem Höferecht bei der Sicherung der Ernährungslage von den zuständigen deutschen Stellen zugeschrieben wurde, auf.

Lediglich ein Hinweis deutet auf einen Zusammenhang zwischen der geplanten Bodenreform als weiterem Steuerungsmittel der agrarstrukturellen Entwicklung und der Neuordnung des Anerbenrechts hin. Ursprünglich sollten der HöfeO nur Höfe unterfallen, deren steuerlicher Einheitswert nicht über der Höchstgrenze von 200.000 RM lag (§ 1 lit. a des Entwurfs des *Gesetzes über die Vererbung der Anerbenhöfe*[370]). Von der Festlegung dieser Höchstgrenze wurde indes Abstand genommen[371], *"weil hierdurch leicht unerwünschte Rückschlüsse auf die zukünftige Bodenreform gezogen werden könnten, die den Höchstwert überschritten"*[372]. Durch diese Streichung sollte jeder Schein des Zusammenhangs der HöfeO mit der Bodenreform vermieden werden[373]. Die hieraus abgeleitete Vermutung des frühen Schrifttums, nämlich dass § 1 der HöfeO keine Größenbeschränkung der Hofeigenschaft nach oben vorsah, da es vor dem Hintergrund der bevorstehenden Bestimmungen des Bodenreformgesetzes nicht notwendig sei, Höchstgrenzen für land- und forstwirtschaftlichen Besitz festzulegen[374], lässt sich anhand der Reformdiskussionen damit nicht nachweisen. Sowohl der Aktenbestand als auch die Anerbenrechtsdiskussion wurde – soweit ersichtlich – von den übrigen agrarrechtlichen oder agrarpolitischen Fragen, insbesondere der allgemeinen Agrarreform, völlig unabhängig geführt[375].

---

[369] Dagegen ging die dem Zentralamt für Ernährung und Landwirtschaft vorgelegte Denkschrift „*Der Aufbau der landwirtschaftlichen Wirtschaftsberatung durch die Landbauringe*" vom 4.8.1946 davon aus, dass „*die Auslese der leistungsfähigen und leistungswilligen Landwirte bei der heutigen gebundenen Wirtschaftsform mit wirtschaftlichen Mitteln nicht erreicht werden kann*". Stattdessen – so der Vorschlag – sollte eine amtliche Leistungsprüfung im Hinblick auf die Gesamtleistung eines Betriebes den wirtschaftlichen Ausleseprozess bestimmen, in: Z 6/II 50 (BA).

[370] Z 21/1164, 113 ff. (BA).

[371] Eine Folge hiervon war, dass es in Nordrhein-Westfalen am 1.7.1952 mehr (nämlich 60.331) Höfe im Sinne der HöfeO gab, als im Zeitpunkt der Aufhebung des REG vorhanden waren (nämlich 53.002). Zahlen nach WÖHRMANN, RdL 1953, 7 (8).

[372] Aktennotiz über die Besprechung bei der *Legal Division* in Herford am 27.3.1947, in: Z 21/1165, 110 (BA).

[373] WÖHRMANN (1), § 1, S. 41.

[374] NICKOL, MDR 1947, 144 (145).

[375] Zumindest trifft das für den Aktenbestand der Umgestaltung des Erbhofrechts zu. Zwar finden sich in der Akte *Bodenreform Bd. II (1946 – 47)* des Zentralamts für Ernährung und Landwirtschaft (Z 6/I 162 [BA]) einige Entwürfe zu der MilRegVO Nr. 84, eine Einbindung in die Diskussion um die Bodenreform ist jedoch nicht ersichtlich. Gleiches

Aus Sicht der beteiligten Stellen war dieses Vorgehen insoweit konsequent, als die Bodenreform und damit *"der Schlüssel zur Bodenverteilung nach politischen Zielen der Machtbegrenzung und Landbesiedlung"* abseits von der Reform des Anerbenrechts und dem damit verbundenen Versuch, *"den Grund und Boden dem Wirtschaftsverkehr wieder zu erschließen"*, lag[376] und ein unmittelbarer Zusammenhang in der Zielsetzung beider Reformvorhaben nicht bestehen sollte[377]. Die Reform des Anerbenrechts diente in erster Linie der Sicherstellung der Bewirtschaftung durch einen geeigneten Eigentümer für den Fall der Rechtsnachfolge. Weitere Aspekte, wie beispielsweise die Nahrungsmittelverteilung oder eine Anbausteuerung, standen hiermit in keinem unmittelbaren Zusammenhang. Auch war eine konzeptionelle Einbindung des Anerbenrechts in die daneben diskutierten Agrarverfassungsänderungen bereits zeitlich nicht möglich, drängte doch der *Alliierte Kontrollrat* zu einer schnellen Aufhebung des REG.

Die Loslösung der Anerbenrechtsreform von der allgemeinen agrarstrukturellen Einbindung erscheint damit auffällig, da innerhalb der Reformdiskussion stets die Betonung der Kontrollfunktion des Anerbenrechts hinsichtlich der Ernährungssituation im Vordergrund stand. Hierbei zu berücksichtigen ist jedoch die gesellschaftspolitische Relevanz, die das Höferecht vor dem Hintergrund der oben aufgezeigten desaströsen Ernährungslage spielte. Vor der dargestellten Hunger- und Ernährungssituation und aufgrund der Ängste um die Ertragslage ist es zu erklären, dass sich weder ausgeprägte Widerstände gegen ein prinzip-ielles Festhalten am Anerbenrecht, noch eine breit angelegte Diskussion hierüber nachweisen lassen. Diese wäre auch nicht möglich gewesen, da die Erarbeitung der HöfeO überwiegend von einem ausgesprochenen Zeitdruck ge-

---

[376] gilt in Bezug auf die am 2.12.1946 vorgenommene Verschmelzung der amerikanischen und britischen Besatzungszone zur *"Bi-Zone"*.
SCHETTER, SJZ 1947, 370 (371).

[377] Zu den ernährungswirtschaftlichen Maßnahmen in Bezug auf Niedersachsen siehe SPENGLER. Umgekehrt maßen die Agrarreformbestrebungen außerhalb der Reform des Anerbenrechts diesem ihrerseits nur wenig Bedeutung für eine landwirtschaftliche Leistungs- und Ertragssteuerung zu. So findet beispielsweise das Anerbenrecht in dem Vortrag *"Der Weg zur Leistungssteigerung in der Landwirtschaft"*, gehalten am 16.7.1946 im Zentralamt für Ernährung und Landwirtschaft von dem Direktor des Instituts für landwirtschaftliche Arbeitswissenschaft und Landtechnik, PREUSCHEN, – Z 6 II/ 52 (BA) – keine Erwähnung. Ebenso unbeachtet bleibt das Anerbenrecht als produktionssteuerndes Instrumentarium in dem Gutachten *"Agrarreform aus einem Guss"* von MATTHEUS vom Februar 1946, in: Z 6/II 52 (BA).

prägt[378] war, zumal die Besatzungsmächte darauf drängten, das ideologiedurchzogene Reichserbhofrecht aufzuheben.

Rückblickend lässt sich somit eine einseitige Betrachtung des Anerbenrechts als agrarpolitisches Steuerungsmittel innerhalb der Reform feststellen. Diese Feststellung bedarf jedoch gleichzeitig einer Berücksichtigung der zum Zeitpunkt der Erarbeitung vorherrschenden Nachkriegsverhältnisse und des Zeitmangels. Sicherlich zum Teil zu Recht wird im späteren Schrifttum darauf hingewiesen, dass man mehr als bislang zu akzeptieren habe, *"daß das Höferecht vorrangig eines mehrerer agrarstruktureller Mittel im agrarpolitischen Instrumentarium"* sei und dementsprechend die Lehre und Rechtsprechung bis zur Novellierung der HöfeO im Jahre 1976 mit Bedacht anzuwenden seien[379]. Die im Vergleich zu der Diskussion des Anerbenrechts Ende des 19. Jahrhunderts deutlich weniger ausführliche und intensive Auseinandersetzung mit der grundsätzlichen Notwendigkeit und dem Grad anerbenrechtlicher Bindungen verdeutlicht neben dem bestehenden Zeitdruck aber auch die mit der Reform verbundene Hoffnung auf landwirtschaftliche Ertragssicherung und -steigerung als prägende Elemente der Reformarbeiten, die aufgrund der Verbesserung der Ernährungssituation in den Folgejahren immer weiter in den Hintergrund trat.

Allein der Zeitraum der Diskussion und die Beratung über die Novellierung der HöfeO[380] in der Folgezeit verdeutlichen, dass die vorgenommenen Änderungen nicht allein der bloßen rechtlichen Dringlichkeit vor dem Hintergrund der Geltung des nunmehr bestehenden Grundgesetzes entsprachen, sondern daneben auch Ergebnis eines agrarstrukturellen Wandels[381] waren, der seinerseits völlig anderen Prämissen folgte als die Beratungen in der direkten Nachkriegszeit. Allein die nur langsam erkennbare Entwicklung der Beanstandungen von Regelungen der HöfeO im Schrifttum, beginnend mit der kritischen Betrachtung der Abfindungsansprüche der weichenden Erben über die Bevorzugung des männlichen Geschlechts bis hin zu den Beschränkungen der Testierfreiheit[382], verdeutlicht den agrarpolitischen Aspekt dieser Fragen, der seinerseits nicht losgelöst von den gesellschaftspolitischen und zeitgenössischen Überzeugungen betrachtet werden kann.

---

[378] Neben dem Zeitdruck war der Papiermangel eine der weiteren Widrigkeiten, durch die die Arbeit sehr erschwert wurde. Hierzu Anmerkungen STARCKES, in: Z 6/II 50 (BA); ferner v. HODENBERG, in: Festschrift 250 Jahre OLG Celle, S. 138 f.

[379] BARNSTEDT/BECKER/BENDEL, S. 90.

[380] Zu den *"schwierigen Bewertungsfragen"*, insbesondere der Verschiebung der Diskussion um die Neugestaltung der Abfindungsansprüche der weichenden Erben siehe BT-DRUCKS. 4/1810, S. 4 ff. i.V.m. BT-DRUCKS. 4/2339, S. 2 ff.

[381] BÜTTNER, AgrarR 1972, 338 (338).

[382] Zum Aufzeigen dieser Entwicklung siehe BÜTTNER, AgrarR 1972, 338 (338).

Dabei lässt sich in den Reformdiskussionen feststellen, dass – anders als in der nationalsozialistischen Agrarwirtschaft – die Bestrebungen einer landwirtschaftlichen Ertragssteigerung nicht auf eine zukünftige Autarkie Deutschlands gerichtet waren. Vielmehr stellte sich die Ernährungslage für die Beteiligten derart dramatisch dar, dass die Diskussion um die Sicherung der Ernährung – soweit erkennbar – vollkommen unbeeinflusst von Vorstellungen und Visionen über die zukünftige Wirtschaftsfähigkeit bzw. politische Rolle Deutschlands in der Nachkriegszeit geführt wurde. Der Gedanke an ein *Großdeutschland* bzw. ein politisches und wirtschaftliches Wiedererstarken Deutschlands ist innerhalb der Anerbenrechtsreformdiskussion, insbesondere wohl auch aufgrund der zeitlichen Nähe zur deutschen Kapitulation, nicht ersichtlich. In der Reformdiskussion stand einzig die Sicherung der Ernährungsgrundlage der Bevölkerung im Vordergrund und damit die bloße Existenz- und Überlebenssicherung; ein Wiederaufkeimen des nationalsozialistischen Autarkiegedankens und -bestrebens erschien offensichtlich in der vorherrschenden desolaten Ernährungssituation aus Sicht der beteiligten Stellen utopisch und wurde zu keinem Zeitpunkt in die Debatte eingebracht. Zukunftskonzepte, die ihrerseits über die bloße Wiederherstellung einer ausreichenden Ernährungsproduktion hinausgingen, sind nicht ersichtlich[383].

---

[383] So gelangte PRANGE, Die Testierfreiheit, S. 27, in seiner Betrachtung 1949 zu der Ansicht, dass die HöfeO *"keine bevölkerungs- oder wehrpolitischen Ziele"* aufgrund der Veränderung *"des staatspolitischen Denkens seit dem Zusammenbruch des Dritten Reiches"* mehr verfolge.

IV. Wiedereinführung der Testierfreiheit

Anerbenrechtliche Regelungen dienen – wie gezeigt – regelmäßig dem Schutz vor Zersplitterung landwirtschaftlicher Güter und damit dem Interesse der Allgemeinheit an der strukturellen Steuerung der Landwirtschaft zur Sicherung der Ernährungslage. Dem gegenüber steht die vom Recht grundsätzlich dem Einzelnen gewährte Möglichkeit, auch für die Zeit nach seinem Tod über sein Vermögen rechtswirksame Bestimmungen treffen zu können, d.h. die Testierfreiheit als höchster Ausdruck der privaten Verfügungsfreiheit über das Vermögen[384]. Bereits im allgemeinen Recht kann es zu Konflikten der Testierfreiheit mit dem Gedanken der Familienbindung[385] oder auch der Sittenordnung kommen[386]. Für das Höferecht ergibt sich indes folgende Besonderheit: Je nachhaltiger das Schutzgut des aus agrarpolitischen Gründen erhaltenswerten Hofes[387] beim Anerbenrecht in den Vordergrund tritt, desto weitgehender ist zwangsläufig stets die Beschneidung der Erbeinsetzungsmöglichkeiten des Erblassers, d.h. eine Beschränkung der Testierfreiheit[388]. Dies ist nur dann nicht der Fall, wenn dem Erblasser hinsichtlich der gewillkürten Erbfolge die freie Erbeinsetzungsmöglichkeit eröffnet wird und die anerbenrechtliche Regelungen lediglich bei der gesetzlichen Erbfolge greifen. Denkbar sind zwar die unterschiedlichsten Gestaltungsformen und damit weitgreifende bzw. auch weniger einschneidende Testierfreiheitsbeschränkungen[389]. Gleichwohl soll der landwirtschaftliche Grundbesitz regelmäßig nur einem Erben zufallen, der Erblasser ist somit in der Auswahl des Erben bzw. der Verteilung der Erbmasse beschränkt[390]. Im Folgen-

---

[384] STAUDINGER-OTTE, Einl. zu §§ 1922 ff., Rn. 54; KIPP/COING, ErbR, § 1 II 3 und § 16 I; PALANDT-EDENHOFER (61), § 1937, Rn. 3. Zur Einordnung durch den BGB-Gesetzgeber sowie dem tatsächlich anteilsmäßigem Verhältnis der gewillkürten zur gesetzlichen Erbfolge siehe LEIPOLD, AcP 180, 160 (191 ff.).

[385] Hierzu STAUDINGER-OTTE, Einl. zu §§ 1922 ff., Rn. 50 ff. Zum Schutz der Familiengebundenheit des Vermögens durch die Erbrechtsgarantie nach Art. 14 GG siehe STAUDINGER-OTTE, a.a.O., Rn. 68 f.

[386] KIPP/COING, ErbR, § 1 I 2, III. Zur historischen Herausbildung der Testierfreiheit gegenüber dem Gedanken der Familienbindung siehe PIKALO, in: Gedächtnisschrift SCHMIDT, S. 513.

[387] LANGE/KUCHINKE, § 53 I 1 b). STAUDINGER-OTTE, Einl. zu §§ 1922 ff., Rn. 55 weist allerdings in diesem Zusammenhang darauf hin, dass die Testierfreiheit nicht als Gegenpol zum Familienerbrecht verstanden werden kann.

[388] Zu dem grundsätzlichen Spannungsverhältnis zwischen Privatautonomie und Anerbenrecht KLUNZINGER, Anerbenrecht, S. 51 ff., 65 ff., 81 ff. Zum Spannungsverhältnis zum BGB OTTE, AgrarR 89, 232 ff.

[389] Darstellung bei KLUNZIGER, Anerbenrecht, S. 65 ff.

[390] KROESCHELL, in: HAR I, Sp. 168 spricht im Hinblick auf die Verfassungssituation nach dem Zweiten Weltkrieg davon, dass die Agrarverfassung „nach dem Verfassungsrecht der BrDeutschland ... daher, wie die Wirtschaftsverfassung überhaupt, ... im Spannungsfeld zwischen Freiheit und planender Ordnung, zwischen Grundrechten und Sozialstaatsprinzip" steht.

den sollen die von den Erarbeitern der HöfeO hierzu geführte Diskussion sowie die Umsetzung des Grundsatzes der Testierfreiheit im Vergleich zum REG aufgezeigt und bewertet werden.

1. Reichserbhofrecht
a) Antiliberalismus als ideologische Grundlage bäuerlicher Verfügungsbeschränkungen

Das Reichserbhofrecht war sowohl hinsichtlich der rein erbrechtlichen Regelungen als auch im Bereich der Rechtsgeschäfte unter Lebenden durchzogen von Beschränkungen der Testier- bzw. Verfügungsfreiheit. Ihre Begründung fanden diese Beschränkungen in der Liberalismusfeindlichkeit der Nationalsozialisten. Die Grundsätze privatrechtlicher Freiheit wurden ersetzt durch den Glauben an die Heilslehre der völkischen Pflichtgebundenheit[391] landwirtschaftlichen Grundbesitzes. Wesentlicher Gedanke der nationalsozialistischen Agrarideologen war hierbei, den landwirtschaftlichen Boden dem kapitalistischen System zu entziehen und ihn nicht mehr den „liberalistischen" Regelungen des BGB zu unterwerfen[392]. Grundsätzlich sollte landwirtschaftlicher Grundbesitz seines *"Warencharakters"* entkleidet und *"unveräußerliche und unbeleihbare Grundlage des Blutes"* werden[393]. Ziel des Entzugs des Warencharakters[394] war es, landwirtschaftlichen Nutzflächen ihr *Unbeweglichkeitsmoment"*[395] zurückzugeben.

Mit seinen starren Bindungen stellte das REG im erb- wie außererbrechtlichen Bereich damit eine Gesamtordnung dar, durch die das liberale Wirtschaftsprinzip geschlossen und einheitlich[396] durchbrochen werden sollte und deren Auslegung sich nicht an dem Bürgerlichen Recht zu orientieren hatte[397]. Da sich der Liberalismus als bauern- und damit als volksfeindlich erwiesen habe[398], sollte

---

[391] Genauer hierzu HÜTTE, Der Gemeinschaftsgedanke und BADOUVAKIS, Fremdbestimmung, S. 171 ff. Zu den generellen Freiheitsbeschränkungen im nationalsozialistischen Recht siehe OTTE, NJW 1988, 2836 (2840 f.).

[392] BACKE, NS-Landpost vom 9.3.1934 Nr. 10; zit. nach: VOGELS, REG, Leitgedanken (S. 8).

[393] BACKE, Das Ende des Liberalismus, S. 18.

[394] SERING, Erbhofrecht und Entschuldung, S. 34 wendet sich gegen die nationalsozialistische Einschätzung, landwirtschaftlicher Boden sei zu einer Ware geworden. Vielmehr sei dieser – auch in den Realteilungsgebieten – nicht zum Zwecke des Wiederverkaufs, sondern als Arbeitsstätte begehrt.

[395] BACKE, Das Ende des Liberalismus, S. 17.

[396] BACKE, a.a.O., S. 25.

[397] DÖLLE, Lehrbuch des Reichserbhofrechts, S. 10, der in dem BGB einen überholten *"Notbehelf"* für eine Übergangszeit sah, mit dem man sich so lange abzufinden habe, bis neues Recht aus nationalsozialistischem Geiste geschaffen sei. Hierzu auch WEITZEL, ZNR 1992, 55 (58 und 64 f.).

[398] DARRÉ definiert den Liberalismus als *"ungehemmten Kampf aller gegen alle infolge einer ichsüchtigen Lebensauffassung"*, in Geleitwort zu SAURE, REG, S. 5.

die Agrarwirtschaft nunmehr aus dem *"Kreislauf der kapitalistischen Verkehrswirtschaft"*[399] herausgelöst werden. Der Bauer hatte – so die Vorstellung – dem *"undeutschen Individualismus"* zu trotzen[400], sollte ihm doch *"Gebundenheit Freiheit, Ungebundenheit aber Losgelöstheit"* bedeuten[401]. Das Reichserbhofrecht war damit vor dem Hintergrund der Herauslösung landwirtschaftlicher Nutzflächen aus dem Wirtschaftsverkehr von dem Gedanken einer Agrarromantik geprägt, die aufgrund der Bestrebung der Zurückführung der Erbhöfe zur geschlossenen Wirtschaftsweise grundsätzlich der Spezialisierung und einer damit einhergehenden Produktionssteigerung entgegenlief[402].

Der mangelnde Kapitalfluss und die damit einhergehende Verengung des Finanzierungsspielraumes führten zu einem Konflikt mit der fortschreitenden Landwirtschaftstechnisierung und -industrialisierung. Zwar ließ sich innerhalb der Entwicklung erbhofrechtlicher Bestimmungen eine zunehmende Lockerung der Bindungswirkungen und insbesondere nach der Übernahme des Landwirtschaftsministeriums durch BACKE 1942 mit dem Erlass der *Erbhoffortbildungsverordnung* eine deutlich pragmatischere, auf die Ertragssteigerung gerichtete Sichtweise erkennen[403]. Gleichwohl kam es zu keinem Bruch oder einer auch nur teilweisen Abwendung von den ideologischen Fundamenten, im Speziellen nicht mit den überholten und leistungshemmenden agrarromantischen Grundlagen des Gesetzes. So gelangt SCHOENBAUM zu der Einschätzung, dass der von den Nationalsozialisten angestrebte Bauernstaat eine der *"wie der Antisemitismus ... wenigen konsequent durchgehaltenen Grundsätze nationalsozialistischen Lebens"*[404] war.

---

[399] MANFRED, Die Ökonomie des Dritten Reiches, als Anh. in: SIEVERS, Unser Kampf, S. 175; vgl. auch BACKE, Das Ende des Liberalismus, S. 38 ff.

[400] FREISLER, Erbrecht, in: WAGEMANN/HOPP, REG, S. 30, der hier die Abkehr von den kapitalistischen Bindungen des *"heiligen"* Bodens und der Testierfreiheit hin zu völkischen Pflichtgebundenheit landwirtschaftlichen Grundeigentums plastisch und mit typisch nationalsozialistischer Kampfrhetorik beschwört.

[401] FREISLER, a.a.O., S. 26.

[402] Hierzu unten C V 1 a) (S. 117 f.).

[403] MÜNKEL, Nationalsozialistische Politik, S. 118 stellt allgemein die Tendenz fest, dass bei den reichserbhofrechtlichen Änderungen die rein ideologisch begründeten Teile der Gesetze immer gegenüber wirtschaftlichen bzw. kriegswirtschaftlichen Anforderungen in den Hintergrund traten.

[404] SCHOENBAUM, Die braune Revolution, S. 198.

Grundlage der reichserbhofrechtlichen Gesamtkonzeption war eine wirre Verflechtung nationalsozialistischer Ideologiebausteine. Der Antiliberalismus wurde mittelbar verbunden mit dem Rassengedanken bzw. dem Antisemitismus, indem die Vorkriegsverschuldung landwirtschaftlicher Güter auf den "volksfeindlichen Liberalismus" des BGB zurückgeführt wurde, der seinerseits wiederum "jüdisches Spekulantentum" begünstigt habe. Durch den Entzug des Warencharakters von landwirtschaftlichen Nutzflächen sollten diese nicht mehr länger als Objekt *"händlerisch-jüdischer Spekulation"* zur Verfügung stehen[405], da das *"jüdische Wirtschaftsdenken"* im vollkommenen Gegensatz zur *"volksgebundenen Wirtschaft"* stehe[406]. Die so geschaffene Verbindung der Ideologiekomponenten des Antiliberalismus mit dem Antisemitismus war Kennzeichen der totalitären und rassistischen Staatsdogmatik, entbehrte allerdings jeglicher tatsächlicher Grundlage, da es kaum jüdische Bauern bzw. Hofeigentümer gab[407] und selbst in den ehemaligen Realteilungsgebieten eine die Produktionsverhältnisse gefährdende Bodenspekulation nicht vorlag[408].

Als Konsequenz der Verflechtung der Ideologiebausteine erfuhren die Verfügungsrechte, insbesondere die Testierfreiheit des Bauern, die aus nationalsozialistischer Sicht Ausdruck der liberalistischen Regelung des BGB waren, massive Beschränkungen. Die Individualrechte, vor allem das Eigentumsrecht des Bauern, hatten hinter der völkischen Gemeinschaftsgebundenheit seines Grundbesitzes zurückzutreten. Das REG sollte als konkretes Ordnungssystem eines volksgenössischen Privatrechts überpersönlich sein[409].

---

[405] BACKE, Volk und Wirtschaft, S. 28 ff.; ders. Das Ende des Liberalismus, S. 46 ff.; REISCHLE, Die geistigen Grundlagen, S. 42 spricht von der *"vom Juden organisierten Unsicherheit ..., die in den liberalen Getreidebörsen die Schwankung zum Prinzip erhob"*. Zum Antisemitismus DARRÉS siehe HAUSHOFER, Ideengeschichte II, S. 170 ff.

[406] BACKE, Das Ende des Liberalismus, S. 46 f.

[407] FARQUHARSON, Plough, S. 110; Diesen Punkt machte im Folgenden die Verteidigung DARRÉS im Nürnberger *Wilhelmsstraßenprozeß* geltend, GRUNDMANN, Agrarpolitik, S. 116.

[408] SERING, Erbhofrecht und Entschuldung, S. 34; siehe auch Zahlen zu der Entwicklung landwirtschaftlicher Grundbesitzungen zwischen 1925 und 1933 bei FARQUHARSON, Plough, S. 122. Ein höherer jüdischer Bevölkerungsanteil war lediglich bei Viehhändlern zu verzeichnen, HERLEMANN, Der Bauer, S. 172 f. Zu der Versteigerung bäuerlicher Güter durch jüdische Kreditgeber siehe HERLEMANN, a.a.O., S. 175.

[409] WEITZEL, ZNR 1992, 55 (63).

Folge dessen war die Abwendung von dem Beschränkungsverbot des Art. 64 Abs. 2 EGBGB, das zuvor vom *Preußischen Bäuerlichen Erbhofrecht* vom 15. Mai 1933[410] als landesrechtlicher Regelung noch zu beachten war (vgl. § 6 Abs. 4)[411]. Die Geltung der bisherigen Anerbenrechte war vor 1933 von dem Willen des Hofeigentümers abhängig, d.h. er konnte die anerbenrechtlichen Bindungen entweder durch Erklärung herbeiführen oder seinen Hof dem Anerbenrecht durch Löschung des Höfevermerks in der Höferolle entziehen. War das mittelalterliche Bestimmungsrecht der Grundherren hinsichtlich der Anerbenbestimmung oftmals obligatorisch ausgestaltet[412], ergab sich dagegen der Vorrang der Verfügungsfreiheit vor der gesetzlichen Anerbenfolge als Grundprinzip des modernen Anerbenrechts[413]. Eben diese rechtspolitische Grundentscheidung fand im BGB sowie in Art. 64 Abs. 2 EGBGB ihren Niederschlag, widersprach jedoch aus Sicht der nationalsozialistischen Agrarideologen der Pflichtgebundenheit deutschen Bodens und war damit Sinnbild des "undeutschen" Individualismus.

b) Beschränkungen der Testierfreiheit

Mit Erlass des REG wurde erstmals ein zwingendes Anerbenrecht geschaffen und zwar sowohl für die früheren Anerben- sowie die Realteilungsgebiete, denn auch dort sah das REG keine Möglichkeit für den Bauern vor, seinen Hof der Geltung des Erbhofrechts wieder zu entziehen. Der Bauer war somit einem Zwangsanerbenrecht unterworfen, bei dem ihm hinsichtlich seines eigenen Landbesitzes nur eine "duldende" Rolle zugedacht wurde und er infolgedessen lediglich Sachwalter des primär völkisch pflichtgebundenen Bodens war[414]. Somit wurde das subjektive (Eigentums-) Recht umgedeutet in ein objektives völkisch gebundenes Pflichtrecht[415]. Hierin lag die Umsetzung der nationalsozialistischen Anschauung des *"Vorrangs der Pflicht vor dem Recht"* und damit des Grundsatzes *"Gemeinnutz vor Eigennutz"*[416].

---

[410] PreußGBl., S. 164.
[411] Um zu einer geschlossenen Anwendung des Anerbenrechts zu kommen, errichtete das *Preußische Bäuerliche Erbhofrecht* jedoch ebenfalls einige Hürden für den Ausschluss durch den Erblasser. So bedurfte eine Verfügung von Todes wegen, durch die das Erbhofrecht ausgeschlossen oder beschränkt werden sollte, der Form des öffentlichen Testaments oder Erbvertrags.
[412] KROESCHELL, AgrarR 1978, 147 (151).
[413] KROESCHELL, a.a.O., S. 155; KLUNZINGER, Anerbenrecht, S. 42 f.
[414] GÜDE, Konstanzer Juristentag, S. 86 sprach 1947 sogar vom *"Charakter eines Vormundschaftsrechts"*.
[415] WEITZEL, ZNR 1992, 55 (63). Zu der dogmatischen Einordnung dieses *gebundenen* Eigentums in Sinne der nationalsozialistischen Eigentumslehre siehe a.a.O., S. 69 f.
[416] REISCHLE, Die geistigen Grundlagen, S. 25.

Das nationalsozialistische Erbhofrecht beschränkte den Bauern in der Auswahl des Anerben und damit in seiner Testierfreiheit durch ca. 25 gesetzliche Regelungen[417]. Das Ausmaß der Beschränkungen kam auf diese Weise der nahezu vollständigen Abschaffung der bäuerlichen Testierfreiheit gleich. So konnte als Anerbe lediglich bestimmt werden, wer bauernfähig gemäß § 21 Abs. 1 REG, d.h. *"deutschen oder stammesgleichen Blutes"* (§ 13 Abs. 1 REG) und daneben *ehrbar* und *befähigt* (§ 15 Abs. 1 REG) war[418]. Im nationalsozialistischen Schrifttum wurde ganz im Sinne des vorherrschenden Antiliberalismus, des Gemeinschaftsgedankens und der unterstellten völkischen Pflichtgebundenheit des Hofeigentümers von einer überfälligen Abschaffung der Testierfreiheit im Erbhofrecht ausgegangen:

> *"Damit ist der Grundsatz der Testierfreiheit hinsichtlich des Erbhofs gefallen. Das ist der große Schritt, den das Reichserbhofgesetz gegenüber den Anerbengesetzen der vorausgegangenen hundert Jahre und auch gegenüber dem Preußischen Bäuerlichen Erbhofrecht vorwärts getan hat."*[419]

Durch die Beschneidung der Testierfreiheit kam der selbständigen Errichtung von Testamenten hinsichtlich des erbhofrechtlich gebundenen Vermögens des Erblassers *"eine große Bedeutung nicht mehr"*[420] zu[421]. Damit war das Grundrecht des Eigentümers, nach Art. 153 in Verbindung mit der Erbrechtsgarantie des Art. 154 der Weimarer Reichsverfassung (WRV)[422] über den Hof zu verfügen, faktisch über Bord geworfen worden. Mit diesen für den Bauern zwingenden Bindungen überschritt das REG seine anerbenrechtlichen Vorläufer[423]; weder durch Testament, noch durch Verfügung von Todes wegen oder andere Willenserklärungen des Erblassers konnte der automatische Anfall beim gesetzlichen Anerben außer Kraft gesetzt werden.

---

[417] WÖHRMANN (1), § 7, S. 126.
[418] Hierzu im Einzelnen unten C V 4 a) aa) und bb) (S. 158 ff.).
[419] BLOMEYER, Deutsches Bauernrecht, S. 44.
[420] BAUMECKER, Handbuch, § 24, Rn. 1. Zu den geringen Möglichkeiten zulässiger Verfügungen von Todes wegen im Rahmen des REG siehe HENNIG, REG, § 24 II.
[421] Zu den Einschränkungen der Testierfreiheit durch das REG siehe auch KIESYNE, DJ 1934, 290 f.
[422] Zum Inhalt der Eigentums- und Erbrechtsgarantie nach der WRV sowie der Ausfüllungsnotwendigkeit durch den Gesetzgeber siehe GUSY, WRV, S. 343 ff.; APELT, Geschichte der WRV, S. 337 ff.
[423] MÜNKEL, Nationalsozialistische Agrarpolitik, S. 116.

Der hierdurch eintretende Verlust an Verfügungs- und Freiheitsrechten der Bauern sollte durch die soziale Aufwertung des erbhofrechtlich gebundenen Vermögens und seines Eigentümers kompensiert werden[424]. Der Begriff des *Bauern* war fortan ausschließlich für Eigentümer von Erbhöfen vorgesehen; alle anderen Inhaber oder Pächter landwirtschaftlicher Betriebe waren lediglich als *Landwirte* klassifiziert. Auf diese Weise sollte an die Standesehre des Bauern und die damit bestehende völkische Verpflichtung aus seinem Grundbesitz appelliert werden[425]. SAURE fasste die nationalsozialistische Sichtweise dabei wie folgt zusammen:

"Die Bauern bilden eben einen Stand, dem der Staat als Träger besonderer völkischer und nationaler Werte und Aufgaben eine Sonderstellung eingeräumt hat, eine Stellung, die zwar vermehrt Rechte, aber ebenso verstärkte Pflichten gegenüber den Volksgenossen mit sich bringt."[426]

Den vorgenommenen weitreichenden Eingriff in die Testierfreiheit machte das REG bereits nach den in der Einleitung vorausgeschickten Grundgedanken deutlich, wenn es dort hieß: *„Das Anerbenrecht kann durch Verfügung von Todeswegen nicht ausgeschlossen oder beschränkt werden."*

Die *B.S.L.R.U.* bewertete die nationalsozialistischen Eingriffe in das Erbrecht als eine komplette Abwendung von dem Grundsatz der Testierfreiheit im Sinne des BGB[427]. Den damit einhergehenden Bruch mit der bisherigen Anerbenrechtstradition verdeutlichte SERING bei seiner Auseinandersetzung mit dem Reichserbhofrecht[428] in Anlehnung an VON MIASKOWSKI durch die Voranstellung des Zitats: *"Das Gegenwärtige muß aus dem Vergangenen entwickelt werden, wenn man ihm eine Dauer für die Zukunft versichern will."*[429] [FREIHERR VOM STEIN]

---

[424] KRUEDENER, ZWS 1974, 335 (342).
[425] VOGELS, REG, § 15 Rn. 1.
[426] SAURE, REG, S. 18. An gleicher Stelle führt er plastisch aus: *"Damit ist der Name "Bauer" wieder emporgehoben aus den Niederungen der Witzblattgestalten überheblicher Großstädter".*
[427] Im allgemeinen Erbrecht sah die *B.S.L.R.U* diese Abwendung durch die Regelung des § 48 des Gesetzes über die Errichtung von Testamenten und Erbverträge (TestG) vom 31.7.1938 (RGBl. I, S. 937) verwirklicht. Beim Reichserbhofrecht wurden die weitestgehenden Beschränkungen in den Regelungen des REG selbst gesehen, deren starre Rechtsfolgen von der EHFV vom 30.9.1943 (RGBl. I, S. 549) modifiziert worden seien, *"Report on restrictions of freedom of management; Transfer inter vivos and devolution upon death in respect of agricultural property in Germany"*, S. 62 ff. vom 14.9.1945, in: FO 937/41 (PRO). Zu der Modifikation durch die EHFV siehe unten C V 3 a) cc) (S. 138 f.).
[428] Hierzu bereits oben C III 3 (S. 69 f.).
[429] SERING, Erbrecht und Entschuldung, S. 5. Das gleiche Zitat stellte V. MIASKOWSKI, Das Erbrecht, seinem Buch im Jahr 1884 voran.

2. Reformdiskussion

a) Möglichkeit des Festhaltens an starren Beschränkungen

Nach dem Zweiten Weltkrieg stellte sich die prinzipielle Frage nach einem Festhalten an den starren anerbenrechtlichen Bindungen und deren Intensität. Im Grundsatz bestand in der Reformdiskussion weitgehende Einigkeit, dass der Freiheit des Bauern nur dann Grenzen gesetzt werden sollte, wenn allgemeine volkswirtschaftliche oder ernährungswirtschaftliche Interessen dieses erforderten[430]. In Bezug auf das Ausmaß der Wiederherstellung der Testierfreiheit wichen die einzelnen Forderungen und Ansichten dann allerdings zum Teil stark voneinander ab, und es bestand eine ausgeprägte Kontroverse, inwieweit es einer Einschränkung der Testierfreiheit des Erblassers zur Wahrung der allgemeinen volks- oder ernährungswirtschaftlichen Interessen bedurfte.

Grundsätzlich festzustellen ist, dass die Stimmen für die Wiederherstellung der Testierfreiheit in Bezug auf land- und forstwirtschaftlichen Besitz nicht nur aus den Gebieten stammten, die vor Inkrafttreten des REG Realteilungsgebiete waren, sondern ebenfalls aus den Regionen, in denen zuvor fakultatives Anerbenrecht galt[431]. So wurde auch im Geltungsbereich des vor 1933 bestehenden hannoverschen Höferechts[432] in ausdrücklicher Abwendung von den ausgeprägten Beschränkungen des REG die Wiederherstellung einer weitgehenden Testierfreiheit des Eigentümers gefordert[433]. Gleichwohl war in den Gebieten, in denen vor 1933 das Prinzip der Realteilung gegolten hatte, ein ungleich intensiveres Eintreten für eine möglichst weitgehende Wiederherstellung der Testierfreiheit erkennbar.

Grundsätzlich sahen sich die an der Landwirtschaftsrechtsreform beteiligten Stellen zu keinem Zeitpunkt zwingend daran gehindert, weitgehende Beschränkungen der Testierfreiheit vorzunehmen. Die Gesetzgebungsgewalt ergab sich für die deutschen Stellen lediglich mittelbar aus der umfassenden Gesetzge-

---

[430] HENRICI, RdL 1950, 104 (105).

[431] So lässt sich ein Eintreten für die weitgehende Wiedereinführung der bäuerlichen Testierfreiheit insbesondere in Niedersachsen (Denkschrift des Oldenburgischen Ministerpräsidenten TANTZEN aus dem Jahr 1946, in: Z 21/1164, 57 ff. [BA]), später auch in Schleswig-Holstein (Schreiben des Landesjustizministers der Landesregierung Schleswig-Holstein, KUHNT, an den Präsidenten des Zentraljustizamtes für die britische Zone vom 5.4.1947, in: Z 21/1165, 124 [BA]) nachweisen.

[432] Gesetz betr. das Höferecht der Provinz Hannover in der Fassung vom 9.8.1909 (GS, S. 663).

[433] Stellungnahme des LGPräs Verden, HAGEMANN, zur Umgestaltung des Reichserbhofrechts vom 30.4.1946: *„Nach meiner Meinung soll, soweit wie möglich, von Zwangsvorschriften im Bauernrecht abgesehen werden."*, in: Nds. 50, Nr. 123 (NA).

bungskompetenz der alliierten Besatzungsmächte, so dass sich Schranken allenfalls aus dem Potsdamer Abkommen hätten ergeben können[434]. Das GG war zum Zeitpunkt der Erarbeitung der HöfeO noch nicht erlassen und konnte der Neuregelung damit keine Beschränkungen auferlegen. Einzig Art. 64 EGBGB hätte einer landesgesetzlichen Regelung des Anerbenrechts entgegenstehen können.

Art. 64 EGBGB untersagt in Abs. 2 die landesrechtliche Beschränkung des Rechts „*des Erblassers, über das dem Anerbenrecht unterliegende Grundstück von Todes wegen zu verfügen*". Nach Einführung des BGB konnten demzufolge die Landesgesetzgeber die Testierfreiheit einschränkende anerbenrechtliche Regelungen nicht mehr erlassen. Der Bauer konnte sich der beschränkenden Wirkung des Anerbenrechts daher nur freiwillig, d.h. innerhalb eines fakultativen Anerbenrechts, unterwerfen; die Freiheit, das Anerbenrecht insgesamt auszuschließen, musste ihm dagegen für den Fall einer lediglich landesrechtlichen Regelung belassen werden[435]. Unbeachtlich hierbei war allerdings, ob das jeweilige Anerbenrecht zunächst unmittelbar[436] griff, d.h. bei Erfüllung der Voraussetzungen an den Hof kraft Gesetzes, oder ob es nur mittelbar, d.h. erst nach der auf Antrag des Eigentümers erfolgten Eintragung des Hofes in die Höfe- bzw. Landgüterrolle, eintrat. Maßgeblich war, dass der Eigentümer auch innerhalb eines unmittelbaren Anerbenrechts seinen Hof der Anwendung des Höferechts wieder entziehen konnte. Insoweit folgten vor 1933 das badische, das westfälische, das waldecksche, das braunschweigische, das schaumburg-lippische und die beiden mecklenburgischen Gesetze dem unmittelbaren System[437].

---

[434] Hierzu oben B II 2 (S. 23 f.).

[435] PIKALO, NJW 1959, 1609 (1610); STAUDINGER-MAYER, Art. 64 EGBGB, Rn. 39; PALANDT-EDENHOFER (61), Art. 64 EGBGB, Rn. 2.

[436] Diesbezüglich ergibt sich m.E. ein Unterschied zwischen der unmittelbaren und der obligatorischen Ausgestaltung eines Anerbenrechts. Unmittelbar wirkt ein Anerbenrecht bereits dann, wenn ein Hof bei Erfüllung der an ihn gestellten gesetzlichen Anforderungen kraft Gesetzes anerbenrechtlichen Bindungen unterfällt, der Hofeigentümer den Hof durch Willenserklärung diesen Bindungen jedoch wieder entziehen kann (die Eintragung des Höfevermerks in die Höfe- bzw. Landgüterrolle wirkt dann lediglich deklaratorisch). Eine Entzugsmöglichkeit besteht bei einem obligatorisch ausgestalteten Anerbenrecht indes nicht, wenn auch in der Literatur eine eindeutige Trennung dieser Begriffe nicht immer vorgenommen wird (vgl. KATERBERG, Die Schranken, S. 13; FROMMHOLD, Verhandlungen des *24. Deutschen Juristentages* I, S. 22 spricht vom *"strengen"* und *"nachgiebigem"* Anerbenrecht). Dementsprechend zu Recht weist STÖCKER, InfStW 1980, 412 (414), Fußn. 14 darauf hin, dass allein die Eintragung eines Hofvermerks von Amts wegen noch kein Zwangsanerbenrecht begründet, solange dieser auf Antrag des Eigentümers wieder gelöscht werden kann. Gleichwohl galt ein Höferecht nach früherer Terminologie auch in diesen Fällen als obligatorisch.

[437] Hierzu unten C IV 3 (S. 106).

Nach anderer Ansicht soll der Vorbehalt des Art. 64 Abs. 2 EGBGB bereits dann gewahrt sein, wenn dem Erblasser eine freie Erbenbestimmung innerhalb des als Ganzen für ihn ansonsten jedoch verbindlichen Anerbenrechts möglich ist[438].

Einzig für den Fall des Wiederauflebens der vor 1933 bestehenden Anerbengesetze – wie es die beiden amerikanischen Entwürfe zum späteren KRG Nr. 45 vorsahen – hätte die zwingende Bestimmung des Art. 64 EGBGB für den Fall der Änderung einzelner Gesetze durch den jeweiligen Landesgesetzgeber dazu geführt, dass der Bauer in seiner freien Verfügungsbefugnis nicht hätte beschränkt werden dürfen, da es sich insoweit eben um landesgesetzliche Regelungen gehandelt hätte. Infolgedessen schlug die *B.S.L.R.U.* anfangs vor, Art. 64 EGBGB aufzuheben[439]. Desgleichen argumentierten WÖHRMANN und HENRICI in ihrer Kritik zum amerikanischen Entwurf des Gesetzes über die Aufhebung des Erbhofgesetzes, dass eine derartig weite bäuerliche Testierfreiheit, wie Art. 64 Abs. 2 EGBGB sie garantiere (und damit einhergehend ein Rückgriff auf die früheren Anerbengesetze) aufgrund der bestehenden Ernährungssituation nicht zu verantworten sei[440]. Vielmehr bedürfe die in Art. 64 Abs. 2 EGBGB festgeschriebene Sicherung der Testierfreiheit im Gegensatz zu der Zeit vor 1933 nunmehr weitergehender Beschränkungen[441].

In den Reformbemühungen nach dem Zweiten Weltkrieg war eine rein landesrechtliche Anerbenregelung indes niemals vorgesehen. Vielmehr ging es stets nur um die Frage, ob ein Anerbenrecht mit Geltung für alle vier Besatzungszonen oder lediglich eine einheitliche Reglung für die britische Zone erreicht wer-

---

[438] RGRK-KREGEL, Einl. zu § 1922, Rn. 6; STAUDINGER-BOEHMER (11), Einl. Zum V. Buch, § 19, Rn. 13; PALANDT-KEIDEL (37), Art. 64 EGBGB Anm. 1; KIPP/COING, ErbR, § 131 C IV.

[439] Stellungnahme der *B.S.L.R.U.* vom 8.4.1946, in: FO 937/41 (PRO).

[440] *"Diese weitgehende Testierfreiheit des Hofeigentümers (die nach Art. 64 Abs. 2 EGBGB gewährleistete Testierfreiheit – d.V.).) ist in heutiger Zeit nicht zu verantworten. Gerade die kleinen und mittleren Bauernwirtschaften müssen in ihrer Geschlossenheit erhalten bleiben und vor Zersplitterung und Teilung im Erbgange bewahrt werden; sie müssen auch der Familie erhalten und nach Möglichkeit von der Familiengemeinschaft bewirtschaftet werden. Sonst besteht die Gefahr, dass sie für die Ernährung des Volkes in weitem Umfange ausfallen. Ohne eine Beschränkung der Testierfreiheit ist daher in der heutigen Notzeit im Gegensatz zu der Zeit vor 1933 nicht auszukommen."*, Allgemeine Kritik WÖHRMANN/HENRICI vom Januar 1947 am amerikanischen Entwurf zum späteren KRG Nr. 45, in: Z 21/1164, 185 (BA).

[441] Eine ähnliche Forderung nach Einschränkung der Testierfreiheit und zugleich Argumentation gegen die Fortgeltung bzw. Wiedereinführung des fakultativen Höferrechts findet sich bereits unter Punkt 7. der Kritik WÖHRMANNS/STARCKE zum Entwurf des späteren KRG Nr. 45 vom März 1946, in: Z 6/II 50 (BA).

den könne[442]. Daher sah man sich bei der Erstellung der HöfeO im Hinblick auf die Beibehaltung bzw. Neuregelung möglicher Beschränkungen der Testierfreiheit grundsätzlich nicht durch die Bindung des Landesgesetzgebers nach Art. 64 Abs. 2 EGBGB gehindert[443]. Auf die genannte Problematik der Auslegung des Art. 64 Abs. 2 EGBGB kam es nicht an[444].

b) Forderungen nach freier Erbenbestimmung
Die Forderung nach der Wiederherstellung der vollständigen bzw. einer nur schwachen Beschränkungen unterliegenden Testierfreiheit des Erblassers lässt sich bereits früh nach Ende des Zweiten Weltkrieges nachweisen. Die Einführung der zwangsweisen und starren Anerbenregelung war bereits bei Erlass des REG innerhalb der bäuerlichen Landbevölkerung sowohl der frühren Freiteilungsgebiete als auch der fakultativen Anerbenrechtsgebiete auf Kritik und Widerstand[445] gestoßen. Bei den Reformarbeiten, daneben aber auch im frühen Schrifttum[446], wurde bereits zu Beginn deutlich, dass ein Festhalten an den einschneidenden Beschränkungen der Testierfreiheit überwiegend nicht gewünscht war[447]. Dabei erachtete der Oldenburgische Ministerpräsident TANTZEN die Wiedereinführung der Testierfreiheit als derart dringlich, dass er vorschlug, bereits vor dem Erlass eines einheitlichen Anerbenrechts für die britische Zone dem Bauern ein Wahlrecht zu geben, ob er seinen Hof bzw. erbhofgebundenes Vermögen dem REG oder dem allgemeinen Erbrecht des BGB unterfallen lassen wolle, d.h. zunächst für eine Übergangszeit das obligatorische Anerbenrecht des REG in ein lediglich fakultativ ausgestaltetes umzuwandeln:

---

[442] Hierzu oben C II (S. 43 ff.).
[443] WÖHRMANN (1), § 7, S. 126.
[444] Siehe auch NIEMEIER, Die Sondererbfolge, S. 65. DÖLLE, Konstanzer Juristentag, S. 102 vetrat 1947 die Ansicht, dass Art. 64 EGBGB als einschränkende reichsrechtliche Vorschrift in Anbetracht des KRG Nr. 45 bedeutungslos geworden sei.
[445] STAUDINGER-MAYER, Art. 64 EGBGB, Rn. 67; KROESCHELL, in: HAR II, Sp. 666; SERING, Erbhofrecht und Entschuldung, S. 6; vgl. innerhalb der Reformdiskussion beispielsweise Schreiben des Landesministers der Justiz Schleswig-Holstein, KUHNT, an den Präsidenten des Zentraljustizamts vom 5.4.1947: *"Das Reichserbhofgesetz ist nach meinen Feststellungen im ganzen Lande und besonders in den Gebieten, in denen bisher kein Anerbenrecht gegolten hatte, ausserordentlich unpopulär gewesen."*, in: Z 21/1165, 124 R (BA).
[446] „*Es (das REG – d.V.) enthält aber ein Anzahl von Bestimmungen, die es ausgeschlossen erscheinen lassen, daß es unverändert fortgelten kann.*", KLÄSSEL, Agrarrecht, S. 95.
[447] Die thüringische Bauernschaft forderte beispielsweise noch im Jahre 1946 ein *"Zurück zur bäuerlichen Freiheit"* auf Basis einer vollständigen Neuschöpfung des Landwirtschaftsrechts und stellte hierfür zwölf Forderungen und einen zwanzig Paragrafen umfassenden Entwurf eines *"Gesetzes über die Bauernwirtschaften im Lande Thüringen"* auf, in: Z 6/II 50 (BA).

„Dieser Gesetzentwurf hat die Voraussetzung, dass Übereinstimmung darüber besteht, dass das Reichserbhofgesetz vom 29. September 1933 spätestens in einem halben Jahr in seinem gesamten Umfange aufgehoben und entweder unter Rückgriff auf die durch § 60 des Reichserbhofgesetzes ausser Kraft gesetzten und neu zu überarbeitenden Anerbenrechte der Provinzen und Länder oder durch ein einheitliches Intestatenerbenrecht für das ganze Gebiet der Britischen Zone ersetzt wird. Vorweg ist aber besonders dringlich und notwendig, dass dem Bauern die Testierfreiheit über den Erbhof zurückgegeben wird, damit weitere Schäden für die deutsche Volkswirtschaft und weitere Ungerechtigkeiten im Familienkreise des Erblassers ausgeschaltet werden."[448]

Getroffen werden könne diese Bestimmung durch mündliche Erklärung vor einem Richter oder Notar oder in einem Erbvertrag[449], der dann wiederum gemäß § 2276 BGB vor einem Richter oder Notar geschlossen hätte werden müssen.

Hauptargument und -zielrichtung der Vertreter der Abkehr von starren anerbenrechtlichen Regelungen war die Wiederherstellung der bäuerlichen Leistungsfähigkeit und damit die Sicherung der Ernährungslage. Dabei gingen die Vertreter der Wiedereinführung der Testierfreiheit davon aus, dass zumindest das zwingende Anerbenrecht der §§ 19 ff. des REG oftmals dazu geführt habe, dass der

---

[448] Begründung des *Entwurfs einer Verordnung über die Lockerung erbhofrechtlicher Bindungen* des Oldenburgischen Ministerpräsidenten TANTZEN aus dem Jahr 1946, in: Z 21/1164, 61 (BA); hierzu auch NEUMANN, Theodor TANTZEN, S. 389, Fußn. 108.

[449] Im Einzelnen sieht der Entwurf Folgendes vor:
„Mit Genehmigung der Militärregierung wird verordnet:

§ 1 *(1) Trifft ein Erblasser nach dem Inkrafttreten dieser Verordnung in einem durch mündliche Erklärung vor einem Richter oder Notar errichteten Testament oder in einem Erbvertrag die Bestimmung, dass sich sein zu seinem Nachlass gehörendes erbhofgebundenes Vermögen mit seinem Tode nicht nach Reichserbhofrecht vererben soll, so kann er in diesem Testament oder Erbvertrag über seinen gesamten Nachlass von Todes wegen frei verfügen, unbeschadet der zu seinen Lebzeiten an dem Erbhof begründeten Rechten Dritter.*
(2) Gehört zu dem Nachlass ein Ehegatten-Erbhof, so können die Ehegatten Verfügungen nach Abs. 1 nur gemeinschaftlich treffen.
(3) Im Falle des § 52 Abs. 2 Erbhofrechtsverordnung kann der Eigentümer Verfügungen nach Abs. 1 auch insoweit treffen, als ihm Teile des Erbhofes nur als Vorerben gehören.

§ 2 *Mit dem Tode des Erblasser scheidet das erbhofgebundene Vermögen aus den Vorschriften des Reichserbhofgesetzes aus und finden die im Testament oder Erbvertrag getroffenen Verfügungen des Erblassers und die Bestimmungen des Bürgerlichen Gesetzbuches Anwendung.*

§ 3 *Diese Verordnung tritt am ... in Kraft. Mit dem gleichen Tage sind die Bestimmungen des Reichserbhofrechtes soweit sie dieser Verordnung entgegen stehen, nicht mehr anzuwenden.",* in: Z 21/1164, 61 (BA).

Hof nicht bei dem geeignetsten Abkömmling, sondern dem durch Gesetz bestimmten Erben angefallen sei[450]. Daneben, so wurde allgemein argumentiert, könne nur mit einer gänzlichen Wiederherstellung der bäuerlichen Verfügungs- und Testierfreiheit eine Zufriedenheit der Landbevölkerung gesichert und ein möglicher Widerstand der Bauern vermieden werden[451].

aa) Freie Erbeinsetzung und Realteilungsmöglichkeit
Weitgehender Konsens bestand hinsichtlich der grundsätzlichen Fortgeltung anerbenrechtlicher Bestimmungen[452]. Uneinig war man sich dagegen, ob daneben die Möglichkeit der Realteilung festgeschrieben werden sollte. Teilweise wurde gefordert, die Einsetzung mehrerer Erben und damit eine Realteilung zumindest für die Fälle zu ermöglichen, in denen eine entsprechende testamentarische Bestimmung des Erblassers vorlag[453]. Neben dem Oldenburgischen Ministerpräsidenten TANTZEN trat auch das Rheinland bei der ersten Anerbengesetztagung in Celle am 26. September 1946 für eine weitgehende Gestaltungsmöglichkeit bei der Erbfolgebestimmung ein[454]. Ein zwingendes Zuweisungsverfahren an einen Anerben sollte nach dieser Ansicht nur sekundär eingreifen, nämlich dann, wenn eine testamentarische Bestimmung des Bauern nicht bestehe und eine Einigung der Erben auf einen Anerben nicht zu erreichen sei. Nur in diesem Fall sollte der land- bzw. forstwirtschaftliche Besitz ungeteilt auf den gesetzlichen Anerben

---

[450] *„Die Ernährung der Nation auf dem durch den Krieg so einschneidend verengten Raum kann nur dann gebessert werden, wenn gut geformte leistungsfähige landwirtschaftliche Betriebe von den tüchtigsten Bauern bewirtschaftet werden. Das deutsche Bodenrecht, das z. Zt. in seinen wesentlichen Grundlagen im Reichserbhofgesetz niedergelegt worden ist, erfüllt diese Forderungen nicht. Es hat im Gegenteil produktionshemmend gewirkt. Der deutsche Boden ist unter der Herrschaft des Reichserbhofgesetzes in den Händen einer durch Gesetz festgelegten und bevorzugten Personengruppe erstarrt. Die Höfe sind in zahlreichen Fällen nicht an den besten und fähigsten Bauern, sondern an ein durch Gesetz bestimmtes Familienmitglied des Erblassers gelangt, das unter den nächsten Angehörigen des Erblassers oftmals weder das geeigneteste war noch über die Arbeitsfreude, die Tatkraft und die praktischen Kenntnisse verfügte, um aus dem Grund und Boden den höchsten Ertrag für die Volksernährung herauszuarbeiten."*, Denkschrift des Oldenburgischen Ministerpräsidenten TANTZEN aus dem Jahr 1946, in: Z 21/1164, 57 (BA).
[451] Schreiben des Landesministers der Justiz Schleswig-Holstein, KUHNT, an den Präsidenten des Zentraljustizamts der britischen Zone vom 5.4.1947, in: Z 21/1165, 124 R (BA).
[452] Hierzu oben C I (S. 35 ff.).
[453] Denkschrift des Oldenburgischen Ministerpräsidenten TANTZEN aus dem Jahr 1946, in: Z 21/1164, 57 – 60 (BA).
[454] So der OLGPräs Köln, SCHETTER, zu der Frage des Zwangs zur anerbenrechtlichen Gestaltung oder Freiwilligkeit: *„Das Rheinland lehnt einen Zwang ab. Der Bauer soll das Recht haben, unter Lebenden und von Todes wegen frei über seinen Hof zu verfügen."*, Protokoll der Anerbengesetztagung in Celle am 26.9.1946, in: Z 21/1165, 100 (BA).

übergehen[455]. Die Testierfreiheit sollte bezogen auf den Bereich der gewillkürten Erbfolge vollständig wieder hergestellt und einhergehend damit ein fakultatives Anerbenrecht festgeschrieben werden[456].

Als Argument wurde angeführt, dass der selbstwirtschaftende Bauer regelmäßig selber am besten wisse, welche Rechtsgeschäfte und insbesondere welche Erbfolge seinem Hofe am zuträglichsten sei[457]. Davon ausgehend müsse es ihm zur Sicherung des Hofes und damit der Leistungsfähigkeit im Hinblick auf die Ernährungslage auch grundsätzlich möglich sein, den Hof unter seinen Erben aufzuteilen[458], m.a.W. zumindest im Falle einer letztwilligen Verfügung – also der gewillkürten Erbfolge – solle dem Bauern die Möglichkeit der Realteilung eröffnet sein, da durch eine möglichst umfassende Testierfreiheit eine unnötig weitgehende Bevormundung des Bauern und damit ein Widerspruch der Landbevölkerung vermieden werden könne. Die Wiederherstellung bäuerlicher Testier- und Verfügungsfreiheit fördere weiterhin den Leistungswillen auch der weichenden Erben und sichere damit eine an Produktivität orientierte Bewirt-

---

[455] OLGPräs Köln, SCHETTER, zu der Frage des Zwangs zur anerbenrechtlichen Gestaltung oder Freiwilligkeit: *„Im Rheinland besteht zur Zeit keine Landwirtschaftskammer, sodaß die offizielle Auffassung der Landwirtschaft zu dieser Frage nicht festgestellt werden konnte. Man will aber auch im Rheinland den geschlossenen Hof haben, nur nicht unter dem Druck des Erbhofrechts. Wenn der Erblasser kein Testament gemacht hat, und die Erben sich nicht einigen, wer Anerbe werden soll, muß ein Zuweisungsverfahren Platz greifen, das den Hof einem der Miterben zuweist."* Protokoll der Anerbengesetztagung in Celle am 26.9.1946, in: Z 21/1165, 100 (BA).

[456] Schreiben des Landesjustizministers der Landesregierung Schleswig-Holstein, KUHNT, an den Präsidenten des Zentraljustizamtes für die britische Zone vom 5.4.1947: *„Als tragbar wird der Entwurf für die Verhältnisse unseres Landes nur dann bezeichnet werden können, wenn er den Grundsatz der Testierfreiheit des Bauern uneingeschränkt wiederherstellt und wenn er weiterhin die Möglichkeit schafft, die Hofeseigenschaft zum erlöschen zu bringen"*, in: Z 21/1165, 124 (BA). Dagegen hatte sich KUHNT als Vertreter Schleswig-Holsteins zuvor bei der Anerbengesetztagung am 26.9.1946 in Celle noch für eine weitaus stärkere Bindung des Erblassers eingesetzt; hierzu unten C IV 2 c) bb) (S. 97, Fußn. 493).

[457] *„Den Zielen des Erbhofgesetzes wird nur gedient, wenn eine möglichst grosse Zahl selbständiger, selbstverantwortlicher und dadurch gefestigter Männer, ihr und ihrer Familie Geschick nach eigener Überzeugung bestimmt und das Land bewirtschaftet. Im REG. geht die Bindung des Bauern an behördliche Genehmigungen viel zu weit. Sie ist, soweit irgend tunlich, abzubauen."*, aus: Stellungnahme des LGPräs Verden, HAGEMANN, zur Umgestaltung des Reichserbhofrechts vom 30.4.1946, in: Nds. 50, Nr. 123 (NA).

[458] Denkschrift des Oldenburgischen Ministerpräsidenten TANTZEN aus dem Jahr 1946: Der Bauer, *„der seinen Hofbesitz bis ins einzelne kennt, wird aufgrund seiner Erfahrungen am sichersten und zwar ohne behördliche Untersuchung und Entscheidung in der Lage sein, zu beurteilen, ... ob es betriebswirtschaftlich zulässig oder gar nützlich ist, den Hof unter seinen Kindern aufzuteilen."*, in: Z 21/1164, 58 (BA).

schaftung. Unter Berücksichtigung dieser Bedenken aus den ehemaligen Freiteilungsgebieten schlug STARCKE eine geographisch differenzierte, sich nach den Erbsitten ausrichtende Festschreibung des Anerbenrechts analog den Regelungen der §§ 4, 39 und 43 des *Preußischen Bäuerlichen Erbhofrechts* vom 15. Mai 1933[459] vor[460].

bb) Freie Erbeinsetzung bei ungeteiltem Anfall

Nach Meinung des Landesgerichtspräsidenten Verden, HAGEMANN[461], und auch KLÄSSELS sollte zwar die Testierfreiheit hinsichtlich der Person des Erben zur Sicherstellung des Hofanfalls an den tüchtigsten Erben wieder hergestellt werden[462]. Insoweit bestehe nämlich kein besonderes öffentliches Interesse daran, dass der Hof in der Familie bleibe, sondern lediglich daran, dass er *„erhalten und geeignet bleibt, möglichst viel zur Ernährung des deutschen Volkes beizutragen"*[463]. Ähnlich wie TANTZEN argumentierte HAGEMANN, der freie und selbstbestimmte Bauer sei selbst am besten in der Lage, die Person des Anerben, die zur Sicherstellung der erforderlichen Bewirtschaftung am geeignetsten erscheint, zu bestimmen[464]. Dementsprechend solle es ihm – soweit seine Anerben nicht die Gewähr für diese Bewirtschaftung böten – auch möglich sein, einen familienfremden Anerben zu bestimmen:

---

[459] PreußGBl., S. 164. Demnach sollte das Anerbenrecht in den ehemaligen Freiteilungsgebieten nur fakultativ gelten. Hierzu näher unten C IV 3 (S. 105 ff.).

[460] Schreiben STARCKES an an SAUER vom 26.3.1946, in: Z 6 II/50 (BA).

[461] HAGEMANN hatte zuvor im Auftrag der britischen Militärregierung die Einstellungsverhandlungen mit V. HODENBERG für das Amt des OLGPräs Celle geführt. Bis 1933 war er Oberpräsident der preußischen Provinz Hannover, danach Rechtsanwalt am OLG Celle gewesen. Die britische Besatzungsmacht ernannte ihn dann nach dem Krieg erneut zum Oberpräsidenten bis er Anfang Juli 1945 zum LGPräs Verden ernannt wurde; hierzu WICK, in: Festschrift 275 Jahre OLG Celle, S. 242. Daneben war HAGEMANN Kenner des Landwirtschaftsrechts und in dieser Funktion Teilnehmer der Anerbengesetztagung in Celle am 26.9.1946.

[462] Stellungnahme des LGPräs Verden, HAGEMANN, zur Umgestaltung des Reichserbhofrechts vom 30.4.1946, in: StA Hannover, Akten der Staatskanzlei, Nds. 50, Nr. 123 (NA).

[463] KLÄSSEL, Agrarrecht, S. 103.

[464] Stellungnahme des LGPräs, HAGEMANN, zur Umgestaltung des Reichserbhofrechts vom 30.4.1946: *"Kaum eine Bestimmung im REG. hat den Widerspruch der bäuerlichen Bevölkerung in dem Masse hervorgerufen, wie die §§ 19 ff., nach der der Bauer nicht unter seinen Kindern den am besten geeigneten als Anerben aussuchen darf. Man kann unbedingt darauf vertrauen, dass der pflichtbewusste Bauer von der gesetzlichen, seinem natürlichen Empfinden entsprechenden Erbfolge, nur dann abweichen wird, wenn ein gerechtfertigter Grund vorliegt. Der Bauer wird es immer als eine ungerechtfertigte Bevormundung empfinden, wenn ein Richter oder ein Anerbengericht zu bestimmen hat, wer nach seinem Tode seinen Hof erben soll."*, in: Nds. 50, Nr. 123 (NA).

"Dem Bauern soll deswegen das Recht zustehen, einen anderen Anerben als den im Gesetz vorgesehenen testamentarisch zu bestimmen, auch einen Nicht-Verwandten den untüchtigen eigenen Kindern vorzuziehen."[465]

In Bezug auf die Anordnung der Realteilung wichen die Ansichten allerdings voneinander ab. KLÄSSEL war der Meinung, die testamentarisch verfügte Realteilung bedürfe – ebenso wie die vollständige Übergehung der gesetzlichen Anerben – der Genehmigung des Anerbengerichts bzw. der Kulturbehörde, die ihrerseits im Falle der Ertragsgefährdung ihre Genehmigung zu versagen hätten[466]. Nach Ansicht HAGEMANNS sollte eine Realteilung dagegen in jedem Fall gänzlich ausgeschlossen sein[467]. Der Hof sollte somit nach dieser letztgenannten Ansicht zwingend ungeteilt auf einen Erben übergehen, bei der Bestimmung der Person dieses Erben der Erblasser indes unbeschränkt sein[468].

Eine bemerkenswerte Ausnahme sollte nach HAGEMANN darin bestehen, dass die Bevorzugung von Abkömmlingen gleichen oder besseren Ranges aus einer späteren Ehe vor denen aus früherer Ehe untersagt sein sollte[469]. Diese Ausnahme war offenbar angelehnt an die Bestimmung des § 7 Abs. 1 Satz des Lippischen Gesetzes über die Anerbengüter vom 26. März 1924, in dem es hieß: *„Die Kinder aus einer früheren gehen denen aus einer späteren Ehe, ohne Rücksicht auf das Geschlecht, vor"*, und wurde in der ursprünglichen Fassung der HöfeO in § 6 Abs. 2 Satz 1 umgesetzt. Im Gegensatz zur Fassung des Lippischen Gesetzes wurde allerdings aufgrund des zunächst bestehenden Mannesvorzugs

---

[465] HAGEMANN, a.a.O.
[466] KLÄSSEL, Agrarrecht, S. 103 f.
[467] Stellungnahme des LGPräs Verden, HAGEMANN, zur Umgestaltung des Reichserbhofrechts vom 30.4.1946, in: StA Hannover, Akten der Staatskanzlei, Nds. 50, Nr. 123 (NA). So auch die Ansicht der *B.S.L.R.U.* "*Report on restrictions of freedom of management; Transfer inter vivos and devolution upon death in respect of agricultural property in Germany*", S. 93 vom 14.9.1945, in: FO 937/41 (PRO).
[468] Diesen Weg wählte der Entwurf eines *"Gesetzes über die Bauernwirtschaften im Lande Thüringen"*. In bewusster Abwendung vom REG sollte die *"Bauernwirtschaft"* nach diesem Entwurf zwar ungeteilt auf einen Anerben übergehen (§ 9 des Entwurfs). Der ungeteilte Anfall sollte gemäß § 10 des Entwurf auch nicht durch Verfügung von Todes wegen geändert werden können (das Verhältnis zu Art. 64 Abs. 2 EGBGB wurde in der Begründung des Entwurfs nicht erwähnt). Im Übrigen sollte der Bauer den Hoferben jedoch nach § 7 des Entwurfs frei bestimmen können, in: Z 6/II 50 (BA).
[469] Stellungnahme des LGPräs Verden, HAGEMANN, zur Umgestaltung des Reichserbhofrechts vom 30.4.1946: *„Nur zwei Beschränkungen (der freien Erbeinsetzung – d.V.) werden vorgeschlagen: Eine sächliche: Der Bauer darf den Hof nur im ganzen vererben, ihn also nicht auf mehre Kinder oder andere Erben aufteilen. Eine persönliche: Abkömmlinge aus der späteren Ehe dürfen denen gleichen oder besseren Ranges aus der früheren Ehe nicht vorgezogen werden."*, in: StA Hannover, Akten der Staatskanzlei, Nds. 50, Nr. 123 (NA).

nach § 6 Abs. 1 Satz 2 der HöfeO[470] zwischen den Geschlechtern unterschieden: *"Söhne aus erster Ehe gehen anderen Söhnen, Töchter aus erster Ehe anderen Töchtern vor"*. Infolge dieser Ungleichbehandlung wurde § 6 Abs. 2 durch das *Erste Gesetz zur Änderung der Höfeordnung (1. HöfeÄndG)* vom 24. August 1964[471] aufgehoben[472].

c) Forderung nach weitergehenden Bindungen

aa) Festhalten an Bestimmungen des REG

Daneben wurde in anfänglichen Konzepten und Stellungnahmen bei der Frage einer Reform bzw. Neuregelung des Landwirtschaftsrechts von deutscher Seite zum Teil für ein – wenn auch nur vorübergehendes – Festhalten an den wesentlichen Bestimmungen des REG und damit an dessen Beschneidung der Testierfreiheit plädiert[473]. Der damalige Oberlandesgerichtspräsident Hamm, HERMSEN, argumentierte, dass die Anerbenrechte in der Form, in der sie vor 1933 bestanden, nicht ausreichend gewesen seien, um Bauernhöfe hinlänglich vor der Gefahr der Zersplitterung und Überschuldung zu schützen[474]. So habe sich insbesondere das im Gebiet Westfalen geltende Anerbengesetz vom 2. Juli 1898 als unzulänglich erwiesen, die jeweiligen Höfe abzusichern, da der Bauer über den Hof durch Rechtsgeschäft unter Lebenden wie auch von Todes wegen frei, d.h. ohne behördliche Zustimmung, habe verfügen können. Eine Wiedereinführung derartiger Regelungen und die damit einhergehende Ausweitung der Testierfreiheit des Erblassers sei jedoch für einen wirksamen Schutz des Anerbengutes unzureichend[475].

---

[470] Hierzu unten C V 3 b) bb) (S. 140 ff.).
[471] BGBl. I, S. 693.
[472] Hierzu unten C V 3 c) (S. 149 f.).
[473] Aktennotiz über die Besprechung der Referenten für die Gesetzgebung im britischen Bezirk vom 14./15.11.1945 in Bad Pyrmont: „*Mit überwiegender Mehrheit wird die Meinung geäußert, dass das Erbhofrecht grundsätzlich bestehen bleiben solle.*", in: Z 21/1164, 51 (BA).
[474] Stellungnahme zum Erbhofrecht des OLGPräs Hamm, HERMSEN, vom 20.10.1945 an die britische Militärregierung: „*Würden diese (reichserbhofrechtlichen – d.V.) Bindungen jetzt aufgehoben, so entstünde für viele Bauernhöfe wieder die Gefahr der Zersplitterung, Verschuldung und Versteigerung und damit schwere Nachteile für die gerade in dieser Notzeit wichtige Landwirtschaft .... Hinzu kommen die Gefahren des Spekulantentums. Die Erfahrungen nach 1918 waren bitter und sind eine Warnung. Es ist einer der Hauptgründe für die Schaffung des REGes., dass die früheren „Anerbengesetze" das Bauerntum nicht haben schützen können.*", in: Z 21/1164, 49 f. (BA).
[475] Ebenda: „*Die Bedeutung jenes Gesetzes (des Westfälischen Anerbengesetzes vom 2.7.1898 – d.V.) erschöpfte sich also darin, dass für ein Anerbengut, über das der Eigentümer nicht irgendwie verfügt hatte, ein besonderes, vom allgemeinen Recht abweichendes Erbrecht eines Einzigen, des Anerben, galt und die Ansprüche der anderen Erben beschränkt waren. Da diese Massnahmen sich schon in früherer Zeit als unzuläng-*

Auch seien die praktisch zu bewältigenden Schwierigkeiten, die die Wiedereinführung der Gesetzeslage vor 1933 mit sich bringen würde, gerade im Hinblick auf die Behördenstruktur nur schwer zu bewältigen[476]. Da es für eine Neuregelung des Anerbenrechts vor dem Hintergrund der drängenden wirtschaftlichen und ernährungspolitischen Situation an Zeit mangele, plädierte HERMSEN für eine, wenn auch nur vorläufige, Fortgeltung des REG[477].

Einer Wiedereinführung der Testierfreiheit – selbst in begrenzter Form – wurde in dieser Stellungnahme entgegengetreten. Vielmehr sollten die weitgreifenden anerbengerichtlichen Genehmigungserfordernisse des REG nach § 25 sowie § 37 REG, d.h. die Beschneidung der Verfügungsbefugnis und Testierfreiheit, fortbestehen. Einhergehend damit sollten die aufgrund des Art. 1 Abs. 1 des MilRegG Nr. 2[478] geschlossenen Anerbengerichte wieder eröffnet werden[479]. Die Frage, ob landwirtschaftliche Besitzungen durch eine zumindest teilweise freie Verfügungsmöglichkeit des Bauern im Hinblick auf die Veräußerungen und Belastungen ausreichend geschützt seien oder es des Schutzes durch ein gerichtliches Genehmigungsverfahren gemäß § 37 REG bedürfe, wurde zugunsten einer Genehmigungspflicht beantwortet[480]. Tendenziell sollte damit die Testier-

---

lich für die Erhaltung des Bauerntums erwiesen haben, so würden sie jetzt sicherlich keinen genügenden Schutz gewähren. Deshalb muss ich den sonst naheliegenden Gedanken ablehnen, das „Erbhofgesetz" im Gebiet Westfalen einfach durch das für diesen Raum ehemals geschaffene „Anerbengesetz" v. 1898 zu ersetzen.", in: Z 21/1164, 49 R (BA).

[476] Ebenda: „*Gegen die Wiederherstellung dieses Gesetzes (des Westfälischen Anerbengesetzes vom 2.7.1898 – d.V.) spricht auch die Erwägung, dass es schon vor 1933 allgemein als sehr verbesserungsdürftig erkannt worden war und geändert werden müsste, ferner dass ein neuer Behördenapparat zu schaffen wäre und dass die Anwendung eines alten Gesetzes, dem die Beteiligten entfremdet sind, viele Schwierigkeiten, Zweifel und Streitigkeiten bringen würde, die bei der Fortgeltung des REGes. nicht zu besorgen wären.*", in: Z 21/1164, 49 R (BA).

[477] Ebenda: „*Ein angemessener Ersatz dieser Massnahme gegen Zersplitterung der – gerade jetzt so wichtigen – Bauerngüter ist aber in so kurzer Zeit schwerlich zu schaffen; so dass es zweckmäßig erscheint, den bisherigen Zustand vorläufig hinzunehmen, da dessen plötzliche Beseitigung in dieser Notzeit mehr Verwirrung und Schaden als Vorteile bringen würde .... Wollte man jetzt den Rechtszustand grundlegend ändern, so würden die dazu erforderlichen Ermittlungen, Überlegungen und Massnahmen viel Zeit beanspruchen und die dringend nötige Klärung der allgemeinen bäuerlichen Rechtsverhältnisse, wie auch der Erbfolge und der Erbauseinandersetzung in vielen Einzelfällen arg verzögern.*", in: Z 21/1164, 49 f. (BA).

[478] ABl. MilReg Nr. 1, S. 12 ff. Hierzu bereits oben B I 1 (S. 15).

[479] Stellungnahme zum Erbhofrecht des OLGPräs Hamm, HERMSEN, vom 20.10.1945 an die britische Militärregierung, in: Z 21/1164, 49 f. (BA).

[480] Ebenda: „*Natürlich steht oder fällt das REGes mit der Frage, ob man die Entscheidung über Veränderung, Belastung, Vererbung des Hofes besser in die Hand des Bauern oder*

freiheit und die Verfügungsbefugnis des Eigentümers generell – wie unter der Geltung des REG – hinter Zwangsmechanismen und Genehmigungserfordernissen zurücktreten. Dementsprechend könne unter *„Beseitigung der typisch nationalsozialistischen Bestimmungen"*[481] an den Regelungen des REG zumindest übergangsweise festgehalten werden.

In ähnlicher Weise trat auch Rechtsanwalt SCHMOLDT in einer gutachterlichen Stellungnahme Anfang des Jahres 1946 für eine Weitergeltung der Grundsätze des Erbhofrechts zur Durchsetzung der aus seiner Sicht erforderlichen Zwangsmaßnahmen ein:

> *"... so dürfe andererseits bei objektiver Prüfung nicht verkannt werden, dass die Bestimmungen des Gesetzes (des REG – d.V.) in ihren Grundzügen zu billigen und geradezu notwendig sein, um in der heutigen Zeit den Weiterbestand der Höfe und vor allem der kärglichen Ernährung des Volkes aufrecht zu erhalten. In letzter Hinsicht komme vor allem in Betracht, dass eine wirksame Durchführung der für die Ernährungslenkung erforderlichen Zwangsmassnahmen ohne den Weiterbestand des Erbhofrechts kaum denkbar sei. Zur wirksamen Weiterführung des Gesetzes erscheine*

---

in die des Gerichts legt, das ja bei Vorliegen wichtiger Gründe etwaige Härten des Gesetzes beseitigen kann. Ich entscheide mich hier unbedenklich zugunsten der gerichtlichen Betreuung des Hofs. Ich bin sicher, dass die Anerbengerichte künftig eher zu weit- als zu engherzig sein werden, wenn es sich um Genehmigungen von Verfügungen über den Hof handelt.", in: Z 21/1164, 49 R (BA).

[481] Ebenda. Der konkrete Vorschlag in der Stellungnahme sah wie folgt aus: *„Ich empfehle deshalb, dass die Mil. Reg. eine Anordnung folgenden Inhalts erlässt:*
I. die Vorschriften über das Erbhofrecht sind vorläufig noch anzuwenden mit folgenden Ausnahmen:
Aufgehoben werden: Im Erbhofgesetz vom 29.9.1933 (RGBl. I, 685) die Präambel und der § 13, in der Erbrechts-VO vom 21.12.1936 (RGBl. I, 1069) in § 6 die Überschrift und die Ziffer (§ 13) sowie der § 6a, in der Erbhofverfahrens-VO vom 21.12.1936 (RGBl. 1936 I 1082, 1939 I 843) in § 54 das Wort „Deutschblütigkeit", in §§ 54 u. 57 die Bezugnahme auf § 13 des Gesetzes.
Geändert werden:
§ 43 REGes.: Erbhofgericht ist das Oberlandesgericht.
§ 14 Abs. 2 EVfO erhält folgende Fassung: der § 157 ZPO ist entsprechend anzuwenden.
Von der Vereinf. V. v. 29.5.1943 (RGBl. I 337) sind nur die §§ 1 – 7 anwendbar, die übrigen fallen weg.
Von der Vereinf. V. v. 27.8.1944 bleiben in Kraft die §§ 5 bis 10, die übrigen fallen weg.
II. Die Anerbengerichte werden wieder eröffnet.
Das Landeserbhofgericht für die Provinz Westfalen und das Land Lippe ist das Oberlandesgericht Hamm.
Die erforderlichen Massnahmen hat der OLGPräs. im Einverständnis mit der Mil.Reg. zu treffen." in: Z 21/1164, 50 (BA).

allerdings eine Neufassung unter teilweiser Umgestaltung ausserordentlich wünschenswert ...."[482]

Eine derartige Fortgeltung der REG-Vorschriften hätte ihrerseits eine massive Beschränkung der Testierfreiheit bedeutet, da damit die fehlende Ausschlussmöglichkeit der gesetzlichen Erbfolge durch Verfügung von Todes wegen gemäß § 24 REG – mit den geringfügigen Ausnahmen nach § 25 REG[483] – Fortführung gefunden hätte. Darüber hinaus hätten die generellen Beschränkungen der Verfügungsbefugnisse ebenfalls aufgrund der Unveräußerlichkeit und Unbelastbarkeit sowie des Verbots der Zwangsvollstreckung nach den §§ 37 f. REG Bestand gehabt.

Daneben fällt bei den hier zitierten Stellungnahmen auf, dass aufgrund der bestehenden wirtschaftlichen und ernährungspolitischen Situation die Annahme der Notwendigkeit der Fortgeltung erbhofrechtlicher Bindungen im Vordergrund stand. Wie bereits gezeigt, durchzieht diese Schwerpunktsetzung die gesamten Reformarbeiten. Allerdings findet daneben eine Auseinandersetzung mit der Einführung dieser Bestimmungen in das REG vor dem Hintergrund der Ideologieprägung keine Erwähnung. Dabei basierten die Einschränkungen der Verfügungsbefugnis und der Testierfreiheit des Erblassers maßgeblich auf dem grundsätzlichen Antiliberalismus des Nationalsozialismus[484]. Sie manifestierte in erster Linie eine rein dogmatisch abgeleitete Bodenfixierung an die angestammte Familie i.S.d. Blut-und-Boden-Theorie. Eine ernährungswirtschaftlich sinnvolle Verteilung landwirtschaftlichen Grundbesitzes hatte hinter dieser Dogmatik zurückzutreten. Aufgrund der Durchdringung des gesamten Reichserbhofrechts mit den verschiedenen Grundsteinen nationalsozialistischer Ideologie[485] war man auf britischer Seite bei der *A.T.C. Branch*[486] und der *B.S.L.R.U.*[487] der Ansicht, dass ein Festhalten an einer "gereinigten" Fassung des REG und seiner Nebengesetze nicht zu einer vollständigen Befreiung von natio-

---

[482] Gutachterliche Stellungnahme zur Umgestaltung des Reichserbhofrechts des Rechtsanwalts SCHMOLDT, zit. nach dem Schreiben des Senatspräsidenten am Landeserbhofgericht Celle, STARCKE, an den Vertreter vom Zentralamt für Ernährung und Landwirtschaft, Reichslandwirtschaftsrat SAUER, vom 26.2.1946, in: Z 6/II 50 (BA).

[483] Gemäß § 25 REG konnte mit Genehmigung des Anerbengerichts auch ein unehelicher Sohn – sofern eheliche Söhne oder Söhnessöhne nicht vorhanden waren – (Abs. 2) bzw. Anerben weiterer Ordnungen vom Erblasser zum Anerben bestimmt werden (Abs. 3 und 4).

[484] Hierzu oben C IV 1 a) (S. 78 ff.).

[485] Hierzu im Einzelnen unten C VI 1 (S. 177 ff.).

[486] *"... it seems impossible to expurgate only a part of that body of legislation, and to expect a logical and satisfactory result."*, Schreiben der *Legal Division*, Z.E.C.O., Herford, an die *Legal Division*, London, vom 10.9.1946, in: FO 937/41 (PRO).

[487] Stellungnahme der *B.S.L.R.U.* vom 1.10.1946, in: FO 937/41 (PRO).

nalsozialistischer Ideologie führen könne und von einem solchen Vorgehen sowohl aus rechtstechnischen als auch rechtspolitischen Gründen abzuraten sei.

bb) Abkehr vom REG unter Fortschreibungen weitgehender Zwangsbindungen

Die vollständige Wiederherstellung der Testierfreiheit war allerdings weder von der britischen Besatzungsmacht, noch mehrheitlich von den deutschen Stellen erwünscht. Bereits der frühe, erste Gesetzentwurf zur Aufhebung des Reichserbhofrechts des Ausschusses des *Legal Directorates*[488] sah mit britischer Billigung in § 18 Abs. 1 die obligatorische Geltung des Anerbenrechts vor[489]. Ebenso sprach sich die *B.S.L.R.U.* in der Folgezeit im Rahmen des von den Entwürfen zum KRG Nr. 45 vorgesehenen Rückgriffs auf die frühere Anerbenrechtslage gegen die durch Art. 64 EGBGB geforderte Wiedereinführung der Testierfreiheit aus[490], war man doch fälschlich der Ansicht, dass es sich bei der durch das REG manifestierten Beschränkung der Testierfreiheit nicht um Ausprägung typisch nationalsozialistischer Ideologie gehandelt habe[491].

Gleichermaßen forderten die überwiegenden Stimmen bei der Anerbentagung am 26. September 1946 in Celle die Festschreibung eines Zwangs der anerbenrechtlichen Gestaltung[492]. Insbesondere der Oberlandesgerichtspräsident Kiel und spätere Schleswig-Holsteinische Justizminister KUHNT setzte sich in Vertretung für Schleswig-Holstein anfänglich für weitgehende Bindungen der Erblasser im Hinblick auf die Anerbenfolge ein[493]. Geteilt wurde diese Ansicht von der Landwirtschaftskammer Hannover[494] sowie dem Zentralamt für Ernährung und Landwirtschaft[495]. Wie diese zwangsweise anerbenrechtliche Gestaltung konkret

---

[488] DLEG/P (45) 30, in: FO 1005/748 (PRO).

[489] Dort hieß es: *"The testator can neither exclude or limit by testamentary disposition the succession according to Anerbenrecht."*

[490] Stellungnahme der *B.S.L.R.U.* vom 22.1.1947, in: FO 1060/1140 (PRO).

[491] Stellungnahme der *B.S.L.R.U.* vom 29.1.1947, in: FO 937/41 (PRO).

[492] „*OLGPräs. Dr. Frhr. v. Hodenberg: .... Abschließend stellt er fest: Die überwiegende Ausfassung geht dahin, den Zwang der anerbenrechtlichen Gestaltung aufrecht zu erhalten.*", Protokoll der Anerbengesetztagung in Celle am 26.9.1946, in: Z 21/1165, 100 (BA).

[493] „*Die Landbevölkerung Schleswig-Holsteins verlangt an Bindungen noch mehr als im Entwurf vorgesehen ist* (Entwurf der *Bauernrechtsordnung* – d.V.) .... *Nach der Auffassung Schleswig-Holsteins soll Zwang angeordnet werden*", so OLGPräs Kiel, KUHNT, zu der Frage des Zwangs einer anerbenrechtlichen Gestaltung, a.a.O., in: Z 21/1165, 100 (BA).

[494] „*Angesichts der heutigen Lage Deutschlands ist Zwang erwünscht.*", so der Vertreter der Landwirtschaftskammer Hannover, Oberlandwirtschaftsrat KÖRNER, a.a.O., in: Z 21/1165, 100 (BA).

[495] So der Vertreter des Zentralamts für Ernährung und Landwirtschaft, Reichslandwirtschaftsrat SAUER: „*In Agrarkreisen ist man sich darüber klar, dass für die Rechtsge-*

ausgestaltet sein sollte, blieb zu diesem Zeitpunkt noch offen; grundsätzlich sei eine derartig weitgehende Testierfreiheit, wie sie Art. 64 Abs. 2 EGBGB gewährleiste, jedenfalls "*in heutiger Zeit nicht zu verantworten*"[496].

Im weiteren Verlauf unterschieden sich die Ansichten des Zentralamts für Ernährung und Landwirtschaft und des Zentraljustizamts hinsichtlich der Reichweite der Wiederherstellung der Testierfreiheit im Hinblick auf die Genehmigungserfordernisse für den Fall des Übergangs der gesetzlichen Anerbenberechtigten bei gewillkürter Erbfolge. Die Bindung des Erblassers durch § 7 Abs. 2 des Entwurfs der HöfeO ging dem Zentraljustizamt zu weit[497]. Dieser bestimmte zunächst, dass der Hofeigentümer der Genehmigung bedurfte, "*wenn er seine sämtlichen Abkömmlinge oder die sämtlichen Hoferbenberechtigten der zweiten bis fünften Ordnung übergehen oder wenn er seinen Ehegatten unter Übergehung der Hoferbenberechtigten der dritten bis fünften Ordnung zum endgültigen Hoferben einsetzen will*"[498]. Das Zentraljustizamt forderte indes, dass der Eigentümer völlig frei in der Bestimmung des Hoferben sein müsse[499]. Man einigte sich schließlich darauf, dass es nur für den Fall des Übergehens sämtlicher Abkömmlinge einer Zustimmung des Gerichts bedürfe[500].

Grundsätzlich forderte das Zentraljustizamt, die Bauern weitaus weniger Bindungen zu unterwerfen, als nach Ansicht des Zentralamts für Ernährung und Landwirtschaft notwendig waren. So hieß es in einem Schreiben des Zentraljustizamts an den Oberlandesgerichtspräsidenten Köln, SCHETTER, vom 22. März 1947 – also zu einem Zeitpunkt, als sich die gesetzgeberischen Arbeiten bereits in einem Endstadium befanden – ganz generell: „*Seitens des Zentral-Justizamts wird auf eine noch weitergehende Lockerung der im Entwurf der Höfeordnung vorgesehenen Bindungen hingewirkt werden.*"[501]

Eine Aufhebung der Bindungen fand im Folgenden jedoch nicht mehr statt, hatte sich doch bereits zuvor "*das Zentralamt für Ernährung und Landwirtschaft und zwar im Einvernehmen mit sämtlichen Landesernährungsministerien und Vertretern der Landesbauernschaft für einen uneingeschränkten Zwang (zur aner-*

---

schäfte unter Lebenden eine Kontrolle nicht zu entbehren ist. Deshalb kann man auch die Verfügungen von Todes wegen nicht frei lassen.", a.a.O., in: Z 21/1165, 100 (BA).

[496] Allgemeine Kritik WÖHRMANN/HENRICI vom Januar 1947 am amerikanischen Entwurf zum späteren KRG Nr. 45, in: Z 21/1164, 185 (BA).
[497] Hierzu näher unten C V 3 b) bb) (S. 145 f.).
[498] Entwurf vom 6.2.1947, in: Nachlass WÖHRMANN.
[499] Aktennotiz über die Besprechung bei der *Legal Division* am 27.3.1947, in: Z 21/1165, 110 (BA).
[500] Aktennotiz über die Besprechung bei der *Legal Division* am 27.3.1947, in: Z 21/1165, 110 (BA).
[501] Z 21/1165, 68 (BA).

benrechtlichen Gestaltung – d.V.) *ausgesprochen"*[502]. Somit hatten sich die Vorstellungen des Zentralamts für Ernährung und Landwirtschaft aufgrund des Zeitmangels in diesem Punkt offensichtlich durchgesetzt.

d) Obligatorisches Anerbenrecht nach der ursprünglichen Höfeordnung

aa) Fehlende Ausschlussmöglichkeit gemäß § 16 Abs. 1 HöfeO

Im Ergebnis wurde der zwingend geregelte Anfall des Hofes bei einem Erben (§ 4 HöfeO)[503] auch für den Fall des Vorliegens der gewillkürten Erbfolge festgeschrieben. Die geschlossene Vererbung konnte ursprünglich nicht durch Verfügung von Todes wegen ausgeschlossen werden (§ 16 HöfeO), die Möglichkeit der testamentarischen Anordnung der Realteilung – wie sie in den Entwurfsstadien zum Teil gefordert wurde – fand damit keine Umsetzung[504]. Mit § 16 HöfeO unvereinbar war eine Verfügung von Todes wegen daher in den Fällen, in denen der Anfall des Hofes bei mehreren Erben oder die gesetzliche Erbfolge nach BGB angeordnet wurde. Vorbild für die schließlich gewählte Formulierung der Norm war der erste Teil des § 24 REG[505]. Zwar erfuhr die Vorschrift des § 16 Abs. 1 HöfeO in den einzelnen Stadien ihrer Erstellung zahlreiche Änderungen[506], eine grundsätzliche Ausschlussmöglichkeit des ungeteilten Anfalls war indes in keinem der maßgeblichen Entwürfe vorgesehen[507].

---

[502] Schreiben des Zentraljustizamts an den Landesjustizminister in Schleswig-Holstein, KUHNT, vom 16.4.1947, in: Z 21/1165, 127 (BA).

[503] Von WÖHRMANN (1), § 4, S. 90 als *„Kernstück der gesamten Höfeordnung"* bezeichnet. Die zwingende Ausgestaltung – allerdings ohne Beschränkungsmöglichkeit – war bereits im Entwurf des ersten Ausschusses des *Legal Directorates* in § 18 Abs. 1 vorgesehen, Anhang der Aktennotiz für das *Legal Directorate* vom 16.10.1945, in: FO 1005/748 (PRO).

[504] Aufgrund des seit dem 2. HöfeÄndG vom 29.3.1976 (BGBl. I, S. 881 in der Bekanntmachung der Neufassung vom 26.7.1976 [BGBl. I, S. 1933]) nunmehr bestehenden fakultativen Anerbenrechts nach § 1 Abs. 4 HöfeO steht es mittlerweile dem Hofeigentümer frei, ob er seinen Hof der Geltung des Anerbenrechts unterwirft oder entzieht.

[505] WÖHRMANN, SchlHA 1949, 112 (115).

[506] Zu den Änderungen aus der Ursprungsfassung des § 39 der *Bauernrechtsordnung* über das *Rahmengesetz* vom Oktober 1946 (Z 21/1164, 125 ff. [BA]) bis zu der kasuistischen Fassung im Entwurf der HöfeO und dessen Beanstandung durch die *Legal Division* siehe WÖHRMANN, SchlHA 1949, 112 (115).

[507] WÖHRMANN (1), § 16, S. 208 f.

Begründet wurde die obligatorische Ausgestaltung damit, dass die lediglich fakultativ ausgestalteten früheren Anerbenrechte zur Sicherung der Ernährungslage nicht ausreichend gewesen seien[508]. Stattdessen erfordere die Nachkriegssituation und die damit verbundene Nahrungsmittelknappheit eine zwangsweise Geltung anerbenrechtlicher Bindungen kraft Gesetzes[509].

Kann der Erblasser die *"Erbfolge kraft Höferechts"* nicht ausschließen, steht ihm – anders als nach § 24 REG – gemäß § 16 Abs. 1 Satz 2 1. Halbsatz HöfeO zur Erweiterung der hierdurch gewährleisteten Testierfreiheit[510] die Möglichkeit zu, diese Erbfolge zu beschränken. Gleiches ergibt sich für die einer Verfügung von Todes wegen gleichgestellten Hofübergabeverträge (§ 17 Abs. 1 HöfeO). Die Beschränkungsmöglichkeit des § 16 Abs. 1 Satz 2 1. Halbsatz HöfeO stand ursprünglich allerdings ihrerseits wiederum unter dem Vorbehalt der Zustimmung des Gerichts, soweit nach dem KRG Nr. 45 bzw. der MilRegVO Nr. 84 für ein Rechtsgeschäft unter Lebenden gleichen Inhalts eine Genehmigung erforderlich wäre (§ 16 Abs. 1 Satz 2 2. Halbsatz HöfeO)[511]. Da § 16 Abs. 1 sich auch auf die Regelung des § 4 Satz 2 HöfeO, d.h. das Erbrecht der Miterben, bezog, wurde deutlich, dass der Erblasser die Erbfolge kraft Höferechts in zweierlei Hinsicht beschränken konnte; zum einen hinsichtlich der Art, des Umfangs (z.B. durch die Anordnung einer Nacherbschaft unter Beachtung der Grenzen des § 7

---

[508] Im Einzelnen hierzu oben C III 2 c) (S. 63 ff.).
[509] WÖHRMANN (1), § 1, S. 42. Siehe auch ders., Atti del Primo Convegno, S. 591 f. sowie HENRICI, RdL 1950, 104 (105). In dem Gutachten *"Die guten und die schlechten Seiten des Erbhofrechts"* vom 19.12.1946, Nachlass WÖHRMANN (hierzu auch ders., RdL 1967, 85 [85]), wurde die Geltung des Erbhofrechts von Amts wegen demgemäß als positiv gewertet.
[510] WÖHRMANN, SchlHA 1949, 112 (115).
[511] Nach gegenwärtiger Gesetzeslage ist die Zustimmung des Gerichts zu der Verfügung von Todes wegen erforderlich, soweit eine Genehmigung nach dem GrdstVG erforderlich ist. Damit wurde der Text der durch das GrdstVG seit 1961 bestehenden Rechtslage angepasst, inhaltlich ergab sich indes keine Änderung. Die Vorschrift des § 16 Abs. 1 HöfeO besteht gegenwärtig fort, nunmehr jedoch nur innerhalb des fakultativen Systems der HöfeO (§ 1 Abs. 4).

HöfeO[512]) und der Person zum anderen aber auch hinsichtlich der Abfindungsansprüche der Miterben[513].

bb) Öffnungsklausel des § 19 Abs. 5 HöfeO

Zur Sicherstellung der Interessen der Freiteilungsgebiete wurde daneben – wie STARCKE es vorgeschlagen hatte[514] – über die Aufnahme einer Ermächtigungsgrundlage für die Landesjustizverwaltungen nachgedacht. Diese sollten im Einvernehmen mit dem jeweiligen Landesernährungsministerium ermächtigt werden, Ausnahmeregelungen zu erlassen, die es dem Bauern ermöglicht hätten, seinen Hof durch Erklärung gegenüber dem Bauerngericht den anerbenrechtlichen Bindungen des Höferechts zu entziehen, d.h. für die ehemaligen Freiteilungsgebiete die Anwendung des Anerbenrechts von einem Willensakt des Eigentümers abhängig zu machen und somit ein lediglich fakultatives Anerbenrecht zu erlassen[515]. Maßgeblich für die Aufnahme einer derartigen Öffnungsklausel für die Einführung eines fakultativen Anerbenrechts waren insbesondere die Bedenken des Rheinlands[516], so dass diese Ausnahmeregelung zunächst geographisch auf die ehemaligen Freiteilungsgebiete begrenzt sein sollte. Aber auch Schleswig-Holstein forderte – wenn auch erst in der Endphase der Arbeiten –, dem Bauern zumindest gebietsbezogen die Möglichkeit zu schaffen, durch Willenserklärung die Hofeigenschaft zum Erlöschen zu bringen[517].

Schließlich wurde mit § 19 Abs. 5 HöfeO eine derartige Regelung erlassen, nun jedoch bezogen auf das gesamte Anwendungsgebiet der HöfeO, d.h. ohne die Begrenzung auf die früheren Freiteilungsgebiete. Diese Ausweitung der Ermächtigungsgrundlage für die jeweiligen Landesjustizverwaltungen war von

---

[512] Weitere Fälle können beispielsweise sein: Die Einsetzung eines Testamentsvollstreckers (§§ 2197 ff. BGB), die Zuwendung eines Nießbrauchs an eine zum Kreise der hoffolgeberechtigten Personen (hierbei ist jedoch das Genehmigungserfordernis nach § 2 Abs. 2 Nr. 3 GrdstVG zu berücksichtigen), hierzu WÖHRMANN/STÖCKER (7), § 16, Rn. 12 ff. Zu beachten ist, dass bei der Modifikation von Abfindungsansprüchen der weichenden Erben die Bestimmungen der §§ 12, 13 HöfeO n.F. (insbesondere der Festlegung des § 12 Abs. 3 Satz 2) aufgrund ihres Schutzzwecks weitere Bindungswirkungen entfalten als nach der ursprünglichen Fassung; hierzu weitergehend WÖHRMANN/STÖCKER (7), § 16, Rn. 13.
[513] LANGE, HöfeO, Rn. 128 a); Wöhrmann (1), § 16, S. 210.
[514] Hierzu oben C IV 2 b) aa) (S. 91).
[515] Aktennotiz v. WERNER aus dem Jahr 1947, in: Z 21/1165, 61.
[516] Aktennotiz v. WERNER vom 23.1.1947 über die Tagung am 21./22.1.1947 im Zentraljustizamt in Hamburg, in: Z 21/1164, 163 (BA).
[517] Landesminister für Justiz in Schleswig-Holstein, KUHNT, zum Entwurf der MilRegVO Nr. 84 in einem Schreiben an das Zentraljustizamt vom 5.4.1947, in: Z 21/1165, 124 R (BA).

Schleswig-Holstein gefordert worden[518]. Damit bestand auch außerhalb des Anwendungsbereichs des § 1 Abs. 3 HöfeO, der sich lediglich auf Höfe mit einem steuerlichen Einheitswert von weniger als 10.000,- RM bezog, die Möglichkeit der Einführung eines fakultativen Anerbenrechts.

Nordrhein-Westfalen machte bereits 1949 von der Ermächtigung des § 19 Abs. 5 HöfeO, nämlich der Anordnung der Möglichkeit der höferechtlichen Gestaltungserklärung[519], Gebrauch, zunächst nur für die ehemaligen Freiteilungsgebiete der Oberlandesgerichtsbezirke Köln und Düsseldorf mit Verordnung vom 4. März 1949[520]. Danach hatte der Hofeigentümer nach den §§ 2 Abs. 1, 1 Abs. 1 nunmehr das Recht, beim Gericht zur Niederschrift des Amtsrichters oder schriftlich in öffentlich beglaubigter Form zu erklären, dass eine Besitzung nicht mehr die Eigenschaft eines Hofes haben soll. Die Löschung des Hofvermerks war sodann vom Amtrichter von Amts wegen zu veranlassen (§ 2 Abs. 2), mit der Folge, dass die Besitzung ihre Eigenschaft als Hof verlor (§ 3 Abs. 1) und sich damit nicht mehr nach Höferecht, sondern nach den Vorschriften des allgemeinen Erbrechts vererbte[521].

Da es sich hierbei um traditionelle Realteilungsgebiete handelte, wurden bereits bis zum 1. Juli 1952 etwas weniger als 25% (nämlich 5.403 von ursprünglich 22.196 Höfen[522]) der Höfe aufgrund der Verordnung gelöscht[523]. In der Folgezeit wurde diese Anordnung durch Verordnung vom 28. Oktober 1971 auch auf die übrigen Landesteile erstreckt[524].

---

[518] *"Demgemäss müsste ... die Beschränkung der Vorschrift des Abs. 5 der Höfeordnung auf bestimmte Gebiete in Fortfall kommen"*, a.a.O., in: Z 21/1165, 124 R (BA).

[519] Auch *Hoferklärung* oder *Hofaufhebungserklärung* genannt, d.h. das Recht des Hofeigentümers, bei Gericht zu erklären, dass seiner Besitzung nicht mehr die Hofeigenschaft zukommen solle und den Hof auf diese Weise den anerbenrechtlichen Bindungen zu entziehen.

[520] GVNW, S. 67.

[521] Hierzu WÖHRMANN (2), § 19, Rn. 8.

[522] Dementsprechend hatten 16.793 Höfe ihre Hofeigenschaft bis zu diesem Zeitpunkt beibehalten.

[523] Zahlen nach WÖHRMANN, RdL 1953, 7 (8), der darauf hinwies, dass auf der anderen Seite 320 Höfe in den OLG Bezirken Düsseldorf (insgesamt 314) und Köln (insgesamt 6), die den steuerlichen Einheitswert von 10.000 DM (§ 1 Abs. 2 HöfeO) nicht erreicht hatten, nunmehr die Höfeeigenschaft aufgrund eines Antrags nach § 1 Abs. 3 HöfeO erlangt hatten.

[524] GVNW, S. 347. Zu dem eingetretenen Rückgang bis 1974 siehe BENDEL, Das Problem der weichenden Erben, S. 4.

3. Beurteilung unter Berücksichtigung der jüngeren Anerbenrechtsentwicklung

Obwohl es sich also bei der HöfeO um eine *"Neuschöpfung"*[525] handelte, hielt man an dem Zwangsanerbenrecht des REG fest. Begründet wurde dieses Vorgehen mit dem Argument, dass die obligatorische Ausgestaltung erforderlich gewesen sei, *"weil sonst unter Umständen die geschlossene Vererbung der Höfe überhaupt in Frage gestellt"* worden wäre[526]. Es stellt sich die Frage, ob damit der Bruch mit dem Grundprinzip des modernen Anerbenrechts – nämlich dem *„Vorrang der Verfügungsfreiheit des Eigentümers"* vor der gesetzlichen Anerbenfolge[527] –, der durch das Reichserbhofrecht herbeigeführt worden war, nunmehr mit der Schaffung der HöfeO fortgesetzt wurde.

Wie gezeigt, wurde vor dem Hintergrund der Ernährungssituation überwiegend pauschal die Notwendigkeit der obligatorischen Geltung des Höferechts angenommen. Wegen der herrschenden Landnot sei eine umfassende staatliche Kontrolle des land- und forstwirtschaftlichen Grundstücksverkehrs in den Nachkriegsjahren notwendig[528]. Diese Argumentation war nicht neu, hieß es zuvor zum Reichserbhofrecht:

"Vorbehaltlos bekennt sich das REG zum unmittelbaren Anerbenrecht, was allein aus der Not unserer Tage heraus verstanden werden kann. Wenn nämlich das Reich verhüten wollte, daß die an das REG geknüpften Hoffnungen nicht durch ein eigensinniges und unverständiges Verhalten

---

[525] WÖHRMANN (1), S. 36.
[526] Verlautbarung zur MilRegVO Nr. 84 aus dem Kreise seiner Mitarbeiter, in: Nds. 50, Nr. 123 (NA). Auch STAUDINGER-BOEHMER (11), Einl. zum V. Buch, § 19, Rn. 9, war der Ansicht, dass ein Anerbenrecht unter Beibehaltung der Testierfreiheit i.S.d. Art. 64 EGBGB sowie der Verfügungsfreiheit unter Lebenden unzureichend sei.
[527] KROESCHELL, AgrarR 1978, 147 (155). Lediglich das ältere strenge Anerbenrecht kannte den zwingenden Anfall des Anerbenguts bei einem Erben ohne Berücksichtigung der Verfügungsfreiheit des Erblassers, siehe auch FROMMHOLD, in: Verhandlungen des *24. Deutschen Juristentages* I, S. 42 sowie MÜLLER, Der überlebende Ehegatte, S. 105 ff.
[528] Anmerkungen der Landwirtschaftskammer und des Landesernährungsamts Hannover gegenüber dem Zentralamt für Ernährung und Landwirtschaft zur Neugestaltung des Agrarrechts vom 16.7.1946: *„Mit Rücksicht auf die ungeheure Landnot, die noch einige Jahre anhalten wird, erscheint es dringend notwendig, den landwirtschaftlichen Grundstücksverkehr in vollem Umfange zu kontrollieren"*, in: Z 6/II 50 (BA); ebenso Gutachterliche Stellungnahme zur Umgestaltung des Reichserbhofrechts des Rechtsanwalts SCHMOLDT: *"... dass eine wirksame Durchführung der für die Ernährungslenkung erforderlichen Zwangsmassnahmen ohne den Weiterbestand des Erbhofrechts kaum denkbar sei."*, zit. nach dem Schreiben STARCKES an den Vertreter vom Zentralamt für Ernährung und Landwirtschaft, SAUER, vom 26.2.1946, in: Z 6/II 50 (BA).

des einzelnen Bauern zuschanden werden sollten, dann musste es sich zum Prinzip des unmittelbaren Anerbenrecht entschließen."[529]

Bei der Erarbeitung des BGB war die Gesetzgebungskommission dagegen davon ausgegangen, dass vor dem Hintergrund der Vermeidung einer unzweckmäßigen Teilung des Nachlasses bei der Anwendung der allgemeinen Vererbungsgrundsätze die Einführung eines Anerbenrechts im Hinblick auf *"die ungünstige Lage, in der die Landwirthschaft sich seit einiger Zeit"* befunden habe[530], sinnvoll sein könne. Ebenso könne es allerdings auch dem wirtschaftlichen Interesse entsprechen, den Hof eben doch nach allgemeinem Erbrecht zu vererben[531]. Folglich müsse dem Eigentümer stets die Möglichkeit offen stehen, seinen Hof den anerbenrechtlichen Bindungen zu entziehen, mit anderen Worten, ein Anerbenrecht könne grundsätzlich nur fakultativ ausgestaltet sein[532]. Den gleichen Gedankengang verfolgte auch SERING in seiner Kritik am REG vor dem Hintergrund des Spannungsverhältnis zwischen der möglichst geringen Belastung des Hofes durch Abfindungsansprüche weichender Erben im Anerbenrecht und dem Grundsatz der Gleichberechtigung der Erben, wenn er formulierte:

"Von je her haben die deutschen Bauern darauf gehalten, jedem der gleichberechtigten Erben die Wahrung standesgemäßer Lebensstellung zu ermöglichen. Je nach Lage der Wirtschaftsbedingungen ist dazu die Teilung oder der Zusammenhalt der Grundstücke das zweckmäßige Verfahren."[533]

Die HöfeO negierte dagegen wie das REG die von Art. 64 Abs. 2 EGBGB vorgegebene Ausgestaltung des Anerbenrechts als Hilfsmittel, das dem Hofeigentümer lediglich ein dispositives Instrument zur Ermöglichung einer den besonderen Bedingungen der Landwirtschaft entsprechenden Betriebsübergabe zur

---

[529] JOBST, Das Reichserbhofrecht, S. 12.
[530] MUGDAN I, S. 52 (Motive).
[531] Ähnlich argumentierte ANDRÉ, in: Verhandlungen des *23. Deutschen Juristentages* I, S. 38 und 42 f. Zum Bekenntnis der preußischen Staatsregierung zur Dispositionsfreiheit in der Denkschrift zum Entwurf einer Verordnung *"betreffend die Abschätzung bäuerlicher Grundstücke und die Beförderung gütlicher Auseinandersetzungen über den Nachlaß eines bäuerlichen Besitzers"* aus dem Jahr 1847 siehe v. MIASKOWSKI, Das Erbrecht, S. 315.
[532] MUGDAN I, S. 57 (Motive). Zum gleichen Ergebnis gelangten ANDRÉ und FROMMHOLD anlässlich des *23.* und *24. Deutschen Juristentages* 1895 bzw. 1897, siehe Verhandlungen des *24. Deutschen Juristentages* I, S. 23. Zu den Einwänden gegen ein Zwangsanerbenrecht auch v. MIASKOWSKI, Das Erbrecht, S. 234 ff.
[533] SERING, Erbhofrecht und Entschuldung, S. 34.

Seite stellen sollte[534]. Bereits Ende des 19. Jahrhunderts hatte es bei v. MIASKOWSKI diesbezüglich geheißen:

> *"Die Aufgabe des Anerbenrechts besteht demnach heutzutage hauptsächlich darin, den für die Erhaltung des Grundbesitzes in der Familie vorhandenen Bestrebungen eine äußere Stütze zu geben und sie dadurch im Kampfe gegen widerstreitende Tendenzen zu kräftigen*[535] .... *Das Anerbenrecht hat nach der neueren Gesetzgebung nur dispositiven, subsidiären Charakter, sodaß der letztwilligen Disposition des Hofes- oder Landgutseigentümers ein weiter Spielraum gelassen ist."*[536]

Diese Konzeption des Anerbenrechts – nämlich als einem Bauern lediglich subsidiär in die Hand gegebenes Instrument zur Erhaltung des ungeteilten Besitzes – wurde durch die Entscheidung für zwangsweise Geltung nicht fortgeführt. Dem traditionellen Gedanken, dass der Eigentümer die wirtschaftliche Situation des Hofes regelmäßig am besten beurteilen könne und ihm aufgrund dessen die größtmögliche Verfügungsbefugnis und damit auch die Möglichkeit der Anordnung der Realteilung eingeräumt werden müsse[537], wurde durch die Festschreibung des obligatorischen Anerbenrechts erkennbar misstraut[538].

Die einzige Ausnahme stellte insoweit die Öffnungklausel des § 19 Abs. 5 HöfeO dar. Ein ähnlicher Weg der zwei Systeme, wie § 19 Abs. 5 HöfeO ihn eröffnete, war bereits vom *Westfälischen Anerbengesetz* aus dem Jahr 1898[539] in § 11 sowie vom *Preußischen Bäuerlichen Erbhofrecht* vom 15. Mai 1933[540] (§§ 39, 43) eingeschlagen worden. Diese sahen für die bisherigen Anerbengebiete eine unmittelbare Geltung des Anerbenrechts und damit eine Eintragung in die Höfe-

---

[534] STÖCKER, InfStW 1980, 412 (413 f.).
[535] V. MIASKOWSKI, Das Erbrecht, S. 237.
[536] Ebenda, S. 457.
[537] So bereits die preußische Staatsregierung im Jahr 1847, siehe v. MIASKOWSKI, a.a.O., S. 315.
[538] In der Folgezeit wurde bei der Auslegung des Erblasserwillens für den Fall einer der HöfeO widersprechenden testamentarischen Anordnung (hier die Einsetzung mehrer Erben) offen auf erbhofrechtliche Regelungen (hier die sinngemäße Anwendung des § 51 EHRV) zurückgegriffen, wenn diese Begründung auch als *"nicht unbedenklich"* bewertet wurde; OLG Braunschweig, RdL 1955, 329 (329), sich dem anschließend OLG Celle, RdL 1963, 181 (181 ff.).
[539] *Gesetz betr. das Anerbenrecht bei Landgütern in der Provinz Westfalen und in den Kreisen Rees, Essen (Land), Essen (Stadt), Duisburg, Ruhrort und Mülheim a.d. Ruhr vom 2. Juli 1898* (GS, S. 139).
[540] PreußGBl., S. 164.

rolle von Amts wegen vor. Für die Freiteilungsgebiete sollte das Gesetz hingegen nur fakultativ gelten[541].

Anders als das bereits nationalsozialistisch geprägte *Preußische Bäuerliche Erbhofrecht* vom 15. Mai 1933[542] und die HöfeO ließ das *Westfälische Anerbengesetz* gemäß § 12 auch den vollständigen Geltungsausschluss des Anerbenrechts im gesamten Anwendungsgebiet des Gesetzes zu. Dementsprechend vererbte sich das Gut nur dann nach anerbenrechtlichen Grundsätzen, wenn keine dem widersprechende Verfügung von Todes wegen vom Erblasser getroffen worden [543] bzw. eine Ausschlusserklärung nach § 12 Abs. 2 des *Westfälischen Anerbengesetzes* vom Eigentümer nicht abgegeben worden war. Ähnlich war die Gesetzeslage in Baden[544], in Waldeck[545] sowie in Schaumburg-Lippe[546]. Auch hier erfolgte die Eintragung von Amts wegen[547]. Das Recht des Eigentümers, über den Hof von Todes wegen frei zu verfügen, wurde hierdurch jedoch nicht berührt. Gleiches galt für Braunschweig[548] und Mecklenburg-Schwerin[549].

Generell fakultativ und dem System der *Höferolle* folgend, waren die Anerbenrechte in Hannover[550], Lauenburg[551], der Grafschaft Schaumburg[552], Bremen[553] und Württemberg[554]. Gleichfalls fakultativ, allerdings aufgrund der Eintragung in die *Landgüterrolle*, galt das Anerbenrecht in Brandenburg[555], Schlesien[556],

---

[541] BLOMEYER, Deutsches Bauernrecht, S. 19.
[542] PreußGBl., S. 164.
[543] KIESEKAMP, Das Gesetz, S. 63.
[544] § 6 des Gesetzes, die geschlossenen Hofgüter betreffend vom 20.8.1898 (Bad. Ges.- u. VOBl., S. 405).
[545] § 28 des Gesetzes über das Anerbenrecht bei land- und forstwirtschaftlichen Besitzungen vom 27.12.1909 (Wald. Reg. Bl., S. 1).
[546] § 24 des Gesetzes, betr. die geschlossenen Güter und das Anerbenrecht vom 24.3.1909 (VO-Samml. Schaumburg-Lippe, S. 371).
[547] Baden: § 5; Waldeck: § 2; Schaumburg-Lippe: § 18.
[548] § 5 des Gesetzes, den bäuerlichen Grundbesitz betr. vom 28.3.1874 (Ges.- und VO-Samml., S. 43).
[549] § 385 der Verordnung zur Durchführung des BGB vom 9.4.1899 (RegBl., S. 152).
[550] § 2 des Höfegesetzes für die Provinz Hannover in der Fassung vom 9.8.1909 (GS, S. 663).
[551] § 5 des Gesetzes betr. das Höferecht im Kreise Herzogtum Lauenburg vom 21.2.1881 (GS, S. 19).
[552] § 2 f des Gesetzes betr. das Höferecht im Kreise Grafschaft Schaumburg vom 9.7.1910 (Pr.GS, S. 113) i.V.m. § 20 des Höfegesetzes für die Provinz Hannover in der Fassung vom 9.8.1909 (GS, S. 663).
[553] § 3 des Gesetzes betr. das Höferecht im Landgebiete vom 18.7.1899, geändert durch Gesetz vom 29.6.1923 (GBl., S. 407).
[554] § 2 Abs. 1 des Gesetzes über das Anerbenrecht vom 14.2.1930 (Württ. Reg. Bl., S. 5).
[555] § 5 der Landgüterordnung für die Provinz Brandenburg vom 10.7.1883 (GS, S. 111).
[556] § 5 der Landgüterordnung für die Provinz Schlesien vom 24.4.1884 (GS, S. 121).

Schleswig-Holstein[557] und im Regierungsbezirk Kassel[558]. Desgleichen unterfiel in Oldenburg[559] eine landwirtschaftliche Besitzung erst durch Erklärung des Eigentümers – hier vor dem Amtsgericht – anerbenrechtlichen Bindungen. Ebenfalls erfolgte die Löschung der Anerbengutseigenschaft hier auf Antrag des Eigentümers[560].

Mit Erlass des BGB hatten die partikularen Anerbenrechte des 19. Jahrhunderts gemäß Art. 64 Abs. 2 EGBGB das Recht des Eigentümers, über das Anerbengut von Todes wegen grundsätzlich frei zu verfügen, nicht beschränken können, und zwar unabhängig davon, ob sie mittelbar oder unmittelbar zur Anwendung gelangten. Soweit dem Erblasser in den einzelnen Anerbengesetzen ausdrücklich unterschiedliche Änderungsbefugnisse eingeräumt waren, stellten diese einzig auf das Anerbenrecht bezogene zusätzliche Abänderungsmöglichkeiten dar[561]. Dass diese Verfügungsfreiheit gleichwohl nicht allein auf die Grundsatzentscheidung der BGB-Gesetzgebungskommission zurückzuführen ist, sondern gleichfalls der Anerbenrechtstradition folgte, zeigt das frühe *Gesetz über die bäuerliche Erbfolge* in der Provinz Westfalen vom 13. Juli 1836[562], das in § 4 bestimmte, dass der Eigentümer eines Bauerngutes in der Verfügung unter Lebenden oder von Todes wegen frei und damit auch hinsichtlich der Anerbenfolge des § 5 unbeschränkt war[563]. Zuvor hatten sich die Provinziallandtage, insbesondere die Vertreter der Landgemeinden, bereits 1827 im gesamten Königreich

---

[557] § 5 der Landgüterordnung für die Provinz Schleswig-Holstein mit Ausnahme des Kreises Herzogtum Lauenburg vom 2.4.1886 (GS, S. 117). Zu § 26 des Gesetzes und der damit einhergehenden äußerst komplexen Geltung der örtlichen Gesetzesregelungen siehe WAGEMANN, Die Vererbung, S. 146 ff.

[558] § 4 der Landgüterordnung für den Regierungsbezirk Cassel, mit Ausnahme des Kreises Rinteln vom 1.7.1887 (GS, S. 315). Der Kreis Rinteln umfasste hierbei die Grafschaft Schaumburg.

[559] § 3 des Gesetzes für das Herzogtum Oldenburg betr. das Grunderbrecht vom 19.4.1899 (GBl. f. Oldbg., S. 162).

[560] Hannover: § 2; Lauenburg: § 6; Grafschaft Schaumburg: § 8; Brandenburg: § 5; Schlesien: § 5; Schleswig-Holstein: § 5; Kassel: § 4, Bremen: § 7; Württemberg: § 2 Abs. 1; Oldenburg: § 4; hierzu näher WAGEMANN, Die Vererbung, S. 9 ff.

[561] MÜLLER, Der überlebende Ehegatte, S. 106.

[562] PrGS, S. 209. Generell entsprach die freie Verfügungsbefugnis der Mehrzahl der vor 1900 bestehenden Anerbengesetze, hierzu und zu der daraus resultierenden Problematik der Teilungsverbote HÜBINGER, Die Entwicklung des Anerbenrechts, S. 9 f.; SCHNEBLE, Von den Grenzen der Testierfreiheit, S. 54 f.

[563] Hierzu und zu der hier unbeachtlichen Ausnahme nach § 25 siehe BITTING, Die Aufhebung, S. 23.

Preußen erfolgreich gegen die Pläne der preußischen Staatsregierung zur Beschränkung der bäuerlichen Dispositionsfreiheit zur Wehr gesetzt[564].

Eine differenzierte Betrachtung der Notwendigkeit von Testierfreiheits- und Verfügungsbefugnisbeschränkungen vor dem Hintergrund der aufgezeigten historischen Entwicklung und ihrer Ergebnisse – insbesondere der Debatte bei Erarbeitung des BGB – ist, ebenso wie bei der Frage der tatsächlichen Auswirkungen des Anerbenrechts auf die Ernährungslage, bei den anerbenrechtlichen Reformdiskussionen nach dem Zweiten Weltkrieg nicht nachzuweisen.

Der von KROESCHELL aufgezeigte Bruch des REG mit dem Grundsatz des modernen Anerbenrechts, nämlich dem Vorrang der Verfügungsfreiheit des Eigentümers[565], wurde damit durch das Festschreiben eines obligatorischen Anerbenrechts entgegen der jüngeren Anerbenrechtsentwicklung – wenn auch verglichen mit dem REG in begrenzter Form – von der HöfeO relativ unreflektiert weitergeführt. HENRICI wies zwar auf die Bemühungen hin, die Rechtsfreiheit des Bauern nur in möglichst geringem Maße Einschränkungen zu unterwerfen[566]. Doch unterlag bereits der Diskussionsansatz einer deutlich antiliberaleren Prägung, als dieses bei der Diskussion um die Erstellung des BGB der Fall war, so dass die freiheitsfeindlichen Tendenzen des Reichserbhofrechts nach dessen zwölfjähriger Geltung zumindest unterschwellig eine teilweise Fortführung fanden.

Die HöfeO in der Form ihrer letzten Entwürfe wurde daher noch vor ihrem Inkrafttreten wegen der die Testierfreiheit beschränkenden Bestimmungen von dem Oberlandesgerichtspräsidenten Köln, SCHETTER, in einer Äußerung gegenüber dem Zentraljustizamt heftig kritisiert und der Eintritt einer Unzufriedenheit innerhalb der Bauernschaft zumindest für das Rheinland vorhergesagt. Des Weiteren warf er der Reform grundsätzlich vor, der Aufhebung der tragenden Gedanken des Erbhofrechts wenig gedient zu haben:

„Jedenfalls wird das neue Höferecht, wenn es einmal in der Öffentlichkeit näher bekannt wird, lebhaften Widerspruch nach der Richtung auslösen, dass von einer Aufhebung der tragenden Gedanken des alten Erbhofrechts, die doch das Kontrollratsgesetz beabsichtigte, nicht viel übrig geblieben ist. Das Rheinland ist jedenfalls mit der Regelung höchst unzu-

---

[564] Näher hierzu V. MIASKOWSKI, Das Erbrecht, S. 310 f. Auch V. SAVIGNY hatte sich als preußischer Justizminister 1842 gegen ein Zwangsanerbenrecht ausgesprochen, siehe V. MIASKOWSKI, a.a.O., S. 234.
[565] Hierzu oben C IV 3 (S. 103); siehe auch V. MIASKOWSKI, a.a.O., S. 215.
[566] HENRICI, RdL 1950, 104 (105), hierzu bereits oben C IV 2 a) (S. 84 f.).

frieden und hätte überall eine freiere Gestaltung und nicht zuletzt eine gewisse Rückwirkung des Gesetzes gewünscht."[567]

Im Widerspruch zu der in diesem Schreiben formulierten Kritik charakterisiert SCHETTER kurze Zeit später die HöfeO wie folgt:

"Wesentlichstes Unterscheidungsmerkmal vom Erbhofrecht ist aber die Wiederherstellung der Testierfreiheit bis zu einer äußersten Grenze persönlicher und sachlicher Freiheit."[568]

Maßgeblich für diesen Sinneswandel in der Einschätzung war wohl insbesondere die Kodifikation der Öffnungsklausel des § 19 Abs. 5 HöfeO, die ihrerseits die Einführung des fakultativen Anerbenrechts durch den Landesjustizminister im Einvernehmen mit dem Landesernährungsminister erlaubte[569].

Daneben blieb die Interessenwahrung der weichenden Erben aufgrund der Ausgestaltung der HöfeO als obligatorisches Anerbenrecht nahezu unbeachtet. Zwar standen den weichenden Erben im Gegensatz zum REG nach Maßgabe des § 12 HöfeO nunmehr Abfindungsansprüche – gerichtet auf die Zahlung eines Geldbetrages – zu, darüber hinaus war der Bauer jedoch durch die zwangsweise Geltung des Anerbenrechts als Erblasser im Bereich der gewillkürten Erbfolge Einschränkungen unterworfen, die den grundsätzlich fortwirkenden antiliberalen Ansatz hinsichtlich der Reformarbeiten verdeutlichen. Denn selbst für den Fall, dass der Ertrag des Hofes zukünftig eine Realteilung unter den Abkömmlingen des Erblassers wirtschaftlich zulassen sollte, war ihm keine Möglichkeit eröffnet, diese testamentarisch anzuordnen oder seinen Hof zu Lebzeiten durch Erklärung den Anerbenrechtsregelungen zu entziehen. Damit war die Herbeiführung einer erbrechtlichen Gleichberechtigung der Abkömmlinge, selbst wenn sie dem ausdrücklichen Wunsch des Erblassers entsprach, grundsätzlich und zwingend ausgeschlossen[570].

---

[567] Schreiben des OLG Präsidenten Köln, SCHETTER, an den Präsidenten des Zentraljustizamts vom 7.3.1947, in: Z 21/1165, 65 (BA). GÜDE, Konstanzer Juristentag, S. 94 sprach in ähnlicher Weise von einer Fixierung des durch das Reichserbhofrecht geschaffenen Zustandes.
[568] SCHETTER, SJZ 1947, 370 (375).
[569] Im Einzelnen hierzu oben C IV 2 d) bb) (S. 101 f.).
[570] Zur Verfügung standen ihm jedoch die Beschränkungsmöglichkeiten nach § 16 Abs. 1 Satz 2 HöfeO, die allerdings ihre Grenze darin finden, dass der Hoferbe einen praktisch ausgehöhlten Hof erlangt, WÖHRMANN (1), § 16, S. 210 sowie in der Bestimmung des § 16 Abs. 1 Satz 3 HöfeO.

Die Hintansetzung der weichenden Erben wurde bereits teilweise bei den Diskussionen um die Behandlung des Anerbenrechts bei Erstellung des BGB als *"Erreichung eines socialpolitischen und wirtschaftlichen Zwecks auf Kosten des natürlichen Rechtsgefühls"*[571] und damit mit Gerechtigkeitsgrundsätzen sowie der arbeitsteiligen Bewirtschaftung eines Hofes durch alle Familienmitglieder nicht in Einklang zu bringen angesehen[572]. Dagegen fand die zwangsweise Zurücksetzung der weichenden Erben aufgrund des obligatorischen Charakters der HöfeO nach 1945 keine Beachtung. Im Gegenteil waren zunächst von deutscher Seite noch über die in § 16 Abs. 1 HöfeO festgeschriebene Regelung hinausgehende Beschränkungen der Verfügungs- und Testierfreiheit des Erblassers – beispielsweise eine Wertbegrenzung für Vermächtnisse zusammen mit den Nachlassverbindlichkeiten auf 7/10 des steuerlichen Einheitswertes – vorgesehen, diese mussten jedoch aufgrund britischer Bedenken aufgegeben werden[573].

---

[571] ZUNS, Das Anerbenrecht, S. 16.

[572] BRENTANO bei den Verhandlungen der am 28. und 29.9.1894 in Wien abgehaltenen Generalversammlung des *Vereins für Socialpolitik* über die Kartelle und das ländliche Erbrecht, Schriften des *Vereins für Socialpolitik* 61, S. 290. Ausdrücklich wies ANDRÉ anlässlich des *23. Deutschen Juristentages* darauf hin, dass die *"gesetzliche Gleichtheilung"* unter den Erben in einigen Gebieten nicht als Last empfunden würde, Verhandlungen des *23. Deutschen Juristentages* I, S. 38.

[573] Hierzu WÖHRMANN (1), § 16, S. 209. Die Fassung des § 17 des *Gesetzes über die Vererbung der Anerbenhöfe*, in: Z 21/1164, 62 f. (BA) führte diesbezüglich in Abs. 2 noch dezidiert aus:
"Über den Anerbenhof kann der Eigentümer, abgesehen von der Bestimmung des Anerben, in folgender Weise von Todes wegen verfügen:
1) Er kann die Abfindung der Miterben und die Rechte seines überlebenden Ehegatten im Rahmen der gesetzlichen Vorschriften näher regeln; er kann auch die Stellung seines Ehegatten als seines Voranerben durch die bäuerliche Verwaltung und Nutznießung ersetzen oder beides ausschließen oder beschränken oder einen Altenteilsanspruch für ihn festsetzen.
2) Er kann seinen Verwandten sowie Personen, die sich um den Hof verdient gemacht haben, Vermächtnisse aussetzen. Diese Vermächtnisse dürfen mit ihrem Gesamtwert regelmäßig den Betrag von 7/10 des steuerlichen Einheitswertes des Anerbenhofes nicht übersteigen oder, wenn noch andere Nachlassverbindlichkeiten vorhanden sind, die den Anerbenhof betreffen (§ 17 Abs. 2, 3), denjenigen Betrag nicht übersteigen, der sich ergibt, wenn von dem Betrage von 7/10 des steuerlichen Einheitswertes der Betrag dieser Nachlassverbindlichkeiten abgezogen wird. Soweit die vom Eigentümer angeordneten Vermächtnisansprüche über diesen Betrag hinausgehen, bedürfen sie der Genehmigung des Bauerngerichts. Die Genehmigung soll nur erteilt werden, wenn ein wichtiger Grund vorliegt.
3) Der Eigentümer kann über einzelne für die Bewirtschaftung des Hofes unwesentliche Zubehörstücke anderweitig verfügen.
4) Im übrigen kann der Eigentümer die Erbfolge kraft Anerbenrechts durch Verfügung von Todes wegen nicht ausschließen oder beschränken."

Auch anhand dieser Entwicklung innerhalb der Reformdiskussion zeigte sich m.E. das zumindest latente Fortwirken des Gedankens der Gemeinnützigkeit der landwirtschaftlichen Bodennutzung als Begründung der Notwendigkeit weitgehender Bindungen. So wurde das moderne Landwirtschaftsrecht überdies in der Folgezeit noch als *"Abwehrordnung gegen die (agrarwirtschaftlichen und sozialen Schäden) eines übertriebenen Liberalismus"* verstanden[574].

Der von den Erarbeitern der HöfeO angenommene Konflikt zwischen der als selbstverständlich vorausgesetzten Schutzbedürftigkeit des land- und forstwirtschaftlichen Grundstücksverkehrs und der Sicherung der Verfügungsfreiheit resultierend aus dem Eigentumsrecht wurde m.E. weitgehend, entgegen der oben zitierten Aussage HENRICIS[575], zu Lasten der Verfügungsbefugnis gelöst. Mehrheitlich fand sich die Tendenz, die bäuerliche Entscheidungs- und Individualfreiheit zugunsten staatlicher Zwangs- und Genehmigungspflichten in den Hintergrund treten zu lassen[576]. Demgemäß wurde vor dem Erlass des KRG Nr. 45 sowohl im erb- wie auch im außererbrechtlichen Bereich überwiegend von der Notwendigkeit der Kodifizierung möglicher Zwangsmaßnahmen[577] ausgegangen[578], die sich mit dem Grundgedanken eines freien und selbstbestimmten Bauerntums nur begrenzt in Einklang bringen lassen.

Wie komplex sich im Ergebnis eine Bewertung der testierfreiheitsbeschränkenden Regelungen aus zeitgenössischer Sicht darstellte, zeigte die Ansicht LANGES. Vor dem Hintergrund der Regelung des § 16 Abs. 1 HöfeO in Verbindung mit der Bestimmung des § 7 HöfeO, der seinerseits die freie Bestimmbarkeit des Anerben unter der Einschränkung des gerichtlichen Zustimmungserfordernisses nach Abs. 2 festschreibt, war er ursprünglich der Meinung, dass die HöfeO auf der weitgehenden Testierfreiheit des Erblassers beruhe und ihre Einschränkung als die Ausnahme erscheine[579].

---

[574] PIKALO, in: Gedächtnisschrift SCHMIDT, S. 509.
[575] C IV 2 a) (S. 84 f.).
[576] Nachgedacht wurde weiterhin über die Möglichkeit der Bestimmung des Anerben durch das Bauerngericht. Nach intensiver Diskussion bei der Anerbengesetztagung in Celle am 26.9.1946 wurde von einer derartigen Regelung abgesehen, da sie einen *"Einbruch in die Privatrechtssphäre"* in einem Sonderrechtsgebiet mit sich gebracht hätte, siehe Protokoll, in: Z 21/1164, 102 f. (BA).
[577] Gutachterliche Stellungnahme zur Umgestaltung des Reichserbhofrechts des Rechtsanwalts SCHMOLDT, zit. nach dem Schreiben STARCKES an den Vertreter vom Zentralamt für Ernährung und Landwirtschaft, SAUER, vom 26.2.1946, in: Z 6/II 50 (BA).
[578] Stellungnahme zum Erbhofrecht des OLGPräs Hamm, HERMSEN, an die britische Militärregierung, in: Z 21/1164, 49 f. (BA).
[579] LANGE, HöfeO, Rn. 128 a). Insbesondere im Hinblick auf diese Kommentierung war DIECKHOFF, NJW 1947/48, 330 (330), der Ansicht, dass die Grenzen der Beschränkungen der Testierfreiheit nach der HöfeO der klaren Festlegung bedürften. PRANGE, Die

Dieser Ansicht kann m.E. nicht gefolgt werden, da sich die Beschränkung der Testierfreiheit als *"bestimmendes Element der Erbrechtsgarantie"*[580] vor dem Hintergrund der Nichtausschließbarkeit des Zwangsanerbenrechts, d.h. der Ausgestaltung als obligatorisches Anerbenrecht, nach der ursprünglichen Fassung der HöfeO als derart einschneidend darstellte, dass sie eben nicht als Ausnahme, sondern als gesetzlicher Regelfall betrachtet werden musste[581]. Mit der zwangsweisen Geltung des Höferechts nach § 16 Abs. 1 Satz 1 HöfeO[582] und dem gerichtlichen Genehmigungserfordernis nach § 7 Abs. 2 HöfeO[583] unterlag der Eigentümer vielmehr Beschränkungen, die dem publizierten Leitgedanken des Gesetzes, nämlich dem *"Bauern die Rechtsfreiheit zu geben, die einem selbstverantwortlichen Bauernstande gebührt"*[584], zuwiderliefen.

Aus dem hier Aufgezeigten nun bereits den Schluss zu ziehen, bei der HöfeO handele es sich aufgrund der durch sie festgeschriebenen Verfügungsbeschränkungen um die Fortschreibung nationalsozialistischen Gedankenguts – insbesondere im Hinblick auf den völkischen Gemeinschaftsgedanken und die Liberalismusfeindlichkeit – erschiene allerdings zu undifferenziert. Hierbei gilt es zunächst festzustellen, dass sich die weitgehende Beschränkung der bäuerlichen Testierfreiheit sicherlich – wie gezeigt – sehr gut in den nationalsozialistischen Antiliberalismus und die Heilslehre der völkischen Pflichtgebundenheit einfügte, die Diskussion über die Notwendigkeit eines obligatorisch wirkenden Anerbenrechtes jedoch keinesfalls nationalsozialistischen Ursprungs war. So waren aufgrund der angespannten wirtschaftlichen Situation bereits in der Weimarer Republik immer wieder Bestrebungen erkennbar, ein Zwangsanerbenrecht zumindest für die Gebiete, in denen die Anerbensitte galt, einzuführen[585]. Der Ver-

---

Testierfreiheit, S. 52, kam bei der Frage des Umfangs der Testierfreiheit nach der HöfeO zu folgendem Ergebnis: *"Somit hat das Gesetz dem Erblasser für die testamentarische Erbfolge die weiteste Freiheit eingeräumt und in seinem Streben nach Sicherstellung der Ernährung der Testierfreiheit allein durch das Gebot der ungeteilten Vererbung des Hofes auf einen Erben eine verbindliche Schranke gesetzt"*.

[580] BVerfGE 67, 329 (341) m.w.N.
[581] Zur Verfassungswidrigkeit des Zwangsanerbenrechts: BENDEL, Das Problem der weichenden Erben, S. 32.
[582] Hierzu oben C IV 2 d) aa) (S. 99 ff.).
[583] Hierzu unten C V 3 b) bb) (S. 145 f.).
[584] HENRICI, RdL 1950, 104 (105).
[585] HAACK, in: Handwörterbuch der Rechtswissenschaft zum Begriff *Anerbenrecht*. Auch in der Folgezeit wurde im Rahmen der Reform der HöfeO z.T. davon ausgegangen, dass *"ohne obligatorisches Höferecht kaum auszukommen ist"*, sei doch *"in einer Zeit fortschreitender Zersetzung und maßloser Überschätzung des Materiellen ... die Gefahr der Realteilung noch viel größer."*, RÖTELMANN, RdL 1972, 113 (113). KLUNZINGER, Anerbenrecht, S. 69 plädierte 1966 differenziert für eine obligatorische anerbengesetzliche Ausgestaltung in Gebieten mit bestehender Anerbensitte.

such der Einführung eines obligatorisch ausgestalteten Reichsanerbengesetzes, basierend auf dem Entwurf des Oberlandesgerichtspräsidenten Celle vom 27. April 1926, fand allerdings in der Provinz Hannover bei den Amtsgerichten wenig Unterstützung, habe sich doch das fakultative System des *Höfegesetzes für die Provinz Hannover*[586] bewährt. Ferner entspräche es hergebrachten Rechtsanschauungen und bäuerlichem Empfinden[587].

Des Weiteren verdeutlicht das Gutachten *"Die guten und die schlechten Seiten des Erbhofrechts"* vom 19. Dezember 1946, dass von den reichserbhofrechtlichen Beschränkungen der Testierfreiheit im Rahmen der Neuregelung des Landwirtschaftserbrechts ausdrücklich Abstand genommen werden sollte:

"Die Beschränkung der Testierfreiheit des Bauern war ein Eingriff in seine Privatrechtssphäre, die er nicht verstand und die auch durch die Sachlage nicht geboten war. Denn es bestand nur Interesse daran, den Hof geschlossen zu vererben und ihn der Familie zu erhalten."[588]

Unter Berücksichtigung dieser Zielsetzung ging das Bestimmungsrecht des Erblassers nach den Regelungen der HöfeO weit über die Möglichkeiten nach dem REG hinaus. Im Vergleich zum Reichserbhofrecht kam dem Eigentümer aufgrund der Regelung des § 7 HöfeO eine ungleich höhere Bestimmungsmöglichkeit zu, wenngleich auch eine ursprünglich starke Ansicht davon ausging, dass es in Auslegung des § 16 Abs. 1 HöfeO (allerdings über den Gesetzestext hinausgehend) demjenigen Erblasser, der keine Abkömmlinge, aber hoffolgeberechtigte Angehörige der 2. bis 5. Ordnung des § 5 HöfeO hat, versagt sei, eine Person zum Hoferben zu bestimmen, die nicht zu den hoffolgeberechtigten Personen gehöre[589]. Daneben konnte er die Erbfolge kraft Höferechts nach Maßgabe des § 16 Abs. 1 Satz 2 HöfeO beschränken. Die hierdurch bestehenden Gestaltungsmöglichkeiten für den Erblasser erhellen die überwiegende Einschätzung, die HöfeO habe die Testierfreiheit nahezu vollständig wieder hergestellt[590].

---

[586] GS, S. 663.
[587] Hierzu und zu der veränderten Stimmungslage im Frühjahr 1932, HERLEMANN, Der Bauer, S. 88 f.
[588] Nachlass WÖHRMANN. Siehe auch ders., RdL 1967, 85 (85).
[589] OLG Düsseldorf, JMBl. NW 1948, 192 (192). Hierzu näher unten C V 3 b) bb) (S. 143 f.).
[590] SCHETTER, SJZ 1947, 370 (375); HENRICI, RdL 1950, 104 (105); LANGE, HöfeO, Rn. 128; WÖHRMANN (1), § 7, S. 126; BITTING, Die Aufhebung, S. 15.

Im Gegensatz zum REG diente die erreichte Beschränkung der Testierfreiheit darüber hinaus nicht der Sicherstellung des Vorrangs der völkischen Pflichtgebundenheit landwirtschaftlichen Eigentums vor der Verfügungsbefugnis des Eigentümers. In diesem Zusammenhang zeigte WÖHRMANN den von der HöfeO gewählten Mittelweg auf und wies darauf hin, dass aufgrund der Ernährungssituation eine bewusste Abwendung von dem Grundsatz des Art. 64 Abs. 2 EGBGB und den früheren landesgesetzlichen Anerbenrechten vorgenommen worden sei[591]. Zwar stand stets der Schutz landwirtschaftlicher Güter vor Zersplitterung im Mittelpunkt der Reformdiskussionen, dieses jedoch vor dem Hintergrund der Versorgungssituation; eine Fortsetzung der Ideologie des nationalsozialistischen Gemeinschaftsgedankens, wie ihn das Reichserbhofsrecht verfolgte, lässt sich in der Reformdiskussion nicht nachweisen. Eine Fortführung der nahezu vollständigen Abschaffung der Testierfreiheit war soweit ersichtlich von keiner beteiligten Stelle intendiert. Vielmehr bedarf es auch hier bei der Bewertung der Berücksichtigung der katastrophalen Ernährungslage der direkten Nachkriegszeit, die in Art und Ausmaß insoweit nicht mit der Agrarkrise in der zweiten Hälfte des 19. Jahrhunderts und damit der Ausgangssituation der neueren Anerbengesetzgebung verglichen werden kann[592]. WÖHRMANN verdeutlichte, dass er unter anderen Vorzeichen die freiwillige Unterwerfung unter ein Höferecht als die *"gesündere und idealere"* Möglichkeit angesehen hätte, hiervon indes ausschließlich aus Gründen der Sicherung der Erzeugung Abstand genommen worden sei[593].

---

[591] WÖHRMANN (1), § 7, S. 126. KAHLKE, SchlHA 1964, 247 (254) sah dagegen die Festschreibung des Zwangsanerbenrechts auch unter Berücksichtigung der historischen Gegebenheiten als nicht gerechtfertigt an.

[592] Von der Entkräftung und der Hungersituation war die Justiz und Richterschaft in gleicher Weise massiv betroffen und zwar in einem Ausmaß, das zuvor wohl nicht vorstellbar gewesen war. Zu den Auswirkung auf die Arbeits- und Leistungsfähigkeit siehe v. HODENBERG, in: Festschrift 250 Jahre OLG Celle, S. 138. So gelangte PRANGE, Die Testierfreiheit, S. 25, aus zeitgenössischer Sicht zu folgender Einschätzung: *"Es (Deutschland – d.V.) muss unter allen Umständen darauf bedacht sein, den Produktionsstand in der landwirtschaftlichen Erzeugung zu halten und jede nur mögliche Kraft der Produktionssteigerung nutzbar machen. Über den Weg der geschlossenen Vererbung des Hofes will der Gesetzgeber somit erreichen, dass der bäuerliche Grund und Boden als Betriebseinheit erhalten bleibt ..."*.

[593] WÖHRMANN (1), § 1, S. 42. Grundsätzlich plädierte er dafür, nicht die Entstehung, sondern die Löschung des Hofes vom Antrag abhängig zu machen, da seines Erachtens dann *"der Höfegedanke ... in erheblich weiterem Umfange verwirklicht"* würde, gleichzeitig *"der Grundsatz der Freiwilligkeit immer noch gewahrt"* sei, WÖHRMANN, Atti del Primo Convegno, S. 583. Dass der Eigeninitiative des Bauern z.T. misstraut wird, zeigt ebenso die aktuelle Diskussion zum Anerbenrecht, wenn FASSBENDER, AgrarR 1998, 188 (189) dafür plädiert, dass die Geltung von Anerbenrechten grundsätzlich kraft Gesetzes eintreten soll, da ihrer Geltung andernfalls *"Unwissenheit, Verdrängung des Gedankens an den Tod, Kostenscheu, Nachlässigkeit"* des Bauern entgegenstehen könnten.

Zu Recht sprach STÖCKER in der späteren Auseinandersetzung mit der HöfeO a.F. daher davon, dass es vor der Abschaffung des Zwangsanerbenrechts darum gegangen sei, landwirtschaftliche Betriebseinheiten *"um nahezu jeden Preis"* zu erhalten.[594] Diese Kritik ist insoweit berechtigt, als das Bestreben der Erhaltung bäuerlicher Betriebe in ihrer Vollständigkeit im weiteren Zeitverlauf als ein rein dogmatischer Ansatz erscheinen musste[595]; rückblickend war es indessen aufgrund der katastrophalen Ernährungslage nachvollziehbar[596].

Durch die Einführung des fakultativen Höferechts nach der Neuregelung des § 1 Abs. 4 HöfeO nach Maßgabe des 2. HöfeÄndG vom 29. März 1976[597] wurde die sich in der Folgezeit vor dem Hintergrund des Art. 14 Abs. 1 Satz 1 GG ergebende verfassungsrechtliche Problematik nach überwiegender Ansicht nunmehr für den gesamten Geltungsbereich der HöfeO gelöst[598]. Die Begründung des Gesetzentwurfes formulierte lediglich knapp, dass, wenn das Höferecht den mutmaßlichen sozialtypischen Erblasserwillen in der bäuerlichen Bevölkerung anerkenne, es gleiches auch mit dem im konkreten Fall abweichenden tatsächlichen Willen des Hofeigentümers tun müsse[599]. An der fehlenden Ausschlussmöglichkeit der Erbfolge kraft Höferechts nach § 16 Abs. 1 Satz 1 HöfeO wurde dabei festgehalten; aufgrund der höferechtlichen Gestaltungserklärung gemäß § 1 Abs. 4 HöfeO kann diese Bindungswirkung jetzt jedoch umgangen und der Hof nach allgemeinem Recht vererbt werden, indem der Hof den höferechtlichen Bindungen insgesamt entzogen wird.

---

[594] WÖHRMANN/STÖCKER (4), § 8, Rn. 16.
[595] KROESCHELL, AgrarR 1974, 85 (86) war dementsprechend der Ansicht, dass eine testamentarisch angeordnete Realteilung *"aus agrarpolitischen Gründen gewiss nicht zu verwehren"* sei.
[596] Wenngleich GÜDE, Konstanzer Juristentag, S. 94 f., 1947 die Frage stellte, ob eine Grenzziehung des Zwangsanerbenrechts hinsichtlich der konkreten Ausgestaltung der Hoferfordernisse, aber auch der Fixierung des durch das Reichserbhofrecht herbeigeführten Zustands nicht vollkommen neu zu überdenken sei.
[597] BGBl. I, S. 881 in der Bekanntmachung der Neufassung vom 26.7.1976 (BGBl. I, S. 1933).
[598] STAUDINGER-OTTE, Einl. zu §§ 1922 ff., Rn. 67; FASSBENDER/HÖTZEL/ VON JEINSEN/PIKALO, § 16, Rn. 1; WÖHRMANN/STÖCKER (7), § 16, Rn. 3; LANGE/WULFF/LÜDTKE-HANDJERY, § 16, Rn. 1 ff.; BARNSTEDT/BECKER/BENDEL, S. 93; a.A. KROESCHELL, AgrarR 1974, 85 (86). Das Aufzeigen der Diskussion in Bezug auf die verfassungsrechtliche Erbrechtsgarantie des Art. 14 Abs. 1 Satz 1 GG kann nicht Gegenstand dieser Arbeit sein. Vor dem Hintergrund dieser Diskussion wird indes deutlich, dass die ursprüngliche Form der Testierfreiheitsgewährleistung nach der HöfeO den grundgesetzlichen Anforderungen nur unzulänglich gerecht wurde.
[599] BT-DRUCKS. 7/1443, S. 16.

V. Wiedereinführung und Sicherstellung des Leistungsgedankens

Das vordringlichste Anliegen der Anerbenrechtsreform nach dem Zweiten Weltkrieg war – wie gezeigt – die Steigerung der landwirtschaftlichen Produktion zur Sicherung der Ernährungslage. Durch die Gewährleistung des ungeteilten Erbanfalls kann zwar eine Zersplitterung des landwirtschaftlichen Grundbesitzes vermieden werden. Zur Sicherstellung einer möglichst intensiven Bewirtschaftung des Hofes durch den Anerben war aber aus Sicht der an der Reform beteiligten Stellen die Festschreibung des ungeteilten Erbanfalls allein nicht ausreichend. Vielmehr sollte das Höferecht darüber hinaus den Anfall des Hofes an einen möglichst leistungsfähigen Anerben gewährleisten. Insoweit bieten anerbenrechtliche Regelungen zahlreiche Instrumentarien, wie etwa die Festschreibung einer Anerbenordnung oder bestimmter notwendiger Anforderungen an den Anerben, um auf die Auswahl des Hoferben Einfluss zu nehmen bzw. diesen sogar zu bestimmen und auf diese Weise die ordnungsgemäße Bewirtschaftung des Hofes sicherzustellen. Hierbei liegt es auf der Hand, dass, je weitgehender die gesetzlichen Anforderungen gefasst werden, das Maß der Testierfreiheit bzw. der Verfügungsbefugnis des Erblassers nur umso geringer ausgestaltet sein muss.

Das Reichserbhofrecht löste diesen Konflikt aufgrund seiner völkischen und antiliberalen Grundkonzeption sowohl im anerben- als auch im außeranerbenrechtlichen Bereich zu Lasten der Verfügungsbefugnis des Eigentümers. Da das REG eine wirtschaftliche Gesamtordnung im Sinne einer Agrarverfassung bereitstellen sollte, schreckten seine Verfasser nicht davor zurück, den Eigentümer den aufgezeigten weitgehenden Beschränkungen auch bei Rechtsgeschäften unter Lebenden zu unterwerfen. Bei dieser Ausgangssituation sahen sich die an der Erarbeitung der HöfeO beteiligten Stellen der Frage gegenübergestellt, auf welchem Wege und mit welchen Mitteln die Leistungsfähigkeit der Bauernschaft durch höferechtliche Regelungen gewährleistet werden sollte.

1. Zwangsvollstreckungs-, Veräußerungs- und Belastungsverbot

a) Reichserbhofrecht

Gemäß § 38 REG war eine Zwangsvollstreckung in erbhofgebundenes Eigentum wegen einer Geldforderung nicht möglich, da vermieden werden sollte, dass Bauern, die trotz ordnungsgemäßer Wirtschaft in Not geraten waren, vom Hof vertrieben wurden[600]. Ebenso waren Erbhöfe nach dem REG unbelastbar und unveräußerlich (§ 37 Abs. 1 REG), es sei denn, das Anerbengericht hatte seine Genehmigung nach Abs. 2 und 3 erklärt[601]. Wie bei der Voraussetzung der Bauernfähigkeit nach § 13 REG handelte es sich um ein anerbenrechtliches Novum. Hierdurch wurde die bäuerliche Verfügungsbeschränkung von dem rein anerbenrechtlichen Bereich auf Rechtsgeschäfte unter Lebenden – und zwar über den faktisch erbrechtlichen Fall der Hofübergabe hinausgehend – erstreckt. Das REG stellte diesbezüglich nicht eine bloße Weiterentwicklung des *Preußischen Bäuerlichen Erbhofrechts* vom 15. Mai 1933[602] dar, da dieses weder das Verbot der Zwangsvollstreckung noch die Unveräußerlichkeit und Unbelastbarkeit des Hofes kannte[603].

Diese Regelungen waren offensichtlich nicht anerbenrechtlicher Natur, sondern betrafen den Grundstücksverkehr unter Lebenden. Seinem Selbstverständnis nach sollte das REG jedoch Rechtsgeschäfte unter Lebenden wie auch den Erbanfall umfänglich regeln und schrieb daher das Zwangsvollstreckungs-, Belastungs- und Veräußerungsverbot fest. Auf diese Weise sollte der *"heilige Boden ... dem Gesetz der Natur"* folgen, *"Familien entstehen, arbeiten, schaffen, wachsen und ... auch wieder vergehen"* lassen[604] und der Erbhof, so, wie es die Einleitung des REG formulierte, *"dauernd als Erbe der Sippe in der Hand freier Bauern"* erhalten bleiben. Die Blut-und-Boden-Bindung führte somit zu einer vollständigen Abschaffung des Leistungswettbewerbs. Der Leistungswille des Hofeigentümers sollte allein durch seine Standesehre und die völkische Pflichtgebundenheit des Landeigentums sichergestellt werden.

---

[600] VOGELS, REG, § 38, Rn. 1.
[601] KRUEDENER, ZWS 1974, 335 (337) kommt bei der Betrachtung der nationalsozialistischen Landwirtschaftsrechtskonzeption nach dem REG zu dem Schluss, dass in der Agrarpolitik, anders als in den übrigen Wirtschaftsbereichen, der Gedanke der Volksgemeinschaft bzw. generell *"ideologisch motivierte Konzepte"* ordnungspolitisch in einem geschlossenen Teilsystem umgesetzt wurden.
[602] PreußGBl., S. 164.
[603] Allerdings sah das *Preußische Bäuerliche Erbhofrecht* bereits in § 5 Abs. 1 das anerbengerichtliche Genehmigungserfordernis für die Veräußerung eines Erbhofes oder eines diesem zugehörigen Grundstücks vor.
[604] FREISLER, Erbrecht, in: WAGEMANN/HOPP, REG, S. 43.

HAINISCH und HERMES hatten bereits bei der Generalversammlung des *Vereins für Socialpolitik* über das ländliche Erbrecht 1894 darauf hingewiesen, dass eine alleinige erbrechtliche Lösung zum vollumfänglichen Schutz der Höfe vor Überschuldung nicht ausreichend sei[605]. Allerdings sahen sie die Erstreckung protektionistischer landwirtschaftlicher Sonderrechtsregelungen auch auf Rechtsgeschäfte unter Lebenden vor dem Hintergrund der massiven Einschränkung der bäuerlichen Verfügungsbefugnis und des Grundsatzes der Vertragsfreiheit als nicht durchführbar an[606]. Diese Bedenken wurden von den nationalsozialistischen Agrarideologen aufgrund der Idee der völkischen Gemeinschaftsbindung landwirtschaftlichen Grundbesitzes und der daraus resultierenden besonderen Leistungsverpflichtung des Bauern für Volk und Staat nicht geteilt, und sie scheuten infolgedessen nicht davor zurück, die Zwangsvollstreckungs-, Veräußerungs- und Belastungsverbote in das REG mit aufzunehmen[607].

Zwar wurde es, nachdem die nationalsozialistischen Pläne der Erbhofentschuldung gescheitert waren, notwendig, zumindest inoffiziell eine Veräußerung erbhofgebundenen Landes entgegen § 37 REG zuzulassen[608]. Auch behandelten die Anerbengerichte die Genehmigungen von Verkäufen bei Vorliegen eines wichtigen Grundes nach § 37 Abs. 2 REG relativ wohlwollend[609]. Eine Kreditaufnahme und damit der Zugang zum Kapitalmarkt war den Bauern jedoch aufgrund des Verbots der Zwangsvollstreckung und der Unbelastbarkeit der Höfe nahezu unmöglich und eine Modernisierung bzw. Ausweitung der Produktionsmittel war trotz deren Notwendigkeit[610] aufgrund des Mangels finanzieller Mit-

---

[605] Hierzu bereits oben C III 3 (S. 68). Bereits das bayrische Gesetz *"betreffend die landwirtschaftlichen Erbgüter im diesrheinischen Bayern"* vom 22.2.1855 (Art. 6) sowie das hessische *Gesetz die landwirtschaftlichen Güter betreffend* vom 11.9.1858 (Art. 11) hatten versucht, den Hofeigentümer in der Veräußerung, Verpfändung oder Belastung zu beschränken und waren aufgrund dessen in der bäuerlichen Bevölkerung auf Ablehnung gestoßen, hierzu KLUNZINGER, Anerbenrecht, S. 41.

[606] Der Gedanke einer Belastungsbeschränkung von Bauerngütern war hierbei nicht neu. So bestimmten beispielsweise die §§ 29 und 54 des preußischen *Regulierungsedicts* vom 14.9.1811, dass Bauerngüter nicht über ein Viertel des Werts mit Hypothekenschulden belastet werden sollten. Mit Verordnung der preußischen Staatsregierung vom 29.12.1843 wurde diese Beschränkung allerdings abgeschafft, hierzu V. MIASKOWSKI, Das Erbrecht, S. 315.

[607] Zur häufig erteilten Belastungsgenehmigung nach § 37 Abs. 2 REG zur Erhöhung und Erhaltung der Wirtschaftsfähigkeit der Höfe siehe MÜNKEL, Bauern und Nationalsozialismus, S. 149 (für den Amtsgerichtsbezirk Bergen, Kreis Celle).

[608] KROESCHELL, in: HAR II, Sp. 667.

[609] MÜNKEL, Bauern und Nationalsozialismus, S. 149 (für den Amtsgerichtsbezirk Bergen, Kreis Celle); GRUNDMANN, Agrarpolitik, S. 76; FARQUHARSON, Plough, S. 131.

[610] So gab es in Deutschland im Jahr 1938 einen Traktor je 338 ha, in Großbritannien dagegen einen je 130 ha, SCHOENBAUM, Die braune Revolution, S. 212.

tel weitestgehend ausgeschlossen[611]. Realkredite konnte der Bauer somit nicht erlangen und war auch im Fall notwendiger oder sinnvoller Investitionen auf die Bewilligung von Personalkrediten angewiesen[612].

Damit wurde selbst die Ausstattung der Töchter vor dem Hintergrund des mangelnden Kreditflusses aufgrund der Unbelastbarkeit des Hofes zu einem Problem[613]. Insbesondere die kleineren, nach § 2 REG nicht erbhofrechtlich gebundenen Bauernhöfe[614] standen oftmals vor der für sie häufig schwierigen Entscheidung, ihre Produktion zu steigern und somit dem REG-Zwang zu unterliegen oder mit Rücksicht auf die Abfindungen der weichenden Erben den Hof den erbhofrechtlichen Bindungen durch eine Produktionsstagnation zu entziehen. Desgleichen stellte sich dem Bauern bei erbhofrechtlich gebundenem Eigentum regelmäßig die Frage, ob der enge Finanzierungsspielraum zum Zwecke der Produktionssteigerung verwandt oder zugunsten der Abfindung der weichenden Erben nicht zurückbehalten werden sollte[615]. Damit stand die vollständige Nichtberücksichtigung der weichenden Erben bzw. die Begrenzung auf das bloße Recht auf Versorgung der Abkömmlinge bis zu deren Volljährigkeit[616] im Gegensatz zum bäuerlichen Gerechtigkeitsempfinden und dem erwünschten Gleichbehandlungsgrundsatz. Diesen Konflikt erkannte bereits das zeitgenössische nationalsozialistische Schrifttum, wenn es bei SCHÜRMANN hieß:

"Die große Masse der Bauernhöfe sah sich damit vor die Entscheidung gestellt, ob sie es mit Rücksicht auf die weichenden Erben und deren Zukunft bei dem erreichten Produktionsstand bewenden lassen sollte."[617]

Das Verbot der Zwangsvollstreckung hatte zusätzlich zur Folge, dass gegen einen schlecht wirtschaftenden Bauern nur mit den Instrumentarien des Wegfalls der *"Bauernfähigkeit"* und infolgedessen der *"Abmeierung"*[618] vorgegangen werden konnte. Eine privatwirtschaftliche Konkurrenzsituation, und damit die

---

[611] KROESCHELL, in: HAR II, Sp. 667; KRUEDENER, ZWS 1974, 335 (342) spricht davon, dass das REG für den Zugang zum Kapitalmarkt *"beinahe unüberwindliche Hindernisse errichtete"*; SCHOENBAUM, Die braune Revolution, S. 202 spricht sogar von einem *"Mühlstein um den Hals der Begünstigten"*.
[612] HERLEMANN, Der Bauer, S. 105 f.
[613] MANFRED, Die Ökonomie des Dritten Reiches, als Anh. in: SIEVERS, Unser Kampf, S. 175.
[614] D.h. die Höfe, die das Kriterium der „Ackernahrung" nicht erfüllten, siehe hierzu oben A III 2 (S. 13 f.).
[615] KRUEDENER, ZWS 1974, 335 (343).
[616] Hierzu näher unten C V 5 (S. 171 ff.).
[617] SCHÜRMANN, Deutsche Agrarpolitik, S. 494; zit. nach KRUEDENER, ZWS 1974, 335 (343).
[618] Hierzu unten C V 2 (S. 127 ff.).

Sicherung einer produktiven und leistungsfähigen Bewirtschaftung über den Weg einer Wirtschaftsauslese, war indes nicht gegeben; sie war allerdings auch nicht beabsichtigt, da die weitgehende Ausschaltung des Wettbewerbs in Kombination mit umfänglichen Preisregulierungen dazu dienen sollte, eine Situation zu schaffen, die – von Konjunkturschwankungen und Konkurrenzdruck erst einmal befreit – dazu geeignet sei, *"organisatorische, kaufmännische und qualitative Höchstleistungen hervorzubringen."*[619]

b) Reformdiskussion

Die Leistungsfähigkeit des Hofeigentümers sollte durch die Wiedereinführung der Möglichkeit der Zwangsvollstreckung in den Hof – und damit den Wegfall von Regelungen – gewährleistet werden. Die aufgezeigte Verhinderung der Zwangsversteigerungsmöglichkeit durch das REG wurde in der dem Zentralamt für Ernährung und Landwirtschaft vorliegenden Denkschrift *Der Aufbau der landwirtschaftlichen Wirtschaftsberatung durch die Landbauringe* vom 4. August 1946 als Beseitigung des *„wirtschaftlichen Ausleseprozesses"* und als *„gesetzlich geschützte Leistungsunfähigkeit"* eingestuft[620].

Die Wiedereinführung der Zwangsvollstreckungsmöglichkeit wurde infolgedessen allgemein begrüßt, da ein schlecht wirtschaftender Bauer wie vor 1933 befürchten musste, seinen Hof im Wege der Zwangsversteigerung zu verlieren[621]. Verwiesen wurde auf die Erwartungshaltung innerhalb der Bauernschaft dahingehend, dass ihnen durch eine Neuordnung des Bodenrechts die Verfügungsfreiheit in weitem Umfang zurückgegeben würde[622]. Der Bauer sollte wieder befähigt sein, frei über sein Eigentum bestimmen zu können, und damit zugleich dem vollen wirtschaftlichen Risiko unterliegen. Mit dem umfassenden Steuerungsansatz des totalitären nationalsozialistischen Staates sollte gebrochen werden, da ideologische, an staatlichem Zwang ausgerichtete und parteipolitisch geprägte Strukturen nationalsozialistischer Wirtschaftsführung von vornherein ungeeignet gewesen seien, die Produktionsleistung zu steigern:

---

[619] REISCHLE, Die geistigen Grundlagen, S. 26.
[620] Z 6/II 52 (BA).
[621] Stellungnahme des LGPräs Verden, HAGEMANN, vom 30.4.1946, der davon sprach, dass das REG die Erbhöfe zu *"kleinen Fideikommissen"* gemacht habe, in: Nds. 50, Nr. 123 (NA). DÖLLE allerdings trat 1947 anlässlich des Konstanzer Juristentages, S. 105 nach wie vor für *"gewisse Vollstreckungsschranken"* in der zonalen Ausführungs- und Anerbengesetzgebung ein.
[622] Allgemeine Kritik WÖHRMANN/HENRICI vom Januar 1947 am amerikanischen Entwurf zum späteren KRG Nr. 45, in: Z 21/1164, 186 (BA).

"Der Keim der Zerstörung dieser Gesetzgebung lag aber in dem unerhörten Zwang, dem sie jedem Erbhofbesitzer auferlegte, bei allen rechtsgeschäftlichen Verfügungen unter Lebenden und von Todes wegen die engen Grenzen parteidoktrinärer Bodennutzung einzuhalten, die den freien Willen der Selbstbestimmung über Hab und Gut ertöteten oder bestenfalls den Befehlen der Partei unterordneten"[623].

Es wurde gefordert, dass das „*Recht an der Scholle*" zugleich „*die Pflicht zur Leistung*" beinhalten[624] solle. Das Reichserbhofrecht wurde aufgrund der fehlenden Zwangsversteigerungsmöglichkeiten als leistungshemmend und -hinderlich angesehen. Vor der Schaffung des REG sei eine Konkurrenzsituation und damit ein Leistungswettbewerb gegeben gewesen. Das REG habe indes den wirtschaftlichen Ausleseprozess aufgrund des Ausschlusses einer Zwangsversteigerung verhindert[625]. Insoweit sei die "*Periode der gesetzlich geschützten Leistungsunfähigkeit*" nun abzulösen durch einen "*Zeitabschnitt des allgemeinen Waren- und Nahrungsmittelmangels*"[626]. Dementsprechend stand auch die Landwirtschaftskammer Hannover der Wiedereinführung der Zwangsvollstreckung grundsätzlich positiv gegenüber:

„*Die in ihrem Entwurf vorgesehene Regelung der Zwangsversteigerung war ebenfalls Gegenstand eingehender Besprechungen. Daß die Zwangsversteigerung als solche grundsätzlich wieder zugelassen wird, wird allseits wärmstens begrüßt und als selbstverständlich erachtet, weil dadurch eine gesunde Leistungsauslese und gleichzeitig auch ein gesunder*

---

[623] SCHETTER, SJZ 1947, 370 (371).
[624] Denkschrift „*Der Aufbau der landwirtschaftlichen Wirtschaftsberatung durch die Landbauringe*" vom 4.8.1946 sowie Denkschrift „*Die Ernährungsreserve in der Landwirtschaft der britischen Zone*", beide in: Z 6/II 52 (BA). Zu der gleichen Ansicht gelangte GÜDE, Konstanzer Juristentag, S. 85, der 1947 aufgrund des Entzugs des Hofes aus der modernen Wirtschaft und damit dem Wettbewerb bei gleichzeitiger Sippenbindung von der "*Verewigung untüchtig gewordener degenerierter Bauernfamilien auf ihren Höfen*" sprach.
[625] "*Grundsätzlich ist das Recht an der Scholle an eine bestimmte Leistungspflicht gebunden! .... In der früheren freien Wirtschaft konnte sich nur der tüchtige Landwirt im Konkurrenzkampf behaupten. Das Reichserbhofgesetz verhindert die Zwangsversteigerung und beseitigt damit diesen wirtschaftlichen Ausleseprozess.*", Gutachten zum *Aufbau der landwirtschaftlichen Wirtschaftsberatung durch Landbauringe* vom 4.8.1946, in: Z 6/II 52 (BA).
[626] Gutachten zum *Aufbau der landwirtschaftlichen Wirtschaftsberatung durch Landbauringe* vom 4.8.1946, in: Z 6/II 52 (BA).

Leistungsaufstieg in der Landwirtschaft in natürlicher Weise wieder ermöglicht wird."[627]

Einschränkend forderte die Landwirtschaftskammer Hannover bezüglich der Kontrolle der dinglichen Belastung landwirtschaftlichen Grundbesitzes, dass zur Vermeidung einer Verschuldung des Hofes eine Finanzkontrolle durch die Genehmigungspflicht hinsichtlich dinglicher Belastungen grundsätzlich notwendig sei[628]. Grundlage hierfür war der Versuch, das Höferecht von dessen Ausgestaltung als bloßes Sondererbrecht in den Bereich der Beschränkung von Rechtsgeschäften unter Lebenden auszudehnen. Desgleichen sah das Gutachten *"Die guten und die schlechten Seiten des Erbhofrechts"* vom 19. Dezember 1946[629] in dem Genehmigungserfordernis des § 37 Abs. 2 REG bezüglich der Veräußerung bzw. der Belastung von Erbhöfen eine positive Regelung zur Sicherung der Bestandssicherung des Erbhofs unter Lebenden sowie zum Schutz gegen Verschuldung.

Demgegenüber war das Zentralamt für Ernährung und Landwirtschaft der Ansicht, dass es neben der geschlossenen Vererbung von Höfen eines besonderen wirtschaftlichen oder rechtlichen Schutzes der Güter durch weitere landwirtschaftliche Sonderregelungen nicht bedürfe:

---

[627] Anmerkungen der Landwirtschaftskammer und des Landesernährungsamts Hannover gegenüber dem Zentralamt für Ernährung und Landwirtschaft zur Neugestaltung des Agrarrechts vom 16.7.1946, in: Z 6/II 50 (BA).

[628] *„Während von wenigen der Standpunkt vertreten wurde, von einer Finanzkontrolle deshalb ganz abzusehen, weil einerseits eine solche Kontrolle in wirksamer und den bäuerlichen Verhältnissen gerecht werdender Weise doch nicht durchgeführt werden könne und andererseits ein allgemeines Interesse an einer solchen Finanzkontrolle nicht bestehe, weil sie ein natürliches und gesundes Ausmerzen der leistungsfähigen Wirtschafter erschwere oder verhindere, war die überwiegende Mehrheit der Auffassung, daß eine solche Finanzkontrolle in vernünftigem Rahmen beibehalten werden müsse. Diese letztere Auffassung ist einerseits auf die Überlegung gestützt, daß der Bauernhof in aller Regel nicht von dem derzeitigen Bewirtschafter geschaffen, sondern im Laufe der Generationen allmählich zu dem geworden sei, was er heute darstelle und daß außerdem dem Anerben bereits eine rechtliche und auch bäuerlichem Rechtsbewußtsein entsprechende Rechtsanwartschaft an dem Hof zustehe und daß es außerdem auch im ernährungs- und gesamtwirtschaftlichen Interesse erstrebenswert sei, die Höfe zum Zwecke der Erhaltung ihrer Produktionsfähigkeit vor Überschuldung zu bewahren."*, Anmerkungen der Landwirtschaftskammer und des Landesernährungsamts Hannover gegenüber dem Zentralamt für Ernährung und Landwirtschaft zur Neugestaltung des Agrarrechts vom 16.7.1946, in: Z 6/II 50 (BA).

[629] Nachlass WÖHRMANN. Siehe auch ders., RdL 1967, 85 (85).

"Der ersten Entwurf eines Höfegesetzes ist im engsten Einvernehmen mit uns aufgestellt. Er zielt darauf ab, lediglich die geschlossene Vererbung unter wirtschaftssichernden Bedingungen zu regeln, im übrigen aber die Erbhöfe bezüglich Belastung, Verpachtung, Veräusserung, Sicherung der Landbewirtschaftung und Gerichtsbarkeit den Nichterbhöfen gleichzustellen."[630]

Freilich bedeutete diese Gleichstellung nicht das Fehlen jedweder Genehmigungserfordernisse. Es sollte lediglich von einer besonderen Regelung für die Belastung, Veräußerung und Verpachtung von Erbhöfen abgesehen und diese den Genehmigungserfordernissen allgemeiner grundstücksverkehrsrechtlicher Regelungen für landwirtschaftliche Grundstücke unterstellt werden, da die Erschwerung der Krediterlangung, die das REG mit sich gebracht hatte[631], als leistungshinderlich gesehen wurde[632].

Für den außeranerbenrechtlichen Bereich musste die Diskussion mit Erlass des KRG Nr. 45 innerhalb des britischen Besatzungsgebietes nicht weitergeführt werden, da das Kontrollratsgesetz seinerseits für Verfügung, Belastung und Pacht in den Art. IV, V und VI behördliche Genehmigungserfordernisse vorsah. Im Ergebnis gab die beschlossene Fassung für den Bereich der Belastung eines land- oder forstwirtschaftlichen Grundstücks in Art. V ein Genehmigungserfordernis für die Bestellung einer Hypothek, Grundschuld oder Rentenschuld vor. Zwar verlor zuvor erbhofrechtlich gebundenes Grundeigentum gemäß Art. III Abs. 1 KRG Nr. 45 seinen Charakter als *Erbhof* und wurde freies Grundeigentum, war damit also den allgemeinen Gesetzen unterworfen. Allerdings sah Art. V des KRG Nr. 45 einschränkend vor, dass *"die Bestellung einer Hypothek, Grundschuld oder Rentenschuld an einem land- oder forstwirtschaftlichen Grundstück nur mit der Genehmigung der zuständigen deutschen Behörden"* zulässig sei. Hierzu führte Art. IV der MilRegVO Nr. 84 aus, dass sich dieses Erfordernis auch auf sonstige dingliche Belastungen, durch die eine einmalige oder wiederkehrende Leistung aus dem Grundstück zu entrichten ist (z.B. Zwangshypothek, Reallast), erstreckte.

---

[630] Aktenvermerk des Zentralamts für Ernährung und Landwirtschaft vom 9.7.1946, in: Z/I 162, 128 (BA).
[631] Hierzu oben C V 1 a) (S. 118 f.).
[632] Gutachten *"Die guten und die schlechten Seiten des Erbhofrechts"*, vom 19.12.1946, Nachlass WÖHRMANN. Hierzu ders., RdL 1967, 85 (85).

Die erforderliche Genehmigung gemäß Art. IV Abs. 10[633] der MilRegVO Nr. 84 galt jedoch in vier Fällen als erteilt. Das war gemäß Art. IV Abs. 10 lit. a) im Besonderen dann der Fall, wenn es sich um eine Belastung, die sieben Zehntel des zuletzt festgestellten steuerlichen Einheitswertes nicht überstieg, handelte[634].

Im Bereich der Zwangsvollstreckung sahen weder das KRG Nr. 45 noch die HöfeO als Teil der Durchführungsbestimmung des KRG Nr. 45 Vollstreckungsbeschränkungen vor[635].

c) Beurteilung

Wie gezeigt, gingen alle an der Reform des Landwirtschaftsrechts beteiligten Stellen davon aus, dass die Zwangsvollstreckungsmöglichkeit in Höfe zur Sicherstellung der Leistungsfähigkeit des Hofeigentümers wieder einzuführen sei. In diesem Bereich erfolgte die vollständige Abkehr von den antiliberalen und sippengebundenen Grundlagen des REG. Für den Bereich der Verfügungsbeschränkungen lassen sich dagegen teilweise Einflüsse des antiliberalen Ansatzes, insbesondere aufgrund der Appelle nach einer staatlichen Finanzkontrolle und der Genehmigungspflicht bei dinglicher Belastung, erkennen. Eingebracht wurden diese Forderungen im Wesentlichen von der Landwirtschaftskammer Hannover.

Der propagierten Wiedereinführung der Freiheit und Eigenverantwortlichkeit des Bauern durch die HöfeO kam damit faktisch eine weitaus geringere Bedeutung zu, als kundgetan wurde. Die Bindungen, denen der Hofeigentümer nach der HöfeO unterworfen sein sollte, gingen in einigen Bereichen weit über die zur Abwendung wirtschaftlicher Gefahren erforderlichen Maßnahmen hinaus. Das Fortwirken der Vorstellung, dass ein Entzug der landwirtschaftlichen Nutzfläche aus der dem BGB zu Grunde liegenden liberalen Wirtschaftssicht zum Schutz der Erzeugung notwendig sei, verdeutlichten die zahlreichen Forderun-

---

[633] Die Absätze nach der MilRegVO Nr. 84 waren über die Ziffern der Artikel fortlaufend.
[634] Desgleichen galt eine Genehmigung nach Art. IV Abs. 10 in folgenden Fällen als erteilt:
"b) für eine Belastung mit öffentlichen Lasten sowie mit solchen Grunddienstbarkeiten und beschränkten persönlichen Dienstbarkeiten, welche die bestimmungsmäßige Nutzung des Grundstücks nicht wesentlich beeinträchtigen,
c) für die von der Siedlungsbehörde zugelassene Belastung aus Anlaß eines Siedlungsverfahrens,
d) für die Eintragung der im § 128 des Zwangsversteigerungsgesetzes vorgesehene Sicherungshypothek gegen den Erwerber."
[635] Gemäß Art. IV Abs. 3 KRG Nr. 45 war allerdings für den Bieter bei einer Veräußerung eines Grundstücks im Wege der Zwangsvollstreckung eine Genehmigung zur Abgabe von Geboten erforderlich.

gen nach Genehmigungserfordernissen und Verfügungsbeschränkungen[636]. Als Begründung wurde regelmäßig – wie beim Reichserbhofrecht – pauschal auf die Gefahren des Spekulantentums verwiesen[637].

Grundsätzlich lässt sich anhand der Erörterungen erkennen, dass bei der Festlegung der Bindungsintensität die Schutzbedürftigkeit der Bauern vor Überschuldung und vor der Zersplitterung ihres Landbesitzes im Vordergrund stand. Die Frage, ob und inwieweit die Bauernschaft tatsächlich dieses Schutzes zur Sicherung und Verbesserung der Ertragssituation (und damit weitergehender Beschränkung ihrer Verfügungsbefugnis) bedurften, tritt in den Reformdiskussionen jedoch überwiegend in den Hintergrund. Die in Diskussion stehenden Einschränkungen stellten sich m.E. als derart intensiv dar, dass es fraglich erscheint, inwieweit dieser Kodifikation das Bild des freien, selbstbestimmten Bauern tatsächlich vollständig zu Grunde lag. Der immer wieder aufzufindende Verweis auf die historischen Erfahrungen und die daraus resultierende Notwendigkeit des Schutzes der Bauernschaft[638] blieb regelmäßig pauschal und vage.

Einer abschließenden Entscheidung bedurfte es für die Endfassung der MilReg-VO Nr. 84 hingegen nicht, da wesentliche Verfügungs-, insbesondere Belastungsbeschränkungen vom KRG Nr. 45 vorgesehen waren. Die diesbezügliche Kritik WÖHRMANNS und HENRICIS bereits in den Entwurfsstadien verdeutlichte, dass die hierzu geführte Diskussion in der britischen Besatzungszone zwar teilweise eine pauschale Begründung fand, gleichwohl inhaltlich nicht undifferenziert war. Beide waren der Ansicht, die Regelungen des KRG Nr. 45 stellten eine zu einschneidende Beschränkung der bäuerlichen Verfügungsfreiheit dar, würden hiermit doch weitergehendere Bindungen manifestiert als durch das Reichserbhofrecht; diese Beschränkungen seien der Bauernschaft indes nicht zu vermitteln:

---

[636] Dabei unterlag der freiheitseinschränkende Ansatz des REG durchaus der zeitgenössischen Kritik. GÜDE, Konstanzer Juristentag, S. 86 formulierte 1947: *"Das RER war ein Beispiel der dem Regime im Ganzen in seiner Gesetzgebung anhaftenden Tendenz, durch Verabsolutierung überpersönlicher, kollektiver, mystifizierter Werte den persönlichen Freiheitsbereich aufzuheben und alle Lebensbeziehungen bis in die persönlichste Entscheidung zu reglementieren und zu bürokratisieren."*

[637] Stellungnahme zum Erbhofrecht des OLGPräs Hamm, HERMSEN, an die britische Militärregierung vom 20.10.1945: *„Jetzt haben die Bauern wohl noch Geld; aber das kann sich bald ändern, wenn allgemein das Geld knapp wird und die Ausgaben der Landwirte für Maschinen, Saatgut, Dünger einsetzen. Hinzu kommen die Gefahren des Spekulantentums. Die Erfahrungen nach 1918 waren bitter und sind eine Warnung."* in: Z 21/1164, 49 f. (BA).

[638] Gutachten über *"Das Problem der Abfindung der bürgerlich-rechtlichen Erben im Anerbenrecht"*, in: Z 6/II 50 (BA); Stellungnahme des OLPPräs Hamm, HERMSEN, vom 20.10.1945, in: Z 21/1164, 50 (BA).

> *"Der Entwurf erklärt jede Veräußerung, Belastung und Verpachtung für genehmigungspflichtig. Dadurch wird die Verfügungsfreiheit des Hofeseigentümers in erheblich weiterem Umfange beschränkt, als dies durch das Reichserbhofgesetz und die Grundstücksverkehrsbekanntmachung geschehen war .... Die Landbevölkerung wird es nicht verstehen, daß sie durch ein Gesetz der Nachkriegszeit in ihrer Handlungsfreiheit erheblich stärker beeinträchtigt werden soll als durch die Gesetzgebung des Dritten Reichs, die von alliierter Seite immer als unvereinbar mit der persönlichen Freiheit eines Hofeigentümers hingestellt wurde. Sie wird in dem unbeschränkten Genehmigungszwang, insbesondere bei Belastungen eine unerträgliche Beeinträchtigung ihrer Freiheit und eine zu starke Bevormundung erblicken. Sie erwartet von einer Neuordnung des Bodenrechts, daß ihr ihre Verfügungsfreiheit in weitem Umfange zurückgegeben wird."*[639]

WÖHRMANN zeigte im Folgenden die Erleichterungen[640], aber auch die im Verhältnis zu der Bestimmung des § 32 EHRV eingetretene Erschwerung aufgrund der generellen Genehmigungspflicht nach dem KRG Nr. 45 auf[641]. Da diese Bindungen den beteiligten Stellen in der britischen Besatzungszone zu weit gingen, sah die MilRegVO Nr. 84 zur flexibleren Abwicklung des Grundstücksverkehrs im außeranerbenrechtlichen Bereich mit Art. III und IV Ausführungsvorschriften vor[642], die ähnlich wie § 32 EHRV gesetzliche Ausnahmen von dem Genehmigungserfordernis festlegten.

Mit vergleichbarer Argumentation gelangte GÜDE in Bezug auf den Entwurf eines badischen Anerbengesetzes zu dem Schluss, dass die Festschreibung weitgehender bäuerlicher Verfügungsfreiheiten und damit der Rückgriff auf den Liberalismus des ausgehenden 19. Jahrhunderts nicht mit den Regelungen des

---

[639] Allgemeine Kritik WÖHRMANN/HENRICI vom Januar 1947 am amerikanischen Entwurf zum späteren KRG Nr. 45, in: Z 21/1164, 186 (BA).
[640] Beispielsweise die Genehmigungsfreiheit der Veräußerung von Bestandteilen und Zubehör eines Hofes (vgl. § 37 Abs. 1 Satz 2 REG).
[641] WÖHRMANN, MDR 1947, 6 (7).
[642] GÜDE, Konstanzer Juristentag, S. 90 f., wies darauf hin, dass die Formulierung des Art. IV MilRegVO Nr. 84 in Bezug auf die Belastungsgenehmigung (*"soll nur erteilt werden, wenn ein wichtiger Grund vorliegt"*) den Landwirtschaftsbehörden einen Beurteilungsspielraum und ein Ermessen ermögliche, die verdeutlichten, dass nicht die bäuerliche Verfügungsfreiheit, sondern die Genehmigungsgebundenheit im Vordergrund stehen solle. Die Praxisbedeutung dieser Formulierung dürfte indes gering gewesen sein, da Art. IV Abs. 10 lit. a) der MilRegVO Nr. 84 bestimmte, dass die Genehmigung für Belastungen, die sieben Zehntel des zuletzt festgestellten steuerlichen Einheitswert des Hofes nicht überstiegen, als erteilt galt.

KRG Nr. 45 vereinbar war. Wegen der Verfügungs-, Belastungs- und Pachtbeschränkungen innerhalb des gesamten Bereiches des landwirtschaftlichen Grundstücksrechts durch das KRG Nr. 45 sowie der Eingriffsmöglichkeiten in den Bereich der Bewirtschaftung durch den Eigentümer nach Art. VII schien aus seiner Sicht bereits aufgrund des Rahmengesetzes ein Rückgriff auf wirtschaftsliberale Positionen im gesamten Landwirtschaftsrecht verbaut. Damit war nach Ansicht GÜDES die Einführung einer Planwirtschaft impliziert[643]. DÖLLE gelangte sogar zu der Einschätzung, das KRG Nr. 45 setze aufgrund der Genehmigungserfordernisse der Art. IV, V und VI die deutsche "Ernährungsschlacht" fort, nun allerdings ausschließlich mit agrarpolitischen Mitteln und *"völlig losgelöst ... von dem hemmenden ideologisch-romantisierenden Beiwerk der nationalsozialistischen Epoche."*[644]

2. Abmeierung und Zwangsübergabe

a) Reichserbhofrecht

Wie gezeigt, war eine Zwangsvollstreckung in erbhofgebundenes Vermögen wegen einer Geldforderung ausgeschlossen. Die ordnungsgemäße Bewirtschaftung erbhofgebundenen Vermögens sollte im Sinne der nationalsozialistischen totalitären Staatslehre nicht auf privatwirtschaftlichem Wege, sondern mit staatlichen Zwangsmitteln sichergestellt werden. Als Instrumentarium stand den Anerbengerichten mit dem Institut der *Abmeierung* die Möglichkeit von Abmeierungsbeschlüssen zu[645]. Zum einen gab es hierbei nach den §§ 15 Abs. 2 REG, 85 ff. EHVfO die Möglichkeit der *kleinen Abmeierung* in der Form, dass dem Bauern die Verwaltung und Nutznießung entzogen wurde. Daneben konnte dem Eigentümer für den Fall, dass bei einem Verlust der Bauernfähigkeit bzw. der schuldhaften Nichterfüllung von Schuldverpflichtungen und – sofern Ehegatte bzw. Anerben nicht vorhanden bzw. nicht bauernfähig waren – das Eigentum

---

[643] Konstanzer Juristentag, S. 85: *"... mit dem KRG Nr. 45 tritt die deutsche Agrarwirtschaft unter das Konzept einer Planwirtschaft, in welcher die staatliche Bürokratie nicht nur die Lenkung jeglichen Grundstückverkehrs, sondern potentiell auch die Direktive der gesamten Grundstücksnutzung für sich in Anspruch nimmt."*
[644] DÖLLE, Kontanzer Juristentag, S. 100.
[645] Allein in dem Begriff der *Abmeierung* in seiner reichserbhofrechtlichen Verwendungsform spiegelt sich der nationalsozialistische Gedanke der völkischen Pflichtgebundenheit wider. Das *Meierrecht* stellte historisch ein erbliches und dingliches Recht zur Bewirtschaftung eines fremden Gutes gegen die Verpflichtung zur Entrichtung bestimmter jährlicher Abgaben dar, wobei das *Abmeierungsrecht* das ausnahmsweise vorzeitige Lösen von diesem Vertragsverhältnis erfasste, siehe KÖBLER, in: Deutsches Rechtslexikon, *Meierrecht*. Nach REG konnte die *Abmeierung* dagegen zur Enteignung des Eigentümers führen. Der Bauer unterlag damit als Eigentümer einer ähnlichen Verpflichtung dem völkischen Gedanken gegenüber wie früher der Meier gegenüber seinem Grundherren.

nach den §§ 15 Abs. 2, 3,4 REG, 95 ff. EHVfO sogar ganz entzogen werden (*große Abmeierung*). Der Bauer wurde somit im Fall der Abmeierung seiner Rechtsposition für verlustig erklärt[646]. Damit galt sein vormaliges Eigentumsrecht als verwirkt. Das Institut der *Abmeierung* stellte daher auch aus Sicht der zeitgenössische Literatur eine der stärksten gesetzlichen Ausprägungen der nationalsozialistischen Überzeugung der Pflichtgebundenheit des Erbhofeigentums dar[647]. Im Zuge der *Erzeugungsschlacht* traten die ideologischen Aspekte der *Abmeierung* dann jedoch deutlich hinter der Möglichkeit der ökonomischen Steuerung im Sinne des Leistungsgedankens zurück[648].

Hinzu kam die Möglichkeit der im Vergleich zur *Abmeierung* deutlich weniger einschneidenden Institute der anerbengerichtlichen Anordnung einer *Wirtschaftsüberwachung durch einen Vertrauensmann* und der *Wirtschaftsführung durch einen Treuhänder* nach den §§ 74 ff. bzw. §§ 77 ff. der EHVfO[649]. Auch diese Institute sollten der Sicherung einer ausreichenden Wirtschaftsführung dienen und verdeutlichen die nationalsozialistischen Versuche, den bestehenden Konflikt zwischen dem ideologischen Rückgriff auf den Sippengedanken und einer Agrarromantik einerseits und der effizienten Produktions- und Leistungssteigerung andererseits im Laufe der Zeit zugunsten des Leistungsgedankens zu lösen[650].

b) Reformdiskussion

Das grundsätzliche Festhalten an Maßnahmen gegen schlecht wirtschaftende Eigentümer von landwirtschaftlichen Grundstücken unterlag bei der Anerbenreform nach dem Zweiten Weltkrieg keiner ersichtlichen Diskussion. Aufgrund der angespannten Ernährungslage forderte man auch von britischer Seite frühzeitig die Möglichkeit von Zwangsmaßnahmen bei unzulänglicher Hofesbewirtschaftung[651]. Das Institut der *Abmeierung* wurde als eine der rechtlichen Möglichkeiten zur Unterstützung der Lebensmittelversorgung positiv bewertet[652].

---

[646] DÖLLE, Lehrbuch des Reichserbhofrechts, S. 149.
[647] KROESCHELL, in: HAR II, Sp. 70; GRUNDMANN, Agrarpolitik, S. 120.
[648] KROESCHELL, in: HAR II, Sp. 666.
[649] RGBl. I, S. 1082.
[650] KRUEDENER, ZWS 1974, 335 (345) ist der Ansicht, dass die Institute der *Wirtschaftsüberwachung durch einen Vertrauensmann* und *Wirtschaftsführung durch einen Treuhänder* nach der EHVfO die Prämierung eines "*kapitalistischen Unternehmerverhaltens*" im Verhältnis zur nationalsozialistischen ordnungspolitischen Agrarpropaganda darstellten.
[651] *"Major Guinness states that his Division* (Food and Agriculture Branch, Economic Division – d.V.) *is particulary concerned: i. To preserve, with a view to their exercise either by Military Government or by German Authorities, any existing powers of eviction of farmers who by reason of incompetence or otherwise fail to cultivate or*

Wegen der einschneidenden Folgen – nämlich des Eigentumsverlustes ohne Abfindungsregelung bei der *großen Abmeierung* – sollte an dem Institut der *Abmeierung* allerdings nicht ohne eine Modifikation festgehalten werden[653]. Gleichwohl war von deutscher wie britischer Seite erwünscht, gesetzliche Kontrollmechanismen zu Sicherstellung der Bewirtschaftung landwirtschaftlicher Güter festzuschreiben[654].

Nachgedacht wurde über die Möglichkeit der Zwangsübergabe des Hofes auf den Anerben für den Fall, dass eine ordnungsgemäße Bewirtschaftung durch den Eigentümer nicht mehr gewährleistet schien. Die frühen Anerbenrechtsentwürfe sahen noch eine diesbezügliche Regelung in den Bestimmungen zum Übergabevertrag vor[655]. Die Forderungen nach einer solchen Bestimmung kam von den Vertretern der Bauernschaft selbst und wurden insbesondere damit begründet, dass *"eine junge Kraft"* mehr aus dem Hofe heraushole als *"der alternde Bauer"*[656].

Vor dem Hintergrund des intensiven Eingriffs in die Privatrechtssphäre unterlag dieser Vorschlag allerdings bei der Anerbengesetztagung in Celle am 26. September 1946 starken Bedenken[657]. So war der Landgerichtspräsident Verden, HAGEMANN, in Bezug auf die Bestimmung des § 18 Abs. 3 des Entwurfs des *Gesetzes über die Vererbung der Anerbenhöfe*[658] folgender Meinung:

---

[652] *maintain their holdings properly, ..."*, Schreiben der *A.T.C. Branch* vom 22.6.1945, in: FO 937/41 (PRO).

[653] Stellungnahme der *B.S.L.R.U.* vom 1.10.1946, in: FO 937/41 (PRO).

Ebenda, in: FO 937/41 (PRO). In seiner Stellungnahme vom 30.4.1946 plädierte der LGPräs Verden, HAGEMANN, für die Möglichkeit der Besitzentziehung durch gerichtlich angeordnete Zwangsverpachtung, insbesondere dann, wenn der Anerbe zur Bewirtschaftung des Hofes noch nicht in der Lage war. Als weitergehende Maßnahme schlug er eine Enteignung und Zwangsübergabe des Hofes an den Anerben bei vorheriger Androhung vor, da die Ernährungslage derart strenge Maßnahmen erfordere, in: Nds. 50, Nr. 123 (NA).

[654] *"Report on restrictions of freedom of management; Transfer inter vivos and devolution upon death in respect of agricultural property in Germany"*, S. 92 vom 14.9.1945, in: FO 937/41 (PRO) sowie Stellungnahme der *B.S.L.R.U.* vom 1.10.1946, in: FO 937/41 (PRO).

[655] Z.B. § 18 Abs. 3 des *Gesetzes über die Vererbung der Anerbenhöfe*, in: Z 21/1164, 118 R (BA).

[656] Protokoll über die Anerbengesetztagung in Celle am 26.9.1946, in: Z 21/1164, 103 R (BA).

[657] Ebenda, Z 21/1164, 104 (BA).

[658] Dort hieß es: *"In Ausnahmefällen kann das Bauerngericht, wenn sich die Beteiligten nicht einigen und die ordnungsgemäße Bewirtschaftung des Hofes gefährdet erscheint, den Anerbenhof auf den gesetzlichen oder bestimmten Anerben übertragen."*. Hierbei

"Das Prinzip als solches, das in dieser Bestimmung zum Ausdruck kommt, muß angegriffen werden. Nach meiner Ansicht reichen die allgemeinen Vorschriften, vor allem die über die Entmündigung, aus."

Trotzdem herrschte auch hier überwiegend die Auffassung vor, dass allein die Gefährdung der Bewirtschaftung des Hofes ausreichend sein sollte, einen vorzeitigen Generationswechsel durch Zwangsübergabe herbeizuführen. Gleichzeitig müsse jedoch sichergestellt sein, dass es sich lediglich um eine ausnahmsweise anzuwendende Regelung handele:

"Oberlandesgerichtspräsident Dr. Frhr. v. Hodenberg stellt abschließend fest: Die Vorschrift des § 18 Abs. 3 unterliegt ernsten Bedenken. Sie muss deshalb als Ausnahmevorschrift formuliert werden und darf eine Anwendung nur für den Fall zulassen, dass eine ernste Gefährdung der Hofesbewirtschaftung zu befürchten ist."[659]

Im Ergebnis wurde von der Aufnahme einer ausdrücklichen Bestimmung über die Zwangsübergabe an den Anerben abgesehen und die HöfeO als bloßes Sondererbrecht ausgestaltet, das Ordnungsmaßnahmen bzw. Zwangsmittel gegen den bewirtschaftenden Eigentümer nicht festlegte. Dieses geschah wohl vor dem Hintergrund, dass die *"zuständige deutsche Behörde"*, für den Fall, dass die Bewirtschaftung eines landwirtschaftlichen Betriebes oder Grundstücks durch den Nutzungsberechtigten anhaltend und erheblich nicht den *"zur Sicherung der Ernährung des deutschen Volkes zu stellenden Anforderungen"* entsprach, die in Art. VII KRG Nr. 45 vorgesehenen Maßnahmen treffen konnte[660].

---

[659] handelte es sich bereits um eine überarbeitete Form, sah die in Diskussion stehende Ursprungsfassung die Übertragungsmöglichkeit vor, *"wenn es an der Zeit ist"*, a.a.O., in: Z 21/1164, 103 R (BA).
Protokoll über die Anerbengesetztagung in Celle am 26.9.1946, in: Z 21/1164, 104 R (BA).

[660] Demnach konnten die „*zuständigen deutschen Behörden*"
„*a) den Nutzungsberechtigten zu einer den oben erwähnten Anforderungen entsprechenden Wirtschaftsführung auffordern;*
b) die Überwachung der Wirtschaft durch eine Aufsichtsperson anordnen;
c) die Wirtschaftsführung durch einen Treuhänder anordnen;
d) den Nutzungsberechtigten verpflichten, das Grundstück ganz oder zum Teil an einen geeigneten Landwirt zu verpachten."
Bei Nichtnutzung eines landwirtschaftlichen Grundstücks konnten die Behörden nach Abs. 2 wie folgt verfahren:
„*a) sie können den Nutzungsberechtigten zu einer Erklärung darüber auffordern, ob er das Grundstück bestellen oder in anderer Weise nutzen will;*
b) gibt er die Erklärung nicht ab, daß er bestellen oder in anderer Weise nutzen will, oder nimmt er gegen seine Erklärung die Bestellung oder die anderweitige Nutzung

Da diese Regelung von WÖHRMANN und HENRICI als *"nicht einmal in ihren Grundzügen erschöpfend"* eingestuft wurde[661], legte Art. V der MilRegVO Nr. 84 die diesbezüglichen Kriterien näher fest. Die Einzelheiten wurden in der *Landbewirtschaftungsordnung* als Anlage C der MilRegVO Nr. 84 geregelt.

Die demnach möglichen Instrumentarien stimmten nahezu wortgleich mit denen des § 1 der *Verordnung zur Sicherung der Landbewirtschaftung* vom 23. März 1937[662] überein. Im Einzelnen waren dieses:

- die Aufforderung des Nutzungsberechtigten zu einer bestimmten Wirtschaftsführung (§§ 1 ff. LandbewirtschaftungsO),
- die Anordnung der Wirtschaftsüberwachung durch eine Aufsichtsperson (§§ 3 ff. LandbewirtschaftungsO),
- die Anordnung der Verwaltung durch einen Treuhänder (§§ 6 ff. LandbewirtschaftungsO) und
- die Verpflichtung zur Verpachtung und Zwangsverpachtung (§§ 11 ff. LandbewirtschaftungsO)[663].

Bereits die Maßnahmen nach der nationalsozialistischen *Verordnung zur Sicherung der Landbewirtschaftung* hatten der Präambel nach der Ertragssteigerung dienen sollen. Gemäß § 3 waren sie auf nicht erbhofrechtlich gebundene landwirtschaftliche Grundstücke bezogen. Bei den dem Erbhofrecht unterfallenden Grundstücken blieb es dagegen bei den Regelungen der EHVfO vom 21. De-

---

binnen einer angemessenen Frist nicht vor, so können sie ihn verpflichten, das Grundstück ganz oder zum Teil an einen geeigneten Landwirt zur landwirtschaftlichen Nutzung zu verpachten."

[661] Allgemeine Kritik WÖHRMANN/HENRICI vom Januar 1947 am amerikanischen Entwurf zum späteren KRG Nr. 45, in: Z 21/1164, 187 (BA).

[662] RGBl. I, S. 422. Zuvor hatten WÖHRMANN und HENRICI gefordert, diese Verordnung im KRG für das gesamte deutsche Gebiet zu übernehmen, in: Z 21/1164, 187 (BA).

[663] In § 1 der *VO zur Sicherung der Landbewirtschaftung* hieß es:
"Entspricht die Art und Weise der Bewirtschaftung eines landwirtschaftlichen Betriebs oder Grundstücks durch den Nutzungsberechtigten anhaltend und in erheblichem Maße nicht den zur Sicherung der Volksernährung an die Bewirtschaftung landwirtschaftlicher Betriebe und Grundstücke zu stellenden Anforderungen, so kann die zuständige Behörde:
1. den Nutzungsberechtigten zu einer diesen Anforderungen entsprechenden Wirtschaftsführung auffordern,
2. die Wirtschaftsüberwachung durch einen Vertrauensmann anordnen,
3. die Wirtschaftsführung durch einen Treuhänder anordnen,
4. den Nutzungsberechtigten verpflichten, den Betrieb oder das Grundstück ganz oder zum Teil pachtweise einer in der Landwirtschaft erfahrenen Person zu überlassen".

zember 1936[664]. Eine derartige Differenzierung hinsichtlich von Höfen im Sinne der HöfeO und dem übrigen landwirtschaftlichen Besitz sah Art. VII MilRegVO Nr. 84 nicht vor. Im Gegensatz zum Erbhofrecht wurden die Maßnahmen nach Art. VII KRG Nr. 45 von den Landwirtschaftsbehörden und nicht von den Gerichten angeordnet (Abs. 1); sie unterlagen nach Art. VIII jedoch der gerichtlichen Kontrolle.

Die oben genannten Maßnahmen konnten nach der *Landbewirtschaftungsordnung* auch gegen einen wirtschaftsunfähigen Hofeigentümer getroffen werden. Die Wirtschaftsfähigkeit musste im Erbfall in der Person des Anerben (bzw. bei der Hofübergabe in der Person des Nachfolgers) gegeben sein[665], nicht notwendiger Weise musste der Hofeigentümer jedoch für die Entstehung der Hofeigenschaft wirtschaftsfähig sein[666]. Da die Maßnahmen nach der *Landbewirtschaftungsordnung* in Ausführung des Art. VII KRG Nr. 45 gleichermaßen gegen Nutzungsberechtigte von der HöfeO nicht unterfallenden landwirtschaftlichen Betrieben und Grundstücken, aber auch gegen Hofeigentümer getroffen bzw. angeordnet werden konnten[667], bestanden hiermit Regelungen der MilRegVO Nr. 84 zur Sicherung der Ernährungssituation, die zwar den außeranerbenrechtlichen Bereich betrafen, gleichzeitig jedoch in das Konzept der Anerbenrechtsreform nach der HöfeO einbezogen waren[668].

c) **Beurteilung**

Inhaltlich bedeutete das aufgezeigte Vorgehen keine grundsätzliche Veränderung zu der erbhofrechtlichen Gesetzeslage, sah doch die EHVfO im 8. Abschnitt die Zwangsmaßnahmen der Wirtschaftsführung durch einen Vertrauensmann (§§ 74 bis 76) oder die Wirtschaftsführung durch einen Treuhänder (§§ 77 bis 84) vor. Dagegen kannte die EHVfO nicht die Aufforderung an den Nutzungsberechtigten, das Grundstück ordnungsgemäß zu bewirtschaften sowie die Verpflichtung zur Verpachtung und Zwangsverpachtung[669]. Die weniger ein-

---

[664] RGBl. I, S. 1082,
[665] Hierzu unten C V 4 b) cc) (S. 165 ff.).
[666] LANGE, HöfeO, Rn. 8.
[667] LANGE, HöfeO, Rn. 8. Zu der Kritik an dem planwirtschaftlich lenkenden Charakter dieses Maßnahmenkatalogs siehe GÜDE, Kontanzer Juristentag, S. 91 f.
[668] Gemäß § 39 Abs. 2 des Grundstücksverkehrsgesetzes – GrdstVG vom 28.7.1961 (BGBl. I, S. 1091) wurden die Art. III bis VI der MilRegVO Nr. 84, die *Landbewirtschaftungsordnung* und der wesentliche Teil der *Verfahrensordnung für Landwirtschaftssachen* aufgehoben.
[669] Die Festschreibung der Anordnung der Zwangsverpachtung in der EHVfO war vor dem Hintergrund des Instrumentariums der *Abmeierung* auch nicht notwendig, führte die *kleine Abmeierung* zu dem gleichen wirtschaftlichen Ergebnis und bot die *große Abmeierung* mit der Rechtsfolge des Eigentumsentzugs eine weitaus intensivere Eingriffsmöglichkeit als die Zwangsverpachtung.

greifende Maßnahme der Aufforderung zur ordnungsgemäßen Bewirtschaftung war dem nationalsozialistischen Gesetzgeber gleichwohl nicht unbekannt, sondern war für nicht erbhofrechtlich gebundenen Landbesitz in § 1 der o.g. *Verordnung zur Sicherung der Landbewirtschaftung* festgeschrieben worden. Inwieweit hierdurch grundsätzlich ein im Vergleich zum Erbhofrecht milder wirkendes Mittel aufgenommen werden sollte, erscheint damit fraglich. Folglich gelangte WÖHRMANN zu der Einschätzung, dass mit diesem Vorgehen die erbhofrechtlichen Maßnahmen *"zwar nicht der Form, aber der Sache nach aufrechterhalten"* worden waren[670].

Dennoch kann m.E. aus diesem Vorgehen nicht gefolgert werden, dass die MilRegVO Nr. 84 mit Art. V bzw. der *Landbewirtschaftungsordnung* als Anlage C lediglich an nationalsozialistischen Erbhofrechtsgrundsätzen festgehalten habe. Zu berücksichtigen ist gerade in diesem Bereich die Hungersituation der Nachkriegszeit, die den abgestuften Maßnahmenkatalog bei Schlechtbewirtschaftung verständlich erscheinen lassen, war die Bewirtschaftungsqualität landwirtschaftlicher Nutzflächen doch eng mit den Existenzfragen der Bevölkerung verknüpft. Darüber hinaus wurde von dem enteignenden Institut der Abmeierung aufgrund seiner Eingriffsintensität abgesehen. Desgleichen zeigt der oben dargestellte zurückhaltende Umgang der Einführung einer Regelung über die Zwangsübergabe des Hofes bei der Anerbengesetztagung in Celle am 26. September 1946, dass man in diesem Bereich bemüht war, zu weit reichende Eingriffe in die Privatrechtssphäre zu verhindern. Von einer bloßen unreflektierten Übernahme der Instrumentarien des Reichserbhofrechts kann folglich für den Bereich der Sicherstellung der ordnungsgemäßen Bewirtschaftung nicht gesprochen werden.

3. Sippenbindung

Das REG beruhte auf der Idee der Sippengebundenheit landwirtschaftlichen Grundbesitzes, dem *Sippengedanken*[671]. Die nationalsozialistischen Agrarideologen waren – wie im Folgenden näher zu zeigen sein wird – der Ansicht, die Leistungsbereitschaft der den jeweiligen Erbhof bewirtschaftenden Familie könne durch die Sippenbindung sichergestellt werden. Um die Diskussion um den sippengebundenen Erbhof innerhalb der Ausarbeitung der HöfeO nachzuvollziehen, bedarf es an dieser Stelle der knappen Darstellung der diesbezüglichen reichserbhofrechtlichen Grundsätze.

---

[670] WÖHRMANN, MDR 1947, 6 (7).
[671] Im Einzelnen hierzu und zu der Frage des Anerbenrechts von Halbgeschwistern KAHLKE, DAgrR 1943, 157 ff.

a) Reichserbhofrecht

In den sechs Anerbenordnungen des § 20 REG waren lediglich Blutsverwandte zu gesetzlichen Anerben berufen[672]. Diese Erbfolge konnte der Erblasser auch kraft Verfügung von Todes wegen nicht ausschließen oder beschränken (§ 24 REG). Ein Bestimmungsrecht kam dem Erblasser nur innerhalb der einzelnen Ordnungen und dann auch nur im Rahmen der engen Grenzen des § 25 REG[673] zu. Durch diese Bestimmungen sollte sichergestellt werden, dass der Hof im Erbfall innerhalb der angestammten Bauernfamilie, der *Sippe*, verblieb und nicht zu einer anderen, nicht blutsverwandten Familie – beispielsweise derjenigen der Ehefrau – wechselte[674]. Damit kam der oben gezeigten Beschränkung der Testierfreiheit des Erblassers auch eine maßgebliche Rolle zur Sicherung der Sippenbindung landwirtschaftlichen Grundbesitzes zu[675].

aa) Sippenbindung als Garant bäuerlicher Leistungsbereitschaft

Die Sippengebundenheit diente im Zusammenspiel mit dem Erfordernis des *"deutschen oder stammesgleichen"* Blutes (§ 13 Abs. 1 REG) aus Sicht der nationalsozialistischen Agrarideologen unmittelbar der Leistungssteigerung, da die völkische Pflichtgebundenheit landwirtschaftlicher Nutzfläche für den Bauern ausreichenden Leistungsanreiz begründen sollte[676]. In bizarr anmutender Weise wurde gegen die Annahme der zwangsläufigen Produktionsminderung aufgrund des Ausschlusses der Privatautonomie bzw. -initiative durch das nationalsozialistische Ordnungskonzept der gebundenen Wirtschaft[677] argumentiert. Diese Konzeption wurde unter Vermengung der Ideologiekomponenten des Antiliberalismus, der Gemeinschaftsgebundenheit und der völkischen Verpflichtung sowie unter Zuhilfenahme des genetischen Arguments der Existenz einer *"Erbanlage"* des Leistungswillens in der arischen Rasse wie folgt begründet:

> *"Denn wir (die Nationalsozialisten – d.V.) wußten zunächst ja einmal bereits aus eigener Erfahrung, daß uns selbst nicht die "Privatinitiative" – auf gut deutsch übrigens "Raubantrieb"! – in die nationalsozialistische Bewegung geführt hatte, sondern der Wille zum Dienst und zur freiwilligen Leistung für die Gemeinschaft. Also, folgerten wir, muß es im deut-*

---

[672] An Kindes Statt angenommene Personen waren demzufolge gemäß § 21 Abs. 6 REG ausdrücklich von der Anerbenfolge ausgeschlossen.

[673] Zu den Ausnahmen siehe oben C IV 2 c) aa) (S. 96, Fußn. 483).

[674] BAUMECKER, Handbuch, § 31, Rn. 1; BLOMEYER, Deutsches Bauernrecht, S. 44 f.

[675] *"Report on restrictions of freedom of management; Transfer inter vivos and devolution upon death in respect of agricultural property in Germany"*, S. 69 vom 14.9.1945, in: FO 937/41 (PRO).

[676] Daneben gab es allerdings als praktische Sanktionsmöglichkeit die *"Abmeierung"*, hierzu bereits oben C V 2 a) (S. 127 ff.).

[677] Zum nationalsozialistischen *"Prinzip der gebundenen Wirtschaft"* aufschlussreich sind die Ausführungen BACKES, Das Ende des Liberalismus, S. 38 ff.

schen Menschen eine Erbanlage geben, die ihn bei entsprechender Weckung und Hege zur Höchstleistung für die Gemeinschaft befähigt. Wir haben auch hier recht behalten."[678]

Dieses *"nationalsozialistische Leistungsprinzip"* sollte an die Stelle des zuvor bestehenden *"kapitalistischen Rentabilitätsprinzips"* treten[679].

bb) Sippenbindung in der Anerbenordnung

Eingang in die 1. bis 3. Anerbenordnung des § 20 REG fanden nur Agnaten, d.h. durch Männer mit dem Erblasser verwandte Männer. Kennzeichnend war damit die massive Bevorzugung des Mannesstammes. Ganz im Sinne der nationalsozialistischen Ideologie sollte der Mann als Führer die wirtschaftlichen und ordnungspolitischen Aufgaben des Hofes wahrnehmen, während die Rolle der Frau auf die rein familiäre Pflichterfüllung beschränkt war. Weibliche Abkömmlinge des Erblassers waren erst in der 4. Ordnung als Anerben berufen (§ 20 REG). Sie konnten als Anerben nur mit gerichtlicher Genehmigung (§ 25 Abs. 3 REG) berufen werden[680]. Daneben bestand für den Bauern nach § 10 Abs. 1 EHRV im Wege einer Hofsatzung die Möglichkeit, hinsichtlich zukünftiger Erbfälle zu bestimmen, dass *"der Hof sich zunächst ausschließlich im Mannesstamm vererbt"*[681].

Die Ehefrau fand keine Berücksichtigung in der Anerbenordnung des § 20 REG[682]. Damit stand ihr im Erbfall lediglich ein Verwaltungs- und Nutzungsrecht nach den §§ 26 REG, 11 EHRV zu[683]. Zwar war die Anknüpfung des Gesetzestextes geschlechtsneutral ausgestaltet, da sich die Regelung auf *"Ehegatten"* bezog. Aufgrund des Mannesvorzugs war der Erblasser jedoch regelmäßig

---

[678] REISCHLE, Die geistigen Grundlagen, S. 42.
[679] BACKE, Das Ende des Liberalismus, S. 33.
[680] Von dieser Möglichkeit wurde durch die pragmatische Rechtsprechung allerdings zum Teil sogar zuungunsten der männlichen Nachfahren Gebrauch gemacht, HERLEMANN, Der Bauer, S. 103.
[681] Von dieser Möglichkeit wurde allerdings kaum Gebrauch gemacht, WÖHRMANN, Atti del Primo Convegno, S. 584.
[682] Während nach dem *"Preußischen bäuerlichen Erbrecht"* vom 15.5.1933 der Ehegatte in der achten und damit der letzten Ordnung Erwähnung fand, siehe hierzu BLOMEYER, Deutsches Bauernrecht, S. 19. Nicht nur die Großeltern des Erblassers, sondern auch dessen entferntere Voreltern und deren Nachkommen (Vettern und Basen zweiten Grades und noch entferntere Verwandte) waren damit noch vor dem Ehegatten anerbenberechtigt.
[683] Zur Verbesserung der Rechtsstellung durch die EHFV siehe GRUNDMANN, Agrarpolitik, S. 143; vgl. auch VOGELS, REG, § 31, Rn. 10. Hierzu näher unten C V 3 a) cc) (S. 138 f.).

männlich, und damit wirkten die Bestimmungen faktisch zum Nachteil der überlebenden Ehefrau.

Die Diskriminierung stellte ihrerseits die Manifestation des Sippengedankens dar, da hierbei die Zielsetzung, *„den Hof dem angestammten Bauerngeschlecht zu erhalten und den Übergang auf eine andere Familie möglichst zu erschweren"*[684], im Vordergrund stand; ihre Begründung fand sie innerhalb des Schrifttums zum REG mit den *„alten bäuerlichen Erbsitten"*[685].

Tatsächlich entstammte diese Benachteiligung und Ungleichbehandlung jedoch weder einer historisch gewachsenen bäuerlichen Rechtspraxis noch bäuerlichen Erbsitten[686], sondern widersprach dem bäuerlichen Rechtsempfinden[687]. Dieses erkannten auch die Schöpfer des REG und schrieben in der Sonderregelung des § 21 Abs. 7 REG für einen Übergangszeitraum fest, dass die Töchter entgegen § 20 REG vor dem Vater und Bruder des Erblassers berufen waren[688]. Ursprünglich sollte diese Ausnahme hierbei nur für den ersten Erbfall nach dem Zeitpunkt, in dem die Besitzung Erbhof geworden war, gelten (§ 48 Abs. 1 EHRV).

Die angeordnete Bevorzugung der männlichen Seitenverwandten (beispielsweise der Onkel oder Neffen des Hofeigentümers) gegenüber seinen weiblichen Abkömmlingen stieß indes auf deutliche Kritik innerhalb der Bauernschaft[689]. Daher wurde teilweise befürchtet, dass ein Bauer mit nur weiblichen Abkömmlingen die Bewirtschaftung des Hofes zugunsten seiner Töchter vernachlässigte bzw. versuchte, eine möglichst hohe Abfindung zu schaffen, ehe der Hof im Erbgang an ihm weniger nahestehende männliche Verwandte ging[690]. Die Sicherung der Töchter wurde überwiegend als unzureichend betrachtet, widersprach ihre Benachteiligung doch aus Sicht des Erblassers dem Grundsatz der Gleichbehandlung seiner Kinder[691] und beeinträchtigte sie die Heiratsaussichten der Töchter mangels Erbfolgeaussichten und Ausstattung[692]. Aufgrund des Widerspruchs innerhalb der bäuerlichen Bevölkerung wurde die ursprüngliche Aus-

---

[684] VOGELS, REG, § 20, Rn. 1.
[685] HIPFINGER, Vom Reichserbhofrecht, S. 35; VOGELS, REG, § 20, Rn. 1.
[686] SERING, Erbhofrecht und Entschuldung, S. 6.
[687] LANGE, HöfeO, Rn. 39 betont, dass auch die Hofnachfolge des Ehegatten bäuerlicher Anschauung entspräche und dem Grundsatz *"Längst Leib, längst Gut"* huldige.
[688] VOGELS, REG, § 21, Rn. 41.
[689] GRUNDMANN, Argrarpolitik, S. 138; STÖCKER, InfStW 1980, 412 (415).
[690] HERLEMANN, Der Bauer, S. 94.
[691] HERLEMANN, a.a.O., S. 96.
[692] HERLEMANN, a.a.O., S. 99.

nahmeregelung des § 21 Abs. 7 REG i.V.m. § 48 Abs. 1 EHRV ohne zeitliche Einschränkung in § 33 Abs. 1 EHFV festgeschrieben[693].

Ebenso wie die Benachteiligung der weiblichen Abkömmlinge stieß die Zurücksetzung der Ehefrau zugunsten der Sippengebundenheit des landwirtschaftlichen Bodens auf eine ausgeprägte Ablehnung innerhalb der bäuerlichen Bevölkerung[694]. Zwar ist der nach den §§ 1924 ff.[695] der gesetzlichen Erbfolge des BGB zu Grunde liegende und nunmehr nach Art. 6 Abs. 1 GG verfassungsrechtlich legitimierte Gedanke der Familienerbfolge[696] auch in der Bauernschaft grundsätzlich anerkannt. Der Unmut wandte sich aber gegen die Abwertung der Ehefrau durch ihre rechtliche Ausklammerung aus dem Familienverbund. Dem bäuerlichen Gerechtigkeitsempfinden entsprach es vielmehr, dass auch die Ehefrau im Todesfall des Bauern nicht übergangen werden sollte[697].

SERING wies darauf hin, dass eine derartige Zurücksetzung weder aus einer historisch begründeten Familienbindung des Hofes abzuleiten war noch bäuerlichen Rechtsüberzeugungen entsprach[698]. Als unzumutbar wurde dabei angesehen, dass eine Ehefrau, die unter Umständen über Jahre hinweg zur Bewirtschaftung des Hofes beigetragen (und möglicherweise Mitgift investiert) hatte, nach den Regelungen des REG den Hof im Fall einer kinderlosen Ehe ohne Entschädigung für die geleistete Arbeit bzw. eingebrachtes Vermögen zu verlassen habe. Die Altenteilsregelungen zur Absicherung des eingeheirateten Ehegatten wurden von der Bauernschaft generell als unzureichend angesehen[699]. Der Gedanke der Sippenbindung entstammte somit weniger einer bäuerlicher Tradition, sondern – in seiner konkreten und weitreichenden Ausgestaltung vor dem Hin-

---

[693] Dort hieß es: „*Töchter, Töchterssöhne und deren Söhne haben als Anerbenberechtigte bis auf weiteres den Vorrang vor dem Vater (im Falle des § 32 vor der Mutter) und den Seitenverwandten des Erblassers*". Hierzu auch HÜTTE, Der Gemeinschaftsgedanke, S. 17 f.
[694] STAUDINGER-MAYER, Art. 64 EGBGB, Rn. 67.
[695] Hierzu BROX, ErbR, Rn. 24; LEIPOLD, ErbR, Rn. 71, 86 ff.
[696] Zum Grundsatz der Familienerbfolge und zu dessen Verhältnis zum Grundsatz der Testierfreiheit im Überblick: STAUDINGER-OTTE, Einl. zu §§ 1922 ff., Rn. 50 ff.; KIPP/COING, ErbR, § 1 II; ferner hierzu und zum Wandel der Familie und ihrer Bedeutung als Produktionsgemeinschaft: LEIPOLD, AcP 180, 160 (173 ff.).
[697] So hieß es im Referat des Senatspräsidenten am Landeserbhofgericht München, EHARD, vom 18.2.1943 anlässlich einer Erbhofrechtstagung in Salzburg: „*Es liegt deshalb durchaus im Sinne der Grundgedanken des Erbhofrechts und ist für gesundes Bauerndenken selbstverständlich (das Gegenteil ist nie verstanden worden!), daß die Frau zur „Sippe" des Mannes gehört. Man soll sich endlich von der Vorstellung lösen, die Frau sei nur ein Teil der Sippe, aus der sie kommt ...*", in: R 22/2175 (BA), zit. nach GRUNDMANN, Agrarpolitik, S. 143. Siehe auch WEITZEL, ZNR 1992, 55 (76).
[698] SERING, Erbhofrecht und Entschuldung, S. 16 ff.
[699] STÖCKER, InfStW 1980, 412 (415).

tergrund des REG als "Zuchtinstrument" – der Blut-und-Boden-Ideologie als *"Kernstück nationalsozialistischer Gesetzgebung"*[700].

Aufgrund dieser Sippenbindung, von der das gesamte Reichserbhofrecht durchzogen war, gelangte STÖCKER zu der Einschätzung, *"daß es eben das anachronistische Sippenprinzip war, an dem das Reichserbhofgesetz gescheitert ist"*[701].

cc) Sippenbindung bei Ehegattenerbhöfen

Besonders schwierig gestaltete sich die Umsetzung der Sippenbindung bezüglich der Ehegattenhöfe, d.h. derjenigen Höfe, die im gemeinschaftlichen Eigentum der Ehegatten standen, wollte man eine Zersplitterung im Erbfall vermeiden und den Hof einer Sippe geschlossen zukommen lassen. Das REG lehnte daher die Rechtsfigur der Ehegattenhöfe zunächst gänzlich ab und ließ diese erbhofrechtlich ungeregelt[702]. Im Folgenden wurden die bereits bestehenden Ehegattenhöfe als solche nach den §§ 17 Abs. 3 und 18 Abs. 3 der EHRV vom 21. Dezember 1936[703] anerkannt. Die Konsequenz hieraus war eine Benachteiligung der Ehefrau in der Form, dass sie nunmehr bei gesetzlicher Erbfolge einer Zwangsbeerbung zugunsten der Mannesfamilie nach § 22 Abs. 2 EHRV – unter Umständen bereits zu Lebzeiten, sofern der Mann vor ihr starb – unterworfen war[704].

Mit dem Rücktritt DARRÉS als Reichsminister für Ernährung und Landwirtschaft am 23. Mai 1942 und der Ernennung Herbert BACKES als dessen Nachfolger setzte eine deutlich pragmatischere Agrarpolitik ein, die sich speziell in dem Erlass der Erbhoffortbildungsverordnung vom 30. September 1943 (EHFV)[705] manifestierte. Aufgrund von Forderungen aus der Justiz und Wehrmacht[706], aber auch aufgrund des Widerstandes bäuerlicher Kreise[707] wurde die Position der

---

[700] STÖCKER, a.a.O., S. 417. Zur Bewertung des Sippengedankens innerhalb der Landbevölkerung als anachronistisch siehe STÖCKER, AgrarR 1972, 341 (343).
[701] STÖCKER, InfStW 1980, 412 (416).
[702] WÖHRMANN (1), § 1, S. 57.
[703] RGBl. I, S. 1069. Zu den Zwischenstadien nach § 61 der 1. DVO vom 19.10.1933 (RGBl. I, S. 749), § 5 der 2. DVO vom 19.12.1933 (RGBl. I, S. 1069) und § 1 der 3. DVO vom 27.4.1934 (RGBl. I, S. 343) siehe WÖHRMANN (1), § 1, S. 58.
[704] Allerdings eröffnete § 20 Abs. 2 EHRV die Möglichkeit, durch gemeinschaftliches Testament oder Erbvertrag zu bestimmen, dass der Hof nach dem Tod des Erstversterbenden oder Überlebenden *"an eine Person als Anerben fallen sollte, die nach dem REG als Anerbe des einen oder anderen Ehegatten hätte nachfolgen können"*; hierzu und zum Kuriosum der Möglichkeit einer *"wirksamen Eigenerbeinsetzung über – hinsichtlich des Mannesanteils – fremden Nachlass"* gemäß § 21 EHRV STÖCKER, InfStW 1980, 412 (415).
[705] RGBl. I, S. 549.
[706] SCHIERHOLT, Die Rechtsstellung, S. 4; KROESCHELL, in: HAR II, Sp. 667.
[707] STAUDINGER-MAYER, Art. 64 EGBGB, Rn. 67.

Ehefrau und der Töchter des Bauern teilweise verbessert und insbesondere der Ehefrau durch die EHFV eine stärkere Stellung beispielsweise durch die Einräumung der Möglichkeit der Bestimmung zum Anerben gemäß § 12 EHFV gewährt[708].

Gemäß § 24 Abs. 1 Satz 1 EHFV wurde dem überlebenden Ehegatten bei Ehegattenerbhöfen das Recht der *Voranerbenschaft* zugebilligt. Nach dessen Tod ging der Hof jedoch auf den nach dem REG berufenen Anerben des Ehegatten, von dem der Hof stammte, über (Satz 2). Der überlebende Ehegatte war damit sog. *sippengebundener Anerbe*. Eine ähnliche Regelung fand sich für den Bereich der gewillkürten Erbeinsetzung des *Nachanerben* für den Fall, dass dieser nicht gemeinsam bestimmt worden war, in § 25 Abs. 2 Satz 5 EHFV. Danach konnte zum Anerben oder weiteren Anerben nur eingesetzt werden, *"wer nach dem Reichserbhofgesetz zum Anerben des Ehegatten berufen wäre oder bestimmt werden könnte, von dem der Hof stammt."* Damit wurde die Stellung der überlebenden Ehefrau zwar modifiziert und verbessert, der Leitgedanke der Ungleichbehandlung wirkte jedoch fort[709].

b)   Reformdiskussion

aa)   Familienbindung als Garant bäuerlicher Leistungsbereitschaft
Überwiegend ging man auch bei den Reformarbeiten nach dem Zweiten Weltkrieg von einer unmittelbaren Verknüpfung zwischen der Familiengebundenheit des Eigentums am Hof und dessen Ertragsleistung aus. Grundsätzlich sei die Besitzung „*der auf ihr ansässigen tüchtigen Familie*" zu erhalten[710], um so die Leistungsbereitschaft des Hofeigentümers zu gewähren. Nur wenn sichergestellt sei, dass die über Jahre gewachsene „*Abgestimmtheit aller Teile der Besitzung aufeinander*" bestehen bliebe[711], sei das Erzielen höchster Erträge aus dem Hof

---

[708] Eingeräumt wurde dieses Recht allerdings nur in der Form einer „Voranerbenschaft", sofern der Hof im Alleineigentum des Erblassers stand. Für den Ehegattenerbhof bestimmte sich die sippengebundene Anerbenfolge nach den §§ 24, 25 EHFV; hierzu HAEGELE, DRpfl.1955, 7 (7). Zur britischen Bewertung siehe *"Report on restrictions of freedom of management; Transfer inter vivos and devolution upon death in respect of agricultural property in Germany"*, S. 78 ff. vom 14.9.1945, in: FO 937/41 (PRO).

[709] LANGE/KUCHINKE, § 2 II 2 c).

[710] Kritik WÖHRMANN/STARCKE vom März 1946 am amerikanischen Entwurf zum späteren KRG Nr. 45 (Punkt 7 a), in: Z 6/II 50 (BA). LANGE, HöfeO, Rn. 63 sprach davon, dass das Bestimmungsrecht des Bauern an dem *"Grundsatz der Höfeordnung, daß der Hof möglichst in einer Familie bleiben soll"*, seine Grenze fände.

[711] Entwurf der Kritik WÖHRMANN/STARCKE vom März 1946 am amerikanischen Entwurf zum späteren KRG Nr. 45 (zu Art. VIII unter 7 a), in: Z 6/II 50 (BA). Die Endfassung der Kritik ist um diese Argumentation für ein Festhalten an der Familiengebundenheit gekürzt.

möglich. Der Hof solle möglichst von einem Familienmitglied bewirtschaftet werden, das die Boden- und Besitzzusammensetzung von Jugend an kenne[712]. Der größtmögliche Einsatz der Eigentümer und damit eine hohe Ertragssteigerung sei nur für den Fall zu erwarten, dass diese die Gewissheit hätten, dass ihr Hof bei ordnungsgemäßer Bewirtschaftung *„später einmal auch einem der Ihrigen zu gute kommen"* würde[713]. Dies gelte umso mehr vor dem Hintergrund der land- und forstwirtschaftlichen Besonderheit, dass die angewandte Mühe und Arbeit sich oftmals erst in kommenden Generationen niederschlage[714].

Somit war man bemüht, eine Familiengebundenheit festzuschreiben und Anerbenhöfe der jeweiligen Familie, aus der sie stammten, zu erhalten und nach Möglichkeit auch von der Familiengemeinschaft bewirtschaften zu lassen.

bb) Familienbindung in der Anerbenordnung

Der Leistungssteigerung diente dabei – zumindest mittelbar – der in der Anerbenordnung der HöfeO festgeschriebene Vorrang des männlichen Geschlechts (§ 6 Abs. 1 Satz 2 HöfeO). Ausgangsgedanke hierbei war, dass männliche im Verhältnis zu weiblichen Anerben grundsätzlich besser dazu in der Lage seien, eine leistungsfähige Hofbewirtschaftung zu sichern[715], verstehe doch die Außenwirtschaft des Hofes in der Regel nur der Mann[716]. Außerdem diene der Mannesvorrang der Sicherstellung des Hofeigentums innerhalb der angestammten Sippe:

---

[712] Berücksichtigt werden sollte der Gedanke der Familiengebundenheit ebenso in dem Entwurf des *Gesetzes über Bauernwirtschaften im Lande Thüringen*, soweit dieser in § 8 Abs. 1 eine gesetzliche Anerbenfolge in Anlehnung an die des BGB festschreiben wollte, dabei jedoch zusätzlich in Abs. 3 auf die engste Verbundenheit mit dem Hof abgestellt wurde, in: Z 6/II 50 (BA).

[713] Entwurf der Kritik WÖHRMANN/STARCKE vom März 1946 am amerikanischen Entwurf zum späteren KRG Nr. 45 (zu Art. VIII unter 7 a), in: Z 6/II 50 (BA). Die Endfassung der Kritik ist um diese Argumentation für ein Festhalten an der Familiengebundenheit gekürzt.

[714] DICKHOFF, NJW 1947/48, 330 (330).

[715] So zum REG bereits HENNIG, REG, § 20 I (S. 298).

[716] HENRICI, RdL 1953, 180 (182), der hier dafür plädierte, an dem Mannesvorrang festzuhalten und dabei sogar so weit ging, zu behaupten, dass für den Bauern andernfalls eine Zwangslage geschaffen würde, *"die den Zwang, den das Reichserbhofgesetz gebracht hatte, weit in den Schatten stellen würde"*, und infolgedessen eine Umgestaltung des Art. 3 Abs. 2 GG forderte.

"Diese Regelung (§ 6 Abs. 1 Satz 3 HöfeO – d.V.) beruht auf der in altem Herkommen wurzelnden Rechtsüberzeugung, daß das männliche Geschlecht die größere Gewähr für die wirtschaftliche Erhaltung des Hofes in der Sippe gibt. Sie hängt also engstens mit den lebensgesetzlichen Besonderheiten des Bauernhofes und der Bauernsippe zusammen."[717]

Nur wenn sich der Hof im männlichen Stamm vererbe, sei das Gesamtziel der höferechtlichen Regelungen, nämlich *"der selbstwirtschaftende Bauer, in Generationenfolge auf demselben Hof sitzend"*, unter Zugrundelegung des typischen Geschehensablaufs, wie er sich auf einem Bauernhofe abspiele, zu erreichen[718].

Dabei sollte allerdings das der Anerbenordnung des § 20 REG zu Grunde liegende reine Agnatensystem keine Fortsetzung finden[719]. Auf britischer Seite wies die *B.S.L.R.U.* 1946 darauf hin, dass insbesondere die nationalsozialistische Sippenbindung des REG eine eingehende Reform des Erbhofrechts erforderlich mache und eine bloße "Bereinigung" bestehender Bestimmungen nicht ausreichend erscheine[720]. Desgleichen bestand innerhalb der Reformbemühungen auf deutscher Seite bei den Diskussionen zur Reihenfolge der Anerbenordnung bereits frühzeitig darüber Einigkeit, von einer vergleichbaren Zurücksetzung der weiblichen Familienmitglieder und damit einer strengen blutmäßigen Sippenbindung des Hofeigentums abzusehen[721]. Ergaben sich bei der Anerbengesetztagung in Celle am 26. September 1946 beispielsweise hinsichtlich der allgemeinen Einbeziehung der Großeltern als Anerbenberechtigte auch unterschiedliche Ansichten, war man sich doch darüber einig, dass die Zurücksetzung des weiblichen Geschlechts nach dem REG dem bäuerlichen Rechtsempfinden widersprach und damit einen „*Fehler*" darstellte[722]. Zu dem gleichen Ergebnis gelangte das Gutachten *"Die guten und die schlechten Seiten des Erbhofrechts"* vom 19. Dezember 1946[723]. Parallel dazu wurde auch in der Begründung des Entwurfs eines „*Gesetzes über Bauernwirtschaften im Lande*

---

[717] HENRICI, RdL 1953, 180 (182).
[718] WÖHRMANN, RdL 1960, 57 (60). Hiergegen wandte sich STÖCKER, AgarR 1972, 341 (342) mit dem Argument, dass die Erhaltung des Familienvermögens auf der agrarisch-feudalen Gesellschafts- und Wirtschaftsordnung beruhe und dementsprechend aufgrund der Abschaffung derselben nicht mehr ein allgemeingültiges erbrechtspolitisches Postulat sein könne.
[719] Anders noch der Entwurf des ersten Ausschusses des *Legal Directorates* in § 14, Anhang der Aktennotiz für das *Legal Directorate* vom 16.10.1945, in: FO 1005/748 (PRO).
[720] Stellungnahme der *B.S.L.R.U.* vom 1.10.1946, in: FO 937/41 (PRO).
[721] Protokoll der Anerbengesetztagung in Celle am 26.9.1946, in: Z 21/1164, 101 (BA).
[722] Ebenda, in: Z 21/1164, 101 (BA).
[723] Nachlass WÖHRMANN. Siehe auch ders., RdL 1967, 85 (85).

Thüringen" von 1946 die Anerbenfolge des REG und damit der Sippengedanke als *„immer unpopulär"* bezeichnet[724].

Bei der konkreten rechtlichen Ausgestaltung wurde gemäß den Beschlüssen der Anerbengesetztagung in Celle von einem Agnatensystem abgesehen[725]. In Abkehr von der Anerbenordnung des REG gingen nunmehr männliche Seitenverwandte (bspw. Onkel und Neffen) nicht mehr den weiblichen Abkömmlingen des Erblassers vor. *"Kinder"* des Erblassers waren und sind unabhängig von ihrem Geschlecht Erben 1. Ordnung (§ 5 Nr. 1 HöfeO), während es sich bei männlichen Nachfahren des Erblassers nach § 20 Nr. 1 REG um Erben der 1. Ordnung, bei weiblichen Nachfahren dagegen erst der 4. Ordnung handelte.

Gleichwohl entschied *"im übrigen innerhalb derselben Ordnung der Vorzug des männlichen Geschlechts"* (§ 6 Abs. 1 Satz 2 HöfeO). Die Formulierung *"im übrigen"* war dabei im Zusammenhang mit § 6 Abs. 1 Satz 1 und 2 HöfeO nicht dergestalt auszulegen, dass zunächst das Alter und nur bei gleichem Alter der Mannesvorzug entscheiden sollte[726]. Vielmehr sollte grundsätzlich bei Anerben gleicher Ordnung der Vorzug des männlichen Geschlechts bestehen[727]. Begründet wurde dieser Vorrang mit den *"altüberlieferten Rechtsanschauungen des Bauerntums sowie den bedeutendsten früheren Anerben- und Höfegesetzen"*[728].

Die ausgeprägte Bindung an die "angestammte" Familie kam in der Ursprungsfassung der HöfeO nicht nur in § 6 Abs. 1 Satz 1 und 2, sondern auch in weiteren Vorschriften zum Ausdruck. Signifikant war sie beispielsweise in den Zusätzen *"... es sei denn, daß der Hof von der Mutter des Erblassers oder aus deren Familie stammt"* bzw. *"... es sei denn, daß der Hof vom Vater des Erblassers oder aus dessen Familie stammt"* in § 5 Nr. 3 und 4 HöfeO[729].

Desgleichen verdeutlichte die Vorschrift des § 6 Abs. 5 HöfeO den ihr zu Grunde liegenden Gedanken der Familiengebundenheit. Nach Satz 2, 2. Alt. konnte von der Wirtschaftsfähigkeit des Anerben abgesehen werden, sofern unter den gesamten Abkömmlingen keine wirtschaftsfähige Person vorhanden war. Der

---

[724] Zwar geht die Begründung des Gesetzentwurfs nicht ausdrücklich auf den Sippengedanken ein, jedoch soll die gesetzliche Erbfolge sich nach § 8 des Entwurfs an die gesetzliche Erbfolge des BGB anlehnen, um *„eine einfache, dem Einzelfall leicht anpassungsfähige Ordnung"* zu schaffen, in: Z 6/II 50 (BA).
[725] Protokoll der Anerbengesetztagung in Celle am 26.9.1946, in: Z 21/1164, 101 (BA).
[726] Bei reiner Wortauslegung erschien auch diese Deutung des § 6 Abs. 1 HöfeO möglich.
[727] LANGE, HöfeO, Rn. 45.
[728] LANGE, a.a.O., Rn. 45.
[729] Vgl. zu dem Familienbegriff i.S.d. HöfeO unter Zugrundelegung bäuerlicher Anschauung LANGE, HöfeO, Rn. 39.

Schutz der Abkömmlinge ging damit der Sicherung der Wirtschaftsfähigkeit[730] des Anerben vor. Letztlich lässt sich hieran erkennen, dass trotz der Bemühungen, die Leistungsfähigkeit sicherzustellen und damit die Produktionszahlen zu steigern, die Familiengebundenheit als vorrangig betrachtet wurde. Dieses Vorgehen setzte den Hof allerdings nicht der Gefahr aus, über einen längeren Zeitraum schlecht bewirtschaftet zu werden, da gegen den Nutzungsberechtigten die nach den Art. VII KRG Nr. 45, Art. V MilRegVO Nr. 84 i.V.m. der *Landbewirtschaftungsordnung* möglichen Maßnahmen[731] getroffen werden konnten.

Ferner spiegelte die Vorschrift des § 7 Abs. 2 HöfeO, nach der der Eigentümer zur Übergehung sämtlicher Abkömmlinge der Zustimmung des Gerichts bedurfte, die der HöfeO zu Grunde liegende Familienbindung im Bereich der gewillkürten Erbeinsetzung wider.

Als weitere Ausprägung des Grundsatzes der Familiengebundenheit landwirtschaftlichen Grundbesitzes forderte die anfängliche Rechtsprechung sowie ein Teil der Literatur, dass es in Auslegung des § 16 Abs. 1 HöfeO demjenigen Erblasser, der keine Abkömmlinge, aber hoffolgeberechtigte Angehörige der 2. bis 5. Ordnung des § 5 HöfeO hatte, versagt sei, eine Person zum Hoferben zu bestimmen, die nicht zu dem Kreis der hoffolgeberechtigten Personen gehöre[732]. Das freie Bestimmungsrecht des Erblassers finde seine Grenze nicht nur in der Vorschrift des § 7 Abs. 2, sondern auch in § 16 Abs. 1 HöfeO und zwar in der Weise, dass der Eigentümer in der Wahl des Hoferben auf den Kreis der nach § 5 HöfeO zur Hoffolge berufenen Personen beschränkt sei, da die HöfeO von dem Grundsatz bestimmt sei, *"daß jeder Hof tunlichst in dem Besitz der Familie erhalten bleiben soll, aus der stammt und in der er sich befindet"*[733]. Damit bestimmte der Gedanke der Familiengebundenheit die teleologische Auslegung – sogar entgegen der reinen Wortlautauslegung – der HöfeO in hohem Maße. WÖHRMANN wies allerdings unter Verweis auf § 36 der *Bauernrechtsordnung* darauf hin, dass nach der Entstehungsgeschichte der HöfeO die Einsetzung eines Familienfremden unter den Voraussetzungen des § 7 Abs. 2 HöfeO möglich sein

---

[730] Zum Begriff der *Wirtschaftsfähigkeit* unten C V 4 a) cc) (S. 160 f.).
[731] Hierzu oben C V 2 b) (S. 131 f.).
[732] OLG Düsseldorf, JMBl. NW 1948, 192 (192); LANGE, HöfeO, Rn. 63; BERGMANN, SchlHA 1948, 233 (238 ff.); REINEKE, JMBl. NW 1948, 60 (60); nicht ganz eindeutig ERDSIEK, DRZ 1947, 223 (224). A.A. OLG Hamm, JMBl. NW 1948, 244 (244); OLG Celle, Nds.Rpfl., 104 (105) mit deutlichem Bekenntnis zum Vorrang des Bestimmungsrechts des Erblassers; DIECKHOFF, NJW 1947/48, 330 (330); SAMBRAUS, SchlHA 1947, 281 (281 f.). Vgl. auch MÜLLER, Der überlebende Ehegatte, S. 93 ff.; PRANGE, Die Testierfreiheit, S. 36 ff.; SCHNEBLE, Von den Grenzen der Testierfreiheit, S. 96 ff.
[733] OLG Düsseldorf, JMBl. NW 1948, 192 (192).

sollte[734]. Erledigung fand dieser Streit mit dem Beschluss des OGH für die britische Zone vom 18. Januar 1950, der in § 5 die bloße Festschreibung einer gesetzlichen Anerbenfolge sah und eine Beschränkung des Erblassers auf die Einsetzung eines Anerben aus dem genannten Personenkreis nicht zu sehen vermochte[735]. Dieser Entscheidung schloss sich der BGH im Folgenden ohne weitere Begründung an[736].

Auch die Stellung des überlebenden Ehegatten wurde grundsätzlich gestärkt, indem er in die 2. Ordnung der gesetzlichen Hoferben mit aufgenommen wurde[737], damit *"die nächsten Verwandten des Bauern, die ihre Arbeitskraft während ihres ganzen Lebens dem Hof geopfert haben, bei der Erbfolge nicht leer ausgehen ..."*[738]. Gleichwohl sah § 6 Abs. 3 Satz 1 HöfeO die gesetzliche Festschreibung der bloßen Vorerbenstellung des überlebenden Ehegatten vor, sofern noch Verwandte des Erblassers nach der 3. bis 5. Ordnung des § 5 HöfeO vorhanden waren[739]. Aufgrund des Mannesvorrangs war von dieser Beschränkung erneut regelmäßig die überlebende Ehefrau betroffen[740]. Mit der Regelung sollte der *"Gefahr"* begegnet werden, dass *"der Hof der angestammten Familie verlo-*

---

[734] WÖHRMANN, SchlHA 1949, 112 (113). KLUNZIGER, Anerbenrecht, S. 119 f. stand dieser Argumentation allerdings äußerst kritisch gegenüber.

[735] OGH für die britische Zone, RdL 1950, 88 (89). Zur Geschichte, Zuständigkeit und der Besetzung des OGH siehe WENZLAU, Der Wiederaufbau der Justiz, S. 297 ff.

[736] BGH, DNotZ 1951, 187 (187).

[737] In seinen Bemerkungen zu dem Referentenentwurf für ein Agrargesetz vom 18.1.1946 zu § 35 unter 1), in: Z 6/II 50 (BA) forderte STARCKE noch, den überlebenden Ehegatten erst in die 6. Ordnung nach den Großeltern des Eigentümers und deren Abkömmlingen in der 4. sowie den Urgroßeltern und deren Abkömmlinge in der 5. Ordnung aufzunehmen, allerdings mit der Möglichkeit, eine anderweitige Verfügung von Todes wegen zu treffen. In seiner Stellungnahme vom 30.4.1946 sah der LGPräs Verden, HAGEMANN, dagegen keine Berücksichtigung des überlebenden Ehegatten innerhalb der gesetzlichen Anerbenordnung vor. Diesem sollte lediglich das Recht zur Verwaltung und Nutznießung sowie das Altenteilsrecht zustehen. Für die gewillkürte Anerbeneinsetzung des Ehegatten sah HAGEMANN indes keine Beschränkungen vor, in: Nds. 50, Nr. 123 (NA).

[738] Schreiben WÖHRMANNS vom 6.12.1947, in: Nachlass WÖHRMANN.

[739] Dem überlebenden Ehegatten stand andernfalls, wenn der Hoferbe ein Abkömmling des Erblassers war, bis zur Vollendung dessen 25. Lebensjahrs lediglich die Verwaltung und Nutznießung an dem Hof zu (§ 14 Abs. 1 HöfeO).

[740] Noch weiter ging der Entwurf der *Bauernrechtsordnung*, in: Z 21/1164, 24 f. (BA), der in § 39 Abs. 3 festlegte:
"Gehört der Anerbenhof einer Frau als Alleineigentümerin, so kann sie den Anerben aus den gemeinsamen Abkömmlingen nur gemeinsam mit ihrem wirtschaftsfähigen Ehemann bestimmen und eine früher getroffene Bestimmung nur gemeinsam mit ihm aufheben. Einigen sie sich nicht oder ist der Ehemann an der Mitwirkung verhindert, so ist die Zustimmung des Bauerngerichtes zu der Verfügung in jedem Falle erforderlich und genügend."

*ren geht"*⁷⁴¹. Für den Fall, dass der Ehegatte nicht Hoferbe wurde, standen ihm lediglich die Rechte aus § 14 HöfeO, nämlich die Verwaltung und Nutznießung bis zur Erlangung des 25. Lebensjahres des Anerben (Abs. 1) bzw. der übliche Altenteil (Abs. 2) zu.

Diese Stellung des überlebenden Ehegatten wurde gemäß dem Protokoll der Anerbentagung in Celle vom 26. September 1946 bereits im frühen Stadium der Reformarbeiten allgemein als ausreichend angesehen:

*"Die Regelungen im Entwurf (des Gesetzes über die Vererbung der Anerbenhöfe – d.V.) dürften allen billigerweise zu stellenden Ansprüchen genügen. Der Ehegatte erhält den Altenteil; er kann aber auch Verwaltung und Nutznießung bekommen und als Voranerbe oder sogar endgültiger Anerbe eingesetzt werden."*⁷⁴²

Im Rahmen des § 7 Abs. 2 bedurfte allerdings die Einsetzung des Ehegatten als Vorerbe beim Vorhandensein von Abkömmlingen ebenfalls der gerichtlichen Zustimmung⁷⁴³. Gleiches galt für das Berliner Testament (§ 2269 BGB), bei dem sich die Ehegatten in einem gemeinschaftlichen Testament gegenseitig zu Erben einsetzen und verfügen können, dass der beiderseitige Nachlass nach dem Tode des Überlebenden einem Dritten zufallen soll, da der Ehegatte gemäß § 2269 BGB im Zweifel Vollerbe sein soll⁷⁴⁴.

Demzufolge sah der Landesjustizminister von Schleswig-Holstein, KUHNT, in der Entwurfsdiskussion in dieser Vorschrift einen nicht mehr tragbaren Eingriff in die Testierfreiheit des Bauern und forderte die Streichung des § 7 Abs. 2 HöfeO⁷⁴⁵. Die zu einem sehr späten Zeitpunkt vorgetragenen Bedenken⁷⁴⁶ drangen indes nicht mehr durch und konnten den Erlass des § 7 Abs. 2 HöfeO nicht hindern. Dies lag nicht zuletzt daran, dass die erlassene Fassung des § 7 Abs. 2 HöfeO bereits einen Kompromiss zwischen dem Zentraljustizamt mit seinem grundsätzlichen Eintreten für eine weitergehende Testierfreiheit und dem

---

⁷⁴¹ LANGE, HöfeO, Rn. 53.
⁷⁴² Z 21/1164, 103 R (BA).
⁷⁴³ WÖHRMANN (2), § 7, Rn. 12. Zur Problematik der Vor- und Nacherbeneinsetzung und dem Erblassertodesfall bei fakultativ ausgestaltetem Anerbenrecht vor Geltung des REG (hier das HöfeG für die Provinz Hannover vom 2.6.1874 in der Fassung vom 9.8.1909 [GS, S. 663]), späterem Nacherbenfall jedoch bei Geltung der HöfeO siehe OLG Celle, RdL 1963, 181 ff.
⁷⁴⁴ WÖHRMANN (2), § 7, Rn. 13.
⁷⁴⁵ Schreiben des Landesministers für Justiz in Schleswig-Holstein, KUHNT, an das Zentraljustizamt vom 5.4.1947, in: Z 21/1165, 124 R (BA).
⁷⁴⁶ Insoweit bemängelte der Landesminister für Justiz in Schleswig-Holstein, KUHNT, die fehlende Anhörung der Landesjustizverwaltung, a.a.O.

Zentralamt für Ernährung und Landwirtschaft[747] darstellte[748]. Erarbeitet worden war diese Einigung anlässlich der Besprechung bei der *Legal Division* in Herford am 27. März 1947. Das Zentraljustizamt forderte diesbezüglich, dass der Eigentümer grundsätzlich völlig frei in der Bestimmung seines Hoferben sein müsse. Als Entgegenkommen machte es den Vorschlag, den einzelnen Ländern der britischen Besatzungszone in einer ähnlichen Regelung wie der des § 19 Abs. 5 HöfeO die Möglichkeit zu geben, anzuordnen, dass es einer derartigen gerichtlichen Zustimmung nicht bedürfe. Erst nach *"eingehenden Erörterungen"* kam man schließlich mit dem Verweis, dass es unbillig sei, wenn der Erblasser seine Abkömmlinge grundlos von der Hoferbfolge ausschließen könne[749], zu der in § 7 Abs. 2 umgesetzten Lösung, dass es einer gerichtlichen Zustimmung nur für den Fall der Übergehung sämtlicher Abkömmlinge bedürfe[750].

Im Hinblick auf diese bindenden Bestimmungen gelangte der Direktor der *A.T.C. Branch*, HOWES, zu der Überzeugung, dass die HöfeO in ihren Bemühungen, den Hof der angestammten Familie zu erhalten, nunmehr in ihrer Endfassung weit genug gehe[751].

cc) Familienbindung bei Ehegattenhöfen

Als problematisch erwies sich – wie bereits beim Reichserbhofrecht – die Durchsetzung der angestrebten Familienbindung im Bereich des Ehegattenhofes. Die ursprünglich in der HöfeO kodifizierte Bestimmung des § 8 zur Regelung der Vererbung von Ehegattenhöfen entwickelte sich alsbald zu einem Hauptkritikpunkt an dem Gesetzeswerk, da hiermit *"neuralgische Punkte des Anerbenrechts in seiner jüngsten Geschichte"*[752] berührt wurden. Wie im Reichserbhofrecht bestimmte § 8 Abs. 1 Satz 1 HöfeO die bloße Voranerbenschaft des überlebenden Ehegatten mit der ausschließlichen Nacherbschaft durch einen Aner-

---

[747] Die weitgehenden Bedenken des Zentralamts für Ernährung und Landwirtschaft hinsichtlich der Wiedereinführung der Testier- und Verfügungsfreiheit lassen sich wohl am ehesten damit erklären, dass innerhalb dieser Stelle aufgrund der Nutzung der Organisationsstrukturen des *Reichsnährstandes* durch die britische Besatzungsmacht (hierzu oben C III 1 [S. 58.]) zu einem großen Teil das Personal des ehemaligen *Reichsnährstandes* eingesetzt wurde, SPENGLER, S. 51. Zu den im Einzelnen vorgenommenen Änderungen siehe WÖHRMANN, SchlHA 1947, 112 (113 f.).

[748] Schreiben des Zentraljustizamts an den Landesjustizminister von Schleswig-Holstein, KUHNT, vom 16.4.1947, in: Z 21/1165, 127 (BA).

[749] WÖHRMANN, SchlHA 1949, 112 (114).

[750] Aktennotiz über die Besprechung bei der *Legal Division* in Herford am 29.3.1947, in: Z 21/1165, 110 (BA). Hierzu auch OGHZ 3, 173 (181 f.).

[751] *"It is thought that Ordinance No 84 goes far enough in safeguarding the priciple of keeping a faming estate in the family from which it originally came. A line had to be drawn somewhere and no law can be expected to exclude every possible isolated case of hardship."*, Schreiben vom 4.11.1947, in: FO 1060/1140 (PRO).

[752] WÖHRMANN/STÖCKER (7), § 8, Rn. 1.

ben des vorverstorbenen Hofeigentümers, sofern der Hof von diesem stammte[753], und zwar

> *"ohne Rücksicht darauf, welche wirtschaftlichen Leistungen (durch Arbeit, Aufwendungen im Interesse des Hofes oder durch finanziellen Einsatz) der andere Ehegatte während der Ehe für den Hof erbracht hat."*[754]

Die Benachteiligung der Ehefrau ging dabei sogar soweit, dass die frühe Rechtsprechung zunächst einen zu gleichen Anteilen im Eigentum der Ehegatten stehenden Ehegattenhof, bei dem in gleicher Weise zu dessen Erhaltung beigetragen worden war, den Hof als von dem Mann stammend ansah. Begründet wurde diese Ansicht mit dem in der HöfeO verankerten Grundsatz des Vorzugs des männlichen Geschlechts, der aufzeige, dass die HöfeO ein neutrales Ergebnis in der Form, dass der Hof von beiden Ehegatten stamme, nicht vorsehe[755].

War ein weiterer Hoferbe nicht gemeinsam festgelegt worden, konnte der überlebende Ehegatte diesen zwar allein bestimmen; hierbei war er jedoch festgelegt auf eine Person aus dem Kreise der möglichen Anerben desjenigen Ehegatten, von dem der Hof stammte (§ 8 Abs. 3 Satz 2 HöfeO). Grundlage dieser Vorschrift war die Bestimmung des § 30 des hannoverschen Höfegesetzes[756]. Der überlebende Ehegatte war demgemäß hinsichtlich sämtlicher Grundstücke, aus denen sich der Hof zusammensetzte, verfügungsbeschränkter[757] Vorerbe. Das

---

[753] Ebenso § 8 Abs. 1 des Entwurfs des *Gesetzes über die Vererbung der Anerbenhöfe*, in: Z 21/1164, 114 R f. (BA).

[754] BGHZ 36, 42 (44 f.). Hier stammte der Hof allerdings von der Ehefrau; WÖHRMANN (2), § 8, Rn. 3. Als Übergangsregelung für den Fall, dass zwar die sippengebundene (Vor-) Anerbenfolge noch unter dem REG in wirksamer Weise eingetreten war, nicht aber die weitere, sahen die Durchführungsverordnungen der Länder zum KRG Nr. 45 vor, dass der erste Anerbe seit dem 24.4.1947 die Stellung eines Vorerben im Sinne des BGB hatte. Für die britische Besatzungszone bestimmte § 59 Abs. 2 LVO, dass dem Ehegatten als sippengebundenem Anerben die rechtliche Stellung des überlebenden Ehegatten nach den §§ 6 Abs. 3, 8 Abs. 3 HöfeO zukam, d.h. er Hofvorerbe wurde. Hierzu und zu der bayrischen Ausnahme für den Ehegattenhof siehe HAEGELE, DRPfl. 1955, 7 (8).

[755] OLG Düsseldorf, JZ 1951, 19 (20); WÖHRMANN (1), § 8, S. 137; a.A. SCHEFFLER, JZ 1951, 20 (20); im Folgenden auch WÖHRMANN (2), § 5, Anm. 27 in Anlehnung an BGHZ 22, 317 ff.; vgl. auch MÜLLER, Der überlebende Ehegatte, S. 70 f.

[756] *Gesetz betr. das Höferecht der Provinz Hannover* in der Fassung vom 9.8.1909 (GS, S. 663).

[757] In der frühen Rspr. wurde dagegen von der Stellung des überlebenden Ehegatten – mit der Ausnahme des Verbots des § 2113 Abs. 1 BGB – als befreitem Vorerben ausgegangen (OGHZ 3, 173 [186]). Diese Rspr. änderte sich jedoch mit BGHZ 21, 234 ff.; hierzu auch MÜLLER, Der überlebende Ehegatte, S. 61 f. unter Verweis auf die Zielsetzung, den Hof der angestammten Familie zu erhalten.

führte dazu, dass er nicht nur in der Verfügung über den jeweiligen anderen Hofanteil eingeschränkt war, sondern ebenfalls das frei verfügbare Eigentum an dem ursprünglich ihm gehörenden Teil verlor. Auch hinsichtlich dieses Teiles kam ihm lediglich die Stellung eines beschränkten Vorerben zu, und er war damit in der Verfügung hinsichtlich beider Ehegattenhofteile bereits zu Lebzeiten begrenzt (sog. *"Beerbung bei lebendigem Leibe"*)[758].

c) Beurteilung

Da die Intensität der Bindung des Hofeigentums an die "angestammte" Familie in jedem Fall über das Familienerbrecht des BGB hinausgehen sollte, begab man sich mit der Neufassung des Anerbenrechts auf den schmalen Pfad zwischen der Kodifikation einer "unverdächtigen" Familienbindung und der Fortschreibung der – wenn auch weniger offensichtlichen – Sippenbindung. Notwendigerweise stand damit die Familiengebundenheit des Besitzes in einem Spannungsverhältnis zu einer möglichst weitgehenden Verfügungs- und Testierfreiheit des Bauern[759].

In Bezug auf den Mannesvorrang gelangte der BGH[760] sowie WÖHRMANN auch unter Geltung des GG zu der Ansicht, dass die HöfeO im Gegensatz zum Reichserbhofgesetz keine frauenfeindliche Tendenz aufweise und mit der zuvor bestehenden Zurücksetzung des weiblichen Geschlechts gebrochen habe[761]. Die Vorschrift des § 7 Abs. 1 HöfeO spiegele dieses wider, könne doch der Erblasser durch Testament oder Übergabevertrag anders als nach § 25 Abs. 3 REG, der festlegte, dass der Sohn nur aus wichtigem Grunde und mit Zustimmung des Anerbengerichts zugunsten der Tochter übergangen werden konnte, die Tochter frei zur Hoferbin einsetzen[762]. Auch gingen gemäß § 6 Abs. 4 HöfeO vollbürtige Geschwister halbbürtigen, d.h. eine vollbürtige Tochter ihrem halbbürtigen Bruder, anders als nach dem REG (§ 21 Abs. 4 Satz 2 REG), vor, so dass der Mannesvorrang keinesfalls immer greife[763]. Die Festlegung der Rangfolge der Anerbenordnung beruhe lediglich auf einer Wertentscheidung zugunsten der *"Durch-*

---

[758] LANGE/WULFF/LÜDTKE-HANDJERY, § 8, Rn. 14; BARNSTEDT/BECKER/BENDEL, S. 95 f.; PIKALO, in: Gedächtnisschrift SCHMIDT, S. 528 sprach von einer *"bedenklichen"* Regelung. Zur Fortwirkung der reichserbhofrechtlichen Bestimmungen bezüglich der Nacherbfolge in dem Fall, dass der Erbfall unter Geltung des Erbhofrechts eingetreten war, siehe OLG Koblenz, RdL 1947, 116 (118 f.). Zum Meinungsstreit hierzu HAEGELE, DRpfl. 1955, 7 (10 ff.).

[759] Allgemeine Kritik WÖHRMANN/HENRICI vom Januar 1947 am amerikanischen Entwurf zum späteren KRG Nr. 45, in: Z 21/1164, 185 (BA).

[760] RdL 1959, 149 (151 f.).

[761] WÖHRMANN, RdL 1960, 57 (57).

[762] WÖHRMANN, a.a.O., S. 58.

[763] WÖHRMANN, a.a.O., S. 58 unter Aufzählungen weiterer *"Durchbrechungen"* des Mannesvorrangs nach der HöfeO.

führung des Höfegedankens" und der *"Aufrechterhaltung und Durchführung der bäuerlichen Lebensordnung"* unter Berücksichtigung des *"typischen Geschehensablaufs auf einem Bauernhof"*[764].

Der durch § 6 Abs. 1 Satz 2 HöfeO vorgesehene Mannesvorrang entsprach dabei anerbenrechtlicher Tradition[765] und dem tradierten Geschlechterbild. Keinesfalls bedeutete die Regelung die Fortführung der massiven Bevorzugung des Mannesstammes im nationalsozialistischen Sinne. Die Neuregelung des Anerbenrechts sollte in bewusster Abkehr von der reichserbhofrechtlichen Zurücksetzung des weiblichen Geschlechts der Geschlechtergleichbehandlung im Sinne damaliger Rechtsanschauung gerecht werden, wie das Gutachten *"Die guten und die schlechten Seiten des Erbhofrechts"* vom 19. Dezember 1946 verdeutlichte:

"Diese Zurücksetzung des weiblichen Geschlechts entsprach nicht der Auffassung der Bauernschaft, die die weiblichen Glieder der Familie als ebenbürtig und als für die Bauernwirtschaft vollwertig ansieht und ihnen von je her Gleichberechtigung auf dem Gebiet des Erbrechts zuerkannt hat."[766]

Infolgedessen war ausdrücklich von dem Agnatensystem Abstand genommen und die weiblichen Abkömmlinge wurden als "Kinder" des Erblassers in der 1. Ordnung gemäß § 5 Nr. 1 HöfeO erfasst.

Das Bundesverfassungsgericht prüfte 1963 vor dem Hintergrund des öffentlichen Interesses an der Erhaltung leistungsfähiger Höfe, ob der *"Mannesvorzug eine unabweisliche Voraussetzung dafür ist, den Hof als leistungsfähige Wirtschaftseinheit zu erhalten"*[767]. Hierbei kam es aufgrund der geänderten Gesellschafts- und Rechtsanschauungen anders als die Gesetzeskommission der HöfeO zu dem Ergebnis, dass die biologischen oder funktionalen Unterschiede der Geschlechter einen derartigen Mannesvorzug nicht rechtfertigen, da die Zurücksetzung der weiblichen Erben nicht unerlässlich sei, um die Zielsetzung der HöfeO, nämlich *"die Erhaltung lebensfähiger Höfe in bäuerlichen Familien, um die*

---

[764] WÖHRMANN, a.a.O., S. 60; ders., Atti del Primo Convegno, S. 585.
[765] Grundsätzlich legten die Anerbengesetze der Länder den Mannesvorrang fest, z.B. § 10 des Höfegesetzes für die Provinz Hannover vom 9.8.1909, § 14 des Gesetzes betr. das Anerbenrecht bei Landgütern der Provinz Westfalen vom 2.7.1898; zu den unterschiedlichen Ausgestaltungen siehe WAGEMANN, Die Vererbung, S. 19 ff. Zu der Verankerung des Mannesvorranges im bäuerlichen Rechtsbewusstsein siehe ferner KAHLKE, SchlHA 1964, 247 (248).
[766] Nachlass WÖHRMANN. Siehe auch ders., RdL 1967, 85 (85).
[767] BVerfGE 15, 337 (342). Hinsichtlich der Beunruhigung der ländlichen Bevölkerung bezüglich der möglichen Feststellung der Verfassungswidrigkeit des Mannesvorzugs mit rückwirkender Kraft siehe WÖHRMANN, RdL 1963, 98 (98).

Volksernährung sicherzustellen", zu erreichen[768]. Somit wurde der traditionelle Vorzug des männlichen Geschlechts im Hinblick auf den Gleichbehandlungsgrundsatz des Art. 3 Abs. 2 GG als verfassungswidrig angesehen. Durch das 1. HöfeÄndG vom 24. August 1964[769] wurde § 6, soweit er zu einer Geschlechterungleichbehandlung führte, abgeändert und so die Geschlechtergleichbehandlung in der Hoferbfolge vollständig hergestellt.

In der Behandlung des überlebenden Ehegatten stellten die Regelungen m.E. eine kodifizierte Benachteiligung dar, die weit über den Gedanken der Familienerbfolge nach BGB hinausging[770]. In der Folgezeit unterlagen die diesbezüglichen Regelungen der HöfeO a.F. der massiven Kritik der Literatur. FASSBENDER sprach aufgrund der ausgeprägten Bindungswirkung des Hofes an die "angestammte" Familie auf Kosten des überlebenden Ehegatten von einer *"unerträglich stark ausgeprägten Sippenbindung"*[771]. Auch BARNSTEDT war der Ansicht, dass der aus dem Blut-und-Boden-Gedanken entspringende Schutz bäuerlicher Familien durch die Sippenbindung eben vom Reichserbhofrecht Eingang in die HöfeO gefunden habe[772]. KAHLKE formulierte, dass

"trotz der damals herrschenden Ressentiments gegen jeden Anschein einer Blut- und Bodenphrase der zentrale Gedanke der Erhaltung des Hofes "im angestammten Bauerngeschlecht" die ganze HöfeO in nüchternen funktionellen Bestimmungen durchzieht."[773]

STÖCKER sah vor dem Erlass des zweiten Gesetzes zur Änderung der HöfeO eine nach wie vor bestehende *"Rechtsfigur eines sippengebundenen Ehegattenhofes"*, die ihrem Wesen nach der EHVO vom 30. September 1943[774] entspräche und damit Teil *"spezifisch nationalsozialistischer Rechtsanschauungen"* sei[775]. Dabei ging er soweit zu sagen, dass der Weg der gesetzlichen Hofvorerbschaft des Ehegatten der Verschleierung der Fortführung einer Sippenbindung im nationalsozialistischen Sinne dienen sollte, indem der Hofvorerbe in seiner lebzeiti-

---
[768] BVerfGE 15, 337 (342 f.). Kritisch hierzu KAHLKE, SchlHA 1964, 247 (248 f.).
[769] BGBl. I, S. 693.
[770] MÜLLER, Der überlebende Ehegatte, S. 51 spricht dagegen davon, dass in § 6 Abs. 3 Satz 1 HöfeO *"erfreulicherweise eine Angleichung an das allgemeine Erbrecht unter Aufgabe der im Erbrecht verankerten Zurücksetzung des überlebenden Ehegatten zu erblicken"* sei.
[771] FASSBENDER/HÖTZEL/VON JEINSEN/PIKALO, Einl., Rn. 47.
[772] BARNSTEDT, DNotZ 1967, 14 (23).
[773] KAHLKE, SchlHA 1964, 247 (249).
[774] RGBl. I, S. 549.
[775] WÖHRMANN/STÖCKER (5), § 5 Rn. 4. Ähnlich sprach STÖCKER, AgrarR 1972, 341 (344) von einem *"aus dem Fiasko nationalsozialistischer "Blut- und Boden" Politik geborenen Rechtsinstitut."*

gen Verfügungsmacht massiv beschränkt war, zugleich jedoch *"durch den Mantel der Vorerbschaft der nationalsozialistischen Sippenbindungsidee jener Anschein von Legitimität gegeben"* wurde, *"der mit dem altehrwürdigen Zivilrechtsinstitut der Vorerbschaft verbunden ist"*[776].

Eine derartige Verschleierungstaktik ist innerhalb der Reformdiskussion indes nicht ersichtlich, zumal das hannoversche Höfegesetz[777] mit § 30 eine ähnliche Bestimmung beim Vorhandensein von Abkömmlingen kannte[778]. Zwar fanden die Arbeiten ihre Prägung durch die zwölfjährige Geltung des Reichserbhofrechts, die Abwendung von der weitgehenden Sippenbindung im nationalsozialistischen Sinne sollte jedoch aus zeitgenössischer Sicht bewusst vorgenommen werden, wie folgende Aussage WÖHRMANNS anlässlich der Anerbengesetztagung in Celle am 26. September 1946 verdeutlicht:

„*Die Anerbenordnung des Erbhofrechts stand im Zeichen des Sippengedankens. Das weibliche Geschlecht wurde in einer dem bäuerlichen Empfinden nicht entsprechenden Weise zurückgesetzt. Diesen Fehler vermeidet der Entwurf.*"[779]

Richtig ist, dass der Entwurf aufgrund der Möglichkeit der testamentarischen Einsetzung des Ehegatten als Hoferben auch beim Vorhandensein von Kindern bzw. deren Abkömmlingen im Vergleich zum Reichserbhofrecht zu einer erheblichen Besserstellung des überlebenden Ehegatten im Bereich der gewillkürten Erbfolge führte. Auch innerhalb der gesetzlichen Hoferbenordnung war der überlebende Ehegatte anerbenrechtlicher Tradition entsprechend wieder in die 2. Ordnung mit aufgenommen[780].

Infolgedessen gelangte der Oberlandesgerichtspräsident Köln, SCHETTER, als vormaliger Kritiker der Entwürfe zur HöfeO zu der Ansicht, die HöfeO vermeide eine Benachteiligung der weiblichen Linie und gleiche sich damit der allgemeinen Erbfolgeordnung an[781]. Ebenso sprach GÜDE, der in seiner Kritik zur

---

[776] STÖCKER, InfStW 1980, 412 (417). Gleichzeitig führte er an dieser Stelle aus, dass und inwiefern sich die höferechtliche Intestatenhofvorerbschaft wesentlich von der BGB-Vorerbschaft unterschied.

[777] *Gesetz betr. das Höferecht der Provinz Hannover* in der Fassung vom 9.8.1909 (GS, S. 663).

[778] Hierzu MÜLLER, Der überlebende Ehegatte, S. 61.

[779] Protokoll der Anerbengesetztagung in Celle am 26.9.1946, in: Z 21/1164, 101 (BA).

[780] Entsprechend den Bestimmungen des § 10 Ziff. 2 des Höfegesetzes für die Provinz Hannover in der Fassung vom 9.8.1909 (GS, S. 663) und § 26 Ziff. 2 des Gesetzes, betr. die geschlossenen Güter und das Anerbenrecht vom 24.3.1909 (VO-Samml. Schaumburg-Lippe, S. 371).

[781] SCHETTER, SJZ 1947, 370 (375).

Liquidierung des Erbhofrechts anlässlich des Konstanzer Juristentages 1947 mehrmals darauf hinwies, dass eine Anerbenreform stets darauf zu überprüfen sei, ob ideologische Grundsätze nicht kritiklos fortgeschrieben würden, in seiner Bewertung von einer Beschränkung der Anerbenordnung der HöfeO auf den *"natürlichen Familienkreis in seiner natürlichen Anordnung"* und bezeichnete die Hofvorerbenstellung des überlebenden Ehegatten als *"vorbildlich"*[782].

Dennoch fand die Stellung des überlebenden Ehegatten für den Fall der gesetzlichen Erbfolge trotz des Verwaltungs- und Nutznießungsrechts nach § 14 Abs. 1 HöfeO[783] sowie des Altenteilrechts nach § 14 Abs. 2 HöfeO[784] eine relativ geringe Beachtung[785], berücksichtigt man, dass der Sippengedanke und die damit einhergehende Schlechterstellung der Ehefrau innerhalb der Bauernschaft als unpopulär bezeichnet worden war. Auch mit dem Verweis auf das bäuerliche Rechtsempfinden war eine derart ausgeprägte Familienbindung demnach nicht ohne Weiteres zu begründen. Zwar veranschaulichte die Stellungnahme des Landesbauernvorstehers Schleswig-Holsteins, dass diese grundsätzliche Bindung des Hofeigentums an die "angestammte" Familie bäuerlicher Auffassung entsprach[786]. Gleichwohl bedurfte es auch bei ausreichender Berücksichtigung bäuerlicher Auffassung nicht zwangsläufig einer derart schwach ausgestalteten Position des überlebenden Ehegatten.

Insbesondere ging die mit § 8 HöfeO im Zusammenhang mit der Bevorzugung des Mannesstammes festgeschriebene Benachteiligung der Ehefrau weit über ein *"unverzichtbares Korrelat zu der massiven Begünstigung des Hoferben im Interesse der geschlossenen Erhaltung des Hofes zu erträglichen Bedingungen in der Familie"*[787] hinaus. Dennoch formulierte WÖHRMANN hinsichtlich der Sippenbindung des Hofes beinahe bedauernd:

---

[782] Konstanzer Juristentag, S. 96.
[783] Hierzu MÜLLER, Der überlebende Ehegatte, S. 15 ff. Das gesetzliche Verwaltungs- und Nutznießungsrecht des überlebenden Ehegatten fand sich dabei erstmals in der EHFV, hierzu GÜNTHER, Das Rechtsverhältnis, S. 71.
[784] Hierzu MÜLLER, a.a.O., S. 29 ff.; zu den Gestaltungsmöglichkeiten durch Verfügung von Todes wegen siehe ders., a.a.O., S. 110 ff.
[785] Belegbar beispielsweise anhand der Genehmigungsbedürftigkeit beim Berliner Testament bzw. der Vorerbeneinsetzung des überlebenden Ehegatten. Hierzu oben C V 3 b) bb) (S. 144 f.).
[786] Als Vertreter der Bauernschaft war der Landesbauernvorsteher Schleswig-Holsteins im Hinblick auf die Beschlüsse der Anerbentagung vom 29. September 1946 der Auffassung, *"dass die Großeltern des Erblassers und deren Abkömmlinge, wenn der Hof nicht aus ihrer Familie stammt, als Anerben nicht in Betracht kommen sollen"*, Schreiben des OLGPräs Kiel, KUHNT, an den OLGPräs Celle, v. HODENBERG, vom 29.11.1946, in: Z 21/1164, 146 (BA).
[787] FASSBENDER/PIKALO, DNotZ 1980, 67 (72).

"... trotzdem kann es auch hier vorkommen, vor allem wegen der dem Erblasser grundsätzlich gewährten Testierfreiheit ..., daß der Hof an eine fremde Familie, vor allem an die Familie des Ehegatten, von dem der Hof nicht stammt, fällt."[788]

Die oben gezeigte *Beerbung bei lebendigem Leibe* bei der bloßen Voranerbenschaft des überlebenden Ehegatten beim Ehegattenhof nach § 8 Abs. 1 Satz 1 HöfeO wurde später als mit der Eigentumsgarantie nach Art. 14 Abs. 1 GG nicht vereinbar angesehen[789] und im Rahmen des 2. HöfeÄndG vom 29. März 1976[790] aufgehoben. Der überlebende Ehegatte wird nunmehr Vollerbe des Anteils am Ehegattenhof (§ 8 Abs. 1 HöfeO), so dass die Frage, von wem der Hof stammt, damit gegenstandslos wurde[791].

Auch die übrigen Regelungen zur Sicherstellung der Familiengebundenheit des Hofes wurden im Rahmen des *Zweiten Gesetzes zur Änderung der Höfeordnung* überwiegend aufgehoben[792], insbesondere die Regelungsgehalte der §§ 6 Abs. 3 Satz 1, 7 Abs. 2 gestrichen. Grundlage hierbei war das Bedürfnis, diejenigen Vorschriften anzupassen, *"die unter den Nachwirkungen der Sippenideologie der nationalsozialistischen Erbhofgesetzgebung"* standen[793]. Nur kurz geht die Gesetzesbegründung auf die Streichung des § 7 Abs. 2 HöfeO ein. Die hierdurch bestehende Beschränkung der Testier- und Verfügungsfreiheit sei nicht durch den Zweck des Höferechts bzw. den Sozialbindungsgedanken aus Art. 14 Abs. 2 GG geboten[794] und im Hinblick auf die Pflichtteilsansprüche der Abkömmlinge nicht zu deren Schutz erforderlich[795].

---

[788] WÖHRMANN (1), § 8, S. 136.
[789] BT-DRUCKS. 7/1443, S. 21. Hierzu auch STAUDINGER-OTTE, Einl. zu §§ 1922 ff., Rn. 80.
[790] BGBl. I, S. 881 in der Bekanntmachung der Neufassung vom 26.7.1976 (BGBl. I, S. 1933).
[791] BT-DRUCKS. 7/1443, S. 21. Zu dem sich daran anschließenden Streit hinsichtlich des Rechts des Ehegatten, allein über seinen Hofanteil am Ehegattenhof von Todes wegen zu verfügen siehe WÖHRMANN/STÖCKER (7), § 8, Rn. 16.
[792] Hierzu im Einzelnen FASSBENDER/HÖTZEL/VON JEINSEN/PIKALO, Einl., Rn. 49 ff.
[793] BT-DRUCKS. 7/1443, S. 14.
[794] So auch bereits BARNSTEDT, DNotZ 1969, 14 (22 ff.), der dagegen die obligatorische Ausgestaltung des Anerbenrechts als verfassungsmäßige Ausgestaltung der Sozialbindung aus Art. 14 Abs. 2 GG beurteilt, a.a.O., S. 20 ff. Die Landwirtschaftskammer und das Landesernährungsamt Hannover sprach in ihrer Anmerkung gegenüber dem Zentralamt für Ernährung und Landwirtschaft zur Neugestaltung des Agrarrechts vom 16.7.1946 noch von einer dem *"bäuerlichen Rechtsbewußtsein entsprechenden Rechtsanwartschaft"* des Anerben an dem Hof, in: Z 6/II 50 (BA).
[795] BT-DRUCKS. 7/1443, S. 20.

Dieser Begründung ist unter der fakultativen Geltung der HöfeO zuzustimmen. Im Rahmen der zuvor gegebenen zwingenden Ausgestaltung stand m.E. die Regelung des § 7 Abs. 2 HöfeO dagegen ihrerseits im Einklang mit dem Grundsatz der Familienerbfolge, da andernfalls eine unangemessene Benachteiligung der Familienangehörigen als weichenden Erben bestanden hätte[796]. Berücksichtigt werden muss, dass ohne das Genehmigungserfordernis ein Familienfremder zum Anerben hätte bestimmt werden können. Eine solche Erbeinsetzung hätte jedoch aufgrund des obligatorischen Charakters der HöfeO stets und zwangsläufig nur auf Kosten der Abkömmlinge des Erblassers bzw. der sonstigen Verwandten geschehen können, da die weichenden Erben im Anerbenrecht im Verhältnis zum Pflichtteilsrecht des BGB nach den §§ 2303 ff. regelmäßig mit geringeren Abfindungszahlungen rechnen müssen[797]. Demzufolge entsprach die Beschränkung des Erblassers auf die Auswahl des Hoferben aus dem Kreise seiner Abkömmlinge bzw. der Angehörigen der gesetzlichen Anerbenordnung – freilich unter Berücksichtigung der fakultativen Ausgestaltung der Anerbenrechte im Sinne des Art. 64 EGBGB – der überwiegenden jüngeren Anerbentradition[798].

---

[796] Dieses gilt m.E. jedoch nicht hinsichtlich der Erstreckung des Genehmigungserfordernisses des § 7 Abs. 2 auch auf die Einsetzung des überlebenden Ehegatten als Vorerben, da die weitgehende Ausklammerung des Ehegatten aus dem Familienverbund durch die HöfeO ungerechtfertigt erscheint.

[797] Die Gesetzeskommission des BGB zog hieraus den Schluss, dass es für den Erblasser aureichend sei, *"daß er befugt ist, das Anerbenrecht ganz auszuschließen. Ihm zu gestatten, daß er einen Fremden zum Anerben ernenne und diesem auf Kosten seiner Abkömmlinge bz. der sonst als Anerben möglicherweise in Betracht kommenden Personen die Vortheile gewähre, welche einem Anerben zukommen, ist jedenfalls keine Nothwendigkeit."*, MUGDAN I, S. 57 (Motive). Nach dieser Lösung musste jedoch ein fakultatives Anerbenrecht zur Sicherung der Testierfreiheit des Erblassers bestehen, da dieser auf diesem Weg zwar einen Fremden zum Erben bestimmen konnte, dann jedoch seine Abkömmlinge durch die Pflichtteilsrechte des BGB geschützt waren.

[798] Mit Beschränkung auf die zur Erbfolge berufenen Nachkommen beispielsweise § 16 des Gesetzes betr. das Höferecht im Kreise Herzogtum Lauenburg vom 21.2.1881 (GS, S. 19). Mit Beschränkung auf die Nachkommen schlechthin: § 14 des Gesetzes betr. das Anerbenrecht bei Landgütern in der Provinz Westfalen vom 2.7.1898 (GS, S. 139), § 12 des badischen Gesetzes, die geschlossenen Hofgüter betreffend vom 20.8.1898 (Bad. Ges.- u. VOBl., S. 405). Mit Beschränkung auf die zur Erbfolge berufenen Personen: § 20 des Höfegesetzes für die Provinz Hannover in der Fassung vom 9.8.1909 (GS, S. 663) ebenso Art. 1 des Gesetzes betr. das Höferecht der Grafschaft Schaumburg vom 9.7.1910 (Pr.GS, S. 113) sowie § 28 des waldeckschen Gesetzes über das Anerbenrecht bei land- und forstwirtschaftlichen Besitzungen vom 27.12.1909 (Wald. Reg. Bl., S. 1). Siehe hierzu SERING/DIEZE III, S. 12, Fußn. 39; BERGMANN, SchlHA 1948, 233 (236) sowie KLUNZINGER, Anerbenrecht, S. 122.

Die im Schrifttum teilweise geäußerten Bedenken gegen die Verfassungsmäßigkeit dieser *"unvertretbar"* weitgehenden Aufhebung[799] mögen vor dem Hintergrund der geringen Abfindungsleistung der weichenden Familienangehörigen, insbesondere der Abkömmlinge, gerechtfertigt erscheinen[800]. Gleichwohl weist STÖCKER zu Recht darauf hin, dass

> *"die Sippenbindung des Hofes eine stark von Einzelfallumständen abhängige Entscheidung ist, die daher nicht der Gesetzgeber generell treffen kann, sondern die Ehegatten höchstpersönlich für sich und ihre Familie treffen müssen"*.[801]

Die hierbei angesprochene Einzelfallabhängigkeit ist der Grund dafür, dass von der ausgeprägten Familienbindung des Hofeigentums – wie sie ursprünglich in der HöfeO festgeschrieben war – generell begünstigende Auswirkungen auf die Leistungsfähigkeit des Anerben nicht zu erwarten waren. Sicherlich ist der Grundsatz, dass ein Hof *"der auf ihr ansässigen tüchtigen Familie"*[802] erhalten bleibt, schon bereits deshalb prinzipiell geeignet, leistungsförderlich zu wirken, weil sich Maßnahmen der Bewirtschaftung oftmals erst generationenübergreifend auswirken. Gleichwohl wird durch einen Eigentumsverlust des Hofes bei einer angestammten Familie nicht die Volksernährung in Frage gestellt[803]. Insoweit bedurfte es nicht einer derart schwach ausgeprägten Erbenstellung des überlebenden Ehegatten, wie sie § 6 Abs. 3 HöfeO festschrieb. Der Erblasser konnte durch Verfügung von Todes wegen den Hof der angestammten Familie erhalten[804] und auf diese Weise dafür Sorge tragen, dass der Hof im Erbfall auf keinen Fall in die Familie des Ehegatten abwanderte. Machte er von dieser Möglichkeit keinen Gebrauch, so war es auch vor dem Hintergrund des Grundsatzes der Familienerbfolge nicht notwendig, die Stellung des überlebenden Ehegatten durch die Anordnung der bloßen Vorerbenstellung nach § 6 Abs. 3 HöfeO innerhalb der gesetzlichen Erbfolge zu schwächen, zumal das BGB die Vor- und

---

[799] FASSBENDER/HÖTZEL/VON JEINSEN/PIKALO, Einl., Rn. 47. Vor dem Hintergrund der Bemessung der Abfindung der weichenden Erben am Eineinhalbfachen des Einheitswerts (§ 12 Abs. 2 HöfeO) sieht FASSBENDER einen Verstoß gegen die Verfassungsgarantien zum Schutz von Ehe und Familie und dem *"verfassungsbeständigen Kern des Pflichtteilsrechts"*, da das Höferecht faktisch dazu führe, dass *"die weichenden Erben praktisch etwa zu 9/10 enterbt werden."*, FASSBENDER, DNotZ 1976, 393 (407).

[800] Eine nähere Auseinandersetzung mit den vorgebrachten verfassungsrechtlichen Bedenken würde allerdings den Rahmen dieser Arbeit sprengen.

[801] WÖHRMANN/STÖCKER (5), § 5, Rn. 5.

[802] Kritik WÖHRMANN/STARCKE vom März 1946 am amerikanischen Entwurf zum späteren KRG Nr. 45 (Punkt 7 a), in: Z 6/II 50 (BA).

[803] KAHLKE, SchlHA 1964, 247 (249).

[804] Somit konnte er grundsätzlich auch den überlebenden Ehegatten zum Hoferben bestimmen, LANGE, HöfeO, Rn. 129.

Nacherbenfolge nur als gewillkürte (§§ 2100 ff. BGB), nicht jedoch als gesetzliche kennt[805] und damit ein nicht erforderlicher Systembruch manifestiert wurde. Da der Ehegatte, wenn auch nicht zu den Blutsverwandten, so jedoch nach bäuerlicher Anschauung seit dem frühen Mittelalter – unter anderem auch aufgrund der oftmals unentbehrlichen Mitarbeit auf dem Hof – zur Familie des Erblassers gehört[806], kann allein seine Hoferbfolge nicht unweigerlich als Abwanderung des Hofes in eine andere Familie betrachtet werden[807]. Sicherlich wird der Erblasser generell bemüht sein, die Interessen seines Ehegatten und die seiner Verwandten im Erbfall zu berücksichtigen[808]. Ob ein spezifisches bäuerliches Sippenbewusstsein bestand, das die Ehefrau aus dem Familienverbund ausschloss und deren ausgeprägte gesetzliche Benachteiligung aus der Historie und Tradition heraus verständlich erscheinen lässt, ist jedoch fraglich. STÖCKER wies vor dem Hintergrund einer von dem Bundesministerium für Justiz 1971 veranlassten Anschlussbefragung nach, dass zumindest zu diesem Zeitpunkt ein spezifisches sozialtypisches bäuerliches Sippenbewusstsein nicht bestand[809].

Auch mit dem Verweis auf die früheren Anerbenrechte lässt sich die Benachteiligung nicht vollständig erklären. Zwar kannte das hannoverschen Höfegesetz[810] die gesetzliche Vorerbenstellung des überlebenden Ehegatten (§ 30), dieses allerdings nur für den Fall des Vorhandenseins von Abkömmlingen bei gleichzeitiger Zugehörigkeit des Hofes zum Gesamtgut einer Gütergemeinschaft (§ 28). Das Westfälische Anerbengesetz[811] sah für diesen Fall in § 20 die uneingeschränkte Anerbenstellung des überlebenden Ehegatten vor. Eine Familienbin-

---

[805] Zu weiteren Unterschieden zwischen der höferechtlichen Intestatvorerbschaft und der gewillkürten Vor- und Nacherbenseinsetzung nach dem BGB siehe STÖCKER, InfSTW 1980, 412 (417).

[806] Hierzu die Kritik SERINGS, Erbhofrecht und Entschuldung, S. 18 an der Schlechterstellung der Ehefrau durch das Reichserbhofrecht.

[807] LANGE, HöfeO, Rn. 129.

[808] FASSBENDER, DNotZ 1976, 393 (404).

[809] STÖCKER, AgrarR 1972, 341 (342) führte unter Bezugnahme auf die Meinungsumfrage, FamRZ 1971, 609 (613) an, dass sich auf die Frage, ob die Witwe für den Fall, dass der Erblasser Frau und Kinder hinterlässt und ein von der Witwe bewohntes Einfamilienhaus, das sein wesentliches Vermögen ausmacht, zunächst allein oder gemeinsam mit den Kindern erben soll, 61% der befragten Landbevölkerung (gesamt 55% der Befragten) für das Alleinerbrecht der Witwe ausgesprochen hätten. Noch eindeutiger stellte sich das Ergebnis bezüglich der Geschwister statt der Kinder des Erblassers dar (72% der befragten Landbevölkerung, gesamt 69% der Befragten).

[810] *Gesetz betr. das Höferecht der Provinz Hannover* in der Fassung vom 9.8.1909 (GS, S. 663).

[811] *Gesetz betr. das Anerbenrecht bei Landgütern in der Provinz Westfalen und in den Kreisen Rees, Essen (Land), Essen (Stadt), Duisburg, Ruhrort und Mülheim a.d. Ruhr vom 2. Juli 1898* (GS, S. 139).

dung, wie sie durch die in § 6 Abs. 3 HöfeO festgeschriebene Regelung erreicht wurde, war dagegen beiden Gesetzen unbekannt[812].

Die Stellung der überlebenden Ehefrau nach der HöfeO a.F. wies damit durch die gesetzliche Vorerbeneinsetzung sowie die Bezugnahme auf die "Abstammung" des Hofes in § 8 Abs. 1 bezeichnende Entsprechungen zu den reichserbhofrechtlichen Regelungen der §§ 21 ff. EHFV, insbesondere zu § 24 Abs. 1 EHFV auf. Infolgedessen wurde in der anfänglichen Rechtsprechung in diesem Bereich zur Auslegung der Frage, von wem der Hof stammte, auf die Bestimmung des § 23 Abs. 1 EHFV verwiesen[813].

Sind die Übergänge zwischen dieser ausgeprägten Bindung des Hofes an die "angestammte Familie" und der Sippengebundenheit im Sinne der nationalsozialistischen Ideologie insgesamt fließend, so lässt sich m.E. dennoch eine Abgrenzung daran erkennen, dass es nicht mehr in erster Linie auf das Kriterium der *Blutsbindung* landwirtschaftlichen Besitzes ankam. Der nationalsozialistische Sippengedanke in seiner rassistisch nationalsozialistischen Ausprägung trat damit in der Reformdiskussion in den Hintergrund. Maßgeblich war vielmehr – wie die Reformdiskussionen erkennen lassen – die Annahme einer Produktionssteigerung für den Fall des Festhaltens an der Familiengebundenheit, da mit der Bewirtschaftung eben auch das Interesse an der Sicherung zukünftiger Generationen verbunden wurde. Inwieweit diese Annahme durch Tatsachen belegbar war, ist jedoch äußerst fraglich, hatte doch bereits SERING in seiner Kritik zum Reichserbhofrecht darauf hingewiesen, dass *"für das Erbrecht ... auch jede Wiederbelebung des Sippenbewußtseins bedeutunglos"* bleibe[814].

Im Ergebnis beruhte der Versuch, durch die schwache Ausgestaltung der Stellung des überlebenden Ehegatten innerhalb der gesetzlichen Erbfolge den Hof der angestammten Familie zu erhalten, m.E. weniger auf einer hierdurch tatsächlich zu erwartenden Leistungssteigerung und Ertragssicherung als auf der kritiklosen Übernahme des antiliberalen Gedankens weitgehender Sippenbindung von Hofeigentum, wenngleich das Bestreben, das Gut in der Familie zu erhalten, auch teilweise den vor 1933 bestehenden Anerbengesetzen zu Grunde lag[815]. Die wissenschaftliche Kritik an der Benachteiligung der Ehefrau durch die HöfeO a.F. kann nicht allein mit der Änderung der Rechtsanschauungen im Bereich der

---

[812] Das *Gesetz den bäuerlichen Grundbesitz betreffend* vom 28.3.1874 ergänzt durch Gesetz vom 22.3.1919 für Braunschweig (GVS., S. 81) bezog das Anerbenrecht in § 7 sogar ausdrücklich nur auf *"Nachkommen des Erblassers"*.
[813] BGHZ 36, 42 (43 f.) in diesem Fall allerdings zugunsten der Ehefrau, aus deren Familie der Hof stammte.
[814] SERING, Erbhofrecht und Entschuldung, S. 18.
[815] SCHNEBLE, Von den Grenzen der Testierfreiheit, S. 116 f.

Geschlechtergleichbehandlung durch den zeitlich nachfolgenden Erlass des GG erklärt werden. Vielmehr beruhte die Kodifikation der Benachteiligung auf einer unreflektierten Betrachtung der Rolle der Ehefrau.

Grundsätzlich erschien daher der vom Bundesgesetzgeber gewählte Weg der Verlagerung der Entscheidung für oder gegen die Familiengebundenheit eines Hofes von einer gesetzlichen Festschreibung hin in den Bereich der Testierfreiheit des Hofeseigentümers notwendig, sinnvoll und überfällig, da negative Auswirkungen auf die Leistungsbereitschaft des Hofeigentümers hiervon nicht zu erwarten waren.

4. Der Bauernbegriff

a) Reichserbhofrecht

Daneben stellte sich in Reformarbeiten die Frage, inwieweit zur Sicherung der Leistungsfähigkeit des den Boden bewirtschaftenden Bauern bzw. des Anerben an den Erfordernissen der einzelnen Tatbestandsmerkmale der *Bauernfähigkeit* festgehalten werden sollte. Das REG knüpfte die Erfüllung des Bauernbegriffs als eines der Kernbegriffe des Reichserbhofrechts an vier Voraussetzungen: Der Bauer musste die deutsche Staatsangehörigkeit besitzen (§ 12 REG), *"deutschen oder stammesgleichen Blutes"* (§ 13 Abs. 1 REG), *"ehrbar"* (§ 15 Abs. 1 Satz 1 REG) und *"fähig sein, den Hof ordnungsmäßig zu bewirtschaften"* (§ 15 Abs. 1 Satz 2 REG). Das Erfordernis der *Bauernfähigkeit* stellte dabei – sieht man von seinem unmittelbaren Vorläufer, dem *Preußischen Bäuerlichen Erbhofrecht* vom 15. Mai 1933[816] (§ 2 Abs. 1) ab – insgesamt eine Novation im Anerbenrecht dar.

aa) Erfordernis *"deutschen oder stammesgleichen Blutes"*

Das nach dem Reichserbhofrecht für die Erlangung der *Bauernfähigkeit* notwendige Erfordernis *"deutschen oder stammesgleichen Blutes"* stellte – unschwer ersichtlich – die Umsetzung des nationalsozialistischen Rassegedankens und des Antisemitismus im REG sicher. Damit war § 13 Abs. 1 REG eine typisch nationalsozialistische Bestimmung, wobei in § 13 Abs. 2 wiederum der rassistische und antisemitische Ansatz des Gesetzes offenkundig wurde, in dem es hieß: *"Deutschen oder stammesgleichen Blutes ist nicht, wer unter seinen Vorfahren väterlicher- oder mütterlicherseits jüdisches oder farbiges Blut hat."*

---

[816] PreußGBl., S. 164.

Diese Anforderung sollte erkennbar die Durchsetzung der nationalsozialistischen Rassenideologie und des Zuchtgedankens[817] gewährleisten, wenngleich auch die Auslegung des Erfordernisses *stammesgleich* insbesondere aufgrund der Rechtsprechung des Landeserbhofgerichts Celle sehr weitgehend war. Als *"stammesgleich"* galten demnach *"diejenigen Völker, die in geschlossener Volkstumssiedlung seit geschichtlicher Zeit in Europa beheimatet sind"*[818]. Unstrittig jedoch waren beispielsweise die Abkömmlinge eines Bauern aus einer vor dem 1. Oktober 1933 geschlossenen Ehe mit einer Jüdin nicht bauernfähig. Fand die Hochzeit nach dem 1. Oktober 1933 statt, so war der Bauer selbst nicht mehr als ehrbar und damit als bauernfähig anzusehen[819].

bb) Erfordernis der Ehrbarkeit
Auch die Anforderung der *Ehrbarkeit* gemäß § 15 Abs. 1 Satz 1 REG[820] stellte eine eigene, von den früheren Anerbengesetzen nicht gekannte Voraussetzung der *Bauernfähigkeit* dar, wenngleich die Nationalsozialisten bemüht waren, das Erfordernis der *Ehrbarkeit* als Ausfluss der Standesehre mit germanischer Rechtstradition in Abgrenzung zum Judentum zu begründen[821]. Eine Legaldefinition wurde bewusst nicht vorgegeben, da eine gesetzliche Formulierung aufgrund der Einzelfallabhängigkeit stets unvollkommen sei[822]; grundsätzlich sollten sich die Anforderungen an den Bauern indes nicht in der Bewertung seines allgemeinen Verhaltens erschöpfen, sondern sich auch anhand der Erfüllung der bäuerlichen Berufspflichten bemessen[823].

Insoweit handelte es sich um eine *"spezifisch ideologische Leistungsnorm"*[824], die, wie GRUNDMANN nachweist[825], im Wesentlichen eine außerökonomische Begründung hatte[826] und dazu dienen sollte, dass der Bauer „*als Angehöriger der sozialen Elite ... in besonderem Maße seine Pflichten gegenüber der „Volks-*

---

[817] Hierzu unten C VI 1 b) (S. 179 f.).
[818] LErbhG Celle, DJ 1934, 1130 (1131). Hierzu im Einzelnen HENNIG, REG, § 13 II 1; ebenso VOGELS, REG, § 13, Rn. 6.
[819] VOGELS, REG, § 13, Rn. 2 f.
[820] In § 15 Abs. 1 Satz 1 REG hieß es: *"Der Bauern muss ehrbar sein"*.
[821] SETZ, DJ 1935, 1297 (1297); ZIMMER, JW 1935, 2006 (2006) unter Verweis auf den *Sachsenspiegel*; VOGELS, REG, § 15, Rn. 1.
[822] WAGEMANN/HOPP, REG, § 15, Bem. 2.
[823] HENNIG, REG, § 15 I 1.
[824] KRUEDENER, ZWS 1974, 335 (334), der davon ausgeht, dass der anfängliche Vorrang der *"spezifisch ideologischen Leistungsnormen"* im weiteren Verlauf des „Dritten Reichs" zugunsten des ökonomisch effizienten Wirtschaftens in den Hintergrund gestellt wurde.
[825] GRUNDMANN, Agrarpolitik, S. 116 f.
[826] Zu der Frage der mangelnden *"Ehrbarkeit"* und damit einhergehend der *"Bauernfähigkeit"* von Polen bei *"aktiver deutschenfeindlicher Betätigung"* siehe GRUNDMANN, Agrarpolitik, S. 125; vgl. auch KROESCHELL, in: HAR II, Sp. 665.

gemeinschaft" zu erfüllen hatte."[827] Ziel dieser Voraussetzung war es, wie bei der vom REG vorgenommenen Differenzierung zwischen *Bauer* und *Landwirt*[828], dem Bauern eine besondere Standesprivilegierung auch nach außen zukommen zu lassen, d.h. *"den Bauern aus der Ebene materialistischen Denkens emporzuheben und auf die höhere Ebene der Standesehre"*[829] zu bringen.

Ganz im Sinne des Gedankens der Gemeinschaftsbindung sollte sich der Bauer auf diese Weise seiner völkischen Pflichtgebundenheit bewusst werden[830]. Deutlich erkennen lässt sich hierbei der Versuch, über eine begriffliche Erhöhung der bäuerlichen Standesehre, neben der oben gezeigten Kompensation für die Beschränkung der Testier- und Verfügungsfreiheit[831], eine intensivere Bindung mit dem erbhofgebundenen Vermögen, insbesondere dem Grundeigentum herbeizuführen, und auf diese Weise eine Verbindung im Sinne des Blut-und-Boden-Gedankens zu schaffen. Dabei sollte der Begriff der *Ehrbarkeit* sich maßgeblich nach den bäuerlichen Berufspflichten bestimmen und auf diese Weise der Steigerung der Leistungsfähigkeit dienen[832].

cc) Erfordernis der Wirtschaftsfähigkeit

Darüber hinaus konnte *Bauer* im Sinne des § 13 REG nur sein, wer *wirtschaftsfähig* gemäß § 15 Abs. 1 Satz 2 REG[833] war, d.h. frei von körperlichen, geistigen oder seelischen Mängeln[834]. Er musste demnach nach seiner ganzen Persönlichkeit imstande gewesen sein, für eine ordnungsgemäße Wirtschaftsführung auf dem Hof zu sorgen[835]. Dabei war der Begriff der Wirtschaftsfähigkeit vor dem Hintergrund seines Zwecks – nämlich der Erhaltung des Hofes in einer Familie[836] – weit auszulegen[837], so dass der Eigentümer nicht gelernter Landwirt sein

---

[827] GRUNDMANN, Agrarpolitik, S. 117; hierzu auch VOGELS, REG, § 15, Rn. 1 ff.
[828] Hierzu bereits oben C IV I b) (S. 81 ff.).
[829] VOGELS, REG, § 15, Rn. 1.
[830] Dementsprechend sah die B.S.L.R.U. die zu § 15 Abs. 1 Satz 1 REG ergangene Rechtsprechung als gute Informationsquelle hinsichtlich wesentlicher Aspekte der nationalsozialistischen Ideologie an, *"Report on restrictions of freedom of management; Transfer inter vivos and devolution upon death in respect of agricultural property in Germany"*, S. 11 vom 14.9.1945, in: FO 937/41 (PRO).
[831] C IV I b) (S. 83).
[832] HENNIG, REG, § 15 I 1.
[833] In § 15 Abs. 1 Satz 2 REG hieß es: *"Er (der Bauer – d.V.) muß fähig sein, den Hof ordnungsmäßig zu bewirtschaften"*.
[834] WAGEMANN/HOPP, REG, § 15, Bem. 3.
[835] VOGELS, REG, § 15, Rn. 20.
[836] VOGELS, a.a.O., Rn. 19.
[837] VOGELS, a.a.O., Rn. 20.

musste[838]. Vielmehr konnte er den Hof auch einem Verwalter überlassen, soweit er die Fähigkeit besaß, die Wirtschaft zu beaufsichtigen und zu leiten[839].

Lag bei Erstellung des REG der Schwerpunkt der einzelnen Merkmale der Bauernfähigkeit auf den ideologischen Aspekten, wurden faktisch bei dem Kriterium der *Wirtschaftsfähigkeit* in der Rechtsprechung der Anerbengerichte zunehmend wirtschaftliche Kriterien berücksichtigt und die nationalsozialistische Ideologie des *"seiner völkischen Pflichten sich bewussten, den Boden selbst bebauenden Bodeneigentümers"*[840] in den Hintergrund gedrängt. So war nach der Rechtsprechung des Landeserbhofgerichts Celle unter Hinweis auf die *Erzeugungsschlacht*

"grundsätzlich nur derjenige als wirtschaftsfähig anzusehen, der wirklich eine praktische Ausbildung als Landwirt besitzt und die Gewähr für eine den heute zu stellenden Anforderungen entsprechende Bewirtschaftung bietet."[841]

Der Begriff der *Bauernfähigkeit* diente neben seiner Prägung durch den nationalsozialistischen Sippen- und Rassengedanken damit ebenso (und aufgrund der gleichzeitigen Zurückdrängung der Sippengebundenheit geradezu paradoxer Weise) als Einfallstor der Durchsetzung des Leistungsgedankens zur Kriegsvorbereitung und der *Erzeugungsschlacht*. Der Zielkonflikt zwischen der nationalsozialistischen Ideologieprägung und der Bauernromantik auf der einen und der Notwendigkeit effizienten Wirtschaftens und bäuerlicher Leistungsfähigkeit auf der anderen Seite lässt sich damit bei der Auslegung des Begriffes der *Bauernfähigkeit* sehr gut erkennen. Treffend formulierte ein zeitgenössischer Kritiker:

„*Auf dem Umweg über die "Bauernfähigkeit", deren Kriterium eine fast schon normierte, von behördlichen Instanzen festgelegte Hofleistung ist, stieß man zu dem neuen Grundsatz vor: "Leistungsgedanken contra Sippengedanken."*"[842]

---

[838] Zum anfänglichen Auslegungsstreit siehe VOGELS, REG, § 15, Rn. 20 m.w.N.
[839] WAGEMANN/HOPP, REG, § 15, Bem. 3.
[840] MAYER, Gefüge und Ordnung, S. 201; vgl. zu der Verquickung von *"Bauernfähigkeit"* mit dem Blut-und-Boden-Gedanken DELLIAN, Es wächst ein neues Bauernrecht, S. 107 ff.
[841] LEHG Celle, RdRN 1937, 866 (866).
[842] MANFRED, Die Ökonomie des Dritten Reiches, als Anh. in: SIEVERS, Unser Kampf, S. 178.

b) **Reformdiskussion**

aa) **Erfordernis** *"deutschen oder stammesgleichen Blutes"*
Aufgrund des augenscheinlichen nationalsozialistischen Charakters dieser Vorschrift fand ein Festhalten an dieser Voraussetzung – soweit ersichtlich – in den Reformdiskussionen nur einmal Erwähnung[843]. Allerdings sah der Entwurf der *Bauernrechtsordnung* in § 41 Abs. 3 eine Verknüpfung der Ausschlagung der Erbschaft mit der deutschen Staatsangehörigkeit noch in folgender Weise vor:

> *"Ist der zum Anerben Berufene nicht deutscher Staatsangehöriger, so gilt es als Ausschlagung des Anfalls des Anerbenhofes, wenn er nicht innerhalb der im Abs. 2 bezeichneten Frist die Verleihung der deutschen Staatsangehörigkeit beantragt oder beim Amtsgericht die Befreiung von dem Erfordernis der deutschen Staatsangehörigkeit nachgesucht hat oder wenn diese Gesuche abgelehnt worden sind."*[844]

bb) **Erfordernis der Ehrbarkeit**
Bereits zu Beginn der Anerbenrechtsreformdiskussion war STARCKE sich bewusst, dass bei pragmatischer Sicht ein Festhalten an dem Erfordernis der *Ehrbarkeit* zur Sicherstellung eines standesgemäßen Verhaltens eines Bauern nicht notwendig war, da diese Voraussetzung ihre Prägung in erster Linie durch ideelle Grundsätze fand:

> *"Aus diesen Gründen* (der Nichtfortführung der bäuerlichen Standesprivilegierung – d.V.) *mag es sich nicht mehr lohnen, hier noch besondere Bestimmungen über die Ehrbarkeit als Voraussetzung für das Eigentum an einem Erbhofe und für die Erbhofeigenschaft eines Besitztums aufzustellen. Es mag vielmehr, auf das grosse Ganze gesehen, besonders wenn man dabei ideelle Überlegungen mehr in den Hintergrund treten lässt und rein praktischen Erwägungen den Vorzug gibt, genügen, dass die schwersten solcher Fälle auch zur Aburteilung durch die Strafgerichte kommen werden."*[845]

---

[843] *"Dass § 13 REG. nicht mehr anzuwenden ist, liegt auf der Hand, zumal der deutsche Richter heute darauf vereidigt wird, das Gesetz ohne Rücksicht auf die Rasse anzuwenden"*, Stellungnahme des LGPräs Verden, HAGEMANN, vom 30.4.1946, in: Nds. 50, Nr. 123 (NA). Zum grundsätzlichen Umgang mit den rassistischen und antisemitischen Ausprägungen des REG siehe unten C VI 2 (S. 183 ff.).

[844] Z 6 II/50 (BA).

[845] Bemerkungen STARCKES zu dem Referentenentwurf für ein Agrargesetz vom 18.1.1946 (zu § 33 unter 3), in: Z 6/II 50 (BA).

STARCKE hatte bereits zuvor im Rahmen seiner Anmerkungen zum Erfordernis der *Ehrbarkeit* die Einführung einer Bestimmung angeregt, die sich in ihrer Formulierung an § 12 Abs. 3 des *Preußischen Bäuerlichen Erbhofrecht* vom 15. Mai 1933[846] anlehnte und wie folgt gefasst sein sollte:

> *"Erbunwürdige (BGB. §§ 2339 ff.) und rechtskräftig zu Zuchthaus Verurteilte scheiden als Anerben aus, während Personen, die zur Zeit des Erbfalls entmündigt sind, hinter die Anerbenberechtigten der nächsten Ordnung zurücktreten, sofern die Anfechtungsklage rechtskräftig abgewiesen oder nicht innerhalb der gesetzlichen Frist erhoben worden ist."*[847]

HAGEMANN war in Abwendung von dem Gedanken der besonderen völkischen Pflichtbindung des Bauern der Ansicht, dass sich die Aufrechterhaltung des Begriffs nicht empfehle, da im Vergleich zu anderen *"Trägern ... ebenso unentbehrlicher Berufe"* eine besondere bäuerliche Ehrbarkeit nicht gegeben sei. Ferner bestünde *"die Gefahr, dass unter dem Vorwand der fehlenden Ehrbarkeit politische Sonderziele verfolgt"* würden[848].

Dennoch forderte *"die Landwirtschaft ... die Ehrbarkeit als Erfordernis"*[849]. Der Landesbauernvorsteher Schleswig-Holsteins vertrat in seiner Stellungnahme zu den Beschlüssen der Anerbentagung vom 29. September 1946 die Ansicht,

> *"dass außerdem nicht allein die Wirtschaftsfähigkeit, sondern auch die allgemeine bürgerliche Ehrbarkeit Voraussetzung der Bauerneigenschaft zu sein habe."*[850]

---

[846] PreußGBl., S. 164.
[847] Bemerkungen STARCKES, a.a.O., zu § 35 unter 4), in: Z 6/II 50 (BA).
[848] Stellungnahme des LGPräs Verden, HAGEMANN, vom 30.4.1946, in: Nds. 50, Nr. 123 (NA).
[849] OLGPräs Kiel, KUHNT, zu der Frage der *"Ehrbarkeit"* anlässlich der Anerbengesetztagung in Celle am 26.9.1946. In diesem Zusammenhang bemerkenswert ist, dass auch der Oberlandesgerichtspräsident Köln, SCHETTER, trotz seiner grundsätzlich ablehnenden Meinung strenger anerbenrechtlicher Bindungen für seinen Gerichtsbezirk als ehemaliges Freiteilungsgebiet das Erfordernis der *"Ehrbarkeit"* forderte, in: Z 21/1164, 101 R (BA). Diese Forderung beruht ihrerseits aber wohl auf den Beschlüssen der *Konferenz zur Neuregelung des Erbhofrechts* in Köln vom 4.7.1946, in: Z 21/1164, 93 (BA).
[850] Schreiben des OLGPräs Kiel, KUHNT, an den OLGPräs Celle, V. HODENBERG, vom 29.11.1946, in: Z 21/1164, 146 (BA).

Der Oberlandesgerichtspräsident Celle, VON HODENBERG, war der Meinung, dass es möglich sei, *"Bedenken gegen das Erfordernis der Ehrbarkeit zurückzustellen"*, wenn *"politische Einflüsse in Zukunft unterblieben"*[851]. Auch die Teilnehmer der *Konferenz zur Neuregelung des Erbhofrechts* am 4. Juli 1946 in Köln forderten in bewusster Abkehr von der generalklauselartigen Formulierung des § 15 Abs. 1 REG die gesetzliche Normierung der Voraussetzung und der Folgen des Begriffes der *Ehrbarkeit*[852], um dessen Auslegung der politischen Einflussnahme zu entziehen.

Nach eingehender Diskussion bei der Anerbengesetztagung in Celle am 26. September 1946 entschied man sich dann im Ergebnis jedoch gegen ein Festhalten am Erfordernis der *Ehrbarkeit*[853], weil man die Gefahr einer politischen Einflussnahme im Ergebnis für nicht absehbar hielt[854].

Gleichwohl wiederholte der Oberlandesgerichtspräsident Kiel, KUHNT, auch nach der Beschlussfassung dieser Konferenz seine Forderung, *"dass außerdem nicht allein die Wirtschaftsfähigkeit, sondern auch die allgemeine bürgerliche Ehrbarkeit Voraussetzung der Bauerneigenschaft"* zu sein habe[855]. Desgleichen waren Stimmen des frühen Schrifttums bemüht, den Begriff der *Ehrbarkeit* über das Erfordernis der *Wirtschaftsfähigkeit* nach § 6 Abs. 5 HöfeO wieder einzuführen, da die Erbunwürdigkeitsgründe der §§ 2339 ff. BGB vor dem Hintergrund der *"bäuerlichen Anschauungen"* als nicht ausreichend angesehen wurden, den Hof zu schützen[856].

---

[851] Protokoll der Anerbengesetztagung in Celle am 26.9.1946, in: Z 21/1164, 101 R (BA).
[852] Z 21/1164, 93 (BA).
[853] Protokoll der Anerbengesetztagung in Celle am 26.9.1946, in: Z 21/1164, 101 R (BA).
[854] Schreiben des OLGPräs Celle, v. HODENBERG, an das Zentralamt für Ernährung und Landwirtschaft vom 5.11.1946, in: Z 21/1164, 111 R (BA).
[855] Schreiben an den OLGPräs Celle, v. HODENBERG, vom 29.11.1946, in: Z 21/1164, 146 (BA).
[856] LANGE, HöfeO, Rn. 60 e), der eine Reihe bedenklicher und schwer zu bewertender Beispiele (*"Trunksucht und Verschwendungssucht"*, *"asoziales und unsittliches Verhalten gegen die Mitarbeiter"*, *"vom Eigentümer verschuldeter Unfrieden in der Familie"*) auflistet. Ähnlich WÖHRMANN (2), § 6, Rn. 67.

cc) Erfordernis der Wirtschaftsfähigkeit

In den Reformarbeiten stellte sich weiterhin die Frage, inwieweit an dem Begriff der *Wirtschaftsfähigkeit* für sich allein, d.h. ohne die weiteren nationalsozialistischen Ideologiekomponenten der Bauernfähigkeitsvoraussetzungen, zur Sicherung einer leistungsfähigen Hofbewirtschaftung festgehalten werden sollte[857].

Insbesondere vor dem Hintergrund der Nachkriegsverhältnisse forderten WÖHRMANN und STARCKE in ihrer Kritik vom März 1946 zum amerikanischen Entwurf zur Aufhebung des Reichserbhofgesetz zum Schutze der Bewirtschaftung des Hofes, dass *„der neue Bewirtschafter Landwirt im Hauptberuf ist"*[858]. Aus dem gleichen Grund verlangten die Teilnehmer der *Konferenz zur Neuregelung des Erbhofrechts* in Köln vom 4. Juli 1946 ein Festhalten an dem Erfordernis der *Wirtschaftsfähigkeit*, wenngleich auch verknüpft mit der Forderung der gesetzlichen Festschreibung der diesbezüglich notwendigen Voraussetzungen[859]. Die positive Wirkung dieser Anforderung auf die Leistungssteigerung wurde demzufolge gegenüber der britischen Militärregierung noch einmal in dem Gutachten *"Die guten und die schlechten Seiten des Erbhofrechts"* vom 19. Dezember 1946[860] ausdrücklich betont.

Im Ergebnis wurde das Erfordernis der *Wirtschaftsfähigkeit* in der Regelung des § 6 Abs. 6 Satz 1 der HöfeO festgeschrieben. Auf diese Weise sollte der Gefahr begegnet werden, dass der Hof *"im Erbgang in ungeeignete Hände kommt, d.h. einem Erben zufällt, der nicht wirtschaften kann und deshalb nicht das Letzte aus dem Boden herausholt"*[861]. Da diese Kodifikation im öffentlichen Interesse geschah, galt dies gleichermaßen für die gesetzliche wie auch testamentarische Erbfolge und konnte nicht durch Verfügung von Tode wegen umgangen werden[862].

---

[857] Allgemeine Kritik WÖHRMANN/HENRICI vom Januar 1947 am amerikanischen Entwurf zum späteren KRG Nr. 45, in: Z 21/1164, 185 (BA). Bereits der Entwurf des ersten Ausschusses des *Legal Directorates* legte in § 15 diese Anforderung fest, Anhang der Aktennotiz für das *Legal Directorate* vom 16.10.1945, in: FO 1005/748 (PRO).

[858] Insoweit gingen die Verfasser der Kritik davon aus, dass die früheren Anerbengesetze „überholt" seien, da sie eine Wirtschaftsfähigkeit des Anerben nicht gefordert hatten, in: Z 6/II 50.

[859] Z 21/1164, 93 (BA).

[860] Nachlass WÖHRMANN. Siehe auch ders., RdL 1967, 85 (85).

[861] Allgemeine Kritik WÖHRMANN/HENRICI vom Januar 1947 am amerikanischen Entwurf zum späteren KRG Nr. 45, in: Z 21/1164, 185 (BA).

[862] Zu dem frühen Streit, inwieweit im Bereich der testamentarischen Erbeinsetzung die Wirtschaftsfähigkeit des Erben zu fordern sei, siehe BAUER, DRZ 1950, 222 (223 f.).

Nicht gefordert wurde die *Wirtschaftsfähigkeit* dagegen in der Person des Eigentümers für die Entstehung der Höfeeigenschaft. Hiervon wurde bereits in dem Entwurf der *Bauernrechtsordnung* vom 8. April 1946[863] abgesehen. Jedoch konnten gegen den schlecht wirtschaftenden Eigentümer die Maßnahmen der Wirtschaftsüberwachung, Verwaltung durch einen Treuhänder oder auch Zwangsverpachtung nach Art. VII KRG Nr. 45 i.V.m. Art. V MilRegVO Nr. 45 i.V.m. der *Landbewirtschaftungsordnung* angeordnet werden[864].

Fraglich waren daneben die gesetzlichen Folgen, die an eine Wirtschaftsunfähigkeit des Anerben zu knüpfen waren. Schnelle Einigkeit konnte dahingehend erzielt werden, dass eine mangelnde Wirtschaftsfähigkeit des Anerben nicht zur zwangsweisen Veräußerung des Hofes führen sollte. Stattdessen dachte man – wie bei dem schlecht wirtschaftenden Eigentümer – über die Möglichkeit einer Zwangsverpachtung nach[865]. Das Mittel der Zwangsverpachtung war zum einen bereits aus den reichserbhofrechtlichen Bestimmungen im Rahmen der *Verordnung zur Sicherung der Landbewirtschaftung*[866] bekannt und wurde auch in der Reform des Landwirtschaftsrechts nach dem Zweiten Weltkrieg als das weitreichendste Zwangsmittel gegen einen schlecht wirtschaftenden Nutzungsberechtigten land- bzw. forstwirtschaftlicher Grundstücke in den §§ 11 bis 16 der *Landbewirtschaftungsordnung* festgeschrieben[867]. Demnach konnte eine Zwangsverpachtung gemäß § 13 der *Landbewirtschaftungsordnung* für den Fall, dass die Bewirtschaftung eines landwirtschaftlichen Grundstücks den zur Sicherung der Ernährungslage zu stellenden Anforderungen anhaltend nicht entsprach, angeordnet werden[868].

Bei Erarbeitung der HöfeO war der Oberlandesgerichtspräsident Celle, VON HODENBERG, anfänglich der Ansicht, diesen Weg auch für den Fall der Wirtschaftsunfähigkeit des Anerben zu beschreiten, d.h. eine Zwangsverpachtung anzuordnen[869]. Der Entwurf des *Gesetzes über die Vererbung der Anerbenhöfe* der Landwirtschaftskammer und des Landesernährungsamts Hannover vom September 1946 sah dagegen in § 4 Abs. 5 Satz 1 vor, dass derjenige, der als nicht wirtschaftsfähig galt, als Anerbe ausschied. Dieses sollte jedoch nach Satz 3 dann nicht gelten, wenn allein *"mangelnde Altersreife"* der Grund der Wirt-

---

[863] Z 21/1164, 2 ff. (BA).
[864] Hierzu oben C V 2 b) (S. 131 f.).
[865] Protokoll der Anerbengesetztagung in Celle am 26.9.1946, in: Z 21/1164, 101 ff. (BA).
[866] Hierzu oben C V 2 b) (S. 131, Fußn. 663).
[867] Hierzu oben C V 2 b) (S. 131 f.).
[868] Allerdings nur dann, wenn eine *Anordnung der Wirtschaftsüberwachung* oder *Verwaltung durch einen Treuhänder* nach den §§ 3 ff. bzw. 6 ff. der *Landbewirtschaftungsordnung* nicht ausreichend oder unzweckmäßig erschien (§ 11 Abs. 1).
[869] Schreiben des OLGPräs Celle, v. HODENBERG, an das Zentralamt für Ernährung und Landwirtschaft vom 5.11.1946, in: Z 21/1164, 111 R (BA).

schaftsunfähigkeit war oder keiner der Abkömmlinge des Erblassers wirtschaftsfähig war[870].

Im Ergebnis entschied man sich dafür, den nicht wirtschaftsfähigen berufenen Erben als aus der Erbfolge ausgeschieden anzusehen, und zwar wie nach den Regeln der §§ 2346, 1953 und 2344 BGB, als ob er zur Zeit des Erbfalles nicht gelebt hätte (§ 6 Abs. 5 Satz 3 HöfeO). In Einklang mit dem Entwurf des *Gesetzes über die Vererbung der Anerbenhöfe* galt unter anderem die *"mangelnde Altersreife"* des Anerben als Ausnahme nach § 6 Abs. 5 Satz 2 HöfeO. Mit dieser Regelung sollte die bisherige Rechtsprechung der Erbhofgerichte, dass die Wirtschaftsfähigkeit bereits dann gegeben war, wenn der Anerbe beim Tode des Erblassers die Absicht hatte, die Landwirtschaft zu erlernen und die hierzu notwendigen Schritte unternahm, eine gesetzliche Grundlage erhalten[871].

c) **Beurteilung**
Angesichts der dargestellten nationalsozialistischen Prägung des § 15 Abs. 1 Satz 1 REG erstaunt es zunächst, dass auch unter der britischen Besatzung darüber nachgedacht wurde, das Erfordernis der *Ehrbarkeit* in das neu zu schaffende Anerbenrecht mit aufzunehmen. Erklären lässt sich dieser Wunsch allerdings damit, dass neben der Sicherstellung der Pflichten gegenüber der *"Volksgemeinschaft"* auch allgemeine Straftaten, insbesondere Verbrechen und Sittlichkeitsvergehen regelmäßig zur Aberkennung der *"Ehrbarkeit"* durch die Anerbengerichte führte[872]. Bei der Auslegung des Begriffes sollten daher, wie die Diskussion um die Zurückdrängung der politischen Einflüsse bei der Begriffsauslegung zeigte, eine allgemeine Rechts- und Gesetzestreue im Vordergrund stehen. Dessen ungeachtet spiegelt sich in dem insbesondere von der Landwirtschaft geäußerten Wunsch, an der gesetzlichen Voraussetzung der *Ehrbarkeit* festzuhalten, der Erfolg der nationalsozialistischen Ideologie der völkischen Pflichtgebundenheit aufgrund besonderer bäuerlichen Standesehre wider.

Im Gegensatz zu dem Kriterium der *Ehrbarkeit* handelte es sich bei der *Wirtschaftsfähigkeit* dagegen nicht um eine typisch nationalsozialistische Anforderung an den Anerben. Zwar war der Begriff der *Wirtschaftsfähigkeit* als solcher den früheren Anerbengesetzen unbekannt und erstmals vom REG eingeführt worden[873], dennoch war die Sicherstellung der Leistungsfähigkeit des Anerben bereits vor 1933 durch das Festschreiben bestimmter Anforderungen gebräuchlich. So verlangte das bremische Höfegesetz vom 29. Juni 1923 – anders als die anfänglich überwiegende Ansicht zum REG – nicht nur die abstrakte Fähigkeit,

---
[870] Z 6/II 50 (BA).
[871] Protokoll der Anerbengesetztagung in Celle am 26.9.1946, in: Z 21/1164, 101 R (BA).
[872] GRUNDMANN, Agrarpolitik, S. 117.
[873] BLOMEYER, Deutsches Bauernrecht, S. 84.

den landwirtschaftlichen Beruf im Einzelfall ausüben zu können, sondern der Anerbe musste nach den §§ 10, 11 des bremischen *Gesetzes betr. das Höferecht im Landgebiete* vom 29. Juni 1923 tatsächlich den Beruf ergreifen[874].

Dass die Anforderung der *Wirtschaftfähigkeit* des Anerben innerhalb der Bauernschaft überwiegend als wesentlich angesehen wurde, verdeutlicht auch der auf den Forderungen der thüringischen Bauernschaft beruhende Entwurf des *Gesetzes über die Bauernwirtschaften im Lande Thüringen*[875], der in § 7 Abs. 2 vorsah, dass der Hoferbe nach seinen fachlichen Kenntnissen und Fähigkeiten zu einer ordnungsgemäßen Hofbewirtschaftung in der Lage war[876].

Die gesetzliche Festschreibung des Erfordernisses der *Wirtschaftsfähigkeit* des Anerben bedeutet zwar eine weitere Einschränkung der Testierfreiheit, da der Erblasser durch diese zusätzliche Anforderung nochmalig in der Auswahl seines Anerben Beschränkungen unterliegt[877]. Auf der anderen Seite sollte auf diese Weise gewährleistet werden, dass der Hof in jedem Fall auf einen Erben überging, der zur Hofbewirtschaftung in der Lage war, und so die Durchsetzung des Leistungsgedankens sichergestellt werden. Zu berücksichtigen ist, dass die Erbfolge nach Höferecht eine Bevorzugung des Hoferben begründet, die dem all-

---

[874] JACOBS, Das Bremische Höfegesetz, S. 175. In § 11 des Gesetzes hieß es: "*Ist der an erster Stelle berufene Sohn kein Landwirt, so tritt der nächstberechtigte jüngere Sohn, welcher Landwirt ist, an seine Stelle. Befinden sich unter den jüngeren Söhnen keine Landwirte, wohl aber minderjährige ohne Beruf, so tritt an die Stelle des erstberufenen Sohnes der nächstberechtigte minderjährige Sohn, welcher mit Einwilligung seines gesetzlichen Vertreters erklärt, den Landwirtsberuf ergreifen zu wollen.*"

[875] Z 6/II 50 (BA).

[876] Allerdings versuchte dieser Entwurf der Testierfreiheit des Bauern insoweit Rechnung zu tragen, als dass auch im Falle der Wirtschaftsunfähigkeit des Anerben der Hof gleichwohl in dessen Eigentum geblieben wäre, dabei jedoch gemäß § 7 Abs. 3 des Entwurfs die Möglichkeit der gerichtlichen Anordnung einer Zwangsverpachtung bestand. Auf diese Weise – so die Entwurfsbegründung – sollte ein Ausgleich zwischen den Interessen der Allgemeinheit an einer sachgemäßen Bodenbewirtschaftung und der möglichst weitgehenden Testierfreiheit des Erblassers erreicht werden, Punkt V 3 c) der *Begründung zum Gesetz über die Bauernschaften im Lande Thüringen*, in: Z 6/II 50 (BA).

[877] KIPP/COING, ErbR, § 131 IV 2; KLUNZINGER, Anerbenrecht, S. 101 f. Im frühen Schrifttum wies DIECKHOFF, NJW 1947/48, 330 (330) auf die Begrenzung der Testierfreiheit aufgrund der Anforderung der *Wirtschaftsfähigkeit* des Anerben hin, sah diese jedoch gerechtfertigt, da der selbstwirtschaftende Eigentümer gegenüber dem Pächter regelmäßig "*volkswirtschaftlich gesehen der bessere Wirt*" sei.

gemeinen Erbrecht des BGB in dieser Form unbekannt ist[878] und die ihrerseits einen ungeeigneten Hoferben nicht bevorteilen soll[879].

WÖHRMANN sah die Übernahme des Begriffs der *Wirtschaftsfähigkeit* daher vor allem darin begründet, dass

> "in die Tendenz der höferechtlichen Regelung ... ein neues Moment hineingetragen worden war. Neben der Erhaltung des Bauernhofes in der Bauernfamilie und seinem Schutz gegen Überschuldung und Zersplitterung musste jetzt auch die Sicherung der Ernährung des deutschen Volkes angestrebt werden."[880]

Die Verknüpfung des Festhaltens an dem Erfordernis der *Wirtschaftsfähigkeit* des Anerben mit dem Bestreben der Sicherstellung der Ernährungslage und der Ertragssituation wurde dabei durch den Einschub "*wer insbesondere die ordnungsgemäße Bewirtschaftung der Grundstücke zum Nachteil der allgemeinen Ernährungslage gefährden würde*" in § 6 Abs. 5 Satz 1 HöfeO a.F.[881] verdeutlicht. Damit lag die Fokussierung nicht auf der Fortführung nationalsozialistischer Begrifflichkeiten, sondern auf der Sicherung des Anforderungsprofils des bewirtschaftenden Hofeigentümers. Insoweit hatte sich – wie gezeigt – der Begriff der *Wirtschaftsfähigkeit* bereits in der Rechtsprechung der Erbhofgerichte als Einfallstor zur Durchsetzung des Leistungsgedankens erwiesen[882]. Infolgedessen war das Festhalten an diesem Erfordernis trotz seiner testierfreiheitseinschränkenden Folgen vor dem Hintergrund der Hungersituation m.E. gerechtfertigt[883].

---

[878] OTTE, AgrarR 1989, 232 (232).
[879] MÜLLER, Der überlebende Ehegatte, S. 55. KLUNZINGER, Anerbenrecht, S. 102 bezeichnet die Anforderung der *Wirtschaftsfähigkeit* als "*gerechte Kompensation für die außerordentliche Bevorzugung des Hofnachfolgers gegenüber den weichenden Erben*".
[880] WÖHRMANN, Atti del Primo Convegno, S. 587.
[881] Dieser Einschub wurde im Rahmen des 2. HöfeÄndG als nicht mehr zeitgemäß gesehen und daher ersatzlos gestrichen, BT-DRUCKS. 7/1443, S. 20.
[882] Hierzu oben C V 4 a) cc) (S. 161).
[883] Auch das 2. HöfeÄndG hat an dem Begriff der *Wirtschaftsfähigkeit* in § 6 Abs. 6 sowie in § 7 Abs. 1 Satz 2 HöfeO festgehalten, wenn auch unter Streichung der anachronistischen Formulierung "*wer nicht wirtschaftsfähig ist, wer insbesondere die ordnungsgemäße Bewirtschaftung der Grundstücke zum Nachteil der allgemeinen Ernährungslage gefährden würde*". Stattdessen beinhaltet § 6 Abs. 7 HöfeO eine Legaldefinition des Begriffs. WÖHRMANN/STÖCKER (7), § 6, Rn. 84 weist darauf hin, dass der Zweck des Erfordernisses der *Wirtschaftsfähigkeit* seit dem Reichserbhofrecht einem zweimaligen Wechsel unterlag: vom rassenideologischen Anliegen über ernährungspolitische Belange hin zur Sicherung des höferechtlichen Zwecks.

Die *"im Anfang milde erbhofrechtliche Rechtsprechung"* sollte aufgrund der Zielsetzung des § 6 Abs. 5 HöfeO zum Schutze einer ordnungsgemäßen Bewirtschaftung demzufolge nicht angewandt werden, sondern stattdessen ein *"strenger Maßstab"*[884]. Zu Recht wies allerdings das OLG Oldenburg frühzeitig darauf hin, dass für den Fall der testamentarischen Bestimmung des Anerben an die Wirtschaftsfähigkeit unter Umständen geringere Anforderungen als bei der gesetzlichen Erbfolge zu stellen seien, da die HöfeO dem Erblasser eine deutlich weitergehende Testierfreiheit zubilligt, als das nach dem Reichserbhofrecht der Fall war[885].

WÖHRMANN war in diesem Zusammenhang der Ansicht, dass sich Abweichungen in der Begriffsauslegung der *Wirtschaftsfähigkeit* aufgrund der "neuen" Zielrichtung der HöfeO im Vergleich zum REG ergäben. Habe das Erbhofrecht die Schaffung eines leistungsfähigen und leistungswilligen Bauernstandes erstrebt, diene die HöfeO dagegen der Sicherung der Volksernährung[886].

Zuzugestehen ist, dass das Reichserbhofrecht in weitaus intensiverem Maße versuchte, die bäuerliche Bevölkerung über den Weg der bäuerlichen Standesehre einer völkischen Pflichtgebundenheit zu unterwerfen, um auf diese Weise die Leistungsfähigkeit und den Leistungswillen der Bauernschaft sicherzustellen[887]. Aus diesem Grund wurde von der Festschreibung der *Ehrbarkeit* als Anerbenanforderung innerhalb der HöfeO abgesehen, so dass Prüfungsmaßstäbe, die sich allein anhand der typischen bäuerlichen Standesehre bestimmten, nicht zur Anwendung kommen sollten[888]. Letztlich sollte jedoch auch nach der HöfeO die Volksernährung durch leistungsfähige und -willige Bauern sichergestellt werden. Diesem Ziel diente die Festschreibung der Anforderung der *Wirtschaftsfähigkeit*, so dass eine Differenzierung künstlich erscheint. Das gilt jedenfalls insoweit, als von der frühen Literatur eine klare Trennung zwischen den Anforderungen an die Standesehre und denjenigen an die *Wirtschaftsfähigkeit* nicht vor-

---

[884] OGH, RdL 1950, 92 (93). Zu dem Nichtausschluss der *Wirtschaftsfähigkeit* trotz Veräußerungsabsicht des zum Hoferben Berufenen in bewusster Abkehr zu § 37 Abs. 1 REG siehe BGH, RdL 1958, 315 (317).
[885] OLG Oldenburg, MDR 1949, 108 (109); ebenso BARNSTEDT, MDR 1949, 457 (460).
[886] WÖHRMANN (1), § 6, S. 113; BAUER, DRZ 1950, 222 (222 f.); BARNSTEDT, MDR 1949, 458 (459), der der Ansicht ist, dass die Anforderungen an die Wirtschaftsfähigkeit nunmehr strenger auszugestalten sind als zuvor, da sowohl die reichserbhofrechtliche Sippenbindung als auch die Zielsetzung, möglichst viele Besitzungen zu Erbhöfen zu machen, weggefallen sei.
[887] Aus diesem Grund wandte sich die *B.S.L.R.U.* grundsätzlich gegen die Wiedereinführung des Begriffes *Bauer*, Stellungnahme der *B.S.L.R.U.* vom 1.10.1946, in: FO 937/41 (PRO).
[888] SCHEYHING, HöfeO, § 6, Rn. 28.

genommen wurde[889]. Die erbhofrechtlichen Ergebnisse wurden vielmehr oftmals auch auf die Anwendung der HöfeO übertragen.

Nicht gerechtfertigt war die Regelung des § 6 Abs. 5 Satz 2 2. Alt. HöfeO a.F., also die Bevorzugung eines nicht nur wegen mangelnder Altersreife vorübergehend wirtschaftsunfähigen Abkömmlings, wenn mehrere nicht wirtschaftsfähige Abkömmlinge existierten, bei der gesetzlichen Anerbenfolge. Aufgrund der mangelnden Wirtschaftsfähigkeit aller Abkömmlinge bestand für diesen Fall nur ein geringes öffentliches Interesse an der geschlossenen Erbfolge, das seinerseits die Benachteiligung der weichenden Abkömmlinge vor dem Gleichbehandlungsgebot nicht zu begründen vermochte. Diesem Punkt wurde im Rahmen des 2. HöfeÄndG vom 29. März 1976[890] durch die Änderung des § 10 HöfeO Rechnung getragen[891], der nunmehr bestimmt, dass sich der Hof nach den Vorschriften des allgemeinen Rechts vererbt, sofern kein Hoferbe nach der HöfeO vorhanden oder wirksam bestimmt ist.

5. Forderung der Besserstellung der weichenden Erben

Ein besonders umstrittener Punkt des Anerbenrechts, der eng mit der Ertragsfähigkeit des Hofes verknüpft ist, war von je her die Regelung der Abfindungsansprüche der weichenden Erben bzw. der pflichtteilsberechtigten Abkömmlinge[892]. Die Ausgestaltung der Ansprüche ist stets geprägt durch ein Spannungsverhältnis. Auf der einen Seite soll der Hof im Erbfall gegen Zersplitterung und Überschuldung geschützt und damit seine Bewirtschaftung und Leistungsfähigkeit gesichert werden. Diesem Ziel entspricht es, nicht allein die geschlossene Vererbung des Hofes zum Gegenstand anerbenrechtlicher Bestimmungen zu machen, sondern ihm möglichst nur tragbare Belastungen im Erbgang aufzuerlegen[893] und die Ansprüche weichender Erben gering zu halten.

---

[889] Hierzu bereits oben C V 4 b) bb) (S. 164). WÖHRMANN (2), § 6, Rn. 63 und 67 wies insoweit selbst darauf hin, dass die Folge eines *"ehrlosen Verhaltens"* des Bauern durchaus Konsequenzen auf dessen Wirtschaftsfähigkeit haben könne, wenn dieser beispielsweise nicht mehr mit *"Nachbarschaftshilfe"* rechnen könne, beschränkte dieses unter Bezugnahme auf den BGH indes audrücklich auf den *"Einzelfall"*. Ähnlich LANGE, HöfeO, Rn. 60 e).

[890] BGBl. I, S. 881 in der Bekanntmachung der Neufassung vom 26.7.1976 (BGBl. I, S. 1933).

[891] BT-DRUCKS. 7/1443, S. 20.

[892] Zu der Diskussion um die Gestaltung der Abfindungsansprüche bei Erstellung des *Preußischen bäuerlichen Erbrechts* vom 15.5.1933 siehe FARQUHARSON, Plough, S. 107 ff. Zu der Diskussion des ausgehenden 19. Jahrhunderts FROMMHOLD, in: Verhandlungen des *24. Deutschen Juristentages* I, S. 35.

[893] HENRICI, RdL 1953, 180 (181).

Dem gegenüber stehen die berechtigten Ansprüche der Miterben[894]. Diese ergeben sich bereits daraus, dass die weichenden Erben zumindest des engeren Familienkreises bis zum Tode des Erblassers regelmäßig an der Bewirtschaftung des Hofes beteiligt sind und ihre Arbeitskraft einbringen. Auch wird der Hofeigentümer allein aus Gleichbehandlungsgesichtspunkten bemüht sein, seine Hoferben möglichst gleichmäßig zu bedenken und weitgehend wirtschaftlich abzusichern. Wesentliches Argument für die Ablehnung des Anerbenrechts in den Realteilungsgebieten war der Widerspruch der regelmäßig geringen Abfindung der weichenden Erben und der damit einhergehenden Besserstellung des Anerben mit dem bäuerlichen Grundsatz der Gleichbehandlung[895]. Vor dem Hintergrund dieser widerstreitenden Interessen muss eine anerbenrechtliche Regelung der Abfindungsansprüche weichender Erben grundsätzlich bemüht sein, einen gerechten Ausgleich zwischen der Erhaltung des Hofes und den Abfindungsinteressen zu erzielen[896].

a) Reichserbhofrecht

Die Ansprüche der weichenden Erben bestanden unter Geltung des Reichserbhofrechts gemäß § 30 REG. Demnach ergab sich lediglich ein Recht der weichenden Abkömmlinge auf Versorgung, Unterhalt und Ausstattung bis zu ihrer Volljährigkeit bzw. Verheiratung (Abs. 1 und 2) sowie das Recht zur *Heimatzuflucht* (Abs. 3), d.h. sie durften im Falle unverschuldeter Not gegen Mitarbeit Zuflucht auf dem Hof suchen. Darüber hinausgehende Abfindungsansprüche bestanden nach REG nicht. Auch in diesem Bereich brach das REG mit der modernen Anerbenrechtstradition[897] und setzte sich in den Widerspruch zu der überwiegenden bäuerlichen Sichtweise[898].

Die mangelhafte Ausgestaltung der Ansprüche führte dazu, dass Leistungsanreize zur Mitarbeit auf dem Hof für die weichenden Erben kaum noch bestanden. Folge hiervon war eine Begünstigung der Landflucht[899]. Diese Entwicklung hatte bereits SERING in seiner zeitgenössischen Kritik am Reichserbhofrecht vorhergesehen, der aufgrund der mangelnden sozialen Aufstiegschancen und der geringen Ausgestaltung des Rechts der weichenden Erben nach § 30 REG eine

---

[894] WÖHRMANN (1), § 12, S. 159 f.; Zu deren grundsätzlicher Entwicklung anhand des Beispiels Schleswig-Holstein siehe SERING, Die Vererbung II, 2, S. 161 ff.; ders., Erbhofrecht und Entschuldung, S. 11 f.

[895] FRITZEN, RdL 1953, 319 (320); MUGDAN I, S. 51 (Motive).

[896] BT-DRUCKS. 7/1443, S. 23.

[897] Ältere Anerbensitten kannten allerdings teilweise den vollständigen Ausschluss der Geschwister des Anerben auch von der *"Succession in den Werth des Erbguts"*, v. MIASKOWSKI, Das Erbrecht, S. 215.

[898] HERLEMANN, Der Bauer, S. 93 ff.

[899] Daneben kam es zu einem Lebens- und Aussteuerversicherungsboom zur Absicherung der weichenden Erben, HERLEMANN, Der Bauer, S. 100 f.

frühzeitige Abwanderung der nichterbenden Kinder aus der Landwirtschaft befürchtete[900].

b) Reformdiskussion

In der Diskussion um die Erarbeitung der HöfeO lässt sich die Forderung nach vermehrten Anreizen für weichende Erben, insbesondere höheren Abfindungszahlungen nachweisen. Auf diese Weise – so der Kern der Argumentation – solle die Leistungsbereitschaft der weichenden Erben in höherem Maße sichergestellt werden. Die Kritik an einem Fortbestehen strenger anerbenrechtlicher Regelungen und der damit verbundenen Verhinderung eines Leistungswettbewerbs wird dabei in der Gedenkschrift des Oldenburgischen Ministerpräsidenten TANTZEN[901] direkt und unmittelbar mit der Kritik an der *Blut-und-Boden-Doktrin* verknüpft. Ausgangspunkt hierbei ist, dass der nationalsozialistische Blut- und Bodengedanke[902] in seiner Umsetzung durch das REG zu einer Landflucht und zu einem Mangel an Motivation und Leistungsanreizen für die weichenden Erben, aber auch für Landarbeiter geführt habe. Besonders die mangelnde Absicherung der weichenden Erben nach dem REG sei Ursache für deren Abwanderung gewesen, da diese trotz ihrer zuvor geleisteten Arbeit auf dem Hof damit hätten rechnen müssen, im Todesfall des Hofeigentümers nur die minimalen Ansprüche aus § 30 REG zu besitzen. Gleiches gelte für die Kinder der Kleinlandwirte und Landarbeiter, da die Festlegung des dem REG unterfallenden Grundbesitzes dessen Verteilung sowohl im Hinblick auf den Erbfall als auch bezüglich einer Grundbesitzveräußerung derart einschränkend geregelt habe, dass Aussichten auch für leistungsbereite Nachfolgegenerationen nicht mehr bestünden[903]. Vor diesem Hintergrund argumentierte TANTZEN, dass starre anerbenrechtliche Bestimmungen landfluchtbegünstigend und leistungshemmend und damit hinderlich für die Sicherung der Nachkriegsernährungslage seien[904].

---

[900] SERING, Erbhofrecht und Entschuldung, S. 26 ff.
[901] Z 21/1164, 57 ff. (BA).
[902] *Blut- und Bodengedanke hier definiert als das Ziel, „die landwirtschaftliche Bevölkerung auf dem Lande festzuhalten und sie mit dem Boden wirklich zu verbinden.", Denkschrift des Oldenburgischen Ministerpräsidenten* TANTZEN *aus dem Jahr 1946, in:* Z 21/1164, 57 (BA).
[903] Ebenda: *"Ihnen schließen sich die Kinder der Kleinlandwirte und Landarbeiter an, die auf dem Lande keine Aussicht mehr haben, zu einem freien Grundeigentum zu gelangen, weil der Grund und Boden durch das Reichserbhofgesetz im Wesentlichen festgelegt worden ist und die Abveräußerung von Land aus einem Erbhof in der Regel aussichtslos erscheinen müsse.",* in: Z 21/1164, 57 (BA).
[904] *„Es ist daher im Interesse der Volksernährung und der Erhöhung der landwirtschaftlichen Erzeugung erforderlich, dass der Bauernstand so bald als möglich von den Fesseln eines seine Tatkraft und Initiative hemmenden Bodenrechts befreit wird.",* in: Z 21/1164, 58 (BA).

Eine im Wesentlichen inhaltsgleiche Kritik an der starren Anerbenregelung des REG im Hinblick auf die Blut-und-Boden-Ideologie unter Hinweis auf die Begünstigung der Landflucht lässt sich einem Zeitungsartikel in der *Nordwest-Zeitung* vom 7. Mai 1946 entnehmen, in dem es hieß:

> *„Abgesehen davon, daß das Gesetz* (das REG – d.V.) *nicht einmal die Erwartungen erfüllte, mit denen der Gesetzgeber im Zeichen des Schlagwortes „Blut und Boden" seine Inkraftsetzung propagierte, sondern nur die Landflucht begünstigte, indem es einer breiten Schicht der Landbevölkerung die Aussicht nahm, jemals als „freier Mann auf eigenem Grund" zu stehen, stellte es den Bauern unter die Vormundschaft einer Anerbenbehörde und nahm ihm das Verfügungsrecht über seinen Grund und Boden."*[905]

Im Ergebnis fanden zwar mit § 12 HöfeO die Abfindungsansprüche der weichenden Erben eine Regelung, eine Diskussion hierüber unter dem Aspekt der Leistungssteigerung und Besserbewirtschaftung ist allerdings nicht ersichtlich. WÖHRMANN wies darauf hin, dass man mit der Festschreibung der Ansprüche der Miterben nach § 12 HöfeO zu den *"bewährten Regelungen"* der früheren Anerbenrechte habe zurückkehren wollen, da die gesetzliche Benachteiligung der weichenden Erben generell einer der Hauptangriffspunkte gegen das Reichserbhofrecht[906] gewesen sei[907]. Hierbei ging die HöfeO bei der Berechnung der Geldansprüche neue Wege, indem sich diese an dem Einheitswert bemaß. Aufgegriffen wurde der Gedanke der Berechnung nach dem Reinertragswert, wie er bereits im hannoverschen Höferecht[908] in § 13 Abs. 1 festgeschrieben war. Im Vergleich dazu sollte der Ertragswert jedoch eine zuverlässigere und leichter zu ermittelnde Berechnungsgrundlage darstellen, da die Grundlage hierfür eine amtliche Bodenschätzung ist[909].

---

[905] *„Für ein neues Bodenrecht"* aus der *Nordwest-Zeitung* vom 7.5.1946, in: Z 6 II/50 (BA).

[906] Wöhrmann (1), § 12, S. 160. Ebenso Gutachten *"Die guten und die schlechten Seiten des Erbhofrechts"* vom 19.12.1946, Nachlass WÖHRMANN.

[907] Zum grundsätzlichen Vergleich der Ausgestaltung der Entschädigungs- und Abfindungsansprüche der weichenden Erben nach der HöfeO im Vergleich mit den früheren Anerbenrechten siehe GÜNTHER, Das Rechtsverhältnis.

[908] Gesetz betr. das Höferecht der Provinz Hannover in der Fassung vom 9.8.1909 (GS, S. 663).

[909] Wöhrmann (1), § 12, S. 160.

c) Beurteilung

Die tatsächlichen Schätzungen bezüglich der absoluten Zahl der Landflüchtigen unter Geltung des REG unterscheiden sich beachtlich. Dennoch wird auch bei Zugrundelegung vorsichtiger Schätzungen deutlich, dass es sich um eine Massenabwanderung von hohem Ausmaß handelte[910].

Dafür, dass mit der Abfindungsregelung des § 12 HöfeO der Arbeitskräfteabwanderung gezielt entgegengewirkt werden sollte, lassen sich in den noch vorhandenen Unterlagen indes keine ausdrücklichen Hinweise entnehmen. Gleichfalls unterblieb die Auseinandersetzung mit der geringfügigen Ausgestaltung der Ansprüche der weichenden Erben nach § 30 REG vor dem Hintergrund der Schaffung eines „ländlichen Proletariats" für eine Besiedlung der Ostgebiete, also mit dem Begriff der *Lebensraumdoktrin* gekennzeichneten Eroberungs- und Siedlungsbestreben der Nationalsozialisten[911].

In jedem Fall sollte den weichenden Erben in Fortschreibung der vor 1933 bestehenden Anerbenrechtstradition[912] nunmehr eine angemessene Abfindung zustehen[913]. Die Festlegung einer "gerechten" Abfindungsleistung stand ihrerseits allerdings wieder in einem Spannungsverhältnis zu der vorherrschenden Besorgnis um finanzielle Überforderung des Hofes. Daher lag man mit der getroffenen Regelung unter Berücksichtigung des Voraus des Hoferben (§ 12 Abs. 3 Satz 2 HöfeO a.F.)[914] mit dem gewählten Multiplikator[915] unter den Belastun-

---

[910] So bewegen sich die von SCHOENBAUM, Die braune Revolution, S. 221 genannten Zahlen der Landflüchtigen in dem Bereich von 250.000 bis zu einer Million unter Einrechnung der Familienmitglieder. HERLEMANN, Der Bauer, S. 154 geht von einem tatsächlichen Abwanderungsverlust i.H.v. 700.000 bis 800.000 Landarbeitern in den Jahren 1933 bis 1938 aus. Parallel dazu verlief das Wachstum der Städte, hierzu Tabellen SCHOENBAUM, a.a.O., S. 222 f.

[911] Hierzu unten C VI 1 d) (S. 181 f.).

[912] Hierzu GÜNTHER, Das Rechtsverhältnis, S. 15 ff.

[913] Zu den Änderungsdiskussionen um § 12 HöfeO in der Folgezeit und der umstrittenen Frage einer angemessenen Bemessungsgrundlage zur Berechnung der Abfindung der weichenden Erben siehe WÖHRMANN/STÖCKER (3), § 12, Rn. 12, 18.

[914] Zu der Diskussion bei den Vorarbeiten, ob der Voraus vor oder nach Abzug der Nachlassverbindlichkeiten in Rechnung gebracht werden sollte (§ 12 Abs. 2 Satz 1), siehe Protokoll der Anerbengesetztagung in Celle am 26.9.1946, in: Z 21/1165, 103 (BA) sowie WÖHRMANN (1), S. 168. Im Rahmen des 2. HöfeÄndG wurde die Vorausregelung aufgehoben. Zum Vergleich der Vorausregelung mit den früheren Anerbenrechten GÜNTHER, Das Rechtsverhältnis, S. 30 ff.; siehe auch HÜBINGER, Die Entwicklung des Anerbenrechts, S. 17 f.

[915] Gemäß § 19 Abs. 2 HöfeO a.F. das 18fache des jährlichen Reinertrages.

gen, die dem Hof nach den früheren Anerbenrechten auferlegt wurden[916]. Zum Ausgleich hierfür sah die HöfeO in § 12 Abs. 2 Satz 2 lit. a) bis c) eine Zuschlagsregelung vor[917]. Der hiermit eingeschlagene Weg erschien in der Folgezeit schon schnell als überholt und der Rechtsstellung weichender Erben nicht mehr angemessen[918], er wurde jedoch bei Erarbeitung der HöfeO wohl überlegt[919], wenngleich die Sorge um eine zu weitgehende Belastung des Hofes im Erbfall ersichtlich im Vordergrund stand[920].

Im Rahmen des 2. HöfeÄndG vom 29. März 1976 wurde die Abfindungsregelung des § 12 HöfeO aufgrund der weitgehenden Begünstigung des Hoferben mit zeitgemäßen Rechtsanschauungen als unvereinbar angesehen[921].

---

[916] Hierzu GÜNTHER, Das Rechtsverhältnis, S. 18; Wöhrmann (1), S. 165. Das hannoversche Höferecht rechnete beispielsweise mit dem Faktor 20 (§ 13 Abs. 4). Hierzu auch MÜLLER, Der überlebende Ehegatte, S. 38 f.

[917] Zur Abwendung von diesem enumerativen Katalog, WÖHRMANN/STÖCKER (3), § 12, Rn. 20 f.

[918] Hierzu BT DRUCKS. 7/1443, S. 14, 23; LANGE/WULFF/LÜDTKE-HANDJERY, § 12, Rn. 2. Zur Rechtfertigung der getroffenen Regelung als Ergebnis auf der Suche nach einem *"festen Wert"* vor dem Hintergrund ihrer Entstehungsgeschichte siehe RÖTELMANN, DNotZ 1969, 415 (416).

[919] Eine ausführliche Gegenüberstellung der sich nach dem Entwurf der HöfeO ergebenden Abfindungsleistungen im Vergleich zum hannoveranischen Höferecht findet sich als Anlage des Gutachtens über „*Das Problem der Abfindung der bürgerlich-rechtlichen Erben im Anerbenrecht*", in: Nachlass WÖHRMANN. Auf diese Berechnung wurde bei der Anerbengesetztagung in Celle am 26.9.1946 Bezug genommen, siehe Protokoll, in: Z 21/1165, 103 (BA).

[920] Siehe Protokoll der Anerbengesetztagung in Celle am 26.9.1946, in: Z 21/1165, 103 (BA). Zu Recht ging die Gesetzgebungskommission zur Erarbeitung des 2. HöfeÄndG, BT DRUCKS. 7/1443, S. 23 daher davon aus, dass *"die Abfindungsleistung weniger auf einen allseitigen Interessenausgleich als auf die unbedingte Erhaltung des Hofes abgestellt"* war.

[921] BT-DRUCKS. 7/1443, S. 1. Zu der Diskussion um die Neufassung des § 12 HöfeO siehe BT DRUCKS. 7/1443, S. 14; LANGE/WULFF/LÜDTKE-HANDJERY, § 12, Rn. 2. Zu der gegenwärtigen Diskussion insbesondere im Hinblick auf den Entwurf eines landwirtschaftlichen Erbgesetzes in Sachsen-Anhalt siehe FASSBENDER, AgrarR 1998, 188 (191 f.).

VI. Entideologisierung des Höferechts

Im Ergebnis war das Reichserbhofrecht maßgeblich von dem nationalsozialistischen *Rassengedanken*[922], dem *Blut-und-Boden-Gedanken*[923], der *Lebensraumdoktrin*[924] sowie der völkischen Pflichtgebundenheit in Abwendung vom Liberalismus geprägt. Es war durchzogen von nationalsozialistischer Ideologie und ein Beispielstück nationalsozialistischer Gesetzgebung.

Die rechts- wie auch die geschichtswissenschaftliche Literatur sind sich über die Beurteilung des Reichserbhofrechts als Bruch mit der bis 1933 bestehenden Anerbenrechtsentwicklung weitgehend einig[925], wenngleich das REG teilweise als *"keine originäre Schöpfung des Nationalsozialismus"* gesehen wird[926]. Die Loslösung von den Anerbenrechtstraditionen beruhte im Wesentlichen auf der umfassenden Einbindung nationalsozialistischen Gedankenguts in das Landwirtschaftsrecht. Die erbhofrechtlichen Bestimmungen boten als agrarpolitisches Steuerungsinstrument das Einfallstor für die Umsetzung der Vorstellungen der nationalsozialistischen Agrarideologen, sowohl im Hinblick auf anerbenrechtliche Regelungen, als auch über den traditionellen anerbenrechtlichen Bereich hinaus. Damit stellt sich die Frage, inwieweit eine Auseinandersetzung mit den ideologischen Grundlagen des Reichserbhofrechts und dem hierdurch begründeten Bruch mit der bisherigen Anerbenrechtsentwicklung Eingang in die Neuregelung des Höferechts fand.

1. Reichserbhofrecht

Die Darstellung der Prägung und Durchsetzung des REG durch die nationalsozialistische Ideologie ist nicht Gegenstand der vorliegenden Arbeit und würde ihren Rahmen sprengen. Verwiesen werden kann in diesem Zusammenhang auf die umfängliche historische Abhandlung GRUNDMANNS über Inhalt, Auswirkungen und Ziele des REG[927] sowie MÜNKELS Arbeiten zur nationalsozialistischen Agrarpolitik und deren tatsächlichen Auswirkungen[928]. Aus rechtswissenschaftlicher Sicht beschäftigte sich HÜTTE in seiner Dissertation eingehend mit der Ideologieprägung, insbesondere dem Gemeinschaftsgedanken innerhalb des all-

---

[922] So z.B. die Regelung des § 13 Abs. 1 REG: *"Bauer kann nur sein, wer deutschen oder stammesgleichen Blutes ist."*.
[923] So z.B. die Präambel des REG: *„Die Reichsregierung will unter Sicherung alter deutscher Erbsitte das Bauerntum als Blutquell des deutschen Volkes erhalten"*.
[924] Hierzu unten C VI 1 d) (S. 181 f.).
[925] SCHIERHOLT, Die Rechtsstellung, S. 4; GRUNDMANN, Agrarpolitik, S. 44 ff. LANGE/KUCHINKE bezeichnen die Erbhofgesetzgebung als *„den stärksten Einbruch in das Erbrecht des BGB"* während des Nationalsozialismus, § 2 II 2 c).
[926] KLUNZINGER, Anerbenrecht, S. 45.
[927] GRUNDMANN, Agrarpolitik.
[928] MÜNKEL, Nationalsozialistische Agrarpolitik. Zur Praxisumsetzung des REG im Landkreis Celle siehe MÜNKEL, Bauern und Nationalsozialismus.

gemeinen Erbrechts des „Dritten Reichs", aber auch gerade des Erbhofrechts im Besonderen[929]. Die rechtswissenschaftliche Auseinandersetzung mit dem REG und der Abwendung von den nationalsozialistischen Prägungen des Reichserbhofrechts fand in der Literatur wie auch innerhalb der Gesetzgebung noch weit nach dem Erlass der HöfeO ihren Widerhall[930].

Dient die vorliegende Arbeit ihrem Schwerpunkt nach nicht der Darstellung der historischen und rechtswissenschaftlichen Aufarbeitung des REG, soll im Folgenden dennoch knapp aufgezeigt werden, inwieweit Gesichtspunkte der Entideologisierung innerhalb der Debatte um die Erstellung der HöfeO eine Rolle spielten und ob die HöfeO als Neuschöpfung mit den reichserbhofrechtlichen Grundsätzen gebrochen hat. Hierzu bedarf es vorab einer knappen Erläuterung der wesentlichen Ideologiekomponenten des REG, da nur vor diesem Hintergrund die Bedeutung der Entideologisierung und ihre tatsächliche Durchführung innerhalb der Neuregelung des Anerbenrechts aufgezeigt und nachvollzogen werden kann.

a) "Grundgesetz des nationalsozialistischen Staates"

Bereits in seinem Anwendungsbereich ging das REG in wesentlichen Bestimmungen weit über den Regelungsgehalt bisheriger Anerbenrechte und deren historischer Entwicklung hinaus[931]. Das Reichserbhofrecht erschöpfte sich eben nicht wie die früheren Anerbenrechte darin, ein bloßes landwirtschaftliches Sondererbrecht festzuschreiben, sondern diente daneben bewusst der Begrenzung von Rechtsgeschäften unter Lebenden im gesamten Bereich des Grundstücksverkehrs bei Erbhöfen. Wie gezeigt, beinhaltete es die Möglichkeit des *Abmeierungsverfahrens*[932], der Hof war grundsätzlich unveräußerlich und unbelastbar, und der Erbhof bzw. seine Erzeugnisse genossen Zwangsvollstreckungsschutz[933].

Aber auch die mit dem REG vorgenommenen rein erbrechtlichen Neuerungen verdeutlichen, dass es sich nicht um eine konsequente Weiterentwicklung der bis 1933 bestehenden Anerbengesetze handelte, sondern dass in vielen Bereichen mit bis dahin bestehenden Anerbentraditionen gebrochen worden war. Zum einen lagen ihm sowie den hierzu erlassenen Verordnungen die Vorstellungen des nationalsozialistischen Rassengedankens und Antisemitismus zu Grunde.

---

[929] HÜTTE, Der Gemeinschaftsgedanke.
[930] Beispielsweise hinsichtlich der Sippenbindung FASSBENDER/HÖTZEL/VON JEINSEN/PIKALO, Einl., Rn. 47; STÖCKER, InfStW 1980, 412; BT-DRUCKS. 7/1443, S. 14.
[931] GRUNDMANN, Agrarpolitik, S. 44.
[932] Hierzu oben C V 2 a) (S. 127 ff.).
[933] HAUSHOFER, Die deutsche Landwirtschaft, S. 264.

Daneben war es – wie gezeigt – wegen des ihm zu Grunde liegenden Sippengedankens geprägt von einer bisher nicht gekannten Bevorzugung des Mannes sowie des Mannesstammes, und es manifestierte erstmalig in der neueren Anerben-gesetzgebung ein obligatorisches Anerbenrecht.

Das Reichserbhofrecht beruhte so in seiner Gesamtheit auf ordnungspolitischen und ideologiegeprägten Grundlagen und war damit entgegen der zuvor zitierten Ansicht[934] in weiten Teilen doch eine originäre Schöpfung des Nationalsozialismus. Seine Zielsetzung war die *"ebenso anachronistische wie radikale Umgestaltung der deutschen Gesellschaftsordnung"*[935] im nationalsozialistischen Sinne. Folgerichtig wurde das Reichserbhofrecht bereits von zeitgenössischen Kritikern als *"Zentrum"* der nationalsozialistischen Wirtschaftsvorstellungen gekennzeichnet[936]. Es war damit ein Gesetzgebungskonzept, das frühzeitig in seiner Gesamtheit der Umsetzung einer konkreten nationalsozialistischen Lebensordnung und der erstrebten Erneuerung der Rechtsordnung diente[937]. Es sollte *"Kernstück der deutschen Bevölkerungs- und Agrarpolitik"*[938] sein und war mit seinem konkreten Ordnungs- und Gestaltungsdenken als Gesamtkonzept *"Prototyp nationalsozialistischer Rechtsgedankenwelt"*[939]. Mithin wurde es in der zeitgenössischen agrarideologischen Bewertung als ein *"Grundgesetz des nationalsozialistischen Staates"*[940] eingestuft.

b) Rassentheoretischer Zuchtgedanke

Überdeutlich war das Reichserbhofrecht von der nationalsozialistischen *Rassentheorie* geprägt. Hierbei erschöpfte sich die mit dem Gesetz verfolgte Zielsetzung jedoch nicht in der oben offenkundig gezeigten rassistischen und antisemitischen Diskriminierung anhand der Voraussetzung des *"deutschen oder stammesgleichen Blutes"* in § 13 REG.

---

[934] Oben C VI (S. 177, Fußn. 926).
[935] KRUEDENER, ZWS 1974, 335 (352).
[936] MANFRED, Die Ökonomie des Dritten Reiches, als Anh. in: SIEVERS, Unser Kampf, S. 175.
[937] Zu dem nationalsozialistischen konkreten Ordnungs- und Gestaltungsdenken siehe WEITZEL, ZNR 1992, 55 ff.
[938] VOGELS, REG, Einl., S. 173.
[939] SETZ, RdRN 1936, 97; zit. nach: WEITZEL, ZNR 1992, 55 (59).
[940] VOGELS, REG, Einl., S. 175, BLOMEYER, Deutsches Bauernrecht, S. 82; DÖLLE, Lehrbuch des Reichserbhofrechts, S. 7 sprach von einem *"Grundgesetz des deutschen Volkes"*. In Anlehnung daran sprach DÖLLE anlässlich des Konstanzer Juristentages, S. 100, von dem KRG Nr. 45 als dem *"Grundgesetz der deutschen Landwirtschaft"*.

In weitergehender Pervertierung des Landwirtschaftsrechts sollte das REG einer planvollen Züchtung und Erzeugung nordischer und "rassisch gesunder" Kinder dienen. Laut DARRÉ, der gemeinsam mit dem späteren Reichsjustizminister GÜRTNER die Entwürfe zum REG erarbeitet hatte, war einer der Kerngedanken des Gesetzes die Erzeugung und Zucht rassisch gesunder Kinder durch Bauernpaare, die zum Zweck der Kinderzeugung verheiratet waren[941]. Grundlage dieses Ansatzes war der Versuch DARRÉS, seine Beobachtungen aus der Nutztierzucht auf die genetischen Erbgesetze des Bauernstandes, den er insoweit als Prototyp der nordischen Rasse sah, zu übertragen[942]. Das Erbhofrecht sollte Kernstück der deutschen Bevölkerungspolitik sein und die Fortpflanzung und "Zucht" der nordischen Rasse sicherstellen. Das REG diente damit beileibe nicht nur dem Schutz vor der Zersplitterung landwirtschaftlichen Bodens, sondern auch – und sogar in erster Linie – als Instrument der Durchsetzung volkstumideologischer Ziele im Sinne der nationalsozialistischen Rassenlehre. Allein aufgrund dieses gesetzgeberischen Ziels brach das Reichserbhofrecht mit den bisherigen Anerbenrechtstraditionen in jedweder Form[943].

c) Sippengedanke/Blut-und-Boden-Doktrin

Wie gezeigt, beruhte das Agnatensystem sowie die Bevorzugung des Mannesstammes und die Nichtberücksichtigung der Ehefrau auf der signifikanten Durchdringung des REG mit dem nationalsozialistischen Sippengedanken[944]. Eng mit dem Sippengedanken verbunden war die nationalsozialistische Blut-und-Boden-Doktrin, von STÖCKER als *"agrarischer Ableger"* der totalitären Heilslehren des Nationalsozialismus bezeichnet[945]. Grundlage war der Gedanke einer "blutsmäßigen" Bindung einer Sippe an den jeweiligen Boden. Die im Reichserbhofrecht festgeschriebene Bindung des Hofeigentums an die Familie, aus der der Hof stammte, sollte unmittelbar deren blutsmäßige Identifikation mit dem bäuerlichen Landbesitz sichern. Hierbei galt der deutsche Boden als *"heilig wie kein anderer"*[946]. In diesem Zusammenhang wurde auch der Begriff des *"Erbhofs"* aus dem *Preußisch Bäuerlichen Erbhofrecht* vom 15. Mai 1933 entnommen (§ 3), um bereits durch den Begriff die auf ewige Fortdauer abgestellte Verbindung der Familie mit dem Boden, also der bäuerlichen Scholle, hervorzu-

---

[941] DARRÉ, Um Blut und Boden, S. 147.
[942] CORNI/GIES, Blut und Boden, S. 18; HAUSHOFER, Ideengeschichte II, S. 172.
[943] Insoweit gehen WÖHRMANN/STÖCKER (7), Einl. Rn. 9, in der Beurteilung nicht weit genug, wenn dort lediglich davon die Rede ist, dass „*das Gesetz nach seiner Präambel einer dubiosen Rassendoktrin anhing*", auch wenn im gleichen Satz von „*Regelungen unfaßlicher Radikalität*" gesprochen wird.
[944] Hierzu näher oben C V 3 a) (S. 134 ff.). Weiterhin HÜTTE, Der Gemeinschaftsgedanke, S. 8 ff.
[945] STÖCKER, InfStW 1980, 412 (414).
[946] FREISLER, Erbrecht in: WAGEMANN/HOPP, REG, S. 24.

heben[947]. Wie eng hierbei die Verknüpfung zwischen dem Blut-und-Boden-Gedanken und der nationalsozialistischen Rassentheorie war, verdeutlichte REISCHLE, indem er das Reichserbhofrecht als *"Grundlage aber auch für den deutschen Boden und die Blutserneuerung, die aus ihm fließt"* bezeichnete. Des Weiteren führte er aus:

> *"Das Wort "Blut und Boden" ist nicht nur Grundlage nationalsozialistischer Weltanschauung überhaupt. Denn es faßt das Wort von Rudolf Heß, daß "Nationalsozialismus angewandte Rassenkunde" bedeute, propagandistisch einprägsam zusammen. Damit muß dieses Wort aber auch Grundlage einer Wirtschaftsordnung werden, die dieser Weltanschauung entspringt".*[948]

d) Lebensraumdoktrin

Ein weiterer Grundstein nationalsozialistischer Ideologie war die *Lebensraumdoktrin*, d.h. die These, Deutschland benötige eine größere Bodenfläche, insbesondere Lebensraum im Osten. Die B.S.L.R.U. war der Ansicht, dass das REG aufgrund der geringen Berücksichtigung der Ansprüche der weichenden Erben nach § 30 REG[949] in die Konzeption der nationalsozialistischen Siedlungspolitik miteinbezogen war. Die bloße Reduzierung der Ansprüche der Abkömmlinge des Erblassers auf Versorgung bis zur Volljährigkeit, Berufsausbildung und *"Heimatzuflucht"* habe dabei dazu gedient, zu einer *"Proletarisierung"* eines Teiles der Landbevölkerung zu führen, damit diese Bevölkerungsgruppe als landwirtschaftlich ausgebildete Arbeitskräfte für die Besiedlung der zu erobernden Ostgebiete zur Verfügung gestanden hätte:

> *"The criticism which Sering in the Memorandum (Erbhofrecht und Entschuldung – d.V.) mentioned ... refers, to a large extend, to the enforced "proletarisation" of those children of the peasant who do not inherit the farm .... This arbitrary of expropriation of all children except one is, as Sering shows, not in accordance with the customs prevailing among German peasants. It is probable that it was the policy of the Nazi regime to create a landless rural proletariat as a reservoir for the*

---

[947] BLOMEYER, Deutsches Bauernrecht, S. 40. Auch das *Preußische Bäuerliche Erbhofrecht* basierte insoweit auf der gleichen Blut-und-Boden-Bindung, wie seine Präambel verdeutlicht.

[948] REISCHLE, Die geistigen Grundlagen, S. 21.

[949] Hierzu bereits oben C V 5 a) (S. 172 f.).

recruitment of settlers in conquered territories, especially in Eastern Europe."[950]

Im deutschen Schrifttum zum REG wurde gleichfalls darauf hingewiesen, dass im Gegensatz zu den früheren Anerbenrechten im REG von einem Anspruch der weichenden Erben auf Zahlung einer Geldrente abgesehen wurde, und zwar, um eine übermäßige Belastung des Hofes zu verhindern[951]. Die Intensität des Bruches mit den bisherigen Anerbenrechtstraditionen – nämlich entgegen der bäuerlichen Auffassung von der grundsätzlichen Gleichberechtigung der Erben[952] – ist jedoch derart ausgeprägt, dass der Rückschluss auf die Zielrichtung der Herbeiführung einer bewussten Verarmung der nicht berechtigten Abkömmlinge des Erblassers naheliegt. Auf diese Weise war es möglich, dass eine landwirtschaftlich gut ausgebildete, aber mittellose Bevölkerungsschicht zu Siedlungszwecken zur Verfügung stand. Dieses Konzept hätte in mehrerlei Hinsicht der nationalsozialistischen Dogmatik entsprochen, da es sich aufgrund der rassistischen Grundkonzeption des REG im Sinne der *Lebensraumdoktrin* um eine "arische Besiedlung" im Osten gehandelt hätte, die zugleich den Zielen der Vernichtung des Bolschewismus sowie des Judentums gedient hätte. Im Hinblick auf den frühen Erlass des REG ist m.E. davon auszugehen, dass die bereits zu Beginn festgeschriebene mangelnde finanzielle Absicherung der weichenden Erben primär den Schutz des Hofes vor Verschuldung bezweckte. Dass sie zugleich aber auch der Schaffung einer potentiellen Siedlerschicht dienen sollte, verdeutlicht der von SAURE bereits 1933 aufgezeigte enge Zusammenhang zwischen dem REG und der nationalsozialistischen Siedlungspolitik:

"Vor allem ist auch hier (in Bezug auf die Ausgestaltung der Ansprüche der weichenden Erben – d.V.) *darauf hinzuweisen, daß die nationalsozialistische Regierung endlich mit der Siedlung Ernst machen will und daß es ein Hauptziel dieser Siedlung ist, eine möglichst große Anzahl von Bauerssöhnen zu selbständigen und freien Bauern zu machen. Es ist also durchaus nicht so, als ob das eine Kind, der Anerbe alles bekäme und die anderen Kinder erhielten nichts."*[953]

---

[950] *"Report on restrictions of freedom of management; Transfer inter vivos and devolution upon death in respect of agricultural property in Germany"*, S. 93 vom 14.9.1945, in: FO 937/41 (PRO).
[951] VOGELS, REG, § 30, Rn. 1; HENNIG, REG, § 30 I.
[952] Hierzu oben C IV 3 (S. 104 f.), C V 1 a) (S. 119).
[953] SAURE, REG, S. 44.

2. Reformdiskussion

a) Militärregierungsgesetz Nr. 1 zur Aufhebung nationalsozialistischer Gesetze

Vor dem Hintergrund der aufgezeigten Ideologiedurchdringung fiel die Einschätzung des Reichserbhofrechts durch die britische Besatzungsmacht bzw. das *Legal Directorate* realistisch aus. Das REG wurde in seiner Gesamterscheinung als typisch nationalsozialistisches Gesetz und als *"verwerflich"* eingestuft[954]. Hierbei erachteten die Alliierten das REG als dermaßen ideologiedurchzogen, dass es ursprünglich sogar von Art. 1 des MilRegG Nr. 1 *zur Aufhebung nationalsozialistischer Gesetze* umfasst war. Damit wurde das REG von den alliierten Besatzungsmächten als klassisches nationalsozialistisches Gesetz eingestuft[955], dessen Aufhebung als derart dringlich erachtet wurde, dass es zunächst in den engumgrenzten Katalog der *"nationalsozialistischen Grundgesetze"* des Art. 1 mit aufgenommen worden war[956], der seinerseits lediglich neun weitere Gesetze umfasste[957]. Bereits beim zweiten Treffen des *Legal Directorates* zeigte sich jedoch, dass es sich auch aus Sicht der alliierten Besatzungsmächte beim Anerbenrecht grundsätzlich um eine komplexe Materie handelte, deren Behandlung sich trotz der hochgradigen Ideologieprägung des REG aufgrund der positiven

---

[954] Protokoll des 3. Treffens des *Legal Directorates* am 6.9.1945, in: FO 1005/742 (PRO).

[955] Die US-Besatzungsmacht definierte klassische nationalsozialistische Gesetze dabei wie folgt: *"Nazi law in the restricted sense is a law which is either discriminatory in character or otherwise tainted with Nazi-ideology. It is estimated that not more than 30% of the 9573 laws* (die zwischen dem 30.1.1933 und dem 8.5.1945 erlassenen Gesetze – d.V.) *are Nazi laws, in this sense Military Government has adopted this restricted meaning of the term "Nazi law."'*, in: FO 1060/1095 (PRO).

[956] Entwurf des KRG Nr. 1, in: FO 1005/748 (PRO).

[957] Bei den nach Art. 1 umfassten *"nationalsozialistischen Grundgesetzen"* handelt es sich im Einzelnen um folgende:
a) Gesetz zum Schutze der nationalen Symbole vom 19.5.1933 (RGBl. I, S. 285)
b) Gesetz zur Neubildung von Parteien vom 14.7.1933 (RGBl. I, S. 479)
c) Gesetz zur Sicherung der Einheit von Partei und Staat vom 1.12.1933 (RGBl. I, S. 1016)
d) Gesetz gegen heimtückische Angriffe auf Staat und Partei und zum Schutze der Parteiuniform vom 20.12.1934 (RGBl. I, S. 1269)
e) Reichsflaggengesetz vom 15.9.1935 (RGBl. I, S. 1145)
f) Hitlerjugendgesetz vom 1.12.1936 (RGBl. I, S. 993)
g) Gesetz zum Schutze des deutschen Blutes und der deutschen Ehre vom 15.9.1935 (RGBl. I, S. 1146)
h) Erlass des Führers betreffend die Rechtsstellung der NSDAP vom 12.12.1942 (RGBl. I, S. 733)
i) Reichsbürgergesetz vom 15.9.1935 (RGBl. I, S. 1146).
Die Gleichsetzung des REG durch die alliierten Besatzungsmächte mit diesen nationalsozialistischen Gesetzen verdeutlicht anschaulich dessen Ideologieprägung aus Sicht der Besatzungsmächte.

Seiten nicht in der bloßen Aufhebung erschöpfen sollte[958]. Da infolgedessen die Einschätzung überwog, ein derart wichtiges Gesetz könne nicht ohne den gleichzeitigen Erlass von Ersatzregelungen aufgehoben werden[959], wurde hiervon schon bald abgesehen.

b) Allgemeine Auseinandersetzung mit der Ideologieprägung

Die Schwierigkeiten bei der Bewertung der nationalsozialistischen Ideologieprägung des Reichserbhofrechts lässt sich sehr gut anhand der unterschiedlichen Bewertungen des Reichserbhofrechts durch die beteiligten britischen Stellen aufzeigen. Die Einschätzung der *Food and Agriculture Division* stellte sich dabei wie folgt dar:

> *"The Hereditary Farm Law, although introduced by the Nazis, is not National Socialist in essence apart from a few paragraphs containing racial and political discrimination."*[960]

Die *B.S.L.R.U.* war dagegen der Ansicht, die Erbhofrechtsgesetzgebung sei

> *"probably more strongly permeated with Nazi ideology than any other part of German law."*[961]

Dieses führe dazu, dass eine bloße Bereinigung des REG von seinen nationalsozialistischen Zügen nicht möglich erscheine[962].

In der deutschen Reformdebatte um das Erbhofrecht herrschte dagegen die Einschätzung vor, das REG könne als notwendige und konsequente Fortführung des bestehenden Anerbenrechts vor 1933 gesehen werden[963] und sei daher in seinen *"Grundzügen zu billigen"*[964], und das, obwohl dem Erbhofrecht aus Sicht der

---

[958] *"Mr. Lenoan said he could not agree to abrogation of the Reich Hereditary Farm Law ... in their entirely since certain provisions ... were beneficial to peasants"*, in: Protokoll des *Legal Directorates* am 28./31.8.1945, in: FO 1005/742 (PRO).

[959] Wortprotokoll der 99. Sitzung des *Coordinating Committee* vom 16. Januar 1947, in: Z 45 F 2/106-2/13-17 (BA).

[960] Aktennotiz vom 30.1.1947, in: FO 937/41 (PRO).

[961] Stellungnahme der *B.S.L.R.U.* vom 1.10.1946, in: FO 937/41 (PRO).

[962] Hierzu bereits oben C V 3 b) bb) (S. 141).

[963] Auch in der Geschichtswissenschaft überrascht teilweise die positive Beurteilung des REG, wenn die Rede ist von einem „rücksichtslosen großen Wurf" in der *"Reihe großer und meist ebenso gewaltiger Gesetzgebungswerke der Geschichte"*, HAUSHOFER, Ideengeschichte II, S. 208.

[964] Z.B. Schreiben STARCKES an den Vertreter vom Zentralamt für Ernährung und Landwirtschaft, SAUER, vom 26.2.1946, in: Z 6/II 50 (BA); hierzu im Einzelnen oben C IV 2 c) aa) (S. 93 ff.).

nationalsozialistischen Agrarideologen eine wesentliche Bedeutung hinsichtlich des gesamten nationalsozialistischen Staatswesens zukam[965]. Teilweise gingen maßgebliche Ansichten sogar davon aus, dass das Reichserbhofrecht keine spezifisch nationalsozialistische Einrichtung gewesen sei, sondern die Umsetzung und Weiterentwicklung der bisherigen Anerben- und Meierrechte vor dem Hintergrund des Zusammenbruchs der deutschen Wirtschaft aufgrund der Inflation von 1924 und der daraus resultierenden Überschuldung. Der frühere Senatspräsident am Landeserbhofgericht Celle, STARCKE, schloss sich im Rahmen der Vorarbeiten zur *Obernkirchener Gedenkschrift* folgender Einschätzung des früheren Landsyndikus der bremischen Ritterschaft in Stade, Rechtsanwalt SCHMOLDT, zur Umgestaltung des Reichserbhofrechts an:

"Erstere (die genannte Einschätzung – d.V.) enthält viele brauchbare Hinweise .... Sie geht davon aus, dass das Reichserbhofrecht, wenn auch "zur Zeit des Naziregiments in Kraft getreten", doch keine von diesem Regimente inhaltlich geschaffene Einrichtung sei, sondern die Nachbildung des seit Jahrhunderten in Niedersachsen in Kraft gewesenen Meierrechts. In der Zeit nach der Inflation von 1924 bis 1931 hätte sich mit aller Klarheit ergeben, dass die durch Inflation meistens von drei Vierteln ihrer Hypothekenschulden befreiten Bauernhöfe wiederum von neuem soweit verschuldet waren, dass sie nur durch staatliches Eingreifen (landwirtschaftliches Entschuldungsverfahren) gerettet werden konnten. Dies habe zu der Erkenntnis geführt, dass nur durch ein strenges Erbhofrecht ein nochmaliger Verfall der mit staatlichen Mitteln entschuldeten Höfe vermieden werden könne .... Die eingehenden Beratungen über diese Vorschläge hätten dazu geführt, dass er, Rechtsanwalt Schmoldt, im Auftrag der Kammer einen Gesetzentwurf aufgestellt habe, der mit eingehender Begründung dem Ministerium in Berlin unterbreitet worden sei. Inzwischen sei die NSDAP. zum Siege gelangt, und es sei dann nach dem völlig unzureichenden Preussischen bäuerlichen Erbhofrechte, das nur ein besonderes Intestatenerbrecht für die Erbhöfe bedeutet habe, das REG. gekommen. Dieses habe in seinen Grundlagen den Anregungen der Landwirtschaftskammer in Hannover entsprochen. Wenn danach die Auffassung, dass es sich beim REG. um eine typisch nationalsozialistische Einrichtung handele, als fehlsam anzusehen sei, so dürfe andererseits bei ob-

---

[965] *"Wer einen Staat als organisches Gebilde aufbauen will, muß ihn vom Gedanken von Blut- und Boden aus aufbauen. Dies erfordert, dass der Landstand zum Eckstein des Staatsaufbaus gemacht wird, denn ihm kommt die Bewältigung der vornehmen Doppelaufgabe zu:*
1. Lebensmotor für das ganze Volk zu sein,
2. des Volkes Bluterneuerungsquell zu werden.", DARRÉ, Deutschlands Erneuerung 1930, 535 (536).

jektiver Prüfung nicht verkannt werden, dass die Bestimmungen des Gesetzes in ihren Grundzügen zu billigen und geradezu notwendig seien, um in der heutigen Zeit den Weiterbestand der Höfe und vor allem der kärglichen Ernährung des Volkes aufrecht zu erhalten."[966]

Zu einem ähnlichen Ergebnis kam auch der Oberlandesgerichtspräsident Hamm, HERMSEN, in seinem Schreiben an die Militärregierung vom 20. Oktober 1945, in dem er sich für eine gerichtliche Betreuung der Höfe aussprach und es für *"zweckmässig, ja sogar für notwendig"* erachtete, *"vorläufig den bisherigen Rechtszustand im Wesentlichen aufrechtzuerhalten und die wirtschaftlich nötigen Befreiungen den Anerbengerichten zu überlassen"*, da *"die früheren Anerbengesetze das Bauerntum nicht haben schützen können."*[967]

Die in der anfänglichen Reformdiskussion vorherrschende Ansicht war dagegen, dass es zwar einer *"teilweisen Umgestaltung"* des Erbhofrechts bedürfe, dass aber gleichzeitig eine Neufassung zur *"wirksamen Weiterführung des Gesetzes ... ausserordentlich wünschenswert"*[968] erscheine. In den von STARCKE und WÖHRMANN erarbeiteten Entwürfen zur Kritik am amerikanischen Entwurf des späteren KRG Nr. 45 kam deren Meinung zum Ausdruck, dass sich das Reichserbhofrecht in seinen Grundzügen bewährt und dass es sich im Wesentlichen um eine notwendige Fortentwicklung der Anerbensitte gehandelt habe:

"Das Reichserbhofrecht bedarf gewiss in manchen Stücken, in denen es seine Grundgedanken in überspitzter Form zum Ausdruck gebracht hat, der Umgestaltung, und zwar auch noch, nachdem eine solche Umgestaltung in weitem Umfange schon durch die Vorschriften der Erbhof-Fortbildungs-Verordnung herbeigeführt worden ist. In seinen Grundzügen hat es sich jedoch, wie die mit ihm im praktischen Leben des Alltags immer wieder gemachten Erfahrungen eindeutig gezeigt haben, durchaus bewährt. Gerade auch in den Gegenden, in denen sich seit alters ein gesundes Bauerntum erhalten hat, wünscht dieses durchaus den Fortbestand dieses Rechtes. Es enthält insoweit auch durchaus nicht, wie fälschlicherweise immer wieder geltend gemacht wird, spezifisch nationalsozialistisches Gedankengut, sondern entspricht dem, was als altes bewährtes Recht und Brauchtum seit Jahrhunderten noch bis in die letzte Zeit im

---

[966] Schreiben STARCKES an den Vertreter vom Zentralamt für Ernährung und Landwirtschaft, SAUER, vom 26.2.1946, in: Z 6/II 50 (BA).
[967] Stellungnahme zum Erbhofrecht des OLGPräs Hamm, HERMSEN, an die britische Militärregierung vom 20.10.1945, in: Z 21/1164, 49 f. (BA).
[968] Gutachterliche Stellungnahme zur Umgestaltung des Reichserbhofrechts des Rechtsanwalts SCHMOLDT, zit. nach dem Schreiben STARCKES an den Vertreter vom Zentralamt für Ernährung und Landwirtschaft, SAUER, vom 26.2.1946, in: Z 6/II 50 (BA).

gesunden Bauerntume in Geltung gestanden hat. Diese Rechtsgedanken verdienen auch jetzt noch Beachtung und Berücksichtigung, besonders da sie auch in früheren Zeiten sich immer wieder bewährt haben und auch dann, wenn die Lage schwierig geworden war, immer wieder zur Erholung und Erhaltung des Bauerntumes entscheidend beigetragen haben ..."[969]

Deutsche Stimmen, die die Aufhebung oder Reformierung des Erbhofrechts insbesondere vor dem Hintergrund seiner Durchsetzung mit nationalsozialistischer Ideologie forderten, lassen sich nur vereinzelt belegen. Überwiegend kamen sie aus den früheren Realteilungsgebieten. In seinem Schreiben an den Präsidenten des Zentraljustizamts für die britische Zone vom 7. März 1947 kritisiert der Oberlandesgerichtspräsident Köln, SCHETTER, dass *"von einer Aufhebung der tragenden Gedanken des alten Erbhofrechts, die doch das Kontrollratsgesetz beabsichtigte, nicht viel übrig geblieben"* sei und wesentliche Punkte des Erbhofrechts auch in der HöfeO übernommen worden seien[970]. Seiner Ansicht nach sah sich die Gesetzgebung vor die Aufgabe gestellt, *"die Neuordnung ausschließlich in den Dienst der Produktionssteigerung zu stellen, dagegen alle ideologischen Grundlagen bäuerlicher Bodennutzung abzubauen"*[971], schließlich habe das REG doch *"in den 15 Jahren seiner Geltung weder die ideologischen noch agrarpolitischen Forderungen seiner Väter erfüllt"*[972].

Trotz der genannten Kritik zog SCHETTER in der Folgezeit ein durchgehend positives Fazit in Bezug auf die HöfeO und lobte die Anpassung an *"demokratische Forderungen"*[973] und die Rückkehr zu *"freiheitlichen Formen der Wirtschaft des Grund und Bodens"*[974].

---

[969] Entwurf der Kritik WÖHRMANN/STARCKE vom März 1946 am amerikanischen Entwurf zum späteren KRG Nr. 45 (zu Art. VIII unter 7 g), in: Z 6/II 50 (BA). Diese Passage des Entwurfs wurde im Folgenden gestrichen und ist daher nicht in der Endfassung der Kritik für die britische Militärregierung enthalten.

[970] *"Dabei soll nicht verkannt werden, dass die Landesteile, in denen bisher Erbhofsitte galt, ihn (den vormaligen Reichslandwirtschaftsrat SAUER – d.V.) nicht unwesentlich in dem Bestreben unterstützten, möglichst viel vom alten Erbhofrecht in die neue Zeit herüberzuretten."*, in: Z 21/1165, 65 (BA).

[971] SCHETTER, SJZ 1947, 370 (371).

[972] SCHETTER, a.a.O., S. 371.

[973] SCHETTER, a.a.O., S. 374.

[974] SCHETTER, a.a.O., S. 375.

Ebenfalls kritische Erwähnung fand die Ideologieprägung des REG bei dem Justizministerium in Schleswig-Holstein[975] sowie dem Oldenburgischen Ministerpräsidenten TANTZEN, der in seiner Gedenkschrift zum Anerbenrecht 1946 darauf hinweist, dass sich der *"Gedanke, der in dem Schlagwort "Blut und Boden" zusammengefasst ist, ... sich nicht verwirklicht"* hat[976].

Eine konkrete Auseinandersetzung mit dem Auseinanderklaffen von wirtschaftlicher Realität und dem dem REG zu Grunde liegenden ideologisch ordnungspolitischen System[977] und eine damit einhergehende Kritik an dem nationalsozialistischen Vorstellungsbild der Bauernromantik lässt sich in der Reformdiskussion dagegen nur einmal aus der akademischen Beschäftigung nachweisen. Der Göttinger Juraprofessor NIEDERMEYER führte diesbezüglich in einer gutachterlichen Stellungnahme vom 11. Januar 1946 aus:

> *"Grundgedanke und Zweck des Gesetzes (des REG – d.V.) sind getragen von gedanklichen Richtungen verschiedener Art. Solche Richtungen sind: Absoluter Herrschaftswille gegenüber "freien deutschen Bauern". Dieser Herrschaftswille stützt sich sowohl auf eine Reihe romantischer Vorstellungen, die im Gesetz zum Ausdruck kommen, wie auf einen starken rationalen Positivismus besonderer Art .... Wenn beim Erbhofrecht von Romantik gesprochen wird, soll damit gesagt werden, dass historizistisch belebte Sachvorstellungen wegen ihres gefühl- und phantasie-anregenden Gehaltes in der Gegenwart zur Grundlage oder zum Inhalt des Rechts gemacht werden ohne Rücksicht darauf, ob die sachlich-sozialen und Lebensvoraussetzungen, auf denen der alte Rechtsgedanke oder das alte Rechtsinstitut beruhen, auch heute wirklich gegeben sind. So entsteht durch den romantischen Einschlag im Recht zwischen der historizistisch aufgefassten Rechts- und Lebensgrösse und der neuen Gestaltung des Rechts ein Zwiespalt. Dieser Zwiespalt bringt in aller Regel im historischen Verlauf der Entwicklung die Gefahr einer Auflösung der romantisch gefärbten Institution oder Idee. Denn mit der Zeit tritt notwendig der innere Gegensatz des historisch Belebten zu den Grundlagen der neuen Zeit und deren Rechtsdenken offen heraus, der zunächst dem Bewusstsein durch das dem romantischen Element innewohnende, meist erheblich wirksame, aber wirklichkeit-verschleiernde Gefühlsmoment verdeckt ist.*

---

[975] *"Es (das REG – d.V.) galt als ausgesprochen nationalsozialistisches Gesetz ..."*, Schreiben des Landesministers der Justiz von Schleswig-Holstein, KUHNT, an den Präsidenten des Zentraljustizamts vom 5.4.1947, in: Z 21/1165, 124 R (BA).

[976] Z 21/1164, 57 (BA).

[977] Zum Auseinanderklaffen zwischen den ordnungspolitischen Vorstellungen und der *"Ablaufpolitik"* als Ausdruck des Leistungsvermögens der nationalsozialistischen Agrarpolitik vgl. KRUEDENER, ZWS 1974, 335 ff.; hierzu auch oben C V 1 a) (S. 117 ff.).

Das dritte Reich und sein Ende ist das furchtbarste Beispiel für die Verschleierung der Wirklichkeit durch romantische Subjektivität des Gefühls."[978]

c) **Rassentheoretischer Zuchtgedanke**
Natürlich war ein Festhalten an offensichtlich nationalsozialistischen Elementen des REG – wie beispielsweise dem Antisemitismus – vor dem Hintergrund der Entnazifizierung durch die Alliierten zu keinem Zeitpunkt Gegenstand der anerbenrechtlichen Neuregelungsdiskussionen. Desgleichen fand der mit dem Reichserbhofrecht verfolgte Zuchtgedanke bei der Reform keine weitere Beachtung. Selbst für den Fall des Festhaltens an den Bestimmungen des REG sollten jedenfalls die auf der Hand liegenden rassistischen Regelungen des REG ersatzlos gestrichen werden[979]. Insoweit ist die Behauptung WÖHRMANNS, übernommen worden seien nur diejenigen erbhofrechtlichen Vorschriften, die frei von nationalsozialistischem Einschlag waren[980], hinsichtlich der offensichtlich rassistischen und antisemitischen Ausformungen des REG richtig[981]. Mithin kam DÖLLE in seinem Vortrag anlässlich des Konstanzer Juristentages 1947 zu dem Schluss, dass bereits das KRG Nr. 45 *"den spezifisch nationalsozialistischen Unterbau dieser Kodifikation* (des Reichserbhofrechts – d.V.) *radikal zerstört"* habe[982].

---

[978] Gutachterliche Stellungnahme des Göttinger Juraprofessors NIEDERMEYER vom 11.1.1946, zit. nach dem Schreiben STARCKES an den Vertreter vom Zentralamt für Ernährung und Landwirtschaft, SAUER, vom 26.2.1946, in: Z 6/II 50 (BA).
[979] Stellungnahme zum Erbhofrecht des OLGPäs Hamm, HERMSEN, an die britische Militärregierung, in: Z 21/1164, 49 ff. Hierzu oben C IV 2 c) aa) (S. 95, Fußn. 481).
[980] WÖHRMANN (1), S. 36.
[981] Allerdings sah der Referentenentwurf eines Agrargesetzes vom 18.1.1946 noch den Mangel der deutschen Staatsangehörigkeit als Ausschlagung des Anfalles des Erbhofes an; hierzu Bemerkungen STARCKES zu dem Referentenentwurf für ein Agrargesetz vom 18.1.1946 zu § 33 unter 2), in: Z 6/II 50 (BA).
[982] Konstanzer Juristentag, S. 100.

Daneben wurde diskutiert, eine *Härtefallklausel* in die MilRegVO Nr. 84 mitaufzunehmen, die abweichend von der Bestimmung des Art. XII Abs. 2 KRG Nr. 45[983] eine Nachprüfung früherer Entscheidungen, die auf "rassischen", religiösen oder politischen Gründen beruhten, zu ermöglichen. Diesbezüglich war Anfang 1947 in dem Entwurf zur MilRegVO Nr. 84 auf Vorschlag WÖHRMANNS in Art. VIII eine Bestimmung eingefügt worden[984], die wie folgt lautete:

"22. Gerichtliche oder verwaltungsmässige Entscheidungen erbhofrechtlichen Inhalts, die ganz oder vorwiegend auf rassenmässigen, politischen oder religiösen Gründen beruhen, können von jedem durch die Entscheidung Benachteiligten angefochten werden (Härtemilderungsverfahren). Das gleiche gilt für solche Rechtsfolgen, die kraft Gesetzes eingetreten sind. Der Antrag ist gegen den Hofeseigentümer zu richten, soweit sich nicht aus der Entscheidung etwas anderes ergibt."[985]

Hierzu vorgesehen war eine Antragsfrist von sechs Monaten nach Inkrafttreten der Verordnung. Rechtsfolge sollte der Ersatz des erlittenen Schadens sein, wobei das Gericht nach freiem Ermessen zu entscheiden hatte. Die Rückübertragung des Hofeigentums war indes ausgeschlossen:

"24. Im Wege des Härtemilderungsverfahrens kann der Anfechtungsberechtigte den Ausgleich unbillig erlittenen Schadens wirtschaftlicher Art im Rahmen dieser Verordnung und die Abstellung oder Milderung solcher Härten begehren, die ihn in seiner persönlichen Stellung beeinträchtigen. Die Übertragung des Eigentums an einem Hof kann grundsätzlich nicht verlangt werden."[986]

---

[983] *"Es (das KRG Nr. 45 – d.V.) findet auf Nachlässe, die bei Inkrafttreten dieses Gesetzes noch nicht geregelt sind, Anwendung. Rechtskräftige Urteile oder Beschlüsse und vor Inkrafttreten dieses Gesetzes getroffene rechtsgültige Vereinbarungen bleiben in Kraft. Ein Nachlass gilt im Sinne dieser Bestimmung als geregelt, wenn gegen eine Person, die das Grundstück als Erbe in Besitz genommen hat, kein die Erbfolge in Frage stellender Anspruch im Klagewege innerhalb dreier Jahre vom Tode des Eigentümers an gerechnet, geltend gemacht wird".* Gegen diese Regelung hatte sich WÖHRMANN im Rahmen seiner Kritik zum Entwurf des KRG Nr. 45 ausgesprochen, in: Z 21/1164, 189 (BA). Zur Diskussion der Frage der Rückwirkung innerhalb des *Legal Directorates* siehe Protokoll des 40. Treffens des *Legal Directorates* am 16./18.4.1946, in: FO 1005/743 (PRO).

[984] Aktennotiz vom 23.1.1947, in: Z 21/1164, 163 (R) (BA).

[985] Entwurf der MilRegVO Nr. 84 vom 26.2.1947, in: Nachlass WÖHRMANN. Vorbild für die vorgeschlagene Reglung war die Bestimmung der *Härtemilderungsklage* nach § 77 des EheG als KRG Nr. 16 vom 20.2.1946 (KRABl., S. 77).

[986] Ebenda, in: Nachlass WÖHRMANN.

Im Ergebnis wurde diese Bestimmung bei den Beratungen mit der *Legal Division* im März 1947 gestrichen und auf Wunsch der britischen Militärregierung von einer *Härtefallklausel* abgesehen, da Härtefälle in einem allgemeinen *Wiedergutmachungsgesetz*[987] geregelt werden sollten[988]. Auf diese Weise wollte man auf britischer Seite vermeiden, den Eindruck zu erwecken, eine Wiedergutmachung auf einem bestimmten Rechtsgebiet vorwegzunehmen. Aufgrund der politischen Bedeutung der Wiedergutmachung behielt sich die britische Besatzungsmacht eine diesbezügliche Regelung vor und forderte die Streichung der oben genannten *Härtefallklausel* aus dem Entwurfstext[989].

d) Sippengedanke/Blut-und-Boden-Doktrin

Wie gezeigt, stand die reichserbhofrechtliche Sippenbindung landwirtschaftlichen Grundeigentums in enger Verknüpfung mit der nationalsozialistischen Blut-und-Boden-Doktrin. Auf diesem Wege sollte die weitgehende Familienbindung die Identifikation des Bauern mit seinem Landbesitz begründen und so die leistungsfähige Bewirtschaftung des Hofes sichergestellt werden. Dass die weitgehende Familienbindung aufgrund dieser Zielsetzung ebenfalls Eingang in die HöfeO fand, wurde bereits zuvor dargestellt[990].

e) Lebensraumdoktrin

Die nationalsozialistische *Lebensraumdoktrin* spielte, abgesehen von der oben zitierten Stellungnahme der *B.S.L.R.U.*[991], bei der Reform des Erbhofrechts weder in der Auseindersetzung mit der nationalsozialistischen Ideologie noch bei den Diskussionen um die Abfindungsleistungen der weichenden Erben eine erkennbare Rolle. Die geographische Reduktion des vormaligen Reichsgebiet war durch das Potsdamer Abkommen manifestiert worden, und an eine Besiedlung "neuer" Gebiete war nicht zu denken.

---

[987] BritMilRegG Nr. 56 *Rückerstattung feststellbarer Vermögensgegenstände an Opfer der nationalsozialistischen Unterdrückungsmaßnahmen* vom 12.5.1949, VOBl. BZ, S. 152.
[988] Schreiben WÖHRMANNS an das *S.L.A.B.* vom 11.9.1947, in Nachlass: WÖHRMANN; ders. (1), S. 23 f.
[989] Schreiben der *A.T.C. Branch* vom 9.4.1947, in: FO 1060/1140 (PRO).
[990] Hierzu oben C V 3 c) (S. 158 ff.).
[991] Siehe oben C VI 1 d) (S. 181 f.).

3. Beurteilung

Wie bereits gezeigt, waren die Reformarbeiten im Wesentlichen gekennzeichnet durch die prekäre Ernährungslage und rein ernährungswirtschaftliche Aspekte. Die ideologische Prägung des REG fand in der anerbenrechtlichen Reformdiskussion bei den deutschen Stellen nur geringe Beachtung bzw. trat bei der Neugestaltung des Anerbenrechts überwiegend in den Hintergrund. Ein offenes Festhalten an der nationalsozialistischen Ideologiedurchsetzung des Reichserbhofrechts wäre vor dem Hintergrund der alliierten Herrschaft und der Entnazifizierung natürlich nicht möglich gewesen und war wohl von keiner der beteiligten Stellen intendiert. So war man stets bemüht, den Eindruck eines Rückgriffs auf nationalsozialistische anerbenrechtliche Sonderregelungen zu vermeiden.

Daneben muss bei der Bewertung und Beurteilung der hohe Zeitdruck, unter dem die Reformarbeiten standen, Berücksichtigung finden. Die inhaltliche Diskussion um die HöfeO fand innerhalb des Zeitraums von eineinhalb Jahren statt. Eine intensive und umfassende wissenschaftliche Beschäftigung mit der Ideologieprägung des Reichserbhofrechts und deren Auswirkungen war daher nicht zu leisten. Andererseits musste im Hinblick auf die Intensität der Prägung des REG durch das Gedankengut des totalitären nationalsozialistischen Staates nach Kriegsende zumindest die Diskussion über die Abkehr von wesentlichen Grundgedanken des Erbhofrechts erfolgen.

Zuvorderst fällt innerhalb einiger Stellungnahmen und Diskussionsbeiträge oftmals die sprachliche Tendenz zur Bagatellisierung und Verharmlosung der nationalsozialistischen Prägung auf, wenn beispielsweise die Rede ist von *"den Übertreibungen der nationalsozialistischen Gesetzgebung"*[992] und den *"Schwächen und Fehlern"*[993] des REG. Darüber hinaus fand eine tief greifendere Auseinandersetzung mit ideologischem Gedankengut so gut wie keine Erwähnung.

Signifikant für einen oberflächlichen Umgang mit der Politisierung und Ideologisierung des Anerbenrechts durch das REG erscheint die oben zitierte Stellungnahme des Rechtsanwalts SCHMOLDT[994]. Ersichtlich im Vordergrund stand hierbei das Eintreten für den Fortbestand anerbenrechtlicher Bindungen zur Sicherung der Ernährungslage. Die Tatsache, dass die Stellungnahme trotz des Verweises auf die Entstehungsgeschichte des REG darüber hinaus jedoch keinen Hinweis hinsichtlich der übrigen ihm zu Grunde liegenden Überlegungen beinhaltet, zeigt den beschönigenden Umgang mit den nationalsozialistischen

---

[992] Schreiben des OLGPräs Braunschweig, MANSFELD, vom 8.10.1946, in: Z 21/1164, 74 (BA). Hierzu oben C III 2 c) (S. 64).
[993] Kritik WÖHRMANN/STARCKE vom März 1946 am amerikanischen Entwurf zum späteren KRG Nr. 45 (Punkt 6 a), in: Z 6 /II 50 (BA).
[994] Oben C VI 2 b) (S. 185 f.).

Grundlagen des Erbhofrechts. Des Weiteren wurde dem REG sogar seine Ausgestaltung als *"typische nationalsozialistische Einrichtung"* abgesprochen. Stattdessen erachtete SCHMOLDT das *"strenge Erbhofrecht"* pauschal als notwendig, um der Gefahr der Zersplitterung landwirtschaftlichen Grundbesitzes entgegenzuwirken. Die Durchsetzung des REG mit nationalsozialistischen Grundüberzeugungen und -idealen blieb damit bei der Bewertung nicht nur vollständig unberücksichtigt, sondern der prinzipiell nationalsozialistische Charakter wurde geleugnet und das Erbhofrecht unter Verkennung der Tatsachen als natürliche und notwendige historische Entwicklung der Anerbenrechtstradition gewertet.

Die Ansicht, die anerbenrechtlichen Bestimmungen des REG seien *"keineswegs etwas völlig Neues, sondern sie machen wieder zum Gesetz, was sich als von unseren Vätern überkommene Sitte oder örtliches Landesrecht in vielen Bauerngegenden Deutschlands bis auf den heutigen Tag lebendig erhalten hat"*[995], fand sich bereits im nationalsozialistischen Schrifttum. Gleichzeitig wurde hier allerdings der Bruch durch das Erbhofrecht mit den bisherigen Anerbentraditionen sowohl im nationalsozialistischen Schrifttum[996] als auch in der bereits oben aufgezeigten Kritik SERINGS[997] gesehen.

Die nationalsozialistischen Agrarideologen bewerteten das REG – wie gezeigt – als *"Grundgesetz des nationalsozialistischen Staates"*[998]. BLOMEYER ging davon aus, dass das REG *"ganz nationalsozialistischem Geiste"* entsprungen sei[999]. Diese Bewertung stand im drastischen Gegensatz zu der nach dem Zusammenbruch des „Dritten Reiches" geäußerten Ansicht, beim Reichserbhofrecht habe es sich lediglich um die aktualisierte und notwendige reichseinheitliche Fortführung der bisherigen Anerbenrechtstradition und -sitte gehandelt.

Diese trügerische Argumentation kann allenfalls als Versuch der Verharmlosung und der bewussten Verkennung der nationalsozialistischen Grundlagen des REG gewertet werden. Die Einführung des REG war sicherlich zum Teil die Konsequenz der Entwicklung bereits vor 1933 bestehender, weitreichender anerbenrechtlicher Vorschriften, so dass sich das Reichserbhofrecht in mancher Hinsicht in der Tradition der früheren Landesanerbenrechte sah. Die Reduktion der Sichtweise allein auf diesen Aspekt wird einer angemessenen Bewertung und Auseinandersetzung mit den antiliberalen, rassistischen und völkisch-

---

[995] SAURE, REG, S. 23.
[996] *"In vielen Fragen ist es (das REG – d.V.) jedoch seine eigenen Wege gegangen"*, VOGELS, REG, Einl. Teil. II, S. 173. Ders., a.a.O., S. 176: *"Das Gesetz bringt in machen Dingen eine Abkehr von bisherigen Anschauungen."*
[997] SERING, Erbhofrecht und Entschuldung. Hierzu oben C III 3 (S. 69 f.).
[998] C VI 1 a) (S. 178 f.).
[999] BLOMEYER, Deutsches Bauernrecht, S. 82.

gemeinschaftsbezogenen Grundlagen des Gesetzes indes nicht gerecht. Die Loslösung von der bisherigen Anerbenrechtsentwicklung war von den nationalsozialistischen Agrarideologen gesehen und thematisiert worden. Den prinzipiellen Traditionsbruch hatte man 1933 öffentlich, bewusst und in unverhüllter Abkehr von bis dato bestehenden anerbenrechtlichen Grundsätzen vollzogen.

Umso weniger nachvollziehbar ist es, dass in den aufgezeigten Nachkriegsstellungnahmen davon ausgegangen wird, dass das REG mit seinen weitreichenden Einschränkungen und seiner ideologischen Durchsetzung beinahe "zufällig" mit der Machtübernahme durch die NSDAP erlassen worden sei. In Fortführung dieses Gedankens gaben die Verfasser der HöfeO vor, dass es sich bei diesem Gesetzeswerk um nichts anderes *"als eine Zusammenfassung der besten und bewährtesten Bestimmungen dieser* (der in der Anlage A der MilRegVO Nr. 84 aufgelisteten – d.V.) *landesrechtlichen Höfegesetze"*[1000] handele. Dass dieser Versuch erfolgreich war, verdeutlicht die kritiklose Übernahme dieser Einschätzung in die BGH-Rechtsprechung[1001], obwohl WÖHRMANN bereits darauf hingewiesen hatte, dass diejenigen erbhofrechtlichen Vorschriften, die sich in der Praxis bewährt hätten und von einem nationalsozialistischen Einschlag frei gewesen seien, *"angemessen berücksichtigt"* worden seien[1002]. In Bezug auf die Frage, ob die obligatorische Ausgestaltung der HöfeO[1003] bzw. die schwache Ausgestaltung der Ansprüche des überlebenden Ehegatten[1004] nicht erst aufgrund der Gewöhnung an die Regelungen des Reichserbhofrechts widerstandslos festgeschrieben werden konnten, lässt sich eine Auseinandersetzung nicht erkennen. Die Beeinflussung durch das Reichserbhofrecht aufgrund der formal fünfzehnjährigen Geltung des REG war so ausgeprägt, dass eine vollständige Loslösung und der Rückschritt auf die Rechtslage vor 1933 im Bereich des Anerbenrechts unter Berücksichtigung der Wertentscheidung des Art. 64 Abs. 2 EGBGB nicht möglich, aber auch – begründet durch die Ernährungssituation – nicht erwünscht war[1005].

[1000] Verlautbarung zur MilRegVO Nr. 84 aus dem Kreise seiner Mitarbeiter, in: Nds. 50, Nr. 123 (NA).
[1001] BGHZ 1, 343 (348).
[1002] WÖHRMANN (1), S. 36.
[1003] Hierzu oben C IV 2 d) (S. 99 ff.).
[1004] Hierzu oben C V 3 b) bb) und cc) (S. 144 ff.).
[1005] GÜDE, Konstanzer Juristentag, S. 83, gelangte 1947 in seiner Kritik zur Frage der Liquidierung des Reichserbhofrechts zu folgender Einschätzung: *"Zwar ist das RER aufgehoben, aber – mag es geistige Tätigkeit sein oder die fortwirkende Kraft schlagwortartiger Formulierungen oder aber die innere Affinität zu Tendenzen der Zeit – es scheinen auf jeden Fall erbhofrechtliche Gedanken uns stärker zu beeinflussen, als vorauszusehen war, und insofern ist eine bewußte Überprüfung nicht unangebracht, um wenigstens das unbewußte Mitschleppen von Gedankenballast zu vermeiden".*

Selbstkritisch bemerkte WÖHRMANN hierzu,

> *"dass die Mitarbeiter am Gesetzentwurf anfangs noch etwas unter dem Eindruck des Erbhofrechts standen und sich im Laufe der Beratungen immer mehr von seinen Vorschriften und Gedankengängen innerlich freigemacht haben und zu einer freiheitlichen Gestaltung des Höferechts vorgestoßen sind".*[1006]

Diese Einschätzung lässt sich anhand des Vergleiches der einzelnen Entwurfsstadien nachvollziehen. Daneben ist zu berücksichtigen, dass den an der Reform beteiligten Stellen der staatlich steuernde Ansatz des Reichserbhofrechts im Anerbenbereich vor dem Hintergrund der Hungersnot und der Mangelsituation weit weniger dogmatisch erscheinen musste, als dieses möglicherweise im Rückblick zu bewerten ist. Zu Recht wies GÜDE darauf hin:

> *"In einem überbevölkerten, industriell bankrotten, auf schmalem Nahrungsraum zusammengedrängten Deutschland ist landwirtschaftlicher Boden höchste Mangelware von lebenswichtiger Bedeutung und muß daher mit Notwendigkeit einer planenden Bewirtschaftung verfallen. Wir sehen die Unvermeidlichkeit des Prozesses und sind sogar geneigt, das RER im Lichte der jetzt getroffenen Entscheidung mit anderen Augen zu sehen. War es nicht im Grunde der erste entscheidende Schritt zu einer Agrarplanwirtschaft, und war nicht der ganze ideologische Plunder nur eine "List der Vernunft" oder auch Unvernunft, mit der eine unerbittliche Tendenz dieser Zeit sich durchzusetzen begann? Und ist die unverkennbare Tatsache, daß an erbhofrechtlichen Gedanken in einem überraschenden Maße festgehalten wird, nicht auch auf das untergründige Bewusstsein zurückzuführen, daß das RER eigentlich mit einer einleuchtenden Tendenz dieser Zeit konform ging?"*[1007]

[1006] WÖHRMANN, SchlHA 1949, 112 (114).
[1007] GÜDE, a.a.O., S. 88 ging sogar so weit, zu sagen, dass bislang von einer Wiedergutmachungsregelung abgesehen wurde, da man im Reichserbhofrecht keine gesetzgeberische Fehlentscheidung habe erkennen wollen. Zur Fehlerhaftigkeit dieser Vermutung siehe oben zur beabsichtigten *Härtefallregelung* C VI 2 c) (S. 190 f.).

D. Schlussbetrachtung

Zusammenfassend lässt sich feststellen, dass der Diskussion um die Erstellung der HöfeO in der unmittelbaren Nachkriegszeit ein beachtlicher Stellenwert, sowohl aus alliierter als auch aus deutscher Sicht, zukam. Wie diffizil sich dabei die Bewertung des Reichserbhofrechts für die alliierten Besatzungsmächte darstellte, verdeutlicht die langwierige und schwierige Diskussion innerhalb des *Legal Directorates* zur Erarbeitung des KRG Nr. 45. Kein anderer Gesetzentwurf beschäftigte das *Legal Directorate* in der direkten Nachkriegszeit über einen so langen Zeitraum wie der zum *"Repeal of Legislation on Hereditary Farms and Enactment of other Provisions Regulating Agricultural and Forest Lands"*. Und dennoch erschien die schließlich gefundene Lösung weder der britischen Militärregierung noch den deutschen Stellen in der britischen Besatzungszone als hinreichend. Sie war derart unzureichend, dass mit der HöfeO für das britische Besatzungsgebiet ein neues – wenn auch auf den früheren Anerbengesetzen, insbesondere dem hannoverschen Höfegesetz[1008] beruhendes – Anerbenrecht geschaffen wurde.

Die desolate Ernährungslage ließ aus Sicht der Beteiligten für das britische Besatzungsgebiet keinesfalls zu, auf die zersplitterte Anerbenrechtslage vor 1933 zurückzugreifen, wie es vom KRG Nr. 45 vorgesehen war. Dementsprechend genossen Sachfragen um die die Sicherstellung der Bewirtschaftung und den Schutz vor Überschuldung bei der Erarbeitung der HöfeO Priorität, wie die aufgezeigten Diskussionen bezüglich möglicher Maßnahmen für den Fall der Schlechtbewirtschaftung[1009], der Festschreibung der Familienbindung[1010] oder der Anforderung der *Wirtschaftsfähigkeit*[1011] erkennen lassen.

Ernstzunehmende Zweifel an der grundsätzlichen Notwendigkeit eines Höferechts – wie sie in neuerer Zeit vor dem Hintergrund der Möglichkeit der Anordnung der Übernahme eines Landguts nach den §§ 2049, 2312 BGB teilweise geltend gemacht werden[1012] – ergaben sich weder auf britischer noch auf deutscher Seite[1013]. Eindringlich diskutiert wurde indes die Notwendigkeit der Festschreibung von Zwangsbindungen, denen der Bauer unterliegen sollte. Zwar sollten die starren Bindungen des Reichserbhofrechts keine Fortführung finden. Die konkrete Beurteilung der reichserbhofrechtlichen Bestimmungen bereitete –

[1008] *Gesetz betr. das Höferecht der Provinz Hannover* in der Fassung vom 9.8.1909 (GS, S. 663).
[1009] Hierzu oben C V 2 b) (S. 128 ff.).
[1010] Hierzu oben C V 3 b) (S. 139 ff.).
[1011] Hierzu oben C V 4 b) cc) (S. 165 ff.).
[1012] FASSBENDER, DNotZ 1976, 393 (393).
[1013] Hierzu oben C I (S. 35 ff.).

wie die Kontroversen seit dem zweiten Treffen des *Legal Directorates*[1014] sowie die Diskussionen bei der Anerbengesetztagung in Celle am 26. September 1946 zeigten – sowohl auf Seiten der alliierten wie auch deutschen Beteiligten außerordentliche Schwierigkeiten. Insbesondere der Verzicht auf die Möglichkeit des gewillkürten Ausschlusses der geschlossenen Vererbung nach § 16 Abs. 1 HöfeO[1015] verdeutlicht die Skepsis hinsichtlich einer vollständigen Wiederherstellung der Testierfreiheit[1016], da es zumindest rückblickend fraglich erscheint, ob die obligatorische Ausgestaltung der HöfeO aus Gründen der Ernährungssituation und damit des Gemeinwohls zwingend notwendig war[1017].

In jedem Fall veranschaulichten die Bestimmungsmöglichkeiten des § 7 HöfeO a.F. sowie die Öffnungsklausel nach § 19 Abs. 5 HöfeO a.F. doch, dass keineswegs eine Fortführung reichserbhofrechtlicher Beschränkungen beabsichtigt war[1018]. Gleiches gilt hinsichtlich der Aufhebung des Zwangsvollstreckungsverbotes zur Wiederherstellung der Leistungsfähigkeit[1019]. Infolgedessen zeigte sich die *B.S.L.R.U.* im Ergebnis sehr zufrieden mit der Fassung der HöfeO:

> "*Unlike the Erbhofrecht it* (die HöfeO – d.V.) *does not interfere with the capacity of the testator to dispose of his farm by his last will. It merely applies to cases of intestacy, except that the testator requires permission from the Court if he wants to exclude by his last will all his descendants. All the specific Nazi ideas are eleminated.*"[1020]

Zusammenfassend ist festzustellen, dass sich aus den noch vorhandenen Aktenbeständen über die Entstehungsgeschichte der HöfeO die nachhaltigen Bemühungen und Bestrebungen ergeben, ein sachgerechtes, dem bäuerlichen Rechtsempfinden entsprechendes und der desolaten Ernährungslage Rechnung tragen-

---

[1014] Hierzu oben C VI 2 a) (S. 183 f.).
[1015] Hierzu oben C IV 2 d) (S. 99 ff.).
[1016] Hierzu oben C IV 2 und 3 (S. 84 ff.). Dieser Vorbehalt gegenüber der bäuerlichen Privatautonomie spiegelte sich in der Folgezeit in der Rechtsprechung des BGH zur formlosen Hoferbenbestimmung (seit BGHZ 12, 286 ff.) wider, die zu einer Beschränkung der freien Auswahl des Erben aufgrund *"bäuerlicher Lebensordnung und Ehrauffassung"* (Verweis des BGH auf die Rechtsprechung des RG, a.a.O., S. 301) führte. Hierzu näher OTTE, in: Festschrift KROESCHELL, S. 915 ff., der diese Rechtsprechung durch den Begriff des *"konkreten Ordnungsdenkens"* erfasst sieht (a.a.O., S. 924) und sie zu Recht als *"fortdauernde Anwendung der durch § 54 EHRV und § 1 ErbregelungsVO eröffneten Möglichkeiten"* (NJW 1988, 2836 [2842]) einstuft.
[1017] KAHLKE, SchlHA 1964, 247 (253) verneint diese Notwendigkeit.
[1018] Hierzu oben C IV 3 (S. 112 ff.).
[1019] Hierzu oben C V 1 b) (S. 120 ff.).
[1020] E.J. COHEN in seinem Buch *"Elements of German Law Part V a – The Law of Succession, Section XIV – Succession of Framers"* vom 5.8.1947, S. 259 für die *B.S.L.R.U.*, in: FO 1060/888.

des Anerbenrecht zu schaffen. Zugleich sollte es die bäuerliche Verfügungs- und Testierfreiheit wiederherstellen. Dabei diente das Reichserbhofrecht mit seinen starren Bindungen und Zwängen aus dem rechtshistorischen Kontext heraus als Vergleichsmaßstab der Bewertung, hatte es doch aufgrund seiner reichseinheitlichen Geltung in den Jahren 1933 bis 1945 die Anerbenrechtslage nachhaltig geprägt. Indes entzog man sich bei den Reformarbeiten – wie WÖHMANN zu Recht bemerkte[1021] – immer weitgehender dem Einfluss des REG und besann sich auf die früheren anerbengesetzlichen Vorbilder.

Im Ergebnis ist KLUNZINGER zuzustimmen, wenn er formuliert, dass die HöfeO in ihrer Gesamtheit eine *"Absage an die Gesetzgebung des Dritten Reiches und zugleich eine Fortführung des Rechtszustandes im 19. Jahrhundert"*[1022] manifestierte. Durch die Kodifikation der HöfeO kehrte man nach dem durch das Reichserbhofrecht verursachten Bruch zurück zur Tradition der jüngeren Anerbenrechtsentwicklung. Allein ihr Geltungszeitraum zeigt, dass die HöfeO – auch wenn sie durch das 1. und 2. HöfeÄndG zeitgemäßen Rechtsanschauungen angepasst wurde – in ihrem Wirkungsbereich ihre Zielsetzung erfolgreich verwirklicht hat.

Daneben ist festzustellen, dass eine ähnlich ausführliche Auseinandersetzung mit dem grundsätzlichen Erfordernis und der rechtsdogmatischen Ausgestaltung des Anerbenrechts, wie sie Ende des 19. Jahrhunderts geführt wurde, weitgehend unterblieb. Sie konnte jedoch aufgrund des hohen Zeitdrucks und der widrigen äußeren Bedingungen der Nachkriegszeit nicht stattfinden. Überprüft und betrachtet man den noch vorhandenen britischen wie deutschen Aktenbestand, so beeindruckt insgesamt, mit welch hoher Verantwortlichkeit und Intensität die Erarbeitung der HöfeO vorgenommen wurde. Auf britischer wie auf deutscher Seite war man eindringlich bemüht, mit der Novellierung der gesetzlichen Regelung die Ernährungssituation zu verbessern und mit der MilRegVO Nr. 84 eine Grundlage für den Wiederaufbau Deutschlands bereitzustellen. Hierbei erstaunt insbesondere die Unvoreingenommenheit und der fortwährende Einsatz der britischen Militärregierung, sowohl innerhalb des *Legal Directorates* als auch bei der Begleitung der deutschen Entwurfsarbeiten. Aus dem Zweiten Weltkrieg herrührende feindliche Tendenzen waren in keiner Weise erkennbar; vielmehr waren es m.E. unter anderem die vereinten und vereinigenden Gesetzgebungsarbeiten innerhalb der britischen Besatzungszone, die eine gemeinschaftliche Zusammenarbeit der Miltärregierung mit den deutschen Stellen begründeten und die die Grundlage für den erfolgreichen Wiederaufbau Deutschlands nach 1945 darstellten.

[1021] C VI 3 (S. 195).
[1022] KLUNZINGER, Anerbenrecht, S. 121.

Anhang: Synoptische Darstellung ausgesuchter Vorschriften des Anerbenrechts

Tabelle 1: Anwendungsbereich

REG	HöfeO vom 24. April 1947	HöfeO in der Fassung der Bekanntmachung vom 26. Juli 1976
§ 1 Begriff (1) Land- oder forstwirtschaftlich genutztes Grundeigentum ist Erbhof, wenn es 1. hinsichtlich seiner Größe den Erfordernissen der §§ 2, 3 entspricht und 2. sich im Alleineigentum einer bauernfähigen Person befindet. (2) Höfe, die ständig durch Verpachtung genutzt werden, sind nicht Erbhöfe. (3) Die Erbhöfe werden von Amts wegen in die Erbhöferolle eingetragen. Diese Eintragung hat rechtserklärende, keine rechtsbegründende Bedeutung. § 2 Mindestgröße (1) Der Erbhof muss mindestens die Größe einer Ackernahrung haben. (2) Als Ackernahrung ist diejenige	§ 1 Begriff des Hofes (1) Hof im Sinne dieser Verordnung ist jede land- und forstwirtschaftliche Besitzung mit einer zu ihrer Bewirtschaftung geeigneten Hofstelle, die sich im Alleineigentum einer natürlichen Person oder im Eigentum von Ehegatten (Ehegattenhof) befindet oder zum Gesamtgut einer fortgesetzten Gütergemeinschaft gehört. (2) Bei Höfen, die einen steuerlichen Einheitswert von 10.000,-- RM und mehr haben, ist die Eigenschaft als Hof von Amts wegen im Grundbuch zu vermerken. Der Vermerk hat rechtserklärende Bedeutung.	§ 1 Begriff des Hofes (1) Hof im Sinne dieses Gesetzes ist eine im Gebiet der Länder Hamburg, Niedersachsen, Nordrhein-Westfalen und Schleswig-Holstein belegene land- oder forstwirtschaftliche Besitzung mit einer zu ihrer Bewirtschaftung geeigneten Hofstelle, die im Alleineigentum einer natürlichen Person oder im gemeinschaftlichen Eigentum von Ehegatten (Ehegattenhof) steht oder zum Gesamtgut einer fortgesetzten Gütergemeinschaft gehört, sofern sie einen Wirtschaftswert von mindestens 20.000 Deutsche Mark hat. Wirtschaftswert ist der nach den steuerlichen Bewertungsvorschriften festgestellte Wirtschaftswert im Sinne des § 46 des Bewertungsgesetzes in der Fassung der Bekanntmachung vom 26. Sep-

Anhang: Synoptische Darstellung ausgesuchter Vorschriften des Anerbenrechts

Menge Landes anzusehen, welche notwendig ist, um eine Familie unabhängig vom Markt und der allgemeinen Wirtschaftslage zu ernähren und zu bekleiden sowie den Wirtschaftsablauf des Erbhofs zu erhalten. § 3 Höchstgrenze (1) Der Erbhof darf nicht größer sein als einhundertfünfundzwanzig Hektar. (2) Er muss von einer Hofstelle aus ohne Vorwerke bewirtschaftet werden können.	tember 1974 (Bundesgesetzbl. I S. 2369), geändert durch Art. 15 des Zuständigkeitslockerungsgesetzes vom 10. März 1975 (Bundesgesetzbl. I S. 685). Eine Besitzung, die einen Wirtschaftswert von weniger als 20.000 Deutsche Mark, mindestens jedoch von 10.000 Deutsche Mark, hat, wird Hof, wenn der Eigentümer erklärt, daß sie Hof sein soll, und wenn der Hofvermerk im Grundbuch eingetragen wird.
(3) Bei Höfen, die einen steuerlichen Einheitswert von weniger als 10.000,-- RM haben, wird die Eigenschaft als Hof auf Antrag des Eigentümers eingetragen. Der Vermerk hat rechtsbegründende Bedeutung. Bei diesen Besitzungen kann der Eigentümer jederzeit die Löschung des Vermerks im Grundbuch beantragen. Mit dem Eingang des Löschungsantrages beim Grundbuchamt verliert die Besitzung die Eigenschaft eines Hofes.	(2) Gehört die Besitzung Ehegatten, ohne nach Absatz 1 Ehegattenhof zu sein, so wird sie Ehegattenhof, wenn beide Ehegatten erklären, daß sie Ehegattenhof sein soll, und wenn diese Eigenschaft im Grundbuch eingetragen wird.
(4) Wird bei einem Ehegattenhof die Ehe rechtskräftig geschieden oder aufgehoben, so kann jeder Ehegatte beantragen, die Eigenschaft als Ehegattenhof im Grundbuch zu löschen. Mit dem Eingang des Löschungsantrages beim Grundbuchamt verliert	(3) Eine Besitzung verliert die Eigenschaft als Hof, wenn keine der in Absatz 1 aufgezählten Eigentumsformen mehr besteht oder eine der übrigen Voraussetzungen auf Dauer wegfällt. Der Verlust der Hofeigenschaft tritt jedoch erst mit der Löschung des Hofvermerks im Grund-

Anhang: Synoptische Darstellung ausgesuchter Vorschriften des Anerbenrechts

die Besitzung die Eigenschaft eines Ehegattenhofes. § 19 Schluß- und Übergangsbestimmungen ... (5) Die oberste Landesjustizbehörde kann im Einvernehmen mit der obersten Landesbehörde für Ernährung und Landwirtschaft anordnen, daß der Hofeigentümer das Recht hat, beim Gericht zu erklären, daß seine Besitzung nicht mehr die Eigenschaft eines Hofes haben soll.	buch ein, wenn lediglich der Wirtschaftswert unter 10.000 Deutsche Mark sinkt oder keine zur Bewirtschaftung geeignete Hofstelle mehr besteht. (4) Eine Besitzung verliert die Eigenschaft als Hof auch, wenn der Eigentümer erklärt, daß sie kein Hof mehr sein soll, und wenn der Hofvermerk im Grundbuch gelöscht wird. Die Besitzung wird, wenn sie die Voraussetzung des Absatzes 1 erfüllt, wieder Hof, wenn der Eigentümer erklärt, daß sie Hof sein soll, und wenn der Hofvermerk im Grundbuch eingetragen wird. (5) Ein Ehegattenhof verliert diese Eigenschaft mit der Rechtskraft der Scheidung, der Aufhebung oder Nichtigerklärung der Ehe. Bei bestehender Ehe verliert er die Eigenschaft als Ehegattenhof, wenn beide Ehegatten erklären, daß die Besitzung kein Ehegattenhof mehr sein soll, und wenn der die Eigenschaft als Ehegattenhof ausweisende Vermerk im Grundbuch gelöscht wird.

Anhang: Synoptische Darstellung ausgesuchter Vorschriften des Anerbenrechts

Tabelle 2: Testierfreiheit[1]

Art. 64 EGBGB [Anerbenrecht]

(1) Unberührt bleiben die landesgesetzlichen Vorschriften über das Anerbenrecht in Ansehung landwirtschaftlicher und forstwirtschaftlicher Grundstücke nebst deren Zubehör.
(2) Die Landesgesetze können das Recht des Erblassers, über das dem Anerbenrecht unterliegende Grundstück von Todes wegen zu verfügen, nicht beschränken.

REG	HöfeO vom 24. April 1947	HöfeO in der Fassung der Bekanntmachung vom 26. Juli 1976
§ 19 Erbfolge in den Erbhof ... (2) Der Erbhof geht kraft Gesetzes ungeteilt auf den Anerben über.	§ 4 Erbfolge in einen Hof Der Hof fällt als Teil der Erbschaft kraft Gesetzes nur einem der Erben (dem Hoferben) zu. An seine Stelle tritt im Verhältnis der Miterben untereinander der Hofeswert.	§ 4 Erbfolge in einen Hof Der Hof fällt als Teil der Erbschaft kraft Gesetzes nur einem der Erben (dem Hoferben) zu. An seine Stelle tritt im Verhältnis der Miterben untereinander der Hofeswert.

---

[1] Die Dispositionsmöglichkeiten des Erblassers bestimmen sich daneben maßgeblich nach der Ausgestaltung des landwirtschaftlichen Sondererbrechts (obligatorisches oder fakultatives System). Sie hierzu Tabelle 1

Anhang: Synoptische Darstellung ausgesuchter Vorschriften des Anerbenrechts

§ 24 Verfügung von Todes wegen	§ 16 Verfügung von Todes wegen	§ 16 Verfügung von Todes wegen
(1) Der Erblasser kann die Erbfolge kraft Anerbenrechts durch Verfügung von Todes wegen nicht ausschließen oder beschränken. (2) Die Vorschrift des Abs. 1 schließt die Verfügung über einzelne für die Bewirtschaftung des Hofs unwesentliche Zubehörstücke nicht aus, sofern es sich nicht um Hofesurkunden oder um die in § 8 Abs. 2 bezeichneten besonderen Stücke handelt. (3) Zu den Verfügungen, durch welche die Erbfolge kraft Anerbenrechts beschränkt wird, gehören auch Verfügungen von Todes wegen, durch die eine Belastung des Hofs angeordnet oder über den übrigen Nachlaß so verfügt wird, daß eine Berichtigung der Nachlassverbindlichkeiten gemäß den Vorschriften des § 34 nicht mehr möglich ist.	(1) Der Eigentümer kann die Erbfolge kraft Höferechts (§ 4) durch Verfügung von Todes wegen nicht ausschließen. Er kann sie jedoch beschränken; soweit nach den Vorschriften des Kontrollratsgesetzes Nr. 45 und der Verordnung der Militärregierung Nr. 84 für ein Rechtsgeschäft unter Lebenden gleichen Inhalts eine Genehmigung erforderlich wäre, ist die Zustimmung des Gerichts zu der Verfügung von Todes wegen erforderlich. ...	(1) Der Eigentümer kann die Erbfolge kraft Höferechts (§ 4) durch Verfügung von Todes wegen nicht ausschließen. Er kann sie jedoch beschränken; soweit nach den Vorschriften des <u>Grundstückverkehrsgesetzes vom 28. Juli 1961 (Bundesgesetzbl. I S. 1091), geändert durch Artikel 199 des Gesetzes vom 2. März 1974 (Bundesgesetzbl. I S. 469)</u>, für ein Rechtsgeschäft unter Lebenden gleichen Inhalts eine Genehmigung erforderlich wäre, ist die Zustimmung des Gerichts zu der Verfügung von Todes wegen erforderlich. ...

Anhang: Synoptische Darstellung ausgesuchter Vorschriften des Anerbenrechts

§ 25 Bestimmung des Anerben durch den Erblasser	§ 7 Bestimmung des Hoferben durch den Eigentümer	§ 7 Bestimmung des Hoferben durch den Eigentümer
(1) Innerhalb der ersten Ordnung kann der Erblasser den Anerben bestimmen, 1. wenn in der Gegend bei Inkrafttreten dieses Gesetzes Anerbenrecht nicht Brauch gewesen ist; 2. wenn in der Gegend bei Inkrafttreten dieses Gesetzes freie Bestimmung durch den Bauern üblich gewesen ist; 3. in anderen Fällen mit Zustimmung des Anerbengerichts, wenn ein wichtiger Grund vorliegt. Darüber, ob die Voraussetzungen der Nr. 1, 2 gegeben sind, entscheidet in Zweifelsfällen das Anerbengericht. (2) Sind eheliche Söhne oder Sohnessöhne nicht vorhanden, so kann der Erblasser mit Zustimmung des Anerbengerichts bestimmen, daß ein unehelicher Sohn, dessen Vater er ist, Anerbe wird. Vor der Entscheidung hat das Anerbengericht den Landesbauern-	(1) Der Eigentümer kann den Hoferben durch Verfügung von Todes wegen frei bestimmen oder ihm den Hof im Wege der vorweggenommenen Erbfolge (Übergabevertrag) übergeben. (2) Er bedarf hierzu unbeschadet sonstiger Vorschriften der Zustimmung des Gerichts, wenn er seine sämtlichen Abkömmlinge als Hoferben übergehen will.	(1) Der Eigentümer kann den Hoferben durch Verfügung von Todes wegen frei bestimmen oder ihm den Hof im Wege der vorweggenommenen Erbfolge (Übergabevertrag) übergeben. Zum Hoferben kann nicht bestimmt werden, wer wegen Wirtschaftsunfähigkeit nach § 6 Abs. 6 Satz 1 und 2 als Hoferbe ausscheidet; die Wirtschaftsunfähigkeit eines Abkömmlings steht jedoch seiner Bestimmung zum Hoferben nicht entgegen, wenn sämtliche Abkömmlinge wegen Wirtschaftsunfähigkeit ausscheiden und ein wirtschaftsfähiger Ehegatte nicht vorhanden ist. (2) Hat der Eigentümer die Bewirtschaftung des Hofes unter den Voraussetzungen des § 6 Abs. 1 Satz 1 Nr. 1 einem hoferbenberechtigten Abkömmling übertragen, so ist, solange dieser den Hof bewirtschaftet, eine vom Eigentümer nach Übertragung

Anhang: Synoptische Darstellung ausgesuchter Vorschriften des Anerbenrechts

führer zu hören.
(3) Mit Zustimmung des Anerbengerichts kann der Erblasser bestimmen, daß eine Person der vierten Ordnung vor Personen der ersten, zweiten oder dritten Ordnung Anerbe wird. Das Anerbengericht soll die Zustimmung erteilen, wenn ein wichtiger Grund vorliegt.
(4) Innerhalb der zweiten und der folgenden Ordnungen kann der Erblasser den Anerben bestimmen. Er kann dabei auch mit Zustimmung des Anerbengerichts eine oder mehrere Ordnungen überspringen.
(5) Sind Personen der in § 20 bezeichneten Ordnungen nicht vorhanden, so kann der Erblasser den Anerben bestimmen. Ist der vom Erblasser bestimmte Anerbe nicht bauernfähig oder trifft der Bauer keine Bestimmung, so bestimmt der Reichsbauernführer den Anerben. Bauernfähige Verwandte oder Verschwägerte des Erblassers sollen hierbei bevorzugt berücksichtigt werden.

der Bewirtschaftung vorgenommene Bestimmung eines anderen zum Hoferben insoweit unwirksam, als durch sie der Hoferbenberechtigte von der Hoferbfolge ausgeschlossen würde. Das gleiche gilt, wenn der Eigentümer durch Art und Umfang der Beschäftigung (§ 6 Absatz 1 Satz 1 Nr. 2) eines hoferbenberechtigten Abkömmlings auf dem Hof hat erkennen lassen, daß er den Hof übernehmen soll. Das Recht des Eigentümers, über sein der Hoferbfolge unterliegendes Vermögen durch Rechtsgeschäft unter Lebenden zu verfügen, wird durch Satz 1 und 2 nicht beschränkt.

Anhang: Synoptische Darstellung ausgesuchter Vorschriften des Anerbenrechts

Tabelle 3: Zwangsvollstreckungs-, Veräußerungs- und Belastungsverbot

REG/EHRV	KRG Nr. 45	MilRegVO Nr. 84
§ 37 REG Veräußerung und Belastung des Erbhofs	Artikel IV Verfügung	Artikel III Verfügung und Verpachtung

(1) Der Erbhof ist grundsätzlich unveräußerlich und unbelastbar. Dies gilt nicht für eine Verfügung über Zubehörstücke, die im Rahmen ordnungsmäßiger Wirtschaftsführung getroffen wird.
 	
(2) Das Anerbengericht kann die Veräußerung oder Belastung genehmigen, wenn ein wichtiger Grund vorliegt. Die Genehmigung kann auch unter einer Auflage erteilt werden.
 	
(3) Das Anerbengericht soll die Genehmigung zur Veräußerung des Erbhofs erteilen, wenn der Bauer den Hof einem Anerbenberechtigten übergeben will, der beim Erbfall der Nächstberechtigte wäre oder vom Erblasser gemäß § 25 zum Anerben bestimmt werden könnte. Das Anerbengericht soll die Genehmigung nur erteilen, wenn der Übergabevertrag den Erbhof nicht
	(1) Die Auflassung eines land- oder forstwirtschaftlichen Grundstückes oder die Bestellung eines Nießbrauchs an einem solchen Grundstück ist ohne Genehmigung der zuständigen deutschen Behörden nichtig. Das gleiche gilt für jeden Vertrag, der die Bestellung des Nießbrauchs oder die Verpflichtung zur Übereignung eines solchen Grundstückes zum Gegenstand hat.
	
	(2) Wird der Vertrag genehmigt, so erstreckt sich die Genehmigung auch auf das diesem Vertrage entsprechende Erfüllungsgeschäft.
	
	...
	
	(4) In allen in diesem Artikel vorgesehenen Fällen ist die Genehmigung zu versagen:
	
	    a) wenn durch die Ausführung des Rechtsgeschäfts
		(4) Die Genehmigung nach Artikel IV und VI des Kontrollratsgesetzes Nr. 45 gilt in folgenden Fällen als erteilt:
		
		    a) ...
		    ...
		    h) ...
		
		(5) Die Genehmigung soll auf Grund des Artikels IV, 4 c und des Artikels VI des Kontrollratsgesetzes Nr. 45 versagt werden, wenn
		
		    a) ...
		    ...
		    c) ...
		
		(6) Die auf Grund des Kontrollratsgesetzes Nr. 45 und dieser Verordnung erteilte Genehmigung ersetzt jede nach anderen Vorschriften erforderliche Genehmigung mit Ausnahme der Genehmigungen,

Anhang: Synoptische Darstellung ausgesuchter Vorschriften des Anerbenrechts

über seine Kräfte belastet.	die ordnungsmäßige Bewirtschaftung des Grundstückes zum Schaden der Volksernährung gefährdet erscheint;
§ 32 EHRV **Ausnahmen vom Belastungs- und Veräußerungsverbot**	a) ... ... c) ...
(1) Die im § 37 des Gesetzes vorgesehene anerbenrechtliche Genehmigung ist nicht erforderlich	b) wenn der Gegenwert in einem groben Mißverhältnis zum Wert des Grundstückes steht;
1. für die Belastung des Erbhofs mit Grunddienstbarkeiten, beschränkten persönlichen Dienstbarkeiten oder öffentlichen Lasten;	c) wenn das Rechtsgeschäft gegen eine von dem zuständigen Zonenbefehlshaber gemäß Artikel XI dieses Gesetzes erlassene Vorschrift vestößt.
2. zur Einbeziehung eines Erbhofs in ein Verfahren zur Grundstücksumlegung (Flur- oder Feldbereinigung);	**Artikel V** **Belastung**
3. für die von der Siedlungsbehörde zugelassene Belastung derjenigen Erbhöfe, die in einem Verfahren zur Neubildung deutschen Bauerntums (Neusiedlungs- oder Anliegersiedlungsverfahren) auf Grund des Reichssiedlungsgesetzes vom 11. August 1919 oder des Gesetzes über die Neubildung deut-	Die Bestellung einer Hypothek, Grundschuld oder Rentenschuld an einem land- oder forstwirtschaftlichen Grundstück ist nur mit Genehmigung der zuständigen deutschen Behörde zulässig.
	Artikel IV **Belastung**
	(8) Unter Belastung im Sinne des Artikels V des Kontrollratsgesetzes Nr. 45 ist auch jede sonstige dingliche Belastung eines Grundstückes zu verstehen, durch die eine einmalige oder eine wiederkehrende Leistung aus dem Grundstück zu entrichten ist, z.B. Zwangshypothek, Reallast. (9) Die Genehmigung nach Artikel

Anhang: Synoptische Darstellung ausgesuchter Vorschriften des Anerbenrechts

schen Bauerntums vom 14. Juli 1933 gebildet werden; 4. für die Belastung eines Erbhofs, wenn die Besitzung erst durch ein Veräußerungsgeschäft Erbhofeigenschaft erlangt und die Belastung im Zusammenhang mit dem Veräußerungsgeschäft erfolgt; 5. für die Eintragung der in § 128 des Zwangsversteigerungsgesetzes vorgesehenen Sicherungshypothek gegen den Ersteher. ... **§ 38 REG** **Vollstreckungsschutz** (1) In den Erbhof kann wegen einer Geldforderung nicht vollstreckt werden. (2) Auch in die auf dem Erbhof gewonnenen landwirtschaftlichen Erzeugnisse kann wegen einer Geldforderung nicht vollstreckt werden, jedoch vorbehaltlich der Vorschriften der §§ 39, 59.	**Artikel VI** **Pacht** Land- oder forstwirtschaftliche Grundstücke können verpachtet werden. Der Vertrag ist nur mit Genehmigung der zuständigen deutschen Behörde gültig. **Artikel IV** **Verfügung** ... (3) Bei Veräußerung eines Grundstückes im Wege der Zwangsversteigerung ist eine Genehmigung zur Abgabe von Geboten erforderlich. Die Vorschriften des Paragraphen 71 des Gesetzes über die Zwangsversteigerung und die Zwangsverwaltung vom 24. März 1897 (RGBl. S. 97) findet Anwendung. In den Fällen des Paragraphen 81 Absatz (2) und (3) des Zwangsversteigerungsgesetzes darf der Zuschlag an einen anderen als den Meistbietenden nur erteilt werden, wenn dieser andere die Genehmigung vorweist.	V des Kontrollratsgesetzes Nr. 45 soll nur erteilt werden, wenn ein wichtiger Grund vorliegt. (10) Die Genehmigung nach Artikel V des Kontrollratsgesetzes Nr. 45 gilt in folgenden Fällen als erteilt: a) ... ... d) ...

Anhang: Synoptische Darstellung ausgesuchter Vorschriften des Anerbenrechts

Tabellen 4, 5 und 6:   Anerbenordnung

a) Abkömmlinge

REG/EHRV	HöfeO vom 24. April 1947	HöfeO in der Fassung der Bekanntmachung vom 26. Juli 1976 und vom 16. Dezember 1997
§ 20 REG Anerbenordnung Zum Anerben sind in folgender Ordnung berufen: 1. die Söhne des Erblassers; an die Stelle eines verstorbenen Sohnes treten dessen Söhne und Sohnessöhne; 2. der Vater des Erblassers; 3. die Brüder des Erblassers; an die Stelle eines verstorbenen Bruders treten dessen Söhne und Sohnessöhne; 4. die Töchter des Erblassers; an die Stelle einer verstorbenen Tochter treten deren Söhne und Sohnessöhne; 5. die Schwestern des Erblassers; an die Stelle einer verstorbenen Schwester treten deren Söhne	§ 5 Gesetzliche Hoferbenordnung Wenn der Erblasser keine andere Bestimmung trifft, sind als Hoferben kraft Gesetzes in folgender Ordnung berufen: 1. die Kinder des Erblassers und deren Abkömmlinge, 2. der Ehegatte des Erblassers, 3. der Vater des Erblassers, es sei denn, daß der Hof von der Mutter des Erblassers oder aus deren Familie stammt, 4. die Mutter des Erblassers, es sei denn, daß der Hof vom Vater des Erblassers oder aus dessen Familie stammt, 5. die Geschwister des Erblassers und deren Abkömmlinge.	§ 5 Gesetzliche Hoferbenordnung Wenn der Erblasser keine andere Bestimmung trifft, sind als Hoferben kraft Gesetzes in folgender Ordnung berufen: 1. die Kinder des Erblassers und deren Abkömmlinge, 2. der Ehegatte des Erblassers, 3. die Eltern des Erblassers, wenn der Hof von ihnen oder aus ihren Familien stammt oder mit ihren Mitteln erworben worden ist, 4. die Geschwister des Erblassers und deren Abkömmlinge.

Anhang: Synoptische Darstellung ausgesuchter Vorschriften des Anerbenrechts

und Sohnessöhne;
6. die weiblichen Abkömmlinge des Erblassers und die Nachkommen von solchen, soweit sie nicht bereits zu Nr. 4 gehören. Der dem Mannesstamm des Erblassers Näherstehende schließt den Fernerstehenden aus. Im übrigen entscheidet der Vorzug des männlichen Geschlechts.

Anhang: Synoptische Darstellung ausgesuchter Vorschriften des Anerbenrechts

§ 21 REG Einzelvorschriften zur Anerbenordnung	§ 6 Einzelheiten zur Hoferbenordnung	§ 6 Einzelheiten zur Hoferbenordnung
(1) Wer nicht bauernfähig ist, scheidet als Anerbe aus. Der Erbhof fällt demjenigen an, welcher berufen sein würde, wenn der Ausscheidende zur Zeit des Erbfalls nicht gelebt hätte. (2) Ein Verwandter ist nicht zur Erbfolge berufen, solange ein Verwandter einer vorhergehenden Ordnung vorhanden ist. (3) Innerhalb der gleichen Ordnung entscheidet je nach dem in der Gegend geltenden Brauch Ältesten- oder Jüngstenrecht. Besteht kein bestimmter Brauch, so gilt Jüngstenrecht. Ist zweifelhaft, ob oder welcher Brauch besteht, so entscheidet auf Antrag eines Beteiligten das Anerbengericht. (4) Unter den Söhnen gehen die Söhne der ersten Frau den anderen Söhnen vor. Bei Brüdern oder Schwestern gehen Vollbürtige vor Halbbürtigen. (5) Durch nachfolgende Ehe anerkannte Kinder stehen nach Eingehung	(1) Innerhalb der gleichen Ordnung entscheidet je nach dem in der Gegend geltenden Brauch Ältesten- oder Jüngstenrecht. Besteht kein bestimmter Brauch, so gilt das Ältestenrecht. Im übrigen entscheidet innerhalb der selben Ordnung der Vorzug des männlichen Geschlechts. (2) Söhne aus erster Ehe gehen anderen Söhnen, Töchter aus erster Ehe den anderen Töchtern vor. Durch nachfolgende Ehe anerkannte Kinder des Erblassers stehen ehelichen Kindern gleich. An Kindes Statt angenommene Personen sowie für ehelich erklärte Kinder des Vaters und uneheliche Kinder der Mutter gehen den ehelichen Kindern nach. ... (4) Vollbürtige Geschwister gehen Halbbürtigen vor. Halbbürtige Geschwister sind nur dann hoferbenberechtigt, wenn sie mit dem Erblasser	(1) In der ersten Hoferbenordnung ist als Hoferbe berufen: 1. in erster Linie der Miterbe, dem vom Erblasser die Bewirtschaftung des Hofes im Zeitpunkt des Erbfalles auf Dauer übertragen ist, es sei denn, daß sich der Erblasser dabei ihm gegenüber die Bestimmung des Hoferben ausdrücklich vorbehalten hat; 2. in zweiter Linie der Miterbe, hinsichtlich dessen der Erblasser durch die Ausbildung oder durch Art und Umfang der Beschäftigung auf dem Hof hat erkennen lassen, daß er den Hof übernehmen soll; 3. in dritter Linie der älteste Miterbe oder, wenn in der Gegend Jüngstenrecht Brauch ist, der jüngste von ihnen. Liegen die Voraussetzungen der Nummer 2 bei mehreren Miterben vor,

Anhang: Synoptische Darstellung ausgesuchter Vorschriften des Anerbenrechts

der Ehe geborenen ehelichen Kindern gleich. Für ehelich erklärte Kinder des Vaters gehen in derselben Ordnung den ehelichen Kindern nach; uneheliche Kinder der Mutter gehen schlechthin den ehelichen Kindern nach.
(6) An Kindes Statt angenommene Personen sind nicht zur Erbfolge berufen.
(7) Wenn zu der Zeit, zu der der Hof auf Grund dieses Gesetzes Erbhof wird, keine Söhne oder Sohnessöhne vorhanden sind, so sind die Anerben der vierten Ordnung vor den Anerben der zweiten und dritten Ordnung berufen.

§ 48 EHRV
Anerbenstellung der Tochter des Erblassers
(§ 21 Abs. 7 des Gesetzes)

(1) Der in § 21 Abs. 7 des Gesetzes vorgesehene Vorrang der Tochter des Erblassers und der sonstigen Anerben der vierten Ordnung vor den Anerben der zweiten und dritten Ordnung gilt nur für den Erbfall nach dem Zeitpunkt, in dem die Besitzung Erbhof geworden ist. Bei Anwendung der den Elternteil gemeinsam haben, vom dem oder aus dessen Familie der Hof stammt.
(5) Wer nicht wirtschaftsfähig ist, wer insbesondere die ordnungsmäßige Bewirtschaftung der Grundstücke zum Nachteil der allgemeinen Ernährungslage gefährden würde, scheidet als Hoferbe aus. Das gilt jedoch nicht, wenn allein mangelnde Altersreife der Grund der Wirtschaftsunfähigkeit ist oder wenn unter den gesamten Abkömmlingen des Erblassers keine wirtschaftsfähige Person vorhanden ist oder wenn es sich bei einem Ehegattenhof um den überlebenden Ehegatten handelt. Scheidet der zunächst berufene Hoferbe aus, so fällt der Hof demjenigen an, der berufen wäre, wenn der Ausscheidende zur Zeit des Erbfalls nicht gelebt hätte.

ohne daß erkennbar ist, wer von ihnen den Hof übernehmen sollte, so ist unter diesen Miterben der älteste oder, wenn Jüngstenrecht Brauch ist, der jüngste als Hoferbe berufen.
...
(3) In der dritten Hoferbenordnung ist nur derjenige Elternteil hoferbenberechtigt, von dem oder aus dessen Familie der Hof stammt oder mit dessen Mitteln der Hof erworben worden ist.
(4) Stammt der Hof von beiden Eltern oder aus beiden Familien oder ist er mit den Mitteln beider Eltern erworben und ist wenigstens einer der Eltern wirtschaftsfähig, so fällt der Hof den Eltern gemeinschaftlich als Ehegattenhof an. Lebt einer von ihnen nicht mehr, so fällt er dem anderen an. Ist die Ehe der Eltern vor dem Erbfall auf andere Weise als durch den Tod eines von ihnen aufgelöst worden, so scheiden sie als Hoferben aus.
(5) In der vierten Hoferbenordnung gilt Absatz 1 entsprechend. Im Falle des Absatzes 1 Satz 1 Nr. 3 gehen die

Anhang: Synoptische Darstellung ausgesuchter Vorschriften des Anerbenrechts

Vorschrift macht es keinen Unterschied, ob die Söhne oder Sohnessöhne schon zu dem vorbezeichneten Zeitpunkt nicht vorhanden oder nicht bauernfähig waren oder erst später weggefallen sind. (2) Wenn bei einem Ehegattenhof zunächst der überlebende Ehegatte Anerbe geworden ist, wird bei Anwendung des vorstehenden Absatzes der Tod des überlebenden Ehegatten noch als erster Erbfall angesehen.	Geschwister vor, die mit dem Erblasser den Elternteil gemeinsam haben, von dem oder aus dessen Familie der Hof stammt. (6) Wer nicht wirtschaftsfähig ist, scheidet als Hoferbe aus, auch wenn er hierzu nach Absatz 1 Satz 1 Nr. 1 oder 2 berufen ist. Dies gilt jedoch nicht, wenn allein mangelnde Altersreife der Grund der Wirtschaftsunfähigkeit ist oder wenn es sich um die Vererbung an den überlebenden Ehegatten handelt. Scheidet der zunächst berufene Hoferbe aus, so fällt der Hof demjenigen an, der berufen wäre, wenn der Ausscheidende zur Zeit des Erbfalls nicht gelebt hätte. (7) Wirtschaftsfähig ist, wer nach seinen körperlichen und geistigen Fähigkeiten, nach seinen Kenntnissen und seiner Persönlichkeit in der Lage ist, den vom ihm zu übernehmenden Hof selbständig ordnungsmäßig zu bewirtschaften.

Anhang: Synoptische Darstellung ausgesuchter Vorschriften des Anerbenrechts

b) **Ehefrau**

REG/EHRV	HöfeO vom 24. April 1947	HöfeO in der Fassung der Bekanntmachung vom 26. Juli 1976
	§ 5 Gesetzliche Hoferbenordnung Wenn der Erblasser keine andere Bestimmung trifft, sind als Hoferben kraft Gesetzes in folgender Ordnung berufen: ... 2. der Ehegatte des Erblassers,	§ 5 Gesetzliche Hoferbenordnung Wenn der Erblasser keine andere Bestimmung trifft, sind als Hoferben kraft Gesetzes in folgender Ordnung berufen: ... 2. der Ehegatte des Erblassers,
	§ 6 Einzelheiten zur Hoferbenordnung	§ 6 Einzelheiten zur Hoferbenordnung
§ 11 EHRV Verwaltung und Nutznießung des Ehegatten des Erblassers (§ 26 des Gesetzes) (1) Durch Testament oder Erbvertrag kann bestimmt werden, daß dem Ehegatten des Erblassers die Verwaltung und Nutznießung des Erbhofs zustehen soll, und zwar für den Fall, daß der Anerbe zur ersten oder vierten Anerbenordnung gehört, bis zur Vollendung des fünfundzwanzigsten Lebensjahres des Anerben, für andere Fälle auch hierüber hinaus.	(3) Der Ehegatte des Erblassers erhält, solange Verwandte der Hoferbenordnung 3 bis 5 leben, den Hof nur vorläufig als Hoferbe (Hofvorerbe). Die Vorschriften der §§ 2100 – 2146 BGB finden entsprechende Anwendung; jedoch ist eine Befreiung von der Beschränkung des § 2113, Abs. 1 nicht zulässig. Nach	(2) In der zweiten Hoferbenordnung scheidet der Ehegatte als Hoferbe aus, <u>wenn Verwandte der dritten und vierten Hoferbenordnung leben und ihr Ausschluß von der Hoferbfolge, insbesondere wegen der von ihnen für den Hof erbrachten Leistungen, grob unbillig wäre; oder</u>

Anhang: Synoptische Darstellung ausgesuchter Vorschriften des Anerbenrechts

(2) Hat der Anerbe das dreißigste Lebensjahr vollendet, so kann das Anerbengericht auf Antrag des Landesbauernführers die in Abs. 1 bezeichnete Verwaltung und Nutznießung aufheben.	dem Tode des Ehegatten wird derjenige weiterer Hoferbe, der als Hoferbedes Erblassers berufen wäre, wenn dieser erst in diesem Zeitpunkt gestorben wäre.
	2. wenn sein Erbrecht nach § 1933 des Bürgerlichen Gesetzbuches ausgeschlossen ist.
§ 14	§ 14
Stellung des überlebenden Ehegatten	Stellung des überlebenden Ehegatten
(1) Dem überlebenden Ehegatten des Erblassers steht, wenn der Hoferbe ein Abkömmling des Erblassers ist, bis zur Vollendung des 25. Lebensjahres des Hoferben die Verwaltung und Nutznießung am Hof zu. Dieses Recht kann	(1) Dem überlebenden Ehegatten des Erblassers steht, wenn der Hoferbe ein Abkömmling des Erblassers ist, bis zur Vollendung des fünfundzwanzigsten Lebensjahres des Hoferben die Verwaltung und Nutznießung am Hof zu. Dieses Recht kann
a) der Eigentümer durch Ehevertrag oder Verfügung von Todes wegen,	a) der Eigentümer durch Ehevertrag oder Verfügung von Todes wegen,
b) das Gericht auf Antrag eines Beteiligten aus wichtigem Grunde	b) das Gericht auf Antrag eines Beteiligten aus wichtigem Grund
verlängern, beschränken oder aufheben.	verlängern, beschränken oder aufheben.
(2) Steht dem überlebenden Ehegatten die Verwaltung und Nutznießung nicht zu oder endet sie, so kann er, wenn er Miterbe oder pflichtteilsbe-	(2) Steht dem überlebenden Ehegatten die Verwaltung und Nutznießung nicht zu oder endet sie, so kann er, wenn er Miterbe oder pflichtteilsbe-

Anhang: Synoptische Darstellung ausgesuchter Vorschriften des Anerbenrechts

rechtigt ist und auf ihm nach § 12 zustehende Ansprüche, sowie auf alle Ansprüche aus der Verwendung eigenen Vermögens für den Hof verzichtet, vom Hoferben auf Lebenszeit den in solchen Verhältnissen üblichen Altenteil verlangen. ... (3) Der überlebende Ehegatte kann, wenn ihm der Eigentümer durch Verfügung von Todes wegen eine dahingehende Befugnis erteilt hat, unter den Abkömmlingen des Eigentümers den Hoferben bestimmen. Seine Befugnis erlischt, wenn er sich wiederverheiratet oder wenn der gesetzliche Hoferbe das 25. Lebensjahr vollendet.	rechtigt ist und auf ihm nach § 12 zustehende Ansprüche sowie auf alle Ansprüche aus der Verwendung eigenen Vermögens für den Hof verzichtet, vom Hoferben auf Lebenszeit den in solchen Verhältnissen üblichen Altenteil verlangen. ... (3) Der überlebende Ehegatte kann, wenn ihm der Eigentümer durch Verfügung von Todes wegen eine dahingehende Befugnis erteilt hat, unter den Abkömmlingen des Eigentümers den Hoferben bestimmen. Seine Befugnis erlischt, wenn er sich wieder verheiratet oder wenn der gesetzliche Hoferbe das <u>fünfundzwanzigste Lebensjahr</u> vollendet.

Anhang: Synoptische Darstellung ausgesuchter Vorschriften des Anerbenrechts

c) **Ehegattenhöfe**

EHRV/EHFV	HöfeO vom 24. April 1947	HöfeO in der Fassung der Bekanntmachung vom 26. Juli 1976
§ 20 EHRV Bestimmung des Anerben (1) Jeder Ehegatte kann den anderen Ehegatten zum Anerben bestimmen. (2) Die Ehegatten können ferner durch gemeinschaftliches Testament oder durch Erbvertrag bestimmen, daß der Erbhof nach dem Tode des Erstversterbenden oder des Überlebenden an eine Person als Anerben fallen soll, die nach dem Reichserbhofgesetz als Anerbe des einen oder des anderen Ehegatten berufen wäre oder bestimmt werden könnte. (3) Der überlebende Ehegatte, der Anerbe geworden ist, kann, falls er nicht durch eine gemeinschaftliche Verfügung von Todes wegen gebunden ist, auch einseitig bestimmen, daß der Hof nach seinem Tode an eine Person fallen soll, die nach dem Reichserbhofgesetz als Anerbe des einen oder des anderen Ehegatten berufen wäre oder be-	§ 8 Der Hoferbe beim Ehegattenhof (1) Der Ehegattenhof fällt beim Tode des einen Ehegatten dem anderen als Hoferben und, wenn der Hof nicht von ihm stammt, ihm als Hofvorerben zu. Nach ihm wird derjenige weiterer Hoferbe, der als Hoferbe des Ehegatten, von dem der Hof stammt, berufen wäre, wenn dieser erst in diesem Zeitpunkt gestorben wäre. Sind solche Personen beim Tode des erstverstorbenen Ehegatten nicht vorhanden oder fallen sie später sämtlich weg, so erhält der überlebende Ehegatte die Stellung als endgültiger Hoferbe. (2) Die Ehegatten können die Bestimmung des Hoferben gemäß § 7 nur gemeinsam treffen oder eine von ihnen getroffene Bestimmung nur gemeinsam wieder aufheben. Einigen sie sich nicht oder ist der Ehegatte von dem der Hof nicht stammt, an der	§ 8 Der Hoferbe beim Ehegattenhof (1) Bei einem Ehegattenhof fällt der Anteil des Erblassers dem überlebenden Ehegatten als Hoferben zu. (2) Die Ehegatten können einen Dritten als Hoferben nur gemeinsam bestimmen und eine von ihnen getroffene Bestimmung nur gemeinsam wiederaufheben. Haben die Ehegatten eine solche Bestimmung nicht getroffen oder wiederaufgehoben, so kann der überlebende Ehegatte den Hoferben allein bestimmen. (3) Gehört der Hof zum Gesamtgut einer Gütergemeinschaft, so kann der überlebende Ehegatte die Gütergemeinschaft bezüglich des Hofes nach den Vorschriften des allgemeinen Rechts mit den Abkömmlingen fortsetzen. Wird die fortgesetzte Gütergemeinschaft anders als durch den Tod des überlebenden Ehegatten be-

Anhang: Synoptische Darstellung ausgesuchter Vorschriften des Anerbenrechts

stimmt werden könnte. (4) Die Vorschriften, nach denen in gewissen Fällen die Zustimmung des Anerbengerichts erforderlich ist, bleiben unberührt. ... **§ 21 EHRV** Recht der Ehefrau, in besonderen Fällen den Anerben einseitig zu bestimmen (1) Hat die Ehefrau den wirtschaftlich bedeutenderen Teil des den Erbhof bildenden Besitzes in die Ehe eingebracht, so kann sie, solange sie nicht durch eine gemeinschaftliche Verfügung von Todes wegen gebunden ist, mit Zustimmung des Anerbengerichts auch ohne Mitwirkung des Mannes bestimmen, daß sie selbst Anerbin des Mannes sein soll, oder daß der Hof beim Tode des Mannes oder bei ihrem eigenen Vorversterben an eine Person als Anerben fallen soll, die nach dem Reichserbhofgesetz als Anerbe des einen oder des anderen Ehegatten bestimmt werden könnte, oder daß ihr selbst oder dem anderen Ehegatten die Mitwirkung verhindert, so kann derjenige Ehegatte, von dem der Hof stammt, die Bestimmung allein treffen, wenn das Gericht dem zustimmt. (3) Haben die Ehegatten den weiteren Hoferben nicht gemeinsam bestimmt, so kann der überlebende Ehegatte den weiteren Hoferben allein bestimmen. Als weiterer Hoferbe kann jedoch nur eine Person bestimmt werden, die als Hoferbe desjenigen Ehegatten berufen wäre oder bestimmt werden könnte, von dem der Hof stammt, es sei denn, daß die überlebende Ehegatte entgültig die Stellung als Hoferbe erhalten hat. Die Vorschrift des § 7, Abs. 2 findet entsprechende Anwendung. (4) Gehört der Hof zum Gesamtgut einer Gütergemeinschaft, so kann der überlebende Ehegatte die Gütergemeinschaft mit den Abkömmlingen bezüglich des Hofes fortsetzen. Bei Beendigung der fortgesetzten Gütergemeinschaft finden die Vorschriften des Absatzes 1, Satz 2, und der Absätze 2 und 3 entsprechende Anwendung.	endet, so wachsen ihm die Anteile der Abkömmlinge an. Im übrigen steht die Beendigung der fortgesetzten Gütergemeinschaft dem Erbfall gleich. Die Fortsetzung der Gütergemeinschaft lässt eine nach Absatz 2 getroffene Bestimmung sowie das Recht, eine solche zu treffen, unberührt.

Anhang: Synoptische Darstellung ausgesuchter Vorschriften des Anerbenrechts

Verwaltung und Nutznießung am Erbhof zustehen soll, und zwar auch über das fünfundzwanzigste Lebensjahr des Anerben hinaus.
...

§ 22 EHRV
Gesetzliche Anerbenfolge

(1) Machen die Ehegatten von dem Recht, den Anerben gemäß §§ 20, 21 zu bestimmen, keinen Gebrauch, so fällt der Erbhof beim Tode der Frau dem Manne als Anerben an.

(2) Stirbt der Mann, gleichviel ob vor oder nach der Frau, so fällt der Hof derjenigen Person als Anerben an, die nach dem Reichserbhofgesetz als Anerbe des Mannes berufen ist.

(3) Im Falle des Absatzes 2 steht der Frau bis zur Vollendung des fünfundzwanzigsten Lebensjahres des Anerbens die Verwaltung und Nutznießung des Hofes zu, soweit dieses Recht nicht durch eine gemeinschaftliche Verfügung von Todes wegen ausgeschlossen oder beschränkt ist. Unter der gleichen Voraussetzung kann das Anerbenge-

Anhang: Synoptische Darstellung ausgesuchter Vorschriften des Anerbenrechts

richt in besonderen Fällen zur Vermeidung einer unbilligen Härte auf Antrag bestimmen, daß der überlebenden Ehefrau auch über das fünfundzwanzigste Lebensjahr des Anerben hinaus die Verwaltung und Nutznießung des Erbhofs zustehen soll.

§ 24 EHFV
Gesetzliche Anerbenfolge

(1) Beim Tode eines Ehegatten fällt der Ehegattenerbhof zunächst dem überlebenden Ehegatten als Anerben an. Nach ihm wird derjenige weiter Anerbe, der nach dem Reichserbhofgesetz als Anerbe des Ehegatten, von dem der Hof stammt, berufen wäre.

(2) Der Ehegatte, von dem der Hof stammt, kann durch Verfügung von Todes wegen mit Zustimmung des Anerbengerichts den anderen Ehegatten aus wichtigem Grund von der Anerbenfolge ausschließen. Diesem steht alsdann die bäuerliche Verwaltung und Nutznießung zu, soweit sie nicht ebenfalls durch Verfügung von Todes wegen mit Zustimmung des

Anhang: Synoptische Darstellung ausgesuchter Vorschriften des Anerbenrechts

Anerbengerichts ausgeschlossen oder beschränkt ist (§ 7 Abs. 1 Satz 3).

§ 25
Bestimmung des Anerben

(1) Die Ehegatten können den Anerben nur gemeinsam bestimmen und eine getroffene Bestimmung nur gemeinsam aufheben. Einigen sie sich nicht, so kann derjenige, von dem der Erbhof stammt, allein den Anerben bestimmen oder die getroffene Bestimmung aufheben. Hierzu ist aber die Zustimmung des Anerbengerichts in jedem Fall erforderlich.

(2) Die Ehegatten können einander gegenseitig zum Anerben bestimmen. Ferner können sie anordnen, daß die weitere Anerbenfolge schon zu Lebzeiten des Überlebenden in einem bestimmten Zeitpunkt oder mit einem bestimmten Ereignis eintritt. Sie können auch bestimmen, wer sonst nach dem Tode des Erstversterbenden oder wer nach dem Überlebenden Anerbe oder weiterer Anerbe werden soll. Ist eine solche Bestimmung nicht getrof-

Anhang: Synoptische Darstellung ausgesuchter Vorschriften des Anerbenrechts

fen, so kann der überlebende Ehegatte, der Anerbe geworden ist, den weiteren Anerben bestimmen. Zum Anerben oder weiteren Anerben kann jedoch nur bestimmt werden, wer nach dem Reichserbhofgesetz zum Anerben des Ehegatten berufen wäre oder bestimmt werden könnte, von dem der Hof stammt. Die Vorschriften, nach denen in gewissen Fällen die Zustimmung des Anerbengerichts zur Anerbenbestimmung erforderlich ist, bleiben unberührt.

...

Anhang: Synoptische Darstellung ausgesuchter Vorschriften des Anerbenrechts

Tabelle 7: Weichende Erben

REG	HöfeO vom 24. April 1947	HöfeO in der Fassung der Bekanntmachung vom 26. Juli 1976
§ 30 Versorgung der Abkömmlinge des Erblassers. Heimatzuflucht (1) Die Abkömmlinge des Erblassers werden, soweit sie Miterben oder pflichtteilsberechtigt sind, bis zu ihrer Volljährigkeit auf dem Hofe angemessen unterhalten und erzogen. (2) Sie sollen auch für einen dem Standes des Hofs entsprechenden Beruf ausgebildet und bei ihrer Verselbständigung, weibliche Abkömmlinge auch bei ihrer Verheiratung, ausgestattet werden, soweit die Mittel des Hofs dies gestatten; die Ausstattung kann insbesondere auch in der Gewährung von Mitteln für die Beschaffung einer Siedlerstelle bestehen. (3) Geraten sie unverschuldet in Not, so können sie auch noch später gegen Leistung angemessener Arbeitshilfe auf dem Hofe Zuflucht suchen	§ 12 Ansprüche der Miterben (1) Den Erben des Erblassers, die nicht Hoferben geworden sind, steht vorbehaltlich anderweitiger Regelungen durch Übergabevertrag oder Verfügung von Todes wegen an Stelle ihres Erbteiles ein Anspruch gegen den Hoferben auf Zahlung eines Geldbetrages zu. (2) Der Anspruch bemißt sich nach dem zuletzt festgestellten steuerlichen Einheitswert des Hofes. Auf Antrag eines Miterben oder Pflichtteilsberechtigten sind zu dem Einheitswert angemessene Zuschläge zu machen: ... (3) Von dem ermittelten Wert sind zunächst die Nachlassverbindlichkeiten, die im Verhältnis der Erben zueinander den Hof treffen und der Hof-	§ 12 Abfindung der Miterben nach dem Erbfall (1) Den Miterben, die nicht Hoferben geworden sind, steht vorbehaltlich anderweitiger Regelungen durch Übergabevertrag oder Verfügung von Todes wegen an Stelle eines Anteils am Hof ein Anspruch gegen den Hoferben auf Zahlung einer Abfindung in Geld zu. (2) Der Anspruch bemißt sich nach dem Hofeswert im Zeitpunkt des Erbfalls. Als Hofeswert gilt das Einunhalbfache des zuletzt festgesetzten Einheitswertes im Sinne des § 48 des Bewertungsgesetzes in der Fassung der Bekanntmachung vom 26. September 1974 (Bundesgesetzbl. I S. 2369), geändert durch Art. 15 des Zuständigkeitslockerungsgesetzes v. 10. März 1975 (Bundesgesetzbl. I

223

Anhang: Synoptische Darstellung ausgesuchter Vorschriften des Anerbenrechts

(Heimatzuflucht). Dieses Recht steht auch den Eltern des Erblassers zu, wenn sie Miterben oder pflichtteilsberechtigt sind. erbe allein zu tragen hat, abzuziehen. Von dem übrigbleibenden Betrag gebühren 3/10 dem Hoferben als Voraus. Die restlichen 7/10 gebühren den Erben des Erblassers einschließlich des Hoferben, falls er auch zu ihnen gehört, zu demjenigen Anteil, der ihrem gesetzlichen Erbteil nach dem allgemeinen Recht entspricht. Bei der Auseinandersetzung nach Beendigung der Gütergemeinschaft erhält der Ehegatte, wenn er als Hoferbe eintritt, keinen Voraus. ...	S. 685). Kommen besondere Umstände des Einzelfalls, die für den Wert des Hofes von erheblicher Bedeutung sind, in dem Hofeswert nicht oder ungenügend zum Ausdruck, so können auf Verlangen Zuschläge oder Abschläge nach billigem Ermessen gemacht werden. (3) Von dem Hofeswert werden die Nachlaßverbindlichkeiten abgezogen, die im Verhältnis der Erben zueinander den Hof treffen und die der Hoferbe allein zu tragen hat. Der danach verbleibende Betrag, jedoch mindestens ein Drittel des Hofeswertes (Absatz 2 Satz 2), gebührt den Erben des Erblassers einschließlich des Hoferben, falls er zu ihnen gehört, zu dem Teil, der ihrem Anteil am Nachlaß nach dem allgemeinen Recht entspricht. ...

RECHTSHISTORISCHE REIHE

Band 1 Studien zu den germanischen Volksrechten. Gedächtnisschrift für Wilhelm Ebel. Vorträge gehalten auf dem Fest-Symposion anläßlich des 70. Geburtstages von Wilhelm Ebel am 16. Juni 1978 in Göttingen. Götz Landwehr (Hrsg.) 1982.

Band 2 Hans Poeschel: Die Statuten der Banken, Sparkassen und Kreditgenossenschaften in Hamburg und Altona von 1710 bis 1889. 1978.

Band 3 Thomas Kolbeck: Juristenschwemmen, Untersuchungen über den juristischen Arbeitsmarkt im 19. und 20. Jahrhundert. 1978.

Band 4 Norbert Hempel: Richterleitbilder in der Weimarer Republik. 1978.

Band 5 Rolf Stratmann: Die Scheinbußen im mittelalterlichen Recht. 1978.

Band 6 Martin C. Lockert: Die niedersächsischen Stadtrechte zwischen Aller und Weser. Vorkommen und Verflechtungen. Eine Bestandsaufnahme. 1979.

Band 7 Joachim Rückert/Wolfgang Friedrich: Betriebliche Arbeiterausschüsse in Deutschland, Großbritannien und Frankreich im späten 19. und frühen 20. Jahrhundert. Eine vergleichende Studie zur Entwicklung des kollektiven Arbeitsrechts. 1979.

Band 8 Peter Bender: Die Rezeption des römischen Rechts im Urteil der deutschen Rechtswissenschaft. 1979.

Band 9 Friedrich Karl Alsdorf: Untersuchungen zur Rechtsgestalt und Teilung deutscher Ganerbenburgen. 1980.

Band 10 Dietmar Willoweit/Winfried Schich (Hrsg.): Studien zur Geschichte des sächsisch-magdeburgischen Rechts in Deutschland und Polen (Sammelband). 1980.

Band 11 Brigitte Hempel: Der Entwurf einer Polizeiordnung für das Herzogtum Sachsen-Lauenburg aus dem Jahre 1591. 1980.

Band 12 Klaus-Detlev Godau-Schüttke: Rechtsverwalter des Reiches. Staatssekretär Dr. Curt Joël. 1981.

Band 13 Rainer Polley: Anton Friedrich Justus Thibaut (AD 1772-1840) in seinen Selbstzeugnissen und Briefen. Teil 1: Abhandlung. Teil 2: Briefwechsel. Teil 3: Register zum Briefwechsel. 1982.

Band 14 Michael Wettengel: Der Streit um die Vogtei Kelkheim 1275-1276. Ein kanonischer Prozeß.1981.

Band 15 Otto Wilhelm Krause: Naturrechtler des sechzehnten Jahrhunderts. Ihre Bedeutung für die Entwicklung eines natürlichen Privatrechts. 1982.

Band 16 Helga Spindler: Von der Genossenschaft zur Betriebsgemeinschaft. Kritische Darstellung der Sozialrechtslehre Otto von Gierkes. 1982.

Band 17 Holger Otte: Gustav Radbruchs Kieler Jahre 1919 - 1926. 1982.

Band 18 Rüdiger Teuner: Die fuldische Ritterschaft 1510 - 1656. 1982.

Band 19 Gerhard Dilcher/Rudolf Hoke/Gian Savino Pene Vidari/Hans Winterberg (Hrsg.): Grundrechte im 19. Jahrhundert. 1982.

Band 20 Karl-Hans Schloßstein: Die westfälischen Fabrikengerichtsdeputationen - Vorbilder, Werdegang und Scheitern. 1982.

Band 21 Birger Schulz: Der Republikanische Richterbund (1921-1933). 1982.

Band 22 Engelbert Krause: Die gegenseitigen Unterhaltsansprüche zwischen Eltern und Kindern in der deutschen Privatrechtsgeschichte. 1982.

Band 23 Meent W. Francksen: Staatsrat und Gesetzgebung im Großherzogtum Berg (1806-1813). 1982.

Band 24 Gerd von Sonnleithner: Bearbeitung des Handelsrechts durch Ignaz von Sonnleithner in seinem "Leitfaden über das österreichische Handels- und Wechselrecht". 1982.

Band 25 Rudolf Palme: Rechts-, Wirtschafts- und Sozialgeschichte der inneralpinen Salzwerke bis zu deren Monopolisierung. 1983.

Band 26 Helen Bosshard: Pestalozzis Staats- und Rechtsverständnis und seine Stellung in der Aufklärung. 1983.

Band 27 Jens Jessen: Die Selbstzeugnisse der deutschen Juristen. Erinnerungen, Tagebücher und Briefe. Eine Bibliographie. 1983.

Band 28 Günter Martin Jensen: Das Domanium Waldeck. Die rechtliche Zuordnung eines Fürstenvermögens. 1984.

Band 29 Johann Heinrich Kumpf: Petitionsrecht und öffentliche Meinung im Entstehungsprozeß der Paulskirchenverfassung 1848/49. 1983.

Band 30 Sabine Frey: Rechtsschutz der Juden gegen Ausweisungen im 16. Jahrhundert. 1983.

Band 31 Dietrich Joswig: Die germanische Grundstücksübertragung. 1984.

Band 32 Andreas Baryli: Konzessionssystem contra Gewerbefreiheit. Zur Diskussion der österreichischen Gewerberechtsreform 1835 bis 1860. 1984.

Band 33 Gerhard Oberkofler: Studien zur Geschichte der österreichischen Rechtswissenschaft. 1984.

Band 34 Rudolf Lauda: Kaufmännische Gewohnheit und Burgrecht bei Notker dem Deutschen. Zum Verhältnis von literarischer Tradition und zeitgenössischer Realität in der frühmittelalterlichen Rhetorik. 1984.

Band 35 Jens Jensen: Die Ehescheidung des Bischofs Hans von Lübeck von Prinzessin Julia Felicitas von Württemberg-Weiltingen AD 1648-1653. Ein Beitrag zum protestantischen Ehescheidungsrecht im Zeitalter des beginnenden Absolutismus. 1984.

Band 36 Horst Schröder: Friedrich Karl von Savigny. Geschichte und Rechtsdenken beim Übergang vom Feudalismus zum Kapitalismus in Deutschland. 1984.

Band 37 Andreas Hatzung: Dogmengeschichtliche Grundlagen und Entstehung des zivilrechtlichen Notstands. 1984.

Band 38 Matthias Klasen: Das Billwerder Landrecht. Landrecht und Landgericht in den Hamburger Elbmarschen. 1985.

Band 39 Rainer Jamin: Aufbau, Tätigkeit und Verfahren der Auseinandersetzungsbehörden bei der Durchführung der preußischen Agrarreformen. 1985.

Band 40 Henry Winter: Teilschuld, Gesamtschuld und unechte Gesamtschuld. Zur Konzeption der §§ 420 ff. BGB - Ein Beitrag zur Entstehungsgeschichte des BGB. 1985.

Band 41 Hermann Eichler: Verfassungsbewegung in Amerika und Europa. 1985.

Band 42 Dagmar Bandemer: Heinrich Albert Zachariae. Rechtsdenken zwischen Restauration und Reformation. 1985.

Band 43 Eva-Christine Frentz: Das Hamburgische Admiralitätsgericht (1623-1811). Prozeß und Rechtsprechung. 1985.

Band 44 Karl Lillig: Rechtsetzung im Herzogtum Pfalz-Zweibrücken während des 18. Jahrhunderts. Ein Beitrag zur Geschichte der territorialen Rechtsbildung. 1985.

Band 45 Walter Weber: Die Entwicklung der Sparkassen zu selbständigen Anstalten des öffentlichen Rechts. Ein Beitrag zur Entwicklung des Anstaltsbegriffs im 19. Jahrhundert. 1985.

Band 46 Bärbel Baum: Der Stabreim im Recht. Vorkommen und Bedeutung des Stabreims in Antike und Mittelalter. 1986.

Band 47 Hans Popp: Die nationalsozialistische Sicht einiger Institute des Zivilprozeß- und Gerichtsverfassungsrechts. 1986.

Band 48 John Karl-Heinz Montag: Die Lehrdarstellung des Handelsrechts von Georg Friedrich von Martens bis Meno Pöhls. Die Wissenschaft des Handelsrechts im ersten Drittel des 19. Jahrhunderts. 1986.

Band 49 Volker D. Anhäusser: Das internationale Obligationenrecht in der höchstrichterlichen Rechtsprechung des 19. Jahrhunderts. 1986.

Band 50 Udo Beer: Die Juden, das Recht und die Republik. Verbandswesen und Rechtsschutz 1919-1933. 1986.

Band 51 Herbert Grziwotz: Der moderne Verfassungsbegriff und die "Römische Verfassung" in der deutschen Forschung des 19. und 20. Jahrhunderts. 1986.

Band 52 Ralf Conradi: Karl Friedrich Eichhorn als Staatsrechtslehrer. Seine Göttinger Vorlesung über "Das Staatsrecht der deutschen Bundesstaaten" nach einer Kollegmitschrift aus dem Wintersemester 1821/22. 1987.

Band 53 Dieter Dannreuther: Der Zivilprozeß als Gegenstand der Rechtspolitik im Deutschen Reich 1871 - 1945. Ein Beitrag zur Geschichte des Zivilprozeßrechts in Deutschland. 1987.

Band 54 Stephan Felix Pauly: Organisation, Geschichte und Praxis der Gesetzesauslegung des (Königlich) Preußischen Oberverwaltungsgerichtes 1875 - 1933. 1987.

Band 55 Rüdiger Schulz: Die Entstehung des Seerechts des Allgemeinen Deutschen Handelsgesetzbuches unter besonderer Berücksichtigung der Bestimmungen über die Reederei, den Schiffer und die Schiffsmannschaft. 1987.

Band 56 Reinhold Reis: Deutsches Privatrecht in den Weistümern der Zenten Schriesheim und Kirchheim. 1987.

Band 57 Jürgen Christoph: Die politischen Reichsamnestien 1918 - 1933. 1987.

Band 58 Gerhard Oberkofler/Eduard Rabofsky: Hans Kelsen im Kriegseinsatz der k.u.k.-Wehrmacht. Eine kritische Würdigung seiner militärtheoretischen Angebote. 1988.

Band 59 Arne Wulff: Staatssekretär Prof. Dr. Dr. h.c. Franz Schlegelberger. 1876-1970. 1991.

Band 60 Gerhard Köbler (Hrsg.): Wege europäischer Rechtsgeschichte. Karl Kroeschell zum 60. Geburtstag. 1987.

Band 61 Rüdiger Hütte: Der Gemeinschaftsgedanke in den Erbrechtsreformen des Dritten Reichs. 1988.

Band 62 Markus Göldner: Politische Symbole der europäischen Integration. Fahne, Hymne, Hauptstadt, Paß, Briefmarke, Auszeichnungen. 1988.

Band 63 Wolfgang Kröner: Freiheitsstrafe und Strafvollzug in den Herzogtümern Schleswig, Holstein und Lauenburg von 1700 bis 1864. 1988.

Band 64 Werner Gaile: Die Norder Theelacht. 1988.

Band 65 Karl v. Kempis: Andreas Gaill (1526 - 1587). Zum Leben und Werk eines Juristen der frühen Neuzeit. 1988.

Band 66 Wolf-Rüdiger Osburg: Die Verwaltung Hamburgs in der Franzosenzeit. 1811-1814. 1988.

Band 67 Christian Schudnagies: Hans Frank. Aufstieg und Fall des NS-Juristen und Generalgouverneurs. 1988.

Band 68 Otmar Jung: Senatspräsident Freymuth. Richter, Sozialdemokrat und Pazifist in der Weimarer Republik. Eine politische Biographie. 1989.

Band 69 Joachim Lohner: Das landeshauptmannschaftliche Gericht in Oberösterreich zu Beginn der Neuzeit. Eine Darstellung des oberösterreichischen Prozeßrechts am obersten Territorialgericht des Landes anhand der oberösterreichischen Landtafel. 1989.

Band 70 Bernd Klemann: Rudolf von Jhering und die Historische Rechtsschule. 1989.

Band 71 Adalbert Langer: Männer um die österreichische Zivilprozeßordnung 1895. Zusammenspiel / Soziales Ziel. 1990.

Band 72 Robert-Dieter Klee: Die Landessuperintendentur Lauenburg. Ursprung und Entwicklung sowie Ende der Sonderstellung des Kirchenkreises Herzogtum Lauenburg durch die nordelbische Kirchenvereinigung. 1989.

Band 73 Heinrich Herrmann: Die Gehöferschaften im Bezirk Trier. 1989.

Band 74 Wilhelm Brauneder, Franz Baltzarek (Hrsg.): Modell einer neuen Wirtschaftsordnung. Wirtschaftsverwaltung in Österreich 1914 - 1918. 1991.

Band 75 Thomas Dreyer: Die "Assecuranz- und Haverey-Ordnung" der Freien und Hansestadt Hamburg von 1731. 1990.

Band 76 Bernhard Sendler: Die Rechtssprache in den süddeutschen Stadtrechtsreformationen. 1990.

Band 77 Brigitte Lehmann: Ehevereinbarungen im 19. und 20. Jahrhundert. 1990.

Band 78 Michael Sunnus: Der NS-Rechtswahrerbund (1928-1945). Zur Geschichte der nationalsozialistischen Juristenorganisation. 1990.

Band 79 Stefan Schulz: Die historische Entwicklung des Rechts an Bienen. (§§ 961 - 964 BGB). 1990.

Band 80 Gerhard Lingelbach, Heiner Lück (Hrsg.): Deutsches Recht zwischen Sachsenspiegel und Aufklärung. Rolf Lieberwirth zum 70. Geburtstag dargebracht von Schülern, Freunden und Kollegen, herausgegeben von Gerhard Lingelbach und Heiner Lück. 1991.

Band 81 Manfred Krohn: Die deutsche Justiz im Urteil der Nationalsozialisten 1920 - 1933. 1991.

Band 82 Angelika Kühn: Privilegierung nationaler Minderheiten im Wahlrecht der Bundesrepublik Deutschland und Schleswig-Holsteins. 1991.

Band 83 Georg Brun: Leben und Werk des Rechtshistorikers Heinrich Mitteis unter besonderer Berücksichtigung seines Verhältnisses zum Nationalsozialismus. 1991.

Band 84 Wolfgang Simon: Claudius Freiherr von Schwerin. Rechtshistoriker während dreier Epochen deutscher Geschichte. 1991.

Band 85 Friedrich-Carl Wachs: Das Verordnungswerk des Reichsdemobilmachungsamtes. Stabilisierender Faktor zu Beginn der Weimarer Republik. 1991.

Band 86 Jens-Uwe Petersen: Die Vorgeschichte und die Entstehung des Mieterschutzgesetzes von 1923 nebst der Anordnung für das Verfahren vor dem Mieteinigungsamt und der Beschwerdestelle. 1991.

Band 87 Ulrike Haibach: Familienrecht in der Rechtssprache. Die historische Entwicklung zentraler Ausdrücke des geltenden Familienrechts. 1991.

Band 88 Joern Christian Nissen: Die Beratungen des Seeversicherungsausschusses der Akademie für Deutsches Recht zu einem neuen Seeversicherungsgesetz (1934-1939). Ein Beitrag zur Entwicklung der allgemeinen Lehren des Seeversicherungsrechts unter besonderer Berücksichtigung des Handelsgesetzbuchs und der Allgemeinen Deutschen Seeversicherungs-Bedingungen 1919. 1991.

Band 89 Diethard Bühler: Die Entstehung der allgemeinen Vertragsschluß-Vorschriften im Allgemeinen Deutschen Handelsgesetzbuch (ADHGB) von 1861. Ein Beitrag zur Kodifikationsgeschichte des Privatrechts im 19. Jahrhundert. 1991.

Band 90 Gerhard Oberkofler: Die Vertreter des Römischen Rechts mit deutscher Unterrichtssprache an der Karls-Universität in Prag. Vom Vormärz bis 1945. 1991.

Band 91 Ulrich Andermann: Ritterliche Gewalt und bürgerliche Selbstbehauptung. Untersuchungen zur Kriminalisierung und Bekämpfung des spätmittelalterlichen Raubrittertums am Beispiel norddeutscher Hansestädte. 1991.

Band 92 Heinz Marcus Hanke: Luftkrieg und Zivilbevölkerung. Der kriegsvölkerrechtliche Schutz der Zivilbevölkerung gegen Luftbombardements von den Anfängen bis zum Ausbruch des Zweiten Weltkrieges. 1991.

Band 93 Kirsten Kraglund: Familien- und Erbrecht. Materielles Recht und Methoden der Rechtsanwendung in der Rechtsprechung des Oberappellationsgerichts der vier Freien Städte Deutschlands zu Lübeck. 1991.

Band 94 Reinhard Lorenz: Die politische und rechtliche Stellung des Proletariats in Preußen in der Zeit zwischen den Reformen und der Revolution 1848/49. 1991.

Band 95 Eric Hilgendorf: Die Entwicklungsgeschichte der parlamentarischen Redefreiheit in Deutschland. 1991.

Band 96 Hans J. Reiter: Die Handelsgesellschaft Villeroy & Boch von der Gründung 1836 bis zum Jahr 1878. 1992.

Band 97 Martin Johannes Heller: Reform der deutschen Rechtssprache im 18. Jahrhundert. 1992.

Band 98 Michael Kotulla: Die Tragweite der Grundrechte der revidierten preußischen Verfassung vom 31.01.1850. 1992.

Band 99 Michael Siefener: Hexerei im Spiegel der Rechtstheorie. Das crimen magiae in der Literatur von 1574 bis 1608. 1992.

Band 100 Andreas Ebert-Weidenfeller: Hamburgisches Kaufmannsrecht im 17. und 18. Jahrhundert. Die Rechtsprechung des Rates und des Reichskammergerichtes. 1992.

Band 101 Enno Bommel: Die Entstehung der Verwirkungslehre in der Krise des Positivismus. 1992.

Band 102 Ralph Steppacher: Die Berücksichtigung der bäuerlichen Postulate bei der Entstehung des ZGB und der Revision des OR. Ein Beitrag zur schweizerischen Kodifikationsgeschichte (1893 - 1912). 1992.

Band 103 Martin Fleckenstein: Die Todesstrafe im Werk Carl Joseph Anton Mittermaiers (1787 - 1867). Zur Entwicklungsgeschichte eines Werkbereichs und seiner Bedeutung für Theorie- und Methodenbildung. 1992.

Band 104 Jörn Eckert: Der Kampf um die Familienfideikommisse in Deutschland. Studien zum Absterben eines Rechtsinstitutes. 1992.

Band 105 Jörg Grotkopp: Beamtentum und Staatsformwechsel. Die Auswirkungen der Staatsformwechsel von 1918, 1933 und 1945 auf das Beamtenrecht und die personelle Zusammensetzung der deutschen Beamtenschaft. 1992.

Band 106 Andreas Rohde: Die Garantiehaftung des Vermieters und ihr Verhältnis zum Unmöglichkeitsrecht in dogmengeschichtlicher und modernrechtlicher Sicht. 1992.

Band 107 Tjark Siefke Kunstreich: Gesamtvertretung. Eine historisch-systematische Darstellung. 1992.

Band 108 Jürgen Krüger: Blindheit und Königtum. Die Blindheit des Königs Georg V. von Hannover als verfassungsrechtliches Problem. 1992.

Band 109 Wolfgang Putschek: Ständische Verfassung und autoritäre Verfassungspraxis in Österreich 1933-1938 mit Dokumentenanhang. Verfassung und Verfassungswirklichkeit. Mit einem Anhang: Denkschriften von Rechtsanwalt Dr. Erich Führer 1936/37. 1993.

Band 110 Klaus Hofmann: Die Verdrängung der Juden aus öffentlichem Dienst und selbständigen Berufen in Regensburg 1933-1939. 1993.

Band 111 Franz Kilger: Die Entwicklung des Telegraphenrechts im 19. Jahrhundert mit besonderer Berücksichtigung der technischen Entwicklung. Telegraphenrecht im 19. Jahrhundert. 1993.

Band 112 Wilhelm Brauneder (Hrsg.): Heiliges Römisches Reich und moderne Staatlichkeit. 1993.

Band 113 Thomas Heinrich: Das preußische Nichtehelichenrecht: Von der Aufklärung zur Reaktion. 1993.

Band 114 Gerald Kohl: Jagd und Revolution. Das Jagdrecht in den Jahren 1848 und 1849. 1993.

Band 115 Christian Schudnagies: Der Kriegs- oder Belagerungszustand im Deutschen Reich während des Ersten Weltkrieges. Eine Studie zur Entwicklung und Handhabung des deutschen Ausnahmezustandsrechts bis 1918. 1994.

Band 116 Elisabeth Bellmann: Die Internationale Kriminalistische Vereinigung (1889-1933). 1994.

Band 117 Julia Pfannkuch: Volksrichterausbildung in Sachsen 1945-1950. 1993.

Band 118 Jörg Offen: Von der Verwaltungsgemeinschaft des BGB von 1896 zur Zugewinngemeinschaft des Gleichberechtigungsgesetzes von 1957. 1994.

Band 119 Dorothee Kohlhas-Müller: Untersuchungen zur Rechtsstellung Theoderichs des Großen. 1995.

Band 120 Monika Rose: Das Gerichtswesen des Herzogtums Pfalz-Zweibrücken im 18. Jahrhundert. Ein Beitrag zur territorialen Gerichtsbarkeit im Alten Reich. 1994.

Band 121 Jörn Eckert / Hans Hattenhauer (Hrsg.): Bibel und Recht. Rechtshistorisches Kolloquium 9. - 13. Juni 1992 an der Christian-Albrechts-Universität zu Kiel. 1994.

Band 122 Robert Martin Mizia: Der Rechtsbegriff der Autonomie und die Begründung des Privatfürstenrechts in der deutschen Rechtswissenschaft des 19. Jahrhunderts. 1995.

Band 123 Walther Graf von Plettenberg: Das Fortleben des Liber Iudiciorum in Asturien/León (8. - 13. Jh.). 1994.

Band 124 Wolfgang Schulz: Das deutsche Börsengesetz. Die Entstehungsgeschichte und wirtschaftlichen Auswirkungen des Börsengesetzes von 1896. 1994.

Band 125 Frank Hagemann: Der Untersuchungsausschuß Freiheitlicher Juristen. 1949 – 1969. 1994.

Band 126 Andreas Rethmeier: "Nürnberger Rassegesetze" und Entrechtung der Juden im Zivilrecht. 1995.

Band 127 Edith Grether: Die Poesie der Throne. Die Juristen in der Fruchtbringenden Gesellschaft. 1995.

Band 128 Anna Bartels-Ishikawa: Der Lippische Thronfolgestreit. Eine Studie zu verfassungsrechtlichen Problemen des Deutschen Kaiserreiches im Spiegel der zeitgenössischen Staats. 1995.

Band 129 Jörg Schmidt: Otto Koellreutter 1883-1972. Sein Leben, sein Werk, seine Zeit. 1995.

Band 130 Christian Hattenhauer: Wahl und Krönung Franz II. AD 1792. Das Heilige Reich krönt seinen letzten Kaiser - Das Tagebuch des Reichsquartiermeisters Hieronymus Gottfried von Müller und Anlagen. 1995.

Band 131 Jutta v. der Decken: Das Seearbeitsrecht im Hamburger Stadtrecht von 1301 bis 1603. 1995.

Band 132 Detlev Schmidt: Die Reform des Rechts der Handelsvertreter von 1953. 1995.

Band 133 Gabi Roßdeutscher: Privatautonomie im Scheidungsrecht. Scheidungsbezogene Vereinbarungen in den letzten 200 Jahren. 1995.

Band 134 Harald Kahlenberg: Leben und Werk des Rechtshistorikers Walther Merk. Ein Beispiel für das Verhältnis von Rechtsgeschichte und Nationalsozialismus. 1995.

Band 135 Michael Steitz: Adelbert Düringer am Reichsgericht (1902-1915). Seine aktienrechtlichen Entscheidungen und sein Einfluß auf das Aktienrecht in Deutschland. 1995.

Band 136 Christian Becker: Beata Justorum Translatio. Juristen in schleswig-holsteinischen Leichenpredigten. 1996.

Band 137 Christoph Seiler: Vom Allgemeinen Landrecht zum Bürgerlichen Gesetzbuch. Dargestellt am Beispiel der höchstrichterlichen Judikatur zum kaufrechtlichen Sachmängelgewährleistungsrecht. 1996.

Band 138 Bernd Mayer: Die Vertrauensmännerausschüsse auf den preußischen Steinkohlegruben an der Saar. Entstehung und Wirken. Eine rechtshistorische Untersuchung. 1996.

Band 139 Rochus Scholl: Juden und Judenrecht im Herzogtum Pfalz-Zweibrücken. Ein Beitrag zur Rechtsgeschichte eines deutschen Kleinstaates am Ende des alten Reiches. 1996.

Band 140 Meike Bursch: Judentaufe und frühneuzeitliches Strafrecht. Die Verfahren gegen Christian Treu aus Weener/Ostfriesland 1720-1728. 1996.

Band 141 Markus Hillenbrand: Fürstliche Eheverträge. Gottorfer Hausrecht 1544 - 1773. 1996.

Band 142 Ulf Häder: Das gemeinschaftliche Oberappellationsgericht thüringischer Staaten in Jena. Ein Beitrag zur Geschichte des Gerichtswesens im 19. Jahrhundert. 1996.

Band 143 Andreas Bauer: Das Gnadenbitten in der Strafrechtspflege des 15. und 16. Jahrhunderts. Dargestellt unter besonderer Berücksichtigung von Quellen der Vorarlberger Gerichtsbezirke Feldkirch und des Hinteren Bregenzerwaldes. 1996.

Band 144 Christian Wirth: Der Jurist Johann Andreas Georg Friedrich Rebmann zwischen Revolution und Restauration. 1996.

Band 145 Stefanie Müller: Die Rechtsprechung des Hanseatischen Oberlandesgerichts zum persönlichen Eherecht in Hamburgischen Gerichtsfällen von 1879 -1900. 1996.

Band 146 Jean-Nicolas Morisset: Der Frachtvertrag in der *Ordonnance de la marine* von 1681. 1996.

Band 147 Dirk Lentfer: Die Glogauer Landesprivilegien des Andreas Gryphius von 1653. 1996.

Band 148 Wencke Mull: Die Haftung für Einsturzschäden nach den §§ 836-838 BGB in der Rechtsprechung des Reichsgerichts. 1996.

Band 149 Renate Zelger: Teufelsverträge. Märchen, Sage, Schwank, Legende im Spiegel der Rechtsgeschichte. 1996.

Band 150 Guido Kraß: Das Arrestverfahren in Frankfurt am Main im Spätmittelalter. 1996.

Band 151 F. Benedict Heyn: Die Entwicklung des Eisenbahnfrachtrechts von den Anfängen bis zur Einführung des Allgemeinen Deutschen Handelsgesetzbuches (ADHGB). 1996.

Band 152 Thomas Lang: Die Staats- und Verfassungslehre Carl Salomo Zachariaes. 1996.

Band 153 Michael Hebeis: Karl Anton von Martini (1726-1800). Leben und Werk. 1996.

Band 154 Gerald Hubert: Die Diskussion um die rechtliche Natur der Bizone in den Jahren 1947-1949. 1996.

Band 155 Christof Horn: Die Rechtsprechung des Reichsgerichts in Ehescheidungssachen der Jahre 1900 bis 1905. 1996.

Band 156 Hermann Nehlsen / Georg Brun (Hrsg.): Münchener rechtshistorische Studien zum Nationalsozialismus. 1996.

Band 157 Jan Otto Clemens Kehrberg: Die Entwicklung des Elektrizitätsrechts in Deutschland. Der Weg zum Energiewirtschaftsgesetz von 1935. 1997.

Band 158 Johannes Tradt: Der Religionsprozeß gegen den Zopfschulzen (1791-1799). Ein Beitrag zur protestantischen Lehrpflicht und Lehrzucht in Brandenburg-Preußen gegen Ende des 18. Jahrhunderts. 1997.

Band 159 Dietmar Olsen: Das kaufrechtliche Sachmängelgewährleistungsrecht des Code civil in der Rechtsprechung deutscher Gerichte im 19. Jahrhundert. Ein Beitrag zur Ablösung der Partikularrechte durch das BGB. 1997.

Band 160 Ulrich Bernhardt: Die Deutsche Akademie für Staats- und Rechtswissenschaft "Walter Ulbricht" 1948-1971. 1997.

Band 161 Claudia Susan Hoppe: Die Bürgschaft im Rechtsleben Hamburgs von 1600 bis 1900. 1997.

Band 162 Franz-Rudolf Ecker: Die Entwicklung des Bergrechts im Saarbrücker Steinkohlenrevier bis zum Ende des 18. Jahrhunderts. Ein Vergleich mit dem älteren deutschen Bergrecht. 1997.

Band 163 Anne Katrin Rückert: Politik und Privatrecht in der "konservativen Revolution". 1997.

Band 164 Gisbert Laube: Der Reichskunstwart. Geschichte einer Kulturbehörde 1919-1933. 1997.

Band 165 Nicolas Lührig: Die Diskussion über die Reform der Juristenausbildung von 1945 bis 1995. 1997.

Band 166 Regula Gerber Jenni: Die Emanzipation der mehrjährigen Frauenzimmer. Frauen im bernischen Privatrecht des 19. Jahrhunderts. 1997.

Band 167 Mischa A. Färber: Das gemeinschaftliche Testament in der höchstrichterlichen Rechtsprechung zum Allgemeinen Preußischen Landrecht und zum BGB. Ein Beitrag zur Ablösung der Partikularrechte durch das BGB. 1997.

Band 168 Catherine Antoinette Gasser: Philipp Lotmar 1850-1922. Professor der Universität Bern. Sein Engagement für das Schweizerische Arbeitsrecht. 1997.

Band 169 Lars Immisch: Der sozialistische Richter in der DDR und seine Unabhängigkeit. Der Versuch eines Rechtsvergleiches zum Unabhängigkeitsbegriff in der bundesdeutschen Rechtsordnung. 1997.

Band 170 Jessica Jacobi: Besitzschutz vor dem Reichskammergericht. Die friedenssichernde Funktion der Besitzschutzklagen am Reichskammergericht im 16. Jahrhundert, dargestellt anhand von Kameralisten. 1998.

Band 171 Ewald Hügemann: Die Geschichte des öffentlichen und privaten Mietpreisrechts vom Ersten Weltkrieg bis zum Gesetz zur Regelung der Miethöhe von 1974. 1998.

Band 172 Lutz Rentzow: Die Entstehungs- und Wirkungsgeschichte der Vernewerten Landesordnung für das Königreich Böhmen von 1627. 1998.

Band 173 Sabine Stürmer: Mühlenrecht im Herzogtum Pfalz-Zweibrücken während des 18. Jahrhunderts. Ein Beitrag zum Wirtschaftsrecht eines deutschen Kleinstaates im Alten Reich. 1998.

Band 174 Mario Bogisch: *Nemo testis in re sua*. Das Problem der Zeugnisfähigkeit bei der Anwendung der deutschen Zivilprozeßordnung von 1877. 1998.

Band 175 Rainer Oßwald: Pactane sunt servanda? Freiwilligkeit, Zwang und Unverbindlichkeitserklärungen im islamischen Vertragsrecht malikitischer Schule. 1998.

Band 176 Bettina Kern: Der preußische BGB-Entwurf von 1842. 1998.

Band 177 Inken Fuhrmann: Die Diskussion über die Einführung der fakultativen Zivilehe in Deutschland und Österreich seit Mitte des 19. Jahrhunderts. 1998.

Band 178 Annette Rieck: Der Heilige Ivo von Hélory (1247-1303). Advocatus pauperum und Patron der Juristen. 1998.

Band 179 Frank Bottenberg: Die Hamburgische Strafprozeßordnung von 1869. 1998.

Band 180 Matthias Krauß: Das kursächsische Postrecht von seinen Anfängen bis zum Ende des Alten Reichs. 1998.

Band 181 Torsten Schmidt: Die Entmündigung von den Anfängen des BGB bis zu ihrer Ablösung durch das Institut der Betreuung. 1998.

Band 182 Christian Nunn: Rudolf Müller-Erzbach. 1874-1959. Von der realen Methode über die Interessenjurisprudenz zum kausalen Rechtsdenken (Leben und Werk). 1998.

Band 183 Christian Ortloff: Das staatskirchenrechtliche System Wilhelm Traugott Krugs. Glaubens- und Gewissensfreiheit – eine Forderung der Vernunft. 1998.

Band 184 Christian Hattenhauer: Schuldenregulierung nach dem Westfälischen Frieden. Der sog. § *de indaganda* und seine Umsetzung im Jüngsten Reichsabschied (AD 1648 und 1654). 1998.

Band 185 Werner Schubert: Preußen im Vormärz. Die Verhandlungen der Provinziallandtage von Brandenburg, Pommern, Posen, Sachsen und Schlesien sowie – im Anhang – von Ostpreußen, Westfalen und der Rheinprovinz (1841-1845). 1998.

Band 186 Silvia Schumacher: Das Rechtsverhältnis zwischen Eltern und Kindern in der Privatrechtsgeschichte. 1999.

Band 187 Kai Sommer: Die Strafbarkeit der Homosexualität von der Kaiserzeit bis zum Nationalsozialismus. Eine Analyse der Straftatbestände im Strafgesetzbuch und in den Reformentwürfen (1871-1945). 1998.

Band 188 Jan Erik Backhaus: Volksrichterkarrieren in der DDR. 1999.

Band 189 Ralf Ruhnau: Die Fürstlich Thurn und Taxissche Privatgerichtsbarkeit in Regensburg. Ein Kuriosum der deutschen Rechtsgeschichte. 1999.

Band 190 Antonio Grilli: Die französische Justizorganisation am linken Rheinufer 1797-1803. 1999.

Band 191 Stephanie Kammerloher-Lis: Die Entstehung des Gesetzes über die religiöse Kindererziehung vom 15. Juli 1921. 1999.

Band 192 Jan Telp: Ausmerzung und Verrat. Zur Diskussion um Strafzwecke und Verbrechensbegriffe im Dritten Reich. 1999.

Band 193 Kurt von Pannwitz: Die Entstehung der Allgemeinen Deutschen Wechselordnung. Ein Beitrag zur Geschichte der Vereinheitlichung des deutschen Zivilrechts im 19. Jahrhundert. 1999.

Band 194 Sylvia Busch: Die Entstehung der Allgemeinen Gerichtsordnung für die Preussischen Staaten von 1793/95. Ein Beitrag zur Geschichte der Kodifikationsbewegung und der Reform des Zivilprozesses in Preußen im 18. Jahrhundert. 1999.

Band 195 Dirk Bieresborn: Klage und Klageerwiderung im deutschen und englischen Zivilprozeß. Eine rechtshistorische und rechtsvergleichende Untersuchung unter besonderer Berücksichtigung der Beeinflussung durch das römisch-kanonische Verfahren. 1999.

Band 196 Andreas Thier / Guido Pfeifer / Philipp Grzimek (Hrsg.): Kontinuitäten und Zäsuren in der Europäischen Rechtsgeschichte. Europäisches Forum Junger Rechtshistorikerinnen und Rechtshistoriker München 22.-24. Juli 1998. 1999.

Band 197 Franz Smola: Die Fürstlich Liechtenstein'sche Kunstsammlung. Rechtsfragen zur Verbringung der Sammlung von Wien nach Vaduz in den Jahren 1944/45. 1999.

Band 198　Frank Martin Krauss: Das geteilte Eigentum im 19. und 20. Jahrhundert. Eine Untersuchung zum Fortbestand des Teilungsgedankens. 1999.

Band 199　Matthias Frey: Die spanische Aktiengesellschaft im 18. Jahrhundert und unter dem Código de Comercio von 1829. 1999.

Band 200　Alexandra Gilde: Die Stellung der Frau im Reichsstrafgesetzbuch von 1870/71 und in den Reformentwürfen bis 1919 im Urteil der bürgerlichen Frauenbewegung. Eine Analyse ausgewählter Straftatbestände. 1999.

Band 201　Malte Dießelhorst / Arne Duncker: Hans Kohlhase. Die Geschichte einer Fehde in Sachsen und Brandenburg zur Zeit der Reformation. 1999.

Band 202　Jörg Hillmann: Territorialrechtliche Auseinandersetzungen der Herzöge von Sachsen-Lauenburg vor dem Reichskammergericht im 16. Jahrhundert. 1999.

Band 203　Carsten Engler: Die Kommanditgesellschaft (KG) und die stille Gesellschaft im Allgemeinen Deutschen Handelsgesetzbuch (ADHGB) von 1861. 1999.

Band 204　Vesta Hoffmann-Steudner: Die Rechtsprechung des Reichsgerichts zu dem Scheidungsgrund des § 49 EheG (EheG 1938) in den Jahren 1938-1945. 1999.

Band 205　Michaela Thiele: Die Auflösung von Arbeitsverhältnissen aufgrund Anfechtung und außerordentlicher Kündigung nach der Rechtsprechung des Reichsarbeitsgerichts (1927-1945). 2000.

Band 206　Peter Landau / Hermann Nehlsen / Mathias Schmoeckel (Hrsg.): Karl von Amira zum Gedächtnis. 1999.

Band 207　Marcus Flinder: Die Entstehungsgeschichte des Zivilgesetzbuches der DDR. 1999.

Band 208　Boris Franz Leo Bromm: Die Entstehungsgeschichte des Berufs des Handelsvertreters. Unter besonderer Berücksichtigung der Sozialgesetzgebung in den Jahren von 1871-1933. 2000.

Band 209　Winfried C. J. Eberstein: Das Tierschutzrecht in Deutschland bis zum Erlaß des Reichs-Tierschutzgesetzes vom 24. November 1933. Unter Berücksichtigung der Entwicklung in England. 1999.

Band 210　Patrick Deller: Der „nach dem Vertrage" vorausgesetzte Gebrauch (§ 459 Absatz 1 Satz 1 BGB). Eine kaufrechtliche Untersuchung unter Berücksichtigung rechtshistorischer wie rechtsvergleichender Grundlagen. 2000.

Band 211　Eckard Freiherr von Bodenhausen: Haftung des Geschäftsherrn für Verrichtungsgehilfen im Straßen- und Schienenverkehr. Eine Analyse der Entscheidungen des Reichsgerichts zu § 831 BGB (1900-1945). 2000.

Band 212　Birte Gast: Der Allgemeine Teil und das Schuldrecht des Bürgerlichen Gesetzbuchs im Urteil von Raymond Saleilles (1855-1912). 2000.

Band 213　Hansjörg Michael Huber: Koloniale Selbstverwaltung in Deutsch-Südwestafrika. Entstehung, Kodifizierung und Umsetzung. 2000.

Band 214　Ulf Björner: Die Verfassungsgerichtsbarkeit im Norddeutschen Bund und Deutschen Reich (1867-1918). Eine rechtshistorische Untersuchung über Gerichtsbarkeit im Spannungsfeld von Politik und Recht innerhalb der von Bismarck geschaffenen deutschen Bundesstaaten. 2000.

Band 215　Mathias Freiherr von Rosenberg: Friedrich Carl von Savigny (1779-1861) im Urteil seiner Zeit. 2000.

Band 216　Reinhard Binder-Krieglstein: Österreichisches Adelsrecht 1868-1918/19. Von der Ausgestaltung des Adelsrechts der cisleithanischen Reichshälfte bis zum Adelsaufhebungsgesetz der Republik unter besonderer Berücksichtigung des adeligen Namensrechts. 2000.

Band 217 Claudia-Regine Nerius: Johannes Lehmann-Hohenberg (1851-1925). Eine Studie zur völkischen Rechts- und Justizkritik im Deutschen Kaiserreich. 2000.

Band 218 Ludger Meuten: Die Erbfolgeordnung des Sachsenspiegels und des Magdeburger Rechts. Ein Beitrag zur Geschichte des sächsisch-magdeburgischen Rechts. 2000.

Band 219 Christoph Alexander von Wilcken: Die Reformbestrebungen zum Genossenschaftsgesetz in der Frühzeit der Bundesrepublik. Die Beratungen der Sachverständigenkommission zur Überprüfung des Genossenschaftsrechts 1954 bis 1958 und der Referentenentwurf von 1962. 2000.

Band 220 Verein Junger RechtshistorikerInnen Zürich (Hrsg.): ¿Rechtsgeschichte(n)? ¿Histoire(s) du droit? ¿Storia/storie del diritto? ¿Legal Histori(es)? Europäisches Forum Junger Rechtshistorikerinnen und Rechtshistoriker Zürich 28.-30. Mai 1999. 2000.

Band 221 Hans Christian Schüler: Die Entstehungsgeschichte der Bundesnotarordnung vom 24. Februar 1961. 2000.

Band 222 Nils-Eberhard Schramm: Die Vereinigung demokratischer Juristen (1949-1999). 2000.

Band 223 Silke Anke Torp: Das Rechtsverhältnis zwischen den Eltern und ihren Kindern. Dienstleistungspflicht, Aussteuer und Ausstattung. Eine Analyse der Rechtsprechung des Reichsgerichts und des Reichsarbeitsgerichts zu den Vorschriften der §§ 1616 bis 1625 des Bürgerlichen Gesetzbuches in der Zeit von 1900 bis 1945. 2000.

Band 224 Martin Jürgen Maaß: Die Geschichte des Eigentumsvorbehalts, insbesondere im 18. und 19. Jahrhundert. 2000.

Band 225 Stefanie Langer: Rechtswissenschaftliche Itinerarien. Lebenswege namhafter europäischer Juristen vom 11. bis zum 18. Jahrhundert. 2000.

Band 226 Ulrich Schmitz: Der Unterhaltsanspruch des nichtehelichen Kindes gegen seinen Erzeuger. Die rechtsgeschichtliche und dogmatische Entwicklung im deutschen Recht. 2000.

Band 227 Sebastian Günther: Friedrich Carl von Savigny als Grundherr. 2000.

Band 228 Henning Ibs: Hermann J. Held (1890-1963). Ein Kieler Gelehrtenleben in den Fängen der Zeitläufe. 2000.

Band 229 Matthias Rücker: Wirtschaftswerbung unter dem Nationalsozialismus. Rechtliche Ausgestaltung der Werbung und Tätigkeit des Werberats der deutschen Wirtschaft. 2000.

Band 230 Hendrik Sandmann: Die Entwicklung von Begriff und Inhalt des Wirtschaftsrechts durch die Rechtswissenschaft in der Weimarer Republik. 2000.

Band 231 Sibylle Müller: Gibt es Menschenrechte bei Samuel Pufendorf? 2000.

Band 232 Karin Olechowski-Hrdlicka: Die gemeinsamen Angelegenheiten der Österreichisch-Ungarischen Monarchie. Vorgeschichte – Ausgleich 1867 – Staatsrechtliche Kontroversen. 2001.

Band 233 Johannes Mierau: Die juristischen Abschluß- und Diplomprüfungen in der SBZ/DDR. Ein Einblick in die Juristenausbildung im Sozialismus. 2001.

Band 234 Jörg Wolff (Hrsg.): Stillstand, Erneuerung und Kontinuität. Einsprüche zur Preußenforschung. 2001.

Band 235 Friedo Schröder: Die anwaltliche Tätigkeit während der nationalsozialistischen Herrschaft. Eine Analyse der anwaltlichen Argumentation in Zivilprozessen anhand der vorhandenen Prozeßakten der Landgerichte Frankenthal, Wiesbaden, Limburg und Frankfurt und der Handakten der *jüdischen Konsulenten* des OLG-Bezirks Frankfurt. 2001.

Band 236 Der Code pénal des Königreichs Westphalen von 1813 mit dem Code pénal von 1810 im Original und in deutscher Übersetzung. Herausgegeben und mit einer Einleitung versehen von Werner Schubert. 2001.

Band 237 Klaus Richter: Deutsches Kolonialrecht in Ostafrika 1885-1891. 2001.

Band 238 Kai von Lewinski: Deutschrechtliche Systembildung im 19. Jahrhundert. 2001.

Band 239 Alexander Herzog: Sittenwidrige Rechtsgeschäfte in der höchstrichterlichen Rechtsprechung aus den Jahren 1948-1965. 2001.

Band 240 Claudia Rönnau: Die Beratungen des Wasserrechtsausschusses der Akademie für Deutsches Recht zu einem Reichswassergesetz (1934-1941). Ein Beitrag zur Dogmatik der Begriffe *Gemeingebrauch* und *Sondergebrauch* in der Zeit des Nationalsozialismus. 2001.

Band 241 Momme Rohlack: Kriegsgesellschaften (1914-1918). Arten, Rechtsformen und Funktionen in der Kriegswirtschaft des Ersten Weltkrieges. 2001.

Band 242 Rolf Geyer: Der Gedanke des Verbraucherschutzes im Reichsrecht des Kaiserreichs und der Weimarer Republik (1871-1933). Eine Studie zur Geschichte des Verbraucherrechts in Deutschland. 2001.

Band 243 Felix Lorenz Benjamin Lehmann: Der Rote Adlerorden. Entstehung und rechtliche Grundlagen (1705-1918). 2002.

Band 244 Marc Ludwig: Der Pfändungsschutz für Lohneinkommen. Die Entstehungs- und Entwicklungsgeschichte der Vorschriften zum Schutz vor Lohnpfändung in Deutschland. 2001.

Band 245 Alexander Wachter: Dorfschule zwischen Pastor und Schulmeister. Zur Säkularisierung des niederhessischen Schulwesens im 19. Jahrhundert. 2001.

Band 246 Richard Scholz: Analyse der Entstehungsbedingungen der reichsgerichtlichen Aufwertungsrechtsprechung. Untersuchung unter besonderer Berücksichtigung der konservativen Geldpolitik der Reichsbank und der Inflationspolitik der Reichsregierung. 2001.

Band 247 Judith Laeverenz: Märchen und Recht. Eine Darstellung verschiedener Ansätze zur Erfassung des rechtlichen Gehalts der Märchen. 2001.

Band 248 Christina Schenk: Bestrebungen zur einheitlichen Regelung des Strafvollzugs in Deutschland von 1870 bis 1923. 2001.

Band 249 Nils Werner: Die Prozesse gegen die Landvolkbewegung in Schleswig-Holstein 1929/32. Ein Beitrag zur Justizkritik in der späten Weimarer Republik. 2001.

Band 250 Wolfgang Walter: Das Duell in Bayern. Ein Beitrag zur bayerischen Strafrechtsgeschichte. 2002.

Band 251 Jörn Eckert / Kjell Å. Modéer (Hrsg.): Geschichte und Perspektiven des Rechts im Ostseeraum. Erster Rechtshistorikertag im Ostseeraum 8.–12. März 2000. 2001.

Band 252 Jan Könighaus: Die Inauguration der Christian-Albrechts-Universität zu Kiel 1665. Symbolgehalt und rechtliche Bedeutung des Universitätszeremoniells. 2002.

Band 253 Andreas Görgen: Rechtssprache in der Frühen Neuzeit. Eine vergleichende Untersuchung der Fremdwortverwendung in Gesetzen des 16. und 17. Jahrhunderts. 2002.

Band 254 Ralf Schäfer: Die Rechtsstellung der Haigerlocher Juden im Fürstentum Hohenzollern-Sigmaringen von 1634-1850. Eine rechtsgeschichtliche Untersuchung. 2002.

Band 255 Regine Schmalhorst: Die Tierhalterhaftung im BGB von 1896. Die Entstehung und Änderung des § 833 BGB sowie eine Analyse der Rechtsprechung des Reichsgerichts bis 1908. 2002.

Band 256 Thomas Hense: Konrad Beyerle. Sein Wirken für Wissenschaft und Politik in Kaiserreich und Weimarer Republik. 2002.

Band 257 Christian Mahlmann: Die Strafrechtswissenschaft der DDR. Klassenkampftheorie und Verbrechenslehre. 2002.

Band 258 Henning Kahmann: Die Bankiers von Jacquier & Securius 1933–1945. Eine rechtshistorische Fallstudie zur "Arisierung" eines Berliner Bankhauses. Mit einem Geleitwort von John Kornblum. 2002.

Band 259 Volker Friedrich Drecktrah: Die Gerichtsbarkeit in den Herzogtümern Bremen und Verden und in der preußischen Landdrostei Stade von 1715 bis 1879. 2002.

Band 260 Andreas Klass: Standes- oder Leistungselite? Eine Untersuchung der Karrieren der Wetzlarer Anwälte des Reichskammergerichts (1693-1806). 2002.

Band 261 Wolfgang Eder: Das italienische Tribunale Speciale per la Difesa dello Stato und der deutsche Volksgerichtshof. Ein Vergleich zwischen zwei politischen Gerichtshöfen. 2002.

Band 262 Albrecht Cordes / Bernd Kannowski (Hrsg.): Rechtsbegriffe im Mittelalter. 2002.

Band 263 Thomas Hildebrandt: Die Brandenburgischen Provinziallandtage von 1841, 1843, und 1845 anhand ausgewählter Verhandlungsgegenstände. 2002.

Band 264 Jan Finzel: Georg Adam Struve (1619–1692) als Zivilrechtler. 2003.

Band 265 Björn Carsten Frenzel: Das Selbstverständis der Justiz nach 1945. Analyse der Rolle der Justiz unter Berücksichtigung der Reden zur *Wiedereröffnung* der Bundes- und Oberlandesgerichte. 2003.

Band 266 Nils Reichhelm: Die marxistisch-leninistische Staats- und Rechtstheorie Karl Polaks. 2003.

Band 267 Raik Schneider: Altrechtliche Personenzusammenschlüsse. Ihre Entwicklung unter besonderer Berücksichtigung des Rechts des Großherzogtums Sachsen-Weimar-Eisenach sowie der Herzogtümer Sachsen-Meiningen und Sachsen-Gotha. 2003.

Band 268 Anke Meier: Die Geschichte des deutschen Konkursrechts, insbesondere die Entstehung der Reichskonkursordnung von 1877. 2003.

Band 269 Stefan Jens Jordan: Leben und Werk des Tübinger Rechtsprofessors Wilhelm Gottlieb Tafinger 1760–1813. 2003.

Band 270 Stefanie Hubig: Die historische Entwicklung des § 23 ZPO. Zum Ursprung und Fortleben des Vermögensgerichtsstandes im deutschen Prozeßrecht des 19. Jahrhunderts. 2003.

Band 271 Michael G. Perband: Der Grundsatz der freien Beweiswürdigung im Zivilprozeß (§ 286 ZPO) in der Rechtsprechung des Reichsgerichts. 2003.

Band 272 Mathias Bouveret: Die Stellung des Staatsoberhauptes in der parlamentarischen Diskussion und Staatsrechtslehre von 1848 bis 1918. 2003.

Band 273 Barbara Széchényi: Rechtliche Grundlagen bayerischer Zensur im 19. Jahrhundert. 2003.

Band 274 Sylvia Scharfenberg: Die Entstehungsgeschichte des Beurkundungsgesetzes vom 28. August 1969. 2003.

Band 275 Urte Nesemann: Die schwedische Familiengesetzgebung von 1734 bis zu den Reformgesetzen von 1915 bis 1920 und deren Einfluss auf die Gesetzgebungsprojekte der Weimarer Republik. Unter besonderer Berücksichtigung der Rechtsstellung der Frau und des unehelichen Kindes. 2003.

Band 276 Alexandra Brück: Die Polizeiordnung Herzog Christians von Braunschweig-Lüneburg vom 6. Oktober 1618. 2003.

Band 277 Torsten Landwehr: Das Kommissionsgeschäft in Rechtswissenschaft, Gesetzgebung und Rechtspraxis vom 16. bis zum Ende des 18. Jahrhunderts. 2003.

Band 278 Tassilo Wilhelm Maria Englert: Deutsche und italienische Zivilrechtsgesetzgebung von 1933–1945. Parallelen in der Rechtsetzung und gegenseitige Beeinflussung unter besonderer Berücksichtigung des Familien- und Erbrechts. 2003.

Band 279 Tobias Prang: Der Schutz der Versicherungsnehmer bei der Auslegung von Versicherungsbedingungen durch das Reichsgericht. 2003.

Band 280 Thorsten Lieb: Privileg und Verwaltungsakt. Handlungsformen der öffentlichen Gewalt im 18. und 19. Jahrhundert. 2004.

Band 281 Michael Rühling: Das Ladenschlussgesetz vom 28. November 1956. Vorgeschichte, Entstehung des Gesetzes und weitere Entwicklung. 2004.

Band 282 Kathrin Nawotki: Die schleswigsche Deichstavengerechtigkeit. Vom 17. Jahrundert bis in die Gegenwart. Eine gewohnheitsrechtliche Superfizies an nordfriesischen Deichgrundstücken und ihre Entwicklung. 2004.

Band 283 Erik Nils Voigt: Die Gesetzgebungsgeschichte der militärischen Ehrenstrafen und der Offizierehrengerichtsbarkeit im preußischen und deutschen Heer von 1806 bis 1918. 2004.

Band 284 Dorothea Riedi Hunold: Die Einführung der allgemeinen Wechselfähigkeit in der Schweiz in der zweiten Hälfte des 19. Jahrhunderts. Unter besonderer Berücksichtigung der politischen, wirtschaftlichen und sozialen Verhältnisse. 2004.

Band 285 Thomas Gergen: Pratique juridique de la paix et trêve de Dieu à partir du concile de Charroux (989–1250). Juristische Praxis der Pax und Treuga Dei ausgehend vom Konzil von Charroux (989–1250). 2004.

Band 286 Kathrin Bethkenhagen: Die Entwicklung des Luftrechts bis zum Luftverkehrsgesetz von 1922. 2004.

Band 287 Heiko Lüpkes: Die Verbrechen der Diener des Staats im Allgemeinen Landrecht für die Preußischen Staaten von 1794 und ihre Entwicklung zu den Vergehen und Verbrechen im Amte im Strafgesetzbuch für die Preußischen Staaten von 1851. 2004.

Band 288 Mirco Peter Hirsch: Von der Erbbescheinigung des Preußischen Rechts zum Erbschein des Bürgerlichen Gesetzbuchs. 2004.

Band 289 Bettina Günther: Die Behandlung der Sittlichkeitsdelikte in den Policeyordnungen und der Spruchpraxis der Reichsstädte Frankfurt am Main und Nürnberg im 15. bis 17. Jahrhundert. 2004.

Band 290 Seunghyeon Seong: Der Begriff der *nicht gehörigen Erfüllung* aus dogmengeschichtlicher und rechtsvergleichender Sicht. 2004.

Band 291 Steffen-Werner Meyer: Bemühungen um ein Reichsgesetz gegen den Büchernachdruck. Anläßlich der Wahlkapitulation Leopolds II. aus dem Jahre 1790. 2004.

Band 292 Ulrich Löffler: Instrumentalisierte Vergangenheit. Die nationalsozialistische Vergangenheit als Argumentationsfigur in der Rechtsprechung des Bundesverfassungsgerichts. 2004.

Band 293 Norbert Koch: Die Entwicklung des deutschen privaten Immissionsschutzrechts seit Beginn der Industrialisierung. Unter besonderer Berücksichtigung des Einflusses der höchstrichterlichen Rechtsprechung. 2004.

Band 294 Julius Ludwig Pfeiffer: Das Tierschutzgesetz vom 24. Juli 1972. Die Geschichte des deutschen Tierschutzrechts von 1950 bis 1972. 2004.

Band 295 Bert-Hagen Strodthoff: Die richterliche Frage- und Erörterungspflicht im deutschen Zivilprozeß in historischer Perspektive. 2004.

Band 296 Tim Kannewurf: Die Höfeordnung vom 24. April 1947. Entstehungsgeschichte und Einordnung in die Entwicklung des Anerbenrechts. 2004.

www.peterlang.de